Wolfgang Pauli

Die allgemeinen Prinzipien der Wellenmechanik

Neu herausgegeben und mit
historischen Anmerkungen versehen
von Norbert Straumann

Springer-Verlag Berlin Heidelberg New York
London Paris Tokyo Hong Kong Barcelona 1990

Professor Dr. N. STRAUMANN
Institut für Theoretische Physik
Universität Zürich
Schönberggasse 9
CH-8001 Zürich

ISBN-13:978-3-540-51949-2

CIP-Kurztitelaufnahme der Deutschen Bibliothek
Pauli, Wolfgang: Die allgemeinen Prinzipien der Wellenmechanik / W. Pauli. Neu hrsg. u. mit
histor. Anm. vers. von N. Straumann. — Berlin ; Heidelberg ; New York ; London ; Paris ;
Tokyo ; Hong Kong : Springer, 1990
  ISBN-13:978-3-540-51949-2   e-ISBN-13:978-3-642-62187-9
  DOI: 10.1007/978-3-642-62187-9

NE: Straumann, Norbert [Hrsg.]

Satz: Maxim Gorki, Altenburg, DDR; Druck: Mercedes, Berlin;
Bindearbeiten: Lüderitz & Bauer, Berlin
2155/3020-543210 — Gedruckt auf säurefreiem Papier

Vorwort des Herausgebers

Mit seinem berühmten Enzyklopädieartikel über Relativitätstheorie hat PAULI bereits als 19jähriger seine einmaligen Fähigkeiten für übersichtliche, systematische Darstellungen unter Beweis gestellt. Auch sein Handbuchartikel „Die allgemeinen Prinzipien der Wellenmechanik" übertraf für Jahrzehnte alle anderen Darstellungen an Tiefe und Gründlichkeit. Nach wie vor nimmt dieser Übersichtsartikel unter den vielen Büchern über den gleichen Gegenstand eine Sonderstellung ein. Dieser Klassiker eines großen Meisters der theoretischen Physik muß jedem Studierenden, der sich ernsthaft mit den Grundlagen der Quantentheorie auseinandersetzen will, wärmstens empfohlen werden.

PAULIS „Neues Testament" erschien erstmals im Jahre 1933 in der 2. Auflage des Handbuchs der Physik von GEIGER und SCHEEL. Zu diesem Zeitpunkt waren die physikalischen und mathematischen Grundlagen der nichtrelativistischen Quantenmechanik weitgehend geklärt. In Teil A des Handbucharktikels gibt PAULI eine konzentrierte Darstellung dieser Theorie, welche — wie nur wenige wissenschaftliche Texte — die Zeiten überdauert hat. Historisch interessierte Leser finden hier auch alle wichtigen Hinweise auf die Originalarbeiten der Gründerjahre.

In Teil B behandelt PAULI die damals bekannten Bruchstücke einer relativistischen Quantentheorie, nämlich die relativistische Theorie des Einkörperproblems und die DIRACsche Strahlungstheorie. Hier zeigt sich ganz besonders PAULIS Kritikfähigkeit und sein tiefer physikalischer Blick. Es ist ein glücklicher Umstand, daß diese Abschnitte noch kurz vor der Entdeckung des Positrons geschrieben wurden, sonst wäre uns PAULIS Kritik der relativistischen Einteilchentheorie und der DIRACSCHEN Löchertheorie nicht so deutlich erhalten geblieben. Schon zum Zeitpunkt des Erscheinens des Handbuchartikels hätte er z. B. die folgende bemerkenswerte Passage abändern müssen:

„Neuerdings versuchte DIRAC deshalb den bereits von OPPENHEIMER diskutierten Ausweg, die Löcher mit Antielektronen, Teilchen der Ladung $+e$ und der Elektronenmasse, zu identifizieren. Ebenso müßte es dann neben den Protonen noch Antiprotonen geben. Das tatsächliche Fehlen solcher Teilchen wird dann auf einen speziellen Anfangszustand zurückgeführt, bei dem eben nur die eine Teilchensorte vorhanden ist. Dies erscheint schon deshalb unbefriedigend, weil die Naturgesetze in dieser Theorie in bezug auf Elektronen und Antielektronen exakt symmetrisch sind. Sodann müßten jedoch (um die Erhaltungssätze von Energie und Impuls zu befriedigen, mindestens zwei) γ-Strahl-Photonen sich von selbst in ein Elektron und ein Antielektron umsetzen können. Wir glauben also nicht, daß dieser Ausweg ernstlich in Betracht gezogen werden kann."

In der zweiten Ausgabe von 1958 wurden die letzten 30 Seiten weggelassen, da inzwischen die Quantenelektrodynamik sehr viel weiter entwickelt worden war. Diese und andere weggelassene Teile sind aber historisch außerordentlich aufschlußreich und wurden deshalb in der vorliegenden Ausgabe als Anhänge wieder aufgenommen.

In dieser sind ferner vom Herausgeber in einer Reihe von Anmerkungen kurze Erläuterungen, Ergänzungen und Hinweise auf spätere Entwicklungen hinzugefügt worden Der Band wird durch ein Kurzportrait von WOLFGANG PAULI eröffnet, welches ich vor allem für die jüngere Generation geschrieben habe, die PAULI nicht mehr persönlich erlebt hat Bei dessen Abfassung waren Hinweise und kritische Bemerkungen ehemaliger Mitarbeiter und Freunde von PAULI sehr wertvoll Für Unterstützung und Kritik danke ich vor allem MARKUS FIERZ, RES JOST, VALENTIN TELEGDI und VIKTOR WEISSKOPF

Dem Springer-Verlag, ganz besonders Herrn BEIGLBÖCK, danke ich für die erfreuliche Zusammenarbeit, welche diese für Studenten erschwingliche Neuerscheinung von PAULIS Meisterwerk ermöglicht hat.

Zürich, im Oktober 1989   Norbert Straumann

Inhaltsverzeichnis

WOLFGANG PAULI: Ein Kurzportrait.

Von

N. Straumann, Zürich.

Einleitung

Anläßlich der Trauerfeier für Wolfgang Pauli am 20. Dezember 1958 im Fraumünster zu Zürich drückte Victor F. Weisskopf mit den folgenden Worten aus, was Pauli für die Physiker der ganzen Welt bedeutet hat[1]:

> „Pauli hatte eine spezielle Art Wissenschaft zu treiben. Er hat einen eigenen Stil des Denkens und des Forschens geschaffen, der uns alle in der Physik der ganzen Welt tief beeinflußt und geleitet hat. Dieser Stil betonte das Wesentliche und das Symmetrische der Naturgesetze, gefaßt in mathematische Formeln, ohne viele Worte und Gerede. Seine Art, sein Denken und sein Wesen schwebte jedem von uns vor als etwas Ideales, Klares und Reines. Wie oft fragen wir uns, wenn wir unsere Arbeit betrachten 'Was würde Pauli dazu sagen?' Wie oft denken wir 'Das würde Pauli nicht akzeptieren'."

Pauli wurde oft, z. B. von Niels Bohr, „das lebende Gewissen der theoretischen Physik" genannt.[2] Seine Ausstrahlung auf die Physiker seiner Zeit hat Paul Ehrenfest anläßlich der Verleihung der Lorentzmedaille an Pauli im Jahre 1931 so zusammengefaßt[3]:

> „Aber vielleicht noch von viel größerem Gewicht als seine Publikationen sind die unzähligen, unverfolgbaren Beiträge, die er zur Entwicklung der neueren Physik durch mündliche Diskussionen oder Briefe geliefert hat. Die enorme Schärfe seiner Kritik, seine außerordentliche Klarheit und vor allem die rücksichtslose Ehrlichkeit, mit der er stets den Nachdruck auf die ungelösten Schwierigkeiten legt, bewirkt, daß es als unschätzbare Triebkraft innerhalb der neueren theoretischen Forschung gelten muß."

---

[1] W. Pauli, *Aufsätze und Vorträge über Physik und Erkenntnistheorie*. Vieweg, Braunschweig 1961. Die Trauerrede von Weisskopf eröffnet diesen Band. Eine Neuauflage mit einleitenden Bemerkungen von K. v. Meyenn erschien als Band 15 der Facetten der Physik, hrsg. von R. U. Sexl, unterdem Titel *Physik und Erkenntnistheorie*. Vieweg, Braunschweig 1984.

[2] Siehe das Vorwort von R. Kronig und V. F. Weisskopf in: *Collected Scientific Papers by Wolfgang Pauli*. Herausgegeben von R. Kronig und V. F. Weisskopf. 2 Bände. Wiley, New York 1964.

[3] P. Ehrenfest. Ansprache zur Verleihung der Lorentzmedaille an Professor Wolfgang Pauli am 31. Oktober 1931. Versl. Akad. Amsterdam **40**, 121–126 (1931).

Einen lebendigen Eindruck von PAULIS Einfluß auf die Physiker seiner Zeit und seine unerhört kritische Fähigkeit gibt der nie abreißende Briefstrom[4], bei dessen Lektüre man immer wieder den Atem anhält. PAULIS Kritik war gesucht, gefürchtet und oft beißend, wie die folgende etwas erschreckende Kostprobe aus einem Brief an EINSTEIN aus dem Jahre 1929 zeigt, der gleichzeitig auch den stattgefundenen Generationswechsel überdeutlich macht[5]:

> „Es bleibt den [Kritik übenden Physikern] nur übrig, Ihnen dazu zu gratulieren (oder soll ich lieber sagen: zu kondolieren?), daß Sie zu den reinen Mathematikern übergegangen sind. Ich bin auch nicht so naiv als daß ich glauben würde, Sie würden auf Grund irgend einer Kritik durch Andere Ihre Meinung ändern. Aber ich würde jede Wette mit Ihnen eingehen, daß Sie spätestens nach einem Jahr den ganzen Fernparallelismus aufgegeben haben werden, so wie Sie früher die Affintheorie aufgegeben haben. Und ich will Sie nicht durch Fortsetzung dieses Briefes noch weiter zum Widerspruch reizen, um das Herannahen dieses natürlichen Endes der Fernparallelismustheorie nicht zu verzögern."

April 1929, Fähre von Warnemünde: PAULI und EHRENFEST auf dem Wege nach Kopenhagen. Aufnahme: SAM GOUDSMIT, aus: Sources in the History of Mathematics and Physical Sciences, Vol. 2

---

[4] WOLFGANG PAULI. *Wissenschaftlicher Briefwechsel mit Bohr, Einstein, Heisenberg u. a.* Band I: 1919—1929. Herausgegeben von A. HERMANN, K. v. MEYENN und V. F. WEISSKOPF. Springer, New York/Heidelberg/Berlin 1979. — Band II: 1930 bis 1939. Herausgegeben von K. v. MEYENN, unter Mitwirkung von A. HERMANN und V. F. WEISSKOPF. Springer, Berlin/Heidelberg/New York/Tokyo 1985. (Band III: 1940—1949 und Band IV: 1950—1958 in Vorbereitung.)

[5] PAULI an EINSTEIN, Brief [239] vom 19. Dezember 1929, in Ref. [4], Band I, S. 526.

Werdegang

PAULI wurde im selben Jahr geboren in dem PLANCK das Wirkungsquantum als größte Neuheit seit NEWTON in die Physik einführte. Seinen Werdegang hat er — vermutlich im Herbst 1927, als er für die Zürcher Professur vorgeschlagen wurde — mit bescheidener Zurückhaltung so beschrieben[6]:

„Ich bin am 25. April 1900 in Wien als Sohn des Universitätsprofessors und Arztes Dr. WOLFGANG PAULI geboren. Nachdem ich dort 1918 das humanistische Gymnasium absolviert hatte, studierte ich 6 Semester an der Universität München. Hier war mein Lehrer in theoretischer Physik Professor A. SOMMERFELD, und die Anregungen, die ich von ihm und seinem Schülerkreis (dem auch mein jetziger Chef, Professor W. LENZ, angehörte) empfing, waren für meine wissenschaftliche Ausbildung entscheidend. Zunächst war ich mit Fragen der Relativitätstheorie beschäftigt, worüber ich einige kleinere Noten publizierte, vor allem aber im Auftrage SOMMERFELDS einen zusammenfassenden Artikel für die mathematische Encyklopädie verfaßte. Bald wandte ich mich aber Fragen der Quanten- und Atomphysik zu, welches Gebiet bis heute mein Arbeitsfeld geblieben ist. Es entstanden damals zwei Arbeiten, die speziell sich mit Fragen des Atommagnetismus beschäftigen. Im Juni 1921 promovierte ich in München mit einer Dissertation, die ein spezielles Molekülmodell zum Gegenstand hatte, das beim heutigen Stand der Physik allerdings als überholt gelten muß.

Im darauffolgenden Wintersemester 1921/22 war ich Assistent bei Professor BORN in Göttingen. Es entstand damals eine gemeinsame Arbeit von Professor BORN und mir, deren Ziel es war, die Methoden der astronomischen Störungsrechnung für die Atomphysik in systematischer Weise nutzbar zu machen. Nachdem ich im Sommersemester 1922 Assistent bei Professor LENZ in Hamburg gewesen war, ging ich für ein Jahr zu Professor NIELS BOHR nach Kopenhagen. Hier hatte ich Gelegenheit, die besonderen wissenschaftlichen Methoden dieses berühmten Forschers kennenzulernen und ihm zu meiner Freude auch persönlich näher treten zu können. Meine Arbeiten aus dieser Zeit in Kopenhagen betrafen hauptsächlich die Folgerungen, die man aus dem sogenannten anomalen ZEEMAN-Effekt (Einwirkung von Magnetfeldern auf Spektrallinien) für den Atombau ziehen kann.

Im Herbst 1923 kehrte ich wieder nach Hamburg zurück, wo ich bis heute tätig bin und eine Assistentenstelle bei Professor W. LENZ innehabe. Anfang 1924 habilitierte ich mich hier mit einer Arbeit, die eine Verallgemeinerung der von EINSTEIN in die Quantentheorie der Strahlung eingeführten statistischen Gesetze enthielt. Ende des Jahres 1924 verfaßte ich eine Arbeit, die unter anderem einen allgemeinen, den Atombau betreffenden Satz enthielt, der sich als für die Entwirrung komplizierter Spektren sehr fruchtbar erwiesen hat und seither in der Literatur vielfach zitiert wird. Diese Arbeit ging in der Richtung weiter, die ich in Kopenhagen zu verfolgen begonnen hatte; sie brachte auch den holländischen Physikern GOUDSMIT und UHLENBECK verschiedene Anregungen, die durch ihre theoretische Entdeckung der magnetischen Eigenschaften der freien Elektronen diesen Problemkreis zu einem vorläufigen Abschluß brachten.

Nachdem ich für das im Verlag Springer erschienene 'Handbuch der Physik' einen zusammenfassenden Bericht über die Methoden der älteren Quantentheorie verfaßt hatte, verfolgte ich in neuen Arbeiten seit Ende 1925 die neuere, von HEISENBERG und DE BROGLIE begründete und später von

---

[6] Enthalten in Ref. [2], Band I, S. V—VI.

Wolfgang Pauli: Ein Kurzportrait

SCHRÖDINGER wesentlich weitergeführte wellenmechanische Fassung der Quantentheorie. Auch zur Zeit bin ich mit Problemen auf diesem Gebiet beschäftigt.

Im Juni 1926 erhielt ich eine Berufung an das Extraordinariat für theoretische Physik an der Leipziger Universität. Da mir bei dieser Gelegenheit in Hamburg der Professortitel verliehen wurde und ich einen besonderen Lehrauftrag erhielt, konnte ich diese Berufung ablehnen."

Sehr wichtig für PAULIS Entwicklung war zweifellos der Einfluß von ERNST MACH, der mit PAULIS Vater befreundet war und Taufpate des Sohnes WOLFGANG wurde. Der folgende Brief[7] an einen nicht bekannten Empfänger aus dem Jahre 1953 spricht für sich selber:

„... Unter meinen Büchern befindet sich ein etwas verstaubtes Etui, in diesem ist ein Silberbecher im Jugendstil und in diesem wiederum ist eine Karte ... Dieser Becher nun ist ein Taufbecher, und auf der Karte steht in altmodisch verschnörkelten Buchstaben:

Dr. E. MACH, Professor an der Universität Wien.

Es kam so, daß mein Vater sehr mit seiner Familie befreundet war, damals geistig ganz unter seinem Einfluß stand und er (MACH) sich freundlicherweise bereit erklärt hatte, die Rolle des Taufpaten bei mir zu übernehmen ... Er war wohl eine stärkere Persönlichkeit als der katholische Geistliche, und das Resultat scheint zu sein, daß ich auf diese Weise antimetaphysisch statt katholisch getauft bin. Jedenfalls bleibt die Karte im Becher und trotz meiner größeren geistigen Wandlungen in späterer Zeit bleibt sie doch eine Etikette, die ich selber trage, nämlich: von antimetaphysischer Herkunft. In der Tat betrachtete MACH die Metaphysik, etwas vereinfachend, als die Ursache alles Bösen auf Erden — also psychologisch gesprochen: als den Teufel schlechtweg —, und jener Becher mit der Karte darin bleibt ein Symbol für die aqua permanens, welche die bösen metaphysischen Geister verscheucht ...".

Es war wohl naheliegend, daß PAULI nach dem Abitur noch im Jahre 1918 nach München zog, wo SOMMERFELD „eine Pflanzstätte der theoretischen Physik" geschaffen hatte und die besten Talente anzog. SOMMERFELD ist vor allem als begnadeter Lehrer in die Geschichte der Physik eingegangen. Seine auch heute noch sehr lesenswerten Lehrbücher geben uns eine Ahnung von der Begeisterung, mit der er seine Vorlesungen hielt und mit welchem Enthusiasmus er die jugendlichen Hörer mitriß. Zu den Maßstäben seines Unterrichtes sagte er einmal[8]: „Was wir betonen müssen, ist die ideale Seite der mathematischen und naturwissenschaftlichen Studien, ihre Schönheit und innere

---

[7] WOLFGANG PAULI, *Das Gewissen der Physik*. Hrsg.: Ch. P. ENZ, K. v. MEYENN, Vieweg, Braunschweig 1988. Der Brief von PAULI ist in der Einleitung von Ch. ENZ abgedruckt. Dieser Band enthält neben persönlichen Erinnerungen und Anekdoten eine Auswahl von PAULIS wichtigsten Arbeiten. In wertvollen Anhängen findet man eine Zeittafel, ein Verzeichnis der Schriften von WOLFGANG PAULI sowie der bestehenden Sekundärliteratur.

[8] A. SOMMERFELD: Führende Geister der naturwissenschaftlichen Forschung. Vortrag auf dem bayrischen Philologentag in Regensburg. Auszugsweise abgedruckt in den Münchener Neuesten Nachrichten. September 1926.

4

Wahrhaftigkeit; ihre Kraft, phrasenloses Denken und rücksichtsloses Schließen im Schüler zu entwickeln."

SOMMERFELD erkannte sofort die Begabung von PAULI und betraute ihn
schon in den Anfangssemestern mit dem für die Enzyklopädie der mathematischen Wissenschaften bestimmten Kapitel über Relativitätstheorie. PAULI
schrieb seinen berühmten Artikel über spezielle und allgemeine Relativitätstheorie — ein Buch von 330 Seiten mit gegen 400 Literaturzitaten — als
19jähriger und etablierte sich damit als ein Wissenschaftler von seltener Tiefe
und alles überragenden synthetischen und kritischen Fähigkeiten. In seiner
Besprechung des Enzyklopädieartikels schrieb EINSTEIN[9]:

> „Wer dieses reife und groß angelegte Werk studiert, möchte nicht glauben,
> daß der Verfasser ein Mann von einundzwanzig Jahren ist. Man weiß nicht,
> was man am meisten bewundern soll, das psychologische Verständnis für die
> Ideenentwicklung, die Sicherheit der mathematischen Deduktion, den tiefen
> physikalischen Blick, das Vermögen übersichtlicher systematischer Dar-
> stellung, die Literaturkenntnis, die sachliche Vollständigkeit, die Sicherheit
> der Kritik."

Im selben Jahr 1921, als PAULIS Artikel erschien, promovierte er bereits nach
sechs Semestern an der Universität München mit seiner Doktorarbeit über das
Wasserstoff-Molekülion[10] im Rahmen der alten Quantentheorie von BOHR
und SOMMERFELD; er zeigte, daß man in dieser Theorie nicht zu den richtigen
stationären Zuständen kommen konnte.

PAULI zollte seinem Lehrer SOMMERFELD immer Ehrfurcht und Respekt.
Zu ihm war er ganz anders als zu anderen Leuten. In den Erinnerungen an
seine Assistentenzeit sagt V. WEISSKOPF dazu[11]: „Wenn Geheimrat SOMMER-
FELD nach Zürich kam, war es komisch, PAULI zu beobachten. SOMMERFELD
kam, hat Fragen gestellt, und PAULI saß ganz ruhig, die Hände auf dem Tisch,
so wie ein Schüler in der Schule und sagte: 'Ja, Herr Geheimrat, nein Herr
Geheimrat, das ist vielleicht nicht ganz so wie Sie es ausdrücken', und hat
ihm alles brav erklärt. Das war plötzlich ein ganz anderer PAULI." Trotzdem
scheute PAULI nicht davor zurück, SOMMERFELD zurechtzuweisen, als dieser
eine brieflich geäußerte Idee seines ehemaligen Schülers, ohne Hinweis auf
deren geistige Miturheberschaft, publizierte. PAULIS Reaktion war[12]:

> „Sollte ich einmal zu faul sein, eine Sache selbst zu publizieren oder dies
> aus irgendwelchen Bedenken nicht gerne tun wollen, sollte ich es aber den-
> noch ganz gerne sehen, wenn diese Sache allgemein bekannt wird, so werde
> ich es Ihnen brieflich mitteilen. Sie werden sie dann in irgend einer Form
> früher oder später publizieren. (Natürlich werde ich Sie nicht ausdrücklich
> darum ersuchen, sonst würden Sie es aus pädagogischen Gründen ablehnen).
> Es ist dies überhaupt eine sehr angenehme Methode der Veröffentlichung
> von irgend welchen Überlegungen, die mir schon einmal Herr LANDÉ so gut
> besorgt hat. Wie dem ... auch sei, jedenfalls freue ich mich diesmal auf
> Vor- wie Nachtrag."

---

[9] A. EINSTEIN: Naturwiss. **10**, 184—185 (1922).

[10] W. PAULI: Über das Modell des Wasserstoffmolekülions. Ann. Physik [4]
68, 177—240 (1922).

[11] V. F. WEISSKOPF: Meine Assistentenzeit bei PAULI, in Ref. [7], S. 80—88.

[12] PAULI an SOMMERFELD, Brief [70] vom November 1924, in Ref. [4], Band I,
S. 173.

Nach seiner Promotion trat PAULI im Wintersemester 1921/22 eine Assistentenstelle bei MAX BORN in Göttingen an. In gemeinsamen Untersuchungen übertrugen die beiden die astronomische Störungstheorie auf die Atomphysik. Schon am 29. November 1921 schrieb BORN an EINSTEIN[13]: „Der kleine PAULI ist sehr anregend; einen so guten Assistenten werde ich nie mehr kriegen." Jahrzehnte später äußerte sich BORN über PAULI folgendermaßen[14]: „Denn ich wußte seit der Zeit, da er mein Assistent in Göttingen war, daß er ein Genie war, nur vergleichbar mit EINSTEIN selbst, ja daß er rein wissenschaftlich vielleicht noch größer war als EINSTEIN, wenn auch ein ganz anderer Menschentyp, der in meinen Augen EINSTEINS Größe nicht erreichte."

PAULI mit seinem ehemaligen Lehrer ARNOLD SOMMERFELD während des Genfer Metallkongresses im Oktober 1934

---

[13] A. EINSTEIN/M. BORN. Briefwechsel 1916—1955. Kommentiert von M. BORN. Reinbek 1972. Brief [35] vom 29. November 1921, S. 92.
[14] In Ref. [13]. Kommentar zu einem Brief von PAULI an BORN vom 11. Dezember 1955. S. 301.

Ausschließungsprinzip und Spin, Quantenmechanik

Einen lebendigen Eindruck von PAULIS Entdeckung des Ausschließungsprinzips[15] — seinem wichtigsten Beitrag zur Physik — gewinnt man wieder aus dem ersten Band des Briefwechsels.[16] Das Pauliprinzip lag zum Zeitpunkt seiner allgemeinen Formulierung gegen Ende 1924 keineswegs in der Luft, stand man doch damals vor zwei grundsätzlichen Schwierigkeiten: Einen allgemeinen Übersetzungsschlüssel eines mechanischen Modells in eine kohärente Quantentheorie gab es noch nicht und der Spin-Freiheitsgrad war unbekannt.

Die Entdeckungsgeschichte des Ausschließungsprinzips beginnt im Herbst 1922 in Kopenhagen, wo sich PAULI am BOHRschen Institut mit einer Erklärung des anomalen ZEEMAN-Effektes abmühte. LANDÉ hatte aus den Spektraldaten bereits die Aufspaltung der Spektralterme in einem Magnetfeld abgeleitet und für die Beschreibung der Dublettstruktur der Alkalimetalle halbzahlige magnetische Quantenzahlen eingeführt. PAULI gelang es in einem ersten Schritt, LANDÉS Termanalyse für das PASCHEN-BACK-Gebiet zu verallgemeinern. Er fand dabei das „allgemeine formale Gesetz, welches gestattet, die Aufspaltungsfaktoren g in Falle kleiner Felder aus den Energiewerten bei großen Feldern abzuleiten."[17] Diese frühe Arbeit war — wie PAULI in seinem Nobelvortrag[18] betont — für die Entdeckung des Ausschließungsprinzips wesentlich. Zum Zeitpunkt ihrer Abfassung war er aber darüber sehr unglücklich, wie z. B. aus einem Brief an SOMMERFELD hervorgeht[19]:

> „Ich habe mich sehr lange mit dem anomalen Zeemaneffekt geplagt, wobei ich oft auf Irrwege geriet und eine Unzahl von Annahmen prüfte und dann wieder verwarf. Aber es wollte und wollte nicht stimmen! Dies ist mir bis jetzt einmal gründlich schief gegangen! Eine Zeit lang war ich ganz verzweifelt ... ich habe das Ganze mit einer Träne im Augenwinkel geschrieben und habe davon wenig Freude."

PAULI hat selber erzählt[20] wie ihm auf einer ziellosen Wanderung durch die Straßen Kopenhagens HARALD BOHR begegnete, der freundlich zu ihm sagte: „Sie sehen so unglücklich aus", worauf er schroff antwortete: „Wie kann man glücklich aussehen, wenn man an den anomalen Zeemaneffekt denkt."

Nach Hamburg zurückgekehrt, begann PAULI über den Abschluß der Elektronenschalen und die Beziehung zwischen diesem Problem und der Multiplettstruktur nachzudenken. Zu diesem Zeitpunkt war man allgemein der Meinung, daß die Dublettstruktur der Alkalimetalle auf einem nichtverschwin-

---

[15] W. PAULI: Über den Zusammenhang des Abschlußes der Elektronengruppen im Atom mit der Komplexstruktur der Spektren. Z. Phys. **31**, 765—783 (1925).

[16] Ref. [4]. Siehe speziell die Briefe [68—83].

[17] W. PAULI: Über die Gesetzmäßigkeiten des anomalen Zeemaneffektes. Z. Physik **16**, 155—164 (1923).

[18] W. PAULI: Exclusion principle and quantum mechanics. Nobel lecture, delivered at Stockholm, December 13, 1946. (Deutsche Übersetzung in Ref. [1], S. 129—146.)

[19] PAULI an SOMMERFELD Brief [37] vom 6. Juni 1923 in Ref. [4], Band I, S. 94.

[20] O. KLEIN: WOLFGANG PAULI. Nagra Minnesord. Kosmos, Fysika Uppsatzer **37**, 9—12 (1959). (Deutsche Übersetzung in Ref. [7], S. 49—52.)

---

denden Drehimpuls des Atomrumpfs beruhte. Diese Auffassung wurde von
PAULI im Herbst 1924 in einer grundlegenden Arbeit verworfen und statt-
dessen führte er die Annahme einer neuen „eigentümlichen, klassisch nicht
beschreibbaren Art von Zweideutigkeit der quantentheoretischen Eigenschaften des Leuchtelektrons"[21] ein. In einem sehr wichtigen Brief vom 24. November 1924 an LANDÉ[22] sagt er zu dieser Zweideutigkeit: „Das Leuchtelektron
bringt es auf eine rätselhafte, unmechanische Weise fertig, in zwei Zuständen
(mit gleichem k) mit verschiedenen Impulsen zu laufen." PAULI hat damit als
erster einen Freiheitsgrad in die Quantentheorie eingeführt, der keine korre-
spondenzmässige Basis hat.

Im selben Brief wird auch zum ersten Mal das Ausschließungsprinzip
formuliert. Den entscheidenden Anstoß dazu gab eine sehr wichtige Bemerkung in einer kurz zuvor erschienenen Arbeit von STONER[23], auf die PAULI
zufällig aufmerksam wurde. In heutiger Terminologie unternahm STONER eine
Klassifikation der Elektronen in Untergruppen zu den beiden Quantenzahlen
l und j vor und stellte fest, daß die Anzahl der Elektronen in einer abgeschlossenen Untergruppe zugleich auch die Zahl der ZEEMAN-Terme in den Alkali-
spektren ist. In seinem Nobelpreisvortrag[18] sagt PAULI dazu:

> „Auf der Grundlage meiner früheren Ergebnisse über die Klassifikation der
> Spektralterme in einem starken magnetischen Feld wurde mir nun die all-
> gemeine Formulierung des Ausschließungsprinzips klar. Der Grundgedanke
> kann so ausgesprochen werden: Die komplizierten Anzahlen der Elektronen
> in abgeschlossenen Untergruppen werden auf die einfache Zahl Eins redu-
> ziert, wenn die Unterteilung der Gruppe durch Angabe der Werte der
> 4 Quantenzahlen so weit getrieben ist, daß jede Entartung beseitigt ist. Ein
> überhaupt nicht entartetes Energieniveau ist bereits „abgeschlossen",
> wenn es von einem einzigen Elektron eingenommen wird; Zustände, die
> diesem Postulat widersprechen, sind auszuschließen."

Anfänglich war PAULI offenbar nicht sicher, wie weit sich sein Prinzip bewäh-
ren würde, bezeichnete er es doch in seinem Brief an BOHR[24] als „Unsinn...,
der zum bisher üblichen Unsinn konjugiert" ist. Durch das Ausschließungsprinzip wurden aber sogleich viele Tatsachen der Atomphysik verständlich, so
natürlich die Periodenlängen 2, 8, 18, 32, ... der Elemente. PAULI beschließt
seine berühmte Arbeit[25] vom 16. Januar 1925 mit den Worten: „Das Problem
der näheren Begründung der hier zugrunde gelegten allgemeinen Regel über
das Vorkommen von äquivalenten Elektronen im Atom dürfte wohl erst nach
einer weiteren Vertiefung der Grundprinzipien der Quantentheorie erfolgreich
angreifbar sein."

---

[21] W. PAULI: Über den Einfluß der Geschwindigkeitsabhängigkeit der Elektronenmasse auf den Zeemaneffekt. Z. Physik **31**, 373—385 (1925).

[22] PAULI an LANDÉ, Brief [71] vom 24. November 1924 in Ref. [4], Band I,
S. 176.

[23] E. C. STONER: The Distribution of Electrons among Atomic Levels. Philo-
sophical Magazine **48**, 719—736 (1924).

[24] PAULI an BOHR, Brief [74] vom 12. Dezember 1924 in Ref. [4], Band I, S.
186—189.

[25] W. PAULI, Ref. [18], p. 146.

PAULI sträubte sich aus verständlichen Gründen zunächst gegen Modellvorstellungen seines vierten Freiheitsgrades durch KRONIG[26], UHLENBECK und GOUDSMIT[27]. Viel später bemerkte er dazu:[18] „Obgleich ich anfänglich die Korrektheit dieser Idee wegen ihres klassischen Charakters stark bezweifelte, wurde ich schließlich durch THOMAS' Berechnung der Größe der Dublettaufspaltung zu ihr bekehrt. Andrerseits erfuhren meine früheren Zweifel und auch die vorsichtige Ausdrucksweise 'klassisch nicht beschreibbare Zweiwertigkeit' während der späteren Entwicklung eine gewisse Bestätigung, da BOHR auf der Grundlage der Wellenmechanik zeigen konnte, daß der Elektronenspin nicht durch klassisch beschreibbare Versuche gemessen werden kann (etwa durch die Ablenkung von Molekularstrahlen* in äußeren magnetischen Feldern) und deshalb als eine wesentlich quantenmechanische Eigenschaft des Elektrons anzusprechen ist."

In Anbetracht der anfänglich negativen Einstellung zur Idee eines Elektronenspins ist es eigentlich erstaunlich, daß PAULI noch *vor* dem Ausschließungsprinzip die Vorstellung eines Kerndrehimpulses einführte, um gewisse „Satelliten einiger Spektrallinien" zu deuten.[28] Dieser Mechanismus wurde später als Hyperfein-Wechselwirkung bezeichnet.

Klassisch, und immer noch sehr schön zu lesen, ist PAULIS Arbeit „Zur Quantenmechanik des magnetischen Elektrons" aus dem Jahre 1927, in welcher er mit Hilfe der nach ihm benannten Spinmatrizen die nichtrelativistische Wellenmechanik von Spin 1/2-Teilchen endgültig formulierte.[29] Die Beschreibung eines Zustandes von endlich vielen Elektronen durch eine mehrkomponentige Wellenfunktion, welche sich nach einer zweideutigen Darstellung der Rotationsgruppe transformiert, war auch im Hinblick auf die relativistische DIRAC-Gleichung grundlegend.[30]

Die große Bedeutung des Pauliprinzips — weit über die Atomphysik hinaus — hat EHRENFEST in seiner bereits erwähnten Ansprache zur Verleihung der Lorentzmedaille an PAULI in sehr lebendiger und eingängiger Weise erläutert.[3] Treffend sagt er z. B.: „Darum sind also die Atome so unnötig dick; darum der Stein, das Metallstück etc. so voluminös! Sie müssen zugeben, Herr PAULI:

---

[26] Siehe dazu B. L. VAN DER WAERDEN: Exclusion Principle and Spin. In M. FIERZ and V. F. WEISSKOPF: Theoretical Physics in the Twentieth Century: A Memorial Volume to WOLFGANG PAULI. Interscience, New York 1960, p. 199—244. Siehe ferner K. v. MEYENN: PAULIS Briefe als Wegbereiter wissenschaftlicher Ideen. In Ref. [7], S. 20—42.

[27] G. E. UHLENBECK und S. GOUDSMIT: Ersetzung der Hypothese vom unmechanischen Zwang durch eine Forderung bezüglich des inneren Verhalten jedes einzelnen Elektrons. Naturwiss. 13, 953 (1925). Spinning Electrons and the Structure of Spectra. Nature, Lond. 117, 264 (written December 1925).

[28] W. PAULI: Zur Frage der theoretischen Deutung der Satelliten einiger Spektrallinien und ihrer Beeinflußung durch magnetische Felder. Naturwiss. 12, 741—743 (1924).

[29] W. PAULI: Zur Quantenmechanik des magnetischen Elektrons. Z. Physik 43, 601—623 (1927).

[30] Siehe Ref. [26].

* PAULI meint hier einen STERN-GERLACH Versuch mit *Elektronen*. (Siehe dazu die Bemerkung auf S. 165 des Handbuchartikels und die dort zitierte Literatur.)

Durch eine *partielle* Aufhebung Ihres Verbotes könnten Sie uns von gar vielen Sorgen des Alltags befreien: z. B. vom Verkehrsproblem unserer Straßen." Tatsächlich ist das Pauli-Prinzip entscheidend für die Stabilität der makroskopischen Materie. Wir müssen deshalb — mit den Worten von Ehrenfest[3] — „jedesmal, wenn ein Atomkern bei einem Beta-Zerfall ein neues Elektron in die Welt setzt, mit Herzklopfen abwarten; wird sich nun das neue Elektron gehorsam dem Pauli-Verbot fügen oder wird es in boshaftem Übermut den Anti-Symmetrie-Tanz seiner älteren Geschwister verwirren?"

Auch auf die Evolution und die Struktur der Sterne — ganz besonders auf deren Endzustände — hat das Ausschließungsprinzip fundamentale Auswirkungen. Es ist dabei sehr bemerkenswert, daß die Quantenstatistik identischer Teilchen ihre allererste Anwendung in der Astrophysik fand. Bereits Ende 1926 entwickelte Fowler auf ihrer Basis die (nichtrelativistische) Theorie der Weissen Zwerge.

Nach der mathematischen Ausgestaltung der Matrizenmechanik im Jahre 1925 stellte sich das dringende Problem, das Wasserstoffspektrum aus der neuen Theorie herzuleiten. In diesem Stadium, als die Wellenmechanik noch nicht vorlag, war dies eine schwierige Aufgabe, um deren Lösung sich z. B. Heisenberg vergeblich bemühte. Schon im Oktober 1925 hatte Pauli aber die vollständige Quantenmechanik des Wasserstoffatoms. Auf das brieflich mitgeteilte Resultat schrieb Heisenberg[31]: „Ich brauche Ihnen wohl nicht zu schreiben, wie sehr ich mich über die neue Theorie des Wasserstoffs freue, und wie sehr ich es bewundere, wie Sie diese Theorie so schnell herausgebracht haben." Pauli deckte bei seiner raffinierten Lösung eine verborgene vierdimensionale Drehsymmetrie auf, welche es ihm gestattete, das Wasserstoffspektrum auf rein algebraischem Weg zu berechnen. Eine wichtige Rolle spielte dabei der von seinem damaligen Chef in Hamburg in die Atomphysik eingeführte Lenzsche Vektor (dessen Ursprünge freilich weit zurückreichen).

Nachdem im Frühjahr des nächsten Jahres durch Schrödinger die vollständige mathematische Formulierung der Wellenmechanik entstanden war, wurden die Interpretationsfragen der Quantenmechanik immer drängender. Die wichtige Rolle, die Pauli in den kommenden Auseinandersetzungen gespielt hat, wurde von Heisenberg im Erinnerungsband für Wolfgang Pauli lebendig beschrieben.[32] Leider sind aus dieser Zeit alle Briefe von Pauli an Heisenberg verschollen — bis auf ein sehr aufschlußreiches Schreiben vom 19. Oktober 1926, welches das geflügelte Wort enthält[33]: „Man kann die Welt mit dem p-Auge und man kann sie mit dem q-Auge ansehen, aber wenn man beide Augen zugleich aufmachen will, dann wird man irre." Pauli setzt im gleichen Brief — neben dieser Andeutung der Unschärferelation — auch auseinander, daß die Bornsche Interpretation nur ein Spezialfall einer viel allgemeineren Interpretationsvorschrift sei. Beispielsweise sei $|\Psi(p)|^2$ die Wahrscheinlichkeitsdichte

---

[31] Heisenberg an Pauli, Brief [103] vom 3. November 1925 in Ref. [4], Band I, S. 252.

[32] W. Heisenberg: Erinnerungen an die Zeit der Entwicklung der Quantenmechanik. In M. Fierz and V. F. Weisskopf: Theoretical Physics in the Twentieth Century: A Memorial Volume to Wolfgang Pauli. Interscience New York 1960, p. 40—47.

[33] Pauli an Heisenberg, Brief [143] vom 19. Oktober 1926 in Ref. [4], Band I, S. 340.

im Impulsraum. Der Brief enthält außerdem eine Erklärung des Paramagnetismus, bei der PAULI erstmals die Quantenstatistik in der GIBBS'schen großkanonischen Gesamtheit entwickelte.

In einem sehr bemerkenswerten Brief an JORDAN[34] erbrachte PAULI — unabhängig von SCHRÖDINGER — den Nachweis der Äquivalenz von Matrizenmechanik und Wellenmechanik.

PAULI hatte großen Anteil an der „Kopenhagener Interpretation" der Quantenmechanik und war vielleicht deren konsequentester Verfechter. Er ist auch später wiederholt auf dieses Thema zurückgekommen.

Während der ganzen Entstehungszeit der Quantenmechanik hatte PAULI die Prüf- und Kontrollfunktion. „Bei ihm lief die Information ein, hier wurde sie entwickelt, von hier strahlte sie gereinigt wieder aus. Daher sind am Briefwechsel alle beteiligt, die mitgestaltet haben — bis auf den großen Einsamen, der sich selbst genügte: PAUL ADRIAN MAURICE DIRAC."[35]

Quantenelektrodynamik, Quantenfeldtheorie

Nach Vollendung der nicht-relativistischen Quantenmechanik galt PAULIS Hauptinteresse der Quantenelektrodynamik und Quantenfeldtheorie, welche er in entscheidender Weise gefördert hat.

Bereits in der großen „Dreimännerarbeit" erkannten BORN, HEISENBERG und JORDAN, daß die Neuinterpretation der physikalischen Observablen auch auf das MAXWELL-Feld ausgedehnt werden mußte. Da das freie elektromagnetische Feld als ein System von unendlich vielen ungekoppelten harmonischen Oszillatoren aufgefaßt werden kann, war klar, wie die Quantisierung zu geschehen hatte. Dabei tauchten im Lichtwellenfeld ganz von selber die korpuskularen Teilchen auf, die EINSTEIN in raffinierten statistischen Überlegungen aus dem PLANKschen Gesetz herausgelesen hatte. Die Feldquanten gehorchten dabei der BOSE-EINSTEIN Statistik.

Im Jahre 1927 behandelte DIRAC als erster das quantisierte elektromagnetische Feld in Wechselwirkung mit einem materiellen System, welches durch die nichtrelativistische Quantenmechanik beschrieben wurde. Erfolg und Mißerfolg der Theorie waren sofort klar. DIRAC leitete aus seiner Theorie konsequent die EINSTEIN-Koeffizienten für Emission und Absorption von Licht her. Ehrenfest wies aber sogleich darauf hin, daß die Theorie in höheren Ordnungen der Störungstheorie zu Divergenzen führen müsse, da in ihr das Vektorpotential am Ort des Elektrons eingeht.

In einer sehr wichtigen Arbeit von JORDAN und PAULI[36], 'Zur Quantenelektrodynamik ladungsfreier Felder' wird erstmals an der manifesten LORENTZinvarianz bei der Quantisierung festgehalten und es werden die lorentzinvarianten Vertauschungsrelationen für die elektromagnetischen Feldstärken abgeleitet. Merkwürdigerweise wird in dieser Arbeit noch nicht betont, daß die Kommutatoren der Feldstärken für raumartige Separationen verschwinden,

---

[34] PAULI an JORDAN, Brief [131] vom 12. April 1926 in Ref. [4], Band I, S. 315.

[35] R. JOST: Buchbesprechung „WOLFGANG PAULI, Wissenschaftlicher Briefwechsel", Band I: 1919—1929. ZAMP **31**, 548 (1980).

[36] P. JORDAN und W. PAULI: Zur Quantenelektrodynamik ladungsfreier Felder. Z. Physik **47**, 151—173 (1928).

---

was natürlich im Hinblick auf die Beziehung von Spin und Statistik sehr wesentlich ist.

Da die Anwendung der beim Strahlungsfeld benutzten Quantisierungsvorschriften auf das SCHRÖDINGERsche Wellenfeld ebenfalls zur BOSE-EINSTEIN Statistik führt, ersetzten JORDAN und WIGNER die Kommutatoren für die FOURIERkoeffizienten des Feldes durch Antikommutatoren.

Im Anschluß an diese frühen Entwicklungen entstehen nun die zwei großen Arbeiten von HEISENBERG und PAULI[37], in denen zum ersten Mal eine systematische Theorie der Feldquantisierung entwickelt wird. Da die kanonische Quantisierung die Zeit auszeichnet und daher von Natur aus nicht manifest lorentzinvariant ist, ist der Nachweis der Lorentzinvarianz des Quantisierungsverfahrens ein Hauptanliegen. Dieser erweist sich als ziemlich umständlich; trotzdem halten aber die Autoren aus verschiedenen Gründen am dreidimensionalen Standpunkt fest. Das wichtigste Modell einer quantisierten Feldtheorie — die Quantenelektrodynamik — wird von ihnen in den allgemeinen Rahmen eingebaut.

Damit waren die Grundlagen gelegt, auf denen alle weiteren Entwicklungen der Quantenfeldtheorie und insbesondere der Quantenelektrodynamik aufbauten. Wir beschränken uns hier auf eine Skizze der wichtigsten Etappen, die PAULI schließlich 1939 zu seinem eleganten Beweis für den Zusammenhang zwischen Spin und Statistik führten, womit er für sein Ausschließungsprinzip eine tiefere Begründung fand.

PAULIS anfängliche Abneigung gegen DIRACs kühne Löchertheorie, in welcher das Ausschließungsprinzip zur Stabilisierung des Vakuums benutzt wurde, sind bekannt und finden z. B. im Handbuchartikel von 1933 — noch kurz vor der Entdeckung des Positrons durch C. D. ANDERSON — ihren beredten Niederschlag[38]. Deshalb nannte er auch eine gemeinsame Arbeit mit WEISSKOPF, auf die wir nun zu sprechen kommen, für längere Zeit die „Anti-DIRAC-Theorie".

PAULI und WEISSKOPF studieren in ihrer Arbeit[39] die zum Schulbeispiel gewordene Quantisierung eines komplexen Skalarfeldes $\psi(x)$, das wegen des Bestehens einer Eichgruppe nicht beobachtbar ist. Deshalb darf das Lokalisierungspostulat nicht direkt auf das ψ-Feld angewandt werden, wohl aber auf den erhaltenen Strom, der bilinear aus ψ und ψ^* aufgebaut ist. Dieses ist erfüllt, falls $\psi(x)$ und $\psi(x')$ kommutiert und $\psi(x)$ und $\psi^*(y)$ für raumartige Separationen der Argumente kommutieren. Nun würde man auch einen lokalen Stromoperator erhalten, falls $\psi(x)$ und $\psi(x')$ antikommutiert und der Antikommutator von $\psi(x)$ und $\psi^*(x)$ für raumartige Abstände verschwindet. Diese letzte Forderung impliziert aber — zumindest im kräftefreien Fall — daß ψ identisch verschwindet. Deshalb ist nur eine Quantisierung möglich, bei der die Teilchen der BOSE-EINSTEIN Statistik genügen.

---

[37] W. HEISENBERG und W. PAULI: Zur Quantenelektrodynamik der Wellenfelder. Z. Physik **56**, 1—61 (1929) und W. HEISENBERG und W. PAULI: Zur Quantentheorie der Wellenfelder II. Z. Physik **59**, 168—190 (1930).

[38] W. PAULI: Die allgemeinen Prinzipien der Wellenmechanik. *Handbuch der Physik*, 2. Auflage, Bd. 24, 1. Teil. S. 83—272. Springer, Berlin 1933.

[39] W. PAULI und V. WEISSKOPF: Über die Quantisierung der skalaren relativistischen Wellengleichung. Helv. Phys. Acta **7**, 709—731 (1934).

PAULI trägt während der Physikerkonferenz in Kopenhagen im April 1929 über die gemeinsame Arbeit mit WERNER HEISENBERG „Zur Quantendynamik der Wellenfelder" vor. (An der Tafel sind die Gleichungen (59), (50) und (51) aus der entsprechenden Veröffentlichung in der *Zeitschrift für Physik* **56**, 1 (1929) zu sehen.)

PAULI teilte dieses Ergebnis in einem Brief an HEISENBERG[40] mit folgenden Worten mit:

„Die Frage, ob sich bei dieser Theorie formal auch eine Quantelung der Materiewellen mit Ausschließungsprinzip durchführen läßt, bedurfte einer genaueren Untersuchung... Das Ergebnis ist interessanterweise negativ: Es läßt sich bei Quantelung nach dem Ausschließungsprinzip der skalaren Wellengleichung auf Grund des bisherigen Formalismus nicht erreichen, dass zugleich

    1. relativistische und Eichinvarianz besteht
    2. die Eigenwerte der Energie positiv sind.

(während bei Quantelung nach der BOSE-Statistik dies von selbst beides erfüllt ist.)".

Um im Falle des Diracfeldes ein stabiles Vakuum zu erhalten, muß mit dem Formalismus von JORDAN und WIGNER nach dem Ausschlußprinzip quantisiert werden. Dann erhält man in symmetrischer Weise Teilchen beider Ladungen.

PAULI war nun bald überzeugt, daß „hier ein zwangsläufiger Zusammenhang von Spin und Statistik aufzudämmern beginnt."[41] Bevor ein allgemeiner Beweis möglich wurde, mußte aber zuerst die Theorie kräftefreier Felder zu beliebigem Spin entwickelt werden. Dies leistete — nach Vorarbeiten von DIRAC[42]

---

[40] PAULI an HEISENBERG, Brief [375] vom 28. Juni 1934, in Ref. [4], Band II, S. 334.

[41] PAULI an HEISENBERG, Brief [394] vom 7. November 1934, in Ref. [4], Band II, S. 360.

[42] P. A. M. DIRAC. Proc. ROY. Soc. A **155**, 447 (1936).

— MARKUS FIERZ[43], der zu jener Zeit Assistent bei PAULI war. Die bedeutende Abhandlung von FIERZ ist bei der jüngeren Generation leider etwas in Vergessenheit geraten, wohl hauptsächlich deshalb, weil PAULI in seiner berühmten Arbeit mit dem Titel „The Connection Between Spin and Statistics"[44] das FIERZsche Hauptresultat für nicht notwendigerweise irreduzible Spinorfelder ohne viel Rechnung auf sehr elegante Weise beweisen konnte. FIERZ und PAULI zeigen beide, daß in einer bezüglich der eigentlichen Lorentzgruppe invarianten (c-Zahl-) Theorie freier Felder *die Ladungsdichte für eindeutige und die Energiedichte für zweideutige Darstellungen indefinit sind*. Um im Falle zweideutiger Felder (halbzahliger Spin) ein stabiles Vakuum zu erhalten, muß man deshalb nach dem Ausschlußprinzip quantisieren. Dann erhält man, wie bei der Quantisierung des Diracfeldes, Teilchen beider Ladungen in symmetrischer Weise. Für den Fall eindeutiger Felder (ganzzahliger Spin) ist die Quantisierung nach BOSE-EINSTEIN möglich. Hingegen ist die Quantisierung nach dem Ausschlußprinzip nicht mit einer lokalen Ladungsdichte verträglich. Mit Recht beschließt PAULI seine Arbeit mit folgenden Worten:

> „In conclusion we wish to state that according to our opinion the connection between spin and statistics is one of the most important applications of the special relativity theory."

Neutrinohypothese

Es ist heute nur noch schwer vorstellbar, welcher Mut im Jahre 1930 nötig war, um die Existenz eines neuen leichten elektrisch neutralen Spin 1/2-Teilchens zu postulieren, welches sich bis anhin allen Beobachtungen entzogen hatte. Die damalige Physik kannte schon seit geraumer Zeit nur drei Elementarteilchen: Das unabhängig von WIECHERT und THOMPSON entdeckte Elektron, das Proton als leichtester Atomkern und das Photon, welches EINSTEIN mit Hilfe des BOLTZMANNschen Prinzips aus dem asymptotisch gültigen WIENschen Gesetz für die Hohlraumstrahlung herauskristallisiert hatte.

PAULIS Neutrinohypothese war anfänglich mit gewissen Schwierigkeiten verbunden, weil er zwei gänzlich verschiedene Probleme der damaligen Kernphysik auf einen Schlag lösen wollte. Das eine Problem betraf das 1914 von CHADWICK entdeckte kontinuierliche Spektrum beim Beta-Zerfall und das andere die „verkehrte" Statistik der Atomkerne. Da letzteres später — nach der Entdeckung des Neutrons durch CHADWICK im Jahre 1932 — wegfiel, muß kurz auf das damalige Problem von Spin und Statistik der Atomkerne eingegangen werden.

Nach RUTHERFORDS Versuchen über künstliche Kernumwandlungen hatte man angenommen, daß die Kerne aus Protonen und Elektronen bestünden. Dann mußte aber z. B. der Stickstoffkern mit der Massenzahl 14 und der Ladung 7 aus 21 Teilchen bestehen, nämlich 14 Protonen und 7 Elektronen. Deshalb sollte der Stickstoffkern halbzahligen Spin haben und somit nach dem „Wechselsatz" dem Ausschließungsprinzip (FERMI-Statistik) genügen.

---

[43] M. FIERZ, Helv. Phys. Acta **12**, 3 (1939); **23**, 412 (1950).
[44] W. PAULI: The connection between spin and statistics. Phys. Rev. **58**, 716—722 (1940).

Durch Analyse der Bandenspektren von N_2-Molekülen zeigte KRONIG[45], daß der Stickstoff-Kern Spin 1 hat und HEITLER und HERZBERG[46] kamen zum Schluß, daß er die BOSE-Statistik befolgt.

Aus den diskreten Alpha- und Gamma-Spektren mußte man schon frühzeitig schließen, daß auch die Kernzustände diskret sind und deshalb war die Deutung des kontinuierlichen Beta-Spektrums sehr rätselhaft. LISE MEITNER u. a. stellten sich zunächst vor, daß die diskreten Primärenergien durch Sekundärprozesse in ein Kontinuum verbreitert werden. Man konnte sich beispielsweise denken, daß ein Primärelektron an den Elektronen der äußeren Schalen gestreut wird, oder Elektronen geringerer Energie emittiert. Durch kalorische Präzisionsmessungen von L. MEITNER[47] wurde aber im Jahre 1930 schließlich sicher gestellt, daß das kontinuierliche Spektrum den Primärelektronen zuzuschreiben ist.

PAULI hat seinen „verzweifelten Ausweg" zuerst in einem berühmten „offenen Brief" vom 4. Dezember 1930[48], der von LISE MEITNER aufbewahrt wurde, zur Diskussion gestellt. Weniger bekannt ist ein Brief an OSKAR KLEIN[49] vom 12. Dezember 1930, in welchem er näher auf die Eigenschaften des hypothetischen „Neutrons" eingeht, das später von FERMI in Neutrino umgetauft wurde. Es wird darin auch auseinandergesetzt, warum PAULI — in scharfem Gegensatz zu BOHR — an der uneingeschränkten Gültigkeit des Energiesatzes festhalten wollte. Dieser Brief an O. KLEIN ist derart aufschlußreich, daß wir hier einen längeren Teil zitieren:

> „Anläßlich der Lösung einer Schulaufgabe über die Hyperfeinstruktur von Li — welche Lösung Du in Form einer gemeinsamen Arbeit von Herrn GÜTTINGER und mir demnächst in der Zeitschrift für Physik finden wirst — habe ich mir über die „verkehrte" Statistik der Kerne sowie über das kontinuierliche β-Spektrum noch einmal gründlich den Kopf zerbrochen. Dann fiel mir folgender möglicher Ausweg ein (ein Ausweg der Verzweiflung allerdings): Es könnten die Kerne außer Elektronen und Protonen noch andere Elementarteilchen enthalten und zwar müßten diese elektrisch neutral sein, der FERMI-Statistik gehorchen und den Spin 1/2 haben. Nennen wir diese Teilchen *Neutronen*. Es ist klar, daß man dann die „verkehrte" Statistik verstehen kann. Auch die β-Spektren könnte man dann mit Beibehaltung des Energiesatzes verstehen, wenn man annimmt, daß beim β-Zerfall außer dem Elektron immer noch ein Neutron ausgeschleudert wird. Aus den Atomgewichtsbestimmungen von Anfangs- und Endprodukten radioaktiver Zerfallsreihen müßte man dann schließen, daß die Neutronenmasse nicht größer sein kann als 0,01 Protonmasse; sie *könnte* aber demnach größer sein als die Elektronenmasse. — Nun kommt es aber wesentlich darauf an, welche Kräfte auf diese Neutronen wirken. Würden überhaupt keine oder zu schwache Kräfte auf sie wirken, so könnten sie ja gar nicht im Kern bleiben. Das vom Standpunkt der DIRACschen Theorie fast einzig mögliche

---

[45] R. KRONIG, Naturw. **16**, 335 (1928).

[46] W. HEITLER und G. HERZBERG, Naturw. **17**, 673 (1929).

[47] L. MEITNER und W. ORTHMANN, Z. Physik, **60**, 143 (1930).

[48] W. PAULI: Offener Brief an die Gruppe der Radioaktiven bei der Gauvereins-Tagung zu Tübingen, 4. Dezember 1930. (Wiedergegeben in Ref. [1], S. 159.)

[49] PAULI an KLEIN, Brief [261] vom 12. Dezember 1930, in Ref. [4], Band II, S. 43—47.

Wolfgang Pauli: Ein Kurzportrait

Modell des Neutrons wäre dieses, daß es in einem äußeren Feld $F_{\mu\nu}$ der Wellengleichung

$$\gamma^{\mu}\,\frac{h}{2\pi i}\,\frac{\partial\psi}{\partial x_{\mu}} + \mu(i\gamma^{\mu}\gamma^{\nu})\,F_{\mu\nu}\psi - imc\psi = 0$$

(Wie üblich $\gamma^{\mu}\gamma^{\nu} + \gamma^{\nu}\gamma^{\mu} = 2\delta_{\mu\nu}$)

genügt. Wegen $e = 0$ sind hierin die Terme mit dem Potential gestrichen; ferner *folgt* für solche Teilchen, daß sie sich für langsame Geschwindigkeiten wie ein magnetischer Dipol vom Moment μ verhalten (die Konstante μ hat die Dimension Ladung mal Länge). — Aber das hat alles einen großen Haken. Nimmt man nämlich für μ ein gewöhnliches Magneton an, so wäre, wie eine einfache Abschätzung zeigt, die ionisierende Wirkung der Neutronen nicht wesentlich kleiner als die der β-Teilchen und alle Wilsonaufnahmen müßten geradezu wimmeln von Neutronen. Selbst wenn man μ von der Größenordnung des Protonenmagnetons und m so groß wie möglich (0,01 Protonmasse) ansetzt, wird die ionisierende Wirkung voraussichtlich nicht größenordnungsmäßig kleiner als die der γ-Strahlen resultieren. Wenn die Neutronen also wirklich existieren würden, wäre es wohl kaum verständlich, daß man sie noch nicht beobachtet hat. Deshalb glaube ich auch selber nicht so ganz an die Neutronen, habe nichts darüber publiziert und habe nur einige Experimentalphysiker veranlaßt, nach durchdringlichen Teilchen dieser Art besonders zu suchen. Ich würde sehr gerne wissen, was Bohr dazu meint.

Überschrift für das folgende: „Nicht um zu kritisieren, nur um zu verstehen!" In dieser Verbindung habe ich ferner für den Fall, daß die Neutronenidee sich als falsch herausstellen sollte, über die Möglichkeit eines Versagens des Energiesatzes für die Elektronen im Kern nachgedacht und möchte gerne auf dem Wege über Dich, Bohr um einige Auskünfte darüber bitten. Ich kann mich vorläufig nicht entschließen, an ein Versagen des Energiesatzes ernstlich zu glauben und zwar aus folgenden Gründen (von denen ich natürlich zugebe, daß sie nicht *absolut* zwingend sind).
Erstens scheint es mir, daß der Erhaltungssatz für Energie-Impuls dem für die Ladung doch sehr weitgehend analog ist und ich kann keinen theoretischen Grund dafür sehen, warum letzterer noch gelten sollte (wie wir es ja empirisch für den β-Zerfall wissen), wenn ersterer versagt. Zweitens müßte bei einer Verletzung des Energiesatzes auch mit dem *Gewicht* etwas sehr merkwürdiges passieren. Denke Dir einen geschlossenen Kasten, in welchem β-Strahler radioaktiv zerfallen; die β-Teilchen mögen dann irgendwie an der Wand absorbiert werden und den Kasten nicht verlassen können. Einzelbeobachtungen darüber, was im Kasten vor sich geht, mögen nicht gemacht werden, es möge nur das Gesamtgewicht des Kastens (beliebig genau) festgestellt werden. Wenn dann der Energiesatz beim β-Zerfall nicht gelten würde, müßte das Gesamtgewicht des geschlossenen Kastens sich dabei ändern (dieser Schluß scheint mir ganz zwingend). Dies widerstrebt meinem physikalischen Gefühl auf das äußerste! Denn es muß dann sogar auch für das Gravitationsfeld, das von dem ganzen Kasten (samt seinem radioaktiven Inhalt) selber erzeugt wird (daß man dieses wegen seiner Kleinheit *praktisch* nicht messen kann, tut nichts zur Sache), angenommen werden, daß es sich ändern kann, während wegen der Erhaltung der Ladung das nach außen erzeugte elektrostatische Feld (beide Felder scheinen mir doch analog zu sein; das wirst Du ja übrigens auch aus Deiner fünfdimensionalen Vergangenheit noch wissen) unverändert bleiben soll. Ich möchte Bohr doch ernstlich fragen, ob er das glaubt, bzw. wie er das plausibel machen kann! Ich wäre ihm also *sehr* dankbar, wenn ich bald von ihm einen Brief darüber bekommen würde, der mit dem Satz beginnt: „Wir sind ja ganz einig, aber..."

PAULI hat wiederholt öffentlich über seine Idee neuer sehr durchdringender Teilchen berichtet, aber für längere Zeit nichts drucken lassen. Erst am Solvay-Kongress über Atomkerne im Oktober 1933 legte er seine Zurückhaltung ab, da nun nach der Entdeckung des Neutrons eine weitgehende Klärung erfolgt war. Den kurzen Diskussionsbeitrag seiner Ideen über das Neutrino ließ er im Kongreßbericht drucken. Dieser ist auch in PAULIS Aufsatz vom September 1958 mit dem Titel „Zur älteren und neueren Geschichte des Neutrinos"[50] wiedergegeben. In dieser ergänzten und erweiterten Niederschrift eines Vortrages, welchen PAULI vor der Zürcher Naturforschenden Gesellschaft unmittelbar nach Bekanntgabe der ersten Experimente über Paritätsverletzung gehalten hatte, wird die Frühgeschichte des Neutrinos und der damalige Erkenntnisstand der Schwachen Wechselwirkungen beschrieben. Diesem Bericht von PAULI — wenige Monate vor seinem Tod — haben wir nichts beizufügen. Sein Schlußabschnitt weist in die Zukunft:

> „Wir haben nun die Geschichte des Neutrinos ein Stück Weges verfolgt und haben gesehen, wie die ursprünglichen Vorstellungen und Begriffe sich später bewährt haben. Nun scheint ein Punkt erreicht, wo die Physik des Neutrinos einmündet in die allgemeinere Physik der Elementarteilchen. Heute beschreibt man noch jedes dieser Teilchen durch ein eigenes Feld und jede Art von Wechselwirkung durch ihre eigenen Kopplungskonstanten.
>
> Was bedeutet z. B. der kleine numerische Wert der Konstanten der Fermischen Wechselwirkung von der Dimension eines Wirkungsquerschnittes, verglichen mit anderen atomaren Wirkungsquerschnitten? Der nächste Schritt, die Überwindung der phänomenologischen Physik individueller Felder und Kopplungskonstanten zu Gunsten einer einheitlichen Auffassung, dürfte viel schwieriger sein als das bisher Erreichte."

In dieser Skizze mußten wir uns auf PAULIS allerwichtigste Beiträge zur Physik beschränken. In späteren Jahren verfolgte er aktiv die interessanten Entwicklungen in der Quantenelektrodynamik und in der Elementarteilchenphysik. Durch eigene Beiträge und die Kritik der Arbeit anderer Forscher hat er die weitere Entwicklung entscheidend gefördert. Besonders wichtig war sein Beitrag zur CTP-Symmetrie, die im wesentlichen von J. SCHWINGER und G. LÜDERS entdeckt wurde, aber erst durch PAULI die endgültige und allgemeine Formulierung erhielt[51]. RES JOST zeigte daraufhin, daß diese wichtige verborgene Symmetrie ganz allgemein im Kausalitätspostulat der Relativitätstheorie verankert werden kann.[52] Bekannt geblieben aus dieser Zeit sind das nach PAULI und VILLARS benannte Regularisierungsverfahren[53] in der Feldtheorie

---

[50] W. PAULI: Zur älteren und neueren Geschichte des Neutrinos. In Ref. [1], S. 156—180.

[51] W. PAULI: Exclusion principle, Lorentz group and reflection of space-time and charge. NIELS BOHR and the Development of Physics. W. PAULI, Hrsg. Pergamon, London 1955, S. 30—51.

[52] R. JOST. Helv. Phys. Acta **30**, 409 (1957). Siehe auch R. JOST: Das PAULI-Prinzip und die LORENTZ-Gruppe. In M. FIERZ and V. F. WEISSKOPF: Theoretical Physics in the Twentieth Century: A Memorial Volume to WOLFGANG PAULI. Interscience New York 1960, p. 107—136.

[53] W. PAULI and F. VILLARS: On the invariant regularization in relativistic quantum theory. Rev. Mod. Phys. **21**, 434—444 (1949).

und die PAULI-Gruppe, die PAULI bei seiner Diskussion der Leptonzahlerhaltung im Jahre 1957 einführte. Eher tragisch ist, daß er sich vorübergehend von HEISENBERGS nichtlinearer Spinortheorie anstecken ließ[54].

In diesen letzten Jahren habe ich PAULI noch als Lehrer in Kurs- und Spezialvorlesungen erlebt. In krassem Gegensatz zu den eleganten und geschliffenen Vorlesungen seiner Kollegen RES JOST und HEINZ HOPF ging es in PAULIs Kursen nur stockend voran. PAULI war selten vorbereitet und erarbeitete sich den Stoff während der Vorlesungen in Selbstgesprächen, denen die meisten nicht folgen konnten. Für einige wenige war es aber doch faszinierend zu erleben, wie er die Dinge gesehen hat. PAULIS eigentliche Schüler waren seine Assistenten. In chronologischer Reihenfolge waren dies in Zürich: KRONIG, BLOCH, PEIERLS, CASIMIR, WEISSKOPF, KEMMER, LUDWIG, FIERZ, JOST, SCHAFROTH, THELLUNG, ENZ. Auf sie hat er nach einhelligem Zeugnis eine mächtige Wirkung ausgeübt.[7]

Pauli in späteren Jahren

---

[54] Siehe dazu CH. P. ENZ: PAULIS Schaffen der letzten Lebensjahre. In Ref. [7], S. 105—114.

Die meisten Physiker, die mit PAULI in Berührung kamen, haben wohl gemerkt, daß er weit mehr war als ein sehr brillianter Theoretiker. „Er sah ganz anders aus als ich erwartet hatte, aber ich spürte sogleich das Kraftfeld, das von seiner Persönlichkeit ausging, eine faszinierende und zugleich beunruhigende Wirkung", schrieb KRONIG in Erinnerung an seine erste Begegnung[55]. Und FIERZ sagte in einem Vortrag[56]:

> „Wer ihn gekannt hat, der hat es auch spüren können, daß in diesem Mann die Gegensätze des himmlisch Lichten und des archaisch Dunkeln gewaltig wirkten. Diese Gegensätze versuchte Fludd in seinen beiden Dreiecken, dem weißen und dem schwarzen, die sich gegenseitig durchdringen, darzustellen. PAULI hat diese Figur in seinem Aufsatz[57] abgebildet, und ich weiß, daß sie ihm einen großen Eindruck gemacht hat. Er hat den Konflikt in seinem eigenen Innern in seiner ganzen Furchtbarkeit erlebt, und Jung ist ihm in dieser schweren Zeit beigestanden."

Eine Ahnung von PAULIs weitgespannten Interessen erhält man von seiner Auseinandersetzung mit dem 17. Jahrhundert und insbesondere mit KEPLER, dem er in einem gemeinsamen Buch mit C. G. JUNG eine längere Studie gewidmet hat. Der Titel dieser Arbeit[57] „Der Einfluß archetypischer Vorstellungen auf die Bildung naturwissenschaftlicher Theorien bei KEPLER", deutet an, daß es dabei nicht um Wissenschaftsgeschichte geht, sondern um die Entstehung wissenschaftlicher Begriffe und das Auffinden von Naturgesetzen. Bei KEPLER konnte PAULI besonders deutlich erkennen, wie das naturwissenschaftliche Denken in einer großen geistigen Anstrengung aus der magisch-animistischen Naturauffassung herauswächst. Er betont dabei, daß Theorien nicht allein aus dem empirischen Material abgeleitet werden können und meint:

> „Der Vorgang des Verstehens der Natur sowie auch die Beglückung, die der Mensch beim Verstehen, d. h. beim Bewußtwerden einer neuen Erkenntnis empfindet, scheint demnach auf einer Entsprechung, einem Zur-Deckung-Kommen von präexistenten inneren Bildern der menschlichen Psyche mit äußeren Objekten und ihrem Verhalten zu beruhen."

Am Schluß seines Aufsatzes sagt PAULI über den Modernen und damit über sich selbst:

> „Ein Rückgriff auf den archaischen Standpunkt, dessen Einheit mit einer naiven Unwissenheit über die Natur erkauft war, ist für den Modernen offenbar ausgeschlossen. Dennoch veranlaßt ihn gerade sein starker Wunsch nach einer größeren Einheitlichkeit seines Weltbildes, der Untersuchung der naturwissenschaftlichen Erkenntnis nach außen, eine Untersuchung dieser Erkenntnisse nach innen an die Seite zu stellen. Während die erstere die Anpassung unserer Kenntnisse an die äußeren Objekte zum Gegenstand hat, sollte letztere die bei der Entstehung unserer wissenschaftlichen Begriffe benützten archetypischen Bilder ans Licht bringen. Nur durch beide Untersuchungsrichtungen zusammen genommen, dürfte sich nämlich eine Vollständigkeit des Verstehens erreichen lassen."

---

[55] R. KRONIG: Meine erste Begegnung mit PAULI. In Ref. [7], S. 53—55.

[56] M. FIERZ: Das Buch von C. G. JUNG und W. PAULI „Naturerklärung und Psyche". In M. FIERZ: *Naturwissenschaft und Geschichte*, Birkhäuser 1988, S. 181.

[57] W. PAULI: Der Einfluß archetypischer Vorstellungen auf die Bildung naturwissenschaftlicher Theorien bei KEPLER. In: C. G. JUNG und W. PAULI: *Naturerklärung und Psyche*, Rascher Verlag, Zürich 1952, S. 109—194.

Interessant ist in diesem Zusammenhang auch PAULIS Antwort auf die Frage von FIERZ nach der „Triebfeder" seiner Forschungsarbeit[58]:

„Warum wir in der Physik die Natur erforschen? Die Alchemie sagte, 'um uns selbst zu erlösen', was durch die Herstellung des Lapis Philosophorum ausgedrückt wurde. Jungianisch formuliert wäre das die Herstellung eines 'Bewußtseins vom Selbst', bzw. eines 'bewußten Zustandes des Selbst'. Nun ist dieses nicht nur licht, sondern auch dunkel und muß als Totalität auch den Willen zur Macht über die Natur mitenthalten, den ich als eine Art böse Hinterseite der Naturwissenschaften auffasse, die sich von diesen nicht abtrennen läßt. Aber die Antwort auf die gestellte Warum-Frage wird immer das den Rationalisten verhaßte Wort Heilsweg bleiben (vide: KEPLER!), gegen das man sich vergeblich sträubt."

Ähnliches äußerte er auch in seinem eindrücklichen Aufsatz „Die Wissenschaft und das abendländische Denken."[59]

Anläßlich eines Banketts in Princeton, welches zu Ehren der Nobelpreisverleihung an PAULI gegeben wurde, erhob sich der alte EINSTEIN unerwartet zu einer Tischrede, über die später PAULI an BORN schrieb[60]:

„Nie werde ich die Rede vergessen, die er 1945 in Princeton über mich und für mich gehalten hat, nachdem ich den Nobel-Preis bekommen hatte. Es war wie ein König, der abdankt und mich als eine Art 'Wahl-Sohn' zum Nachfolger einsetzt."

PAULI ist am 15. Dezember 1958 im Zimmer 137 des Rotkreuzspitals in Zürich gestorben.

---

[58] Wiedergegeben in A. HERMANN: PAULIS Auffassung von der Rolle der Wissenschaft, Ref. [7], S. 12—19.

[59] W. PAULI: Die Wissenschaft und das abendländische Denken. Enthalten in Ref. [1], S. 102—112.

[60] Brief von PAULI an BORN vom 24. April 1955. Zitiert in: W. PAULI, Fünf Arbeiten zum Ausschließungsprinzip und zum Neutrino. Wissenschaftliche Buchgesellschaft, Darmstadt 1977. S. 18.

Die allgemeinen Prinzipien der Wellenmechanik

Von

W. Pauli

Nachdruck aus Handbuch der Physik, Band V, 1
„Prinzipien der Quantentheorie I" (Hrsg. S. Flügge),
Springer-Verlag 1958

Inhaltsverzeichnis

Die allgemeinen Prinzipien der Wellenmechanik[1].

Von

W. PAULI.

A. Unrelativistische Theorie.

1. Unbestimmtheitsprinzip und Komplementarität[2]. Die letzte entscheidende Wendung der Quantentheorie ist erfolgt durch DE BROGLIEs Entdeckung der Materiewellen[3], HEISENBERGs Auffindung der Matrizenmechanik[4] und SCHRÖDINGERs[5] allgemeine wellenmechanische Differentialgleichung, welche die Verbindung zwischen diesen beiden Ideenkreisen herzustellen ermöglichte. Durch HEISENBERGs Unbestimmtheitsprinzip[6]: und die an dieses anschließenden prinzipiellen Erörterungen BOHRs[7] kamen dann die Grundlagen der Theorie zu einem vorläufigen Abschluß.

Diese Grundlagen betreffen direkt die teilchen- und wellenartige Doppelnatur von Licht und Materie und führen zur lange vergeblich gesuchten Lösung des Problems einer widerspruchslosen vollständigen Beschreibung der hiermit zusammenhängenden Erscheinungen. Diese Lösung wird erkauft durch einen Verzicht auf die eindeutige Objektivierbarkeit der Naturvorgänge, d.h. auf die klassische raum-zeitliche und kausale Naturbeschreibung, die wesentlich auf der eindeutigen Trennbarkeit von Erscheinung und Beobachtungsmittel beruht.

Um an die bekannten Schwierigkeiten, die der gleichzeitigen Benutzung des Lichtquanten- und des Wellenbegriffes entgegenstehen, zu erinnern, betrachten wir als Beispiel eine punktförmige, annähernd monochromatische Lichtquelle, die einem Beugungsgitter (dessen Auflösungsvermögen der Einfachheit halber als unendlich groß angenommen werde) gegenübersteht. Nach der Wellentheorie wird dann das durch das Gitter abgebeugte Licht nur an ganz bestimmte Stellen gelangen können, die einem Gangunterschied von einer ganzen Zahl von Wellen des von den einzelnen Strichen des Gitters ausgehenden Lichtes entsprechen. Wir können auf Grund des durch ein überaus großes Erfahrungsmaterial gestützten *Superpositionsprinzips* annehmen, daß dieses Ergebnis der Wellentheorie der

---

[1] Dieser Artikel wurde bereits in der 2. Aufl. des Handbuchs der Physik von GEIGER und SCHEEL, Bd. XXIV, Teil 1 (1933) veröffentlicht. Hier wurden einige kleinere Änderungen vorgenommen und die letzten 30 Seiten weggelassen, an deren Stelle die ausführlichen Artikel von J. SCHWINGER und G. KÄLLÉN in diesem Bande getreten sind.

[2] Vgl. W. HEISENBERG, Die physikalischen Prinzipien der Quantentheorie. Leipzig 1930; N. BOHR, Atomtheorie und Naturbeschreibung (im folgenden zitiert als A. u. N.). Berlin 1931; Solvay-Kongreß 1927; L. DE BROGLIE, Introduction à l'étude de la mécanique ondulatoire. Paris 1930 (in deutscher Übersetzung Leipzig 1929); E. SCHRÖDINGER, Vorlesungen über Wellenmechanik. Berlin 1928.

[3] L. DE BROGLIE: Ann. d. Phys. (10) **3**, 22 (1925), (Thèses, Paris 1924); vgl. auch A. EINSTEIN, Berl. Ber. **1925**, S. 9.

[4] W. HEISENBERG: Z. Physik **33**, 879 (1925); vgl. auch M. BORN u. P. JORDAN, Z. Physik **34**, 858 (1925); M. BORN, W. HEISENBERG u. P. JORDAN, Z. Physik **35**, 557 (1926); P. A. M. DIRAC, Proc. Roy. Soc. Lond. **109**, 642 (1925).

[5] E. SCHRÖDINGER: Ann. d. Phys. (4) **79**, 361, 489, 734 (1926); **80**, 437 (1926); **81**, 109 (1926). Zusammengefaßt in Abhandlungen zur Wellenmechanik. Leipzig 1927.

[6] W. HEISENBERG: Z. Physik **43**, 172 (1927).

[7] N. BOHR: Naturwiss. **16**, 245 (1928) (auch abgedruckt in A. u. N. als Aufsatz II).

Wirklichkeit entspricht, und zwar, was für derartige Phänomene typisch ist, auch für beliebig schwache Intensitäten der einfallenden Strahlung, also auch für ein einziges leuchtendes Atom. Vom korpuskularen Standpunkt aus wird nun dieser Vorgang so dargestellt, daß erst im leuchtenden Atom ein Emissionsprozeß stattfindet, sodann (nach der betreffenden Ausbreitungszeit des Lichtes) am Beugungsgitter ein mit einem beobachtbaren Rückstoß verbundener Streuprozeß stattfindet und endlich an der angegebenen Stelle ein Absorptionsprozeß erfolgt. Daß das Licht hinter dem Gitter nur an solche Stellen gelangen kann, die bestimmten diskreten (wellentheoretisch berechenbaren) Richtungen des abgebeugten Quants entsprechen, hängt vom Vorhandensein *aller* Atome des Beugungsgitters ab. Führt man nun die Annahme ein, daß es möglich wäre, auch die Stelle des Beugungsgitters festzustellen, an welcher es vom Lichtquant getroffen wird, ohne den Charakter der Beugungserscheinung zu verändern, so wird man auf unüberwindbare Schwierigkeiten geführt. Das Verhalten eines Lichtquants müßte in jedem Zeitmoment von den Lagen aller überhaupt existierenden Atome mitbestimmt sein, vor allem aber würde in diesem Fall die Angabe eines klassischen Wellenfeldes nicht mehr ausreichen, um das weitere statistische Verhalten des Quants vorherzusagen. Es gibt nämlich, wie sogleich noch zu erläutern sein wird, kein Wellenfeld mit der Eigenschaft, daß seine Intensität an allen Stellen des Gitters mit Ausnahme eines einzigen Gitterstriches verschwindet, und daß außerdem noch nur bestimmte Richtungen der gebeugten Strahlen in ihm vertreten sind. Es ist nur möglich, entweder die eine oder die andere Eigenschaft durch ein Wellenfeld zu realisieren. Um Widersprüche mit dem Superpositionsprinzip zu vermeiden, muß deshalb notwendig gefordert werden: Jede Feststellung, daß ein bestimmter Strich des Gitters vom Lichtquant getroffen wurde, und daß die übrigen Striche von diesem Quant bestimmt nicht getroffen wurden, eliminiert den Einfluß der übrigen Striche auf die hinter dem Gitter beobachtete Beugungserscheinung; diese wird dann dieselbe sein müssen, wie wenn nur der eine getroffene Strich vorhanden wäre.

Diese Forderung ist natürlich nicht an die spezielle Form des herangezogenen Beugungsversuches gebunden, sondern läßt sich für jeden möglichen Interferenzversuch verallgemeinern. Ein solcher beruht ja immer darauf, daß die Lichtwellen, die verschiedene Wege durchlaufen haben und deshalb einen Phasenunterschied aufweisen, an einer Stelle wieder zusammentreffen. Zu postulieren ist, daß die Feststellung, das Lichtquant habe in einem bestimmten Falle *einen* dieser Wege eingeschlagen, die anderen Wege dagegen nicht, jede darauf folgende Beobachtbarkeit der wellentheoretischen Interferenzfigur ausschließt. (Vgl. hierzu Ziff. 16.)

Wie bereits erwähnt, ist diese Forderung in einer anderen allgemeineren enthalten, die wir folgendermaßen formulieren können: *Alle (eventuell nur statistischen) Eigenschaften anderer (früherer oder späterer) Messungsergebnisse an einem Lichtquant, die aus der Kenntnis eines bestimmten Messungsergebnisses gefolgert werden können, sollen durch Angabe eines bestimmten, zu diesem Messungsergebnis gehörigen Wellenfeldes eindeutig bestimmt sein.* Von diesem Wellenfeld ist zu fordern, daß es stets durch Superposition ebener Wellen verschiedener Richtung und Wellenlänge erzeugt werden kann. Man spricht daher auch von einem Wellenpaket. Bereits ohne die möglichen Messungsergebnisse an einem Lichtquant genauer zu analysieren, können wir sagen, daß die Kenntnis, das Lichtquant befinde sich in einem gewissen raumzeitlichen Gebiet, in dem ihm zugeordneten Wellenpaket darin zum Ausdruck kommen muß, daß die Wellenamplituden nur innerhalb des betreffenden raumzeitlichen Gebietes merklich von Null verschieden

sind. Wir bezeichnen nun die komplex geschriebene Phase einer ebenen Welle
mit

$$e^{i\left(\sum_i k_i x_i - \omega t\right)},\tag{1.1}$$

worin der Vektor $\vec{k}$ mit den Komponenten k_i die Richtung der Wellennormale
und den Betrag 2π dividiert durch die Wellenlänge λ besitzt (im folgenden wird
er stets als Ausbreitungsfaktor der Welle bezeichnet), während ω die „Kreisfrequenz" oder 2πmal die Schwingungszahl ν bedeutet. Die Frequenz ω ist eine
durch die Natur der Wellen eindeutig bestimmte Funktion von k_1, k_2, k_3, und
zwar ist bei elektromagnetischen Wellen im Vakuum einfach

$$\sum_i k_i^2 = \frac{\omega^2}{c^2},\tag{1.2}$$

worin c die universelle Vakuumlichtgeschwindigkeit bedeutet. Es ist aber wichtig
zu bemerken, daß die folgenden Schlüsse von der speziellen Form der Funktion
$\omega(k_1, k_2, k_3)$ unabhängig sind. Im allgemeinsten Wellenfeld kann dann jede Komponente irgendeiner Feldstärke dargestellt werden durch

$$u(\vec{x}_i, t) = \int A(\vec{k})\, e^{i((\vec{k}\,\vec{x}) - \omega t)}\, d^3 k,\tag{1.3}$$

worin $A(\vec{k})$ eine Funktion von k_1, k_2, k_3 bedeutet. Durch elementare Überlegungen läßt sich nun zeigen: Wenn $u(\vec{x}, t)$ für ein festes t nur innerhalb eines räumlichen Gebietes mit den Dimensionen $\Delta x_1, \Delta x_2, \Delta x_3$, und gleichzeitig $A(\vec{k})$ nur
innerhalb eines Gebietes des „$\vec{k}$-Raumes" mit den Dimensionen $\Delta k_1, \Delta k_2, \Delta k_3$
merklich von Null verschieden ist, so können die drei Produkte $\Delta x_i\, \Delta k_i$ nicht
beliebig klein sein, müssen vielmehr mindestens von der Größenordnung 1 sein

$$\Delta x_i\, \Delta k_i \sim 1.\tag{1.4}$$

Von einer quantitativen Verschärfung dieses Satzes und seinem Beweis wird
später die Rede sein. Ein analoger Satz gilt ferner für die Ausdehnung Δt des
Zeitintervalles, innerhalb dessen $u(\vec{x}, t)$ für einen festen Raumpunkt x_1, x_2, x_3
merklich von Null verschieden ist und der Ausdehnung des Intervalles $\Delta\omega$ der
Frequenzen, die zu dem erwähnten Gebiet des $\vec{k}$-Raumes gehören, in welchen $A(\vec{k})$
im wesentlich liegt. Es gilt auch hier wieder

$$\Delta\omega\, \Delta t \sim 1.\tag{1.4'}$$

Aus der Bedingung (1.4) folgt unmittelbar, daß bei einem Wellenpaket von
der Breite des Abstandes zweier Gitterstriche, die Winkelbreite des gebeugten
Strahlenbündels so groß ist, daß es (mindestens) zwei aufeinanderfolgende
Beugungsmaxima umfaßt, die Beugungserscheinung also in der Tat ganz verwischt wird.

Da die Messungen an einem Lichtquant stets mit Hilfe seiner Wechselwirkung
mit materiellen Körpern erfolgt, lassen sich aus den Bedingungen (1.4), (1.4'),
die für die widerspruchlose Durchführung der korpuskularen Darstellungsweise
bei den Interferenzerscheinungen wesentlich sind, Rückschlüsse über die materiellen Körper ziehen. Der Lichtquantenbegriff wurde zu dem Zweck eingeführt,
um dem Austausch von Energie und Bewegungsgröße zwischen Licht und Materie Rechnung zu tragen. Unter der Voraussetzung, daß die Erhaltungssätze
von Impuls und Energie für diesen Austausch strenge Gültigkeit besitzen —

1*

und nur durch diese Erhaltungssätze sind ja Energie und Impuls überhaupt definiert —, wird dieser Austausch nämlich bekanntlich richtig beschrieben, wenn dem Lichtquant ein Impuls $\vec{p}$ in seiner Fortpflanzungsrichtung vom Betrag $\hbar \frac{\omega}{c}$ und eine Energie vom Betrag $\hbar \cdot \omega$ zugeschrieben wird, worin die universelle Konstante $\hbar$ Plancks Konstante h dividiert durch 2π bedeutet. Mit Rücksicht auf die Definition des Vektors $\vec{k}$ und die Beziehung (1.2) läßt sich dies auch schreiben

$$\vec{p} = \hbar \vec{k}; \quad E = \hbar \omega. \tag{I}$$

Die Relationen (1.4), (1.4') haben dann zur Folge, daß der Ort des Lichtquants (zu einer bestimmten Zeit) nicht zugleich mit einem Impuls, die Energie des Lichtquants nicht zugleich mit dem Zeitpunkt, bei welchem dieses einen bestimmten Ort passiert, bestimmt sein kann, und zwar gilt

$$\Delta p_i \Delta x_i \sim \hbar; \quad \Delta E \Delta t \sim \hbar. \tag{II}$$

Dies sind die zuerst von Heisenberg aufgestellten Unsicherheitsrelationen; ihre hier gegebene Ableitung rührt von Bohr her. Nun kann z.B. bei einem Streuprozeß eine Wechselwirkung des Lichtquants mit einem materiellen Körper stattfinden, sobald sie räumlich-zeitlich zusammenfallen, wobei als Δx und Δt für beide die gleichen sind. Könnte man p_i und E des materiellen Körpers vor und nach der Wechselwirkung genauer messen, als es der Bedingung (II) entspricht, so könnte man mittels der Erhaltungssätze sich auch für das Lichtquant eine genauere Kenntnis von Δp_i und ΔE verschaffen, als es der Bedingung (II) entspricht. *Will man also diese Bedingung für das Lichtquant und außerdem die Erhaltungssätze von Energie und Impuls für seine Wechselwirkung mit materiellen Körpern streng aufrechterhalten, so müssen diese Unsicherheitsrelationen allgemein gelten, nicht nur für die Lichtquanten, sondern auch für materielle Körper jeder Art* (sowohl für Elektronen und Protonen als auch für makroskopische Körper).

Die einfachste Interpretation dieser *allgemeinen* Begrenzung der Anwendbarkeit des klassischen Partikelbildes, zu der man auf diese Weise geführt wird, besteht in der Annahme, daß auch die gewöhnliche Materie wellenartigen Eigenschaften besitzt, wobei auch hier Ausbreitungsvektor und Frequenz der Welle durch die nun als universell postulierten Beziehungen (I) bestimmt sind. *Das Vorhandensein des Dualismus von Wellen und Teilchen und der Gültigkeit von* (I) *auch bei der Materie* bildet eben den Inhalt von de Broglies Annahme der Materiewellen, die inzwischen eine so glänzende experimentelle Bestätigung durch Versuche über die Beugung von (geladenen und ungeladenen) Materiestrahlen an Kristallgittern erfahren hat.

Die Notwendigkeit der Universalität des Welle-Korpuskel-Dualismus für die allgemeine widerspruchsfreie Beschreibung der Erscheinungen läßt sich gut an dem oben diskutierten Beispiel der Beugung des Lichtquants an einem Gitter illustrieren. Man könnte nämlich zunächst daran denken, die Stelle, an der das Lichtquant das Gitter trifft, auf folgende Weise annähernd zu bestimmen. Man denke sich gewisse Teile des Gitters gegeneinander beweglich angeordnet und stelle fest, welcher dieser Teile den Rückstoß durch das Lichtquant erfährt; dieser Teil wäre dann als der vom Lichtquant getroffene anzusehen. Eine solche Versuchsanordnung ist in der Tat möglich, aber es ist nicht richtig, daß die Beugungserscheinung dann noch dieselbe sein wird wie in dem Falle, wo die Teile des Gitters starr miteinander verbunden sind. Zunächst muß der Impuls der in Frage kommenden Gitterteile, bevor das Lichtquant sie trifft, sicher mit einer geringeren Unbestimmtheit behaftet sein, als der Rückstoßimpuls Δp_i

durch das Lichtquant beträgt, damit letzterer beobachtbar ist. Nun kommt die Wellennatur der Gitterteile zur Geltung, und aus ihr folgt gemäß (II) eine Unbestimmtheit $\Delta x_i > \dfrac{\hbar}{\Delta p_i}$ der Lage der beweglichen Gitterteile gegeneinander. Diese ist gerade von solcher Größe, daß die resultierende Beugungserscheinung dieselbe wird, wie wenn nur der getroffene Teil des Gitters allein vorhanden wäre.

Alles, was bisher über die Beugung von Lichtquanten gesagt wurde, gilt auch für die Beugung von Materiewellen. Nur der Zusammenhang zwischen Frequenz und Wellenzahl, der bei den Lichtquanten durch (1.2) gegeben war, ist bei den Materiewellen ein anderer. Gemäß der relativistischen Mechanik eines Massenpunktes besteht für diesen zwischen Energie und Impuls die Beziehung

$$\frac{E^2}{c^2} = m^2 c^2 + \sum_i p_i^2, \tag{1.5}$$

worin m die Ruhmasse des Teilchens bedeutet.

Gemäß (I) folgt daraus für die Wellen

$$\frac{\omega^2}{c^2} = \frac{m^2 c^2}{\hbar^2} + \sum_i k_i^2 = \frac{\omega_0^2}{c^2} + \sum_i k_i^2 \tag{1.5$'$}$$

mit

$$\omega_0 = \frac{m c}{\hbar}. \tag{1.6}$$

Die *Verknüpfung* (I) zwischen Energie-Impuls- und Frequenz-Ausbreitungsvektor ist *relativistisch-invariant*, da sowohl $\left(\vec{p}, i\,\dfrac{E}{c}\right)$ als auch $\left(\vec{k}, i\,\dfrac{\omega}{c}\right)$ die Komponenten eines Vierervektors bilden; ebenso sind die Beziehungen (1.5) und (1.5$'$) invariant. Für $m = 0$ gehen (1.5), (1.5$'$) über in die entsprechenden Gesetze für Energie und Impuls eines Lichtquants.

Nicht nur Energie und Impuls eines Teilchens lassen sich mit einfachen charakteristischen Größen der ihm zugeordneten Welle in Verbindung bringen, sondern auch *die Geschwindigkeit des Teilchens*; diese ist nämlich (wie DE BROGLIE gezeigt hat) gleich der *Gruppengeschwindigkeit der Welle*. In der Tat ist erstere bestimmt durch[1]

$$dE = \sum_i v_i\, dp_i$$

oder

$$v_i = \frac{\partial E}{\partial p_i}, \tag{1.7}$$

letztere durch

$$v_i = \frac{\partial \omega}{\partial k_i}, \tag{1.7$'$}$$

und beide Ausdrücke stimmen gemäß (I) überein. Dieser Umstand ist wesentlich dafür, daß in Fällen, wo Beugungseffekte vernachlässigt werden können, die Wellenpakete sich längs der klassisch mechanischen Bahnen, im hier betrachteten kräftefreien Fall also geradlinig bewegen (vgl. Ziff. 4). Im Falle des Gesetzes (1.5) folgt übrigens

$$v_i = \frac{\partial E}{\partial p_i} = \frac{c^2 p_i}{E}, \tag{1.5 a}$$

---

[1] Es sei hier bemerkt, daß dieser Ausdruck für die Gruppengeschwindigkeit auch den richtigen Zusammenhang zwischen Phasengeschwindigkeit und Strahlgeschwindigkeit im Falle dispergierender Kristalle liefert. Da Wellennormale und Strahl hier nicht dieselbe Richtung haben, ist hier auch $\vec{v}$ nicht mehr parallel zu $\vec{k}$, aber die Relation (1.7$'$) ist auch hier gültig.

also $p_i = \dfrac{E}{c^2}\, v_i$ und durch Einsetzen in (1.5)

$$\left.\begin{aligned}
\frac{E^2}{c^2}\left(1 - \frac{v^2}{c^2}\right) &= m^2 c^2, \\[2mm]
E &= \frac{m c^2}{\sqrt{1 - v^2/c^2}}, \\[2mm]
p_i &= \frac{m v_i}{\sqrt{1 - v^2/c^2}};
\end{aligned}\right\} \tag{1.5b}$$

das sind die wohlbekannten Ausdrücke für Energie und Impuls durch die Geschwindigkeit.

Im *unrelativistischen Fall*, wo $|p| \ll mc$, der für das Folgende sehr wichtig ist, folgt

$$\frac{E}{c} = \sqrt{m^2 c^2 + \sum_i p_i^2} = m c\left(1 + \frac{1}{2 m^2 c^2}\sum_i p_i^2\right)$$

oder

$$E = m c^2 + \frac{1}{2 m}\sum_i p_i^2, \tag{1.8}$$

also auch

$$\omega = \omega_0 + \frac{\hbar}{2 m}\sum_i k_i^2. \tag{1.8'}$$

Wir bemerken noch, wovon in Abschnitt B, Ziff. 18 ausführlich die Rede sein wird, daß wir hier in Übereinstimmung mit der Erfahrung beim Ausziehen der Quadratwurzel das positive Vorzeichen von E und ω vorausgesetzt haben, daß aber

$$E = -\left(m c^2 + \frac{1}{2 m}\sum_i p_i^2\right) \tag{1.9}$$

auch eine formale Möglichkeit gewesen wäre. Beschränken wir uns aber auf die erstere, so ist es zweckmäßig, durch Verlegung des Nullpunktes der Energie

$$E' = E - m c^2; \qquad \omega' = \omega - \omega_0 \tag{1.10}$$

einzuführen. Dann gilt

$$\left.\begin{aligned}
E' &= \frac{1}{2 m}\sum_i p_i^2, \\[2mm]
\omega' &= \frac{\hbar}{2 m}\sum_i k_i^2, \\[2mm]
v_i &= \frac{p_i}{m} = \frac{\hbar k_i}{m},
\end{aligned}\right\} \tag{1.11}$$

also

$$\lambda = \frac{2\pi}{|k|} = \frac{2\pi\hbar}{m v}, \tag{1.12}$$

wenn v den Betrag der Geschwindigkeit bedeutet. Dies ist die berühmte von de Broglie aufgestellte Formel für die Wellenlänge der Materiewellen.

Die Unsicherheitsrelationen (II) für die Materie zeigen, daß schon im kräftefreien Fall die klassische Kinematik für die materiellen Teilchen nicht unbeschränkt angewendet werden kann. Denn diese Relationen enthalten die Aussage, daß jede genaue Kenntnis des Teilchenortes zugleich eine prinzipielle Unbestimmtheit, nicht nur Unbekanntheit des Impulses zur Folge hat und umgekehrt. Die

Unterscheidung zwischen (prinzipieller) *Unbestimmtheit* und *Unbekanntheit* und der Zusammenhang beider Begriffe sind für die ganze Quantentheorie entscheidend. Dies möge näher erläutert werden am Beispiel einer Versuchsanordnung, bei welcher ein Lichtquant die Möglichkeit hat, durch zwei Löcher zu treten und auf einem dahinterliegenden Schirm (im statistischen Mittel bei oftmaliger Wiederholung des Versuches) eine Beugungsfigur zu erzeugen. In diesem Fall ist es unbestimmt, durch welches Loch das Lichtquant geflogen ist. Wenn dagegen eine Versuchsanordnung vorliegt, bei der sicher nur ein Loch für das Lichtquant geöffnet ist, bei der aber nicht festgestellt ist, welches der beiden Löcher das offene ist, dann sagen wir: es ist unbekannt, durch welches Loch das Lichtquant geflogen ist. Offenbar besteht die Beugungsfigur im letzteren Fall in der Addition der (eventuell noch mit Gewichtsfaktoren zu versehenden) Intensitäten in den Beugungsfiguren für ein einzelnes Loch. Verallgemeinernd können wir sagen: *Bei Unbestimmtheit einer Eigenschaft eines Systems bei einer bestimmten Anordnung (bei einem bestimmten Zustand des Systems) vernichtet jeder Versuch, die betreffende Eigenschaft zu messen, (mindestens teilweise) den Einfluß der früheren Kenntnisse vom System auf die (eventuell statistischen) Aussagen über spätere mögliche Messungsergebnisse.* Deshalb ist es berechtigt, zu sagen, daß in diesem Fall die Messung das System in einen neuen Zustand überführt. Dabei bleibt übrigens ein Teil der vom Meßapparat auf das System übertragenen Wirkungen selbst wieder unbestimmt.

So müssen, um den Ort eines Teilchens zu bestimmen und um seinen Impuls zu bestimmen, *einander ausschließende Versuchsanordnungen* benutzt werden. Bei ersteren sind stets räumlich fixierte Apparatteile (Maßstäbe, Uhren, Blenden) vorhanden, auf die ein unbestimmter Betrag von Impuls übertragen wird; letztere machen eine genaue raumzeitliche Verfolgung der Teilchen unmöglich. Es würde auch nichts nützen, wenn man diesen Ort früher bestimmt hätte. Die Beeinflussung des Systems durch den Messungsapparat für den Impuls (Ort) ist eine solche, daß innerhalb der durch die Ungenauigkeitsrelationen gegebenen Grenzen die Benutzbarkeit der früheren Orts- (Impuls-) Kenntnis für die Voraussagbarkeit der Ergebnisse späterer Orts- (Impuls-) Messungen verlorengegangen ist. Wenn aus diesem Grunde die Benutzbarkeit *eines* klassischen Begriffes in einem ausschließenden Verhältnis zu der eines *anderen* steht, nennen wir diese beiden Begriffe (z.B. Orts- und Impulskoordinaten eines Teilchens) mit BOHR *komplementär*. In Analogie zum Terminus „Relativitätstheorie" könnte man die moderne Quantentheorie daher auch „Komplementaritätstheorie" nennen.

Man wird sehen, daß diese „Komplementarität" kein Analogon in der klassischen Gastheorie besitzt, die ja auch mit statistischen Gesetzmäßigkeiten operiert[1]. Diese Theorie enthält nämlich nicht die erst durch die Endlichkeit des Wirkungsquantums geltend werdende Aussage, daß durch Messungen an einem System die durch frühere Messungen gewonnenen Kenntnisse über das System unter Umständen notwendig verlorengehen müssen, d.h. nicht mehr verwertet werden können. (Diese Aussage bedingt übrigens auch den wesentlichen Unterschied der neuen Theorie gegenüber der früheren Theorie von BOHR, KRAMERS und SLATER.) Wie bereits erwähnt, geht hier durch die eindeutige Objektivierbarkeit der physikalischen Phänomene und damit auch die Möglichkeit ihrer kausalen raumzeitlichen Beschreibung verloren. Wenn diese Vorgänge

---

[1] Andererseits weist N. BOHR, Faraday lecture [J. Chem. Soc. **1932**, 349, insbes. S. 376 u. 377] darauf hin, daß auch in der klassischen statistischen Mechanik, freilich in einem etwas anderen Sinne, von Komplementarität der Kenntnis der mikroskopischen Molekularbewegung einerseits, der makroskopischen Temperatur des Systems andererseits, gesprochen werden kann.

überhaupt beschrieben werden sollen, so muß eine außerhalb des zu beschreibenden (beobachteten) Systems stehende, durch Beobachtung vollzogene *Wahl* gesetzt werden, wobei es willkürlich ist, an welche Stelle die Trennung von Beobachtungsmittel und Erscheinung gelegt wird (s. hierzu Ziff. 9).

Im folgenden soll dargelegt werden, wie bei dieser Sachlage in widerspruchsfreier Weise *statistische* Charakterisierungen der Zustände und *statistische* Gesetzmäßigkeiten aufgestellt werden können.

2. Orts- und Impulsmessung. Zur näheren Charakterisierung des Zustandes eines materiellen Teilchens ist es vor allem nötig, zu untersuchen, wieweit dem Ortsbegriff und dem Impulsbegriff des Teilchens auch außerhalb des Gültigkeitsbereiches der klassischen Mechanik ein Sinn zukommt. Was zunächst den Ort des Teilchens betrifft, so braucht man zu seiner Festlegung eine Wirkung des Teilchens, die dieses nur ausüben kann, wenn es sich an einem bestimmten Ort befindet. Glücklicherweise besitzen wir in der Zerstreuung des Lichtes eine solche Wirkung, die übrigens sowohl von den elektrischen Elementarteilchen als auch von makroskopischen Körpern ausgeübt wird. Denken wir uns z. B. die (x, y)-Ebene beleuchtet, und zwar mittels eines Wellenzuges einer begrenzten Länge, so daß ein bestimmter Punkt $x_0 y_0$ dieser Ebene zu einer bestimmten Zeit t_0 beleuchtet wird. Diese Zeit hat einen Spielraum Δt, der nicht kleiner sein kann als $1/\nu$, wenn ν die mittlere Frequenz des Lichtes ist. Durch Verwendung möglichst kurzwelligen Lichtes kann Δt jedoch zunächst möglichst klein gemacht werden. Wir können ferner die Intensität des Lichtes uns so groß denken, daß praktisch mit Sicherheit mindestens ein Lichtquant vom Teilchen gestreut wird, falls es das Lichtbündel passiert. Man kann nun irgendeine optische Vergrößerungsvorrichtung (Camera obscura, Lupe, Mikroskop) benutzen, um durch eine grobe makroskopische Ortsbestimmung der Wirkung eines gestreuten Quants eine feine Ortsbestimmung des materiellen Teilchens zu erreichen. Und zwar genügt es zu diesem Zweck, ein einziges Lichtquant zu beobachten. Für die Genauigkeitsgrenzen der Ortsbestimmung sind dabei stets die Grenzen der optischen Abbildung maßgebend, wobei letztere durch die von der klassischen Wellenoptik beschriebenen Beugungseffekte bedingt sind. So ist bekanntlich z. B. beim Mikroskop die Genauigkeitsgrenze Δx der Abbildung gegeben durch

$$\Delta x \sim \frac{\lambda'}{\sin \varepsilon}, \tag{2.1}$$

wobei λ' die Wellenlänge der gestreuten Strahlung bedeutet, die von der der einfallenden Strahlung verschieden sein kann, während ε den halben Öffnungswinkel des Objektivs bedeutet. Die Richtung des gestreuten Quants muß dabei als innerhalb dieses Winkels ε prinzipiell unbestimmt betrachtet werden, also wird die Komponente des Impulses des materiellen Teilchens in der x-Richtung nach dem Stoß unbestimmt um

$$\Delta p_x \sim \frac{\hbar}{\lambda'} \sin \varepsilon, \tag{2.2}$$

woraus zunächst eine Bestätigung der Ungenauigkeitsrelation

$$\Delta p_x \, \Delta x \sim \hbar$$

resultiert. Wir wollen aber außerdem diskutieren, mit welcher Genauigkeit durch das in Rede stehende Gedankenexperiment eine Ortsbestimmung überhaupt möglich ist. Offenbar ist es gemäß (2.1) hierfür günstig, die Wellenlänge der gestreuten Strahlung möglichst klein zu machen. Wäre die Wellenlänge der gestreuten

Strahlung gleich derjenigen der einfallenden Strahlung, so könnte die Genauigkeit der Ortsmessung beliebig gesteigert werden dadurch, daß diese Wellenlänge beliebig klein gemacht werden kann. Gleichzeitig damit könnte dann, wie bereits oben erwähnt, auch der Zeitpunkt der Ortsbestimmung in ein beliebig kleines Intervall eingeschlossen werden. Gemäß dem COMPTON-Effekt findet aber eine Änderung der Frequenz der gestreuten Strahlung statt, die durch Energie und Impulssatz bestimmt ist. Diese hat zur Folge, daß selbst im Limes $\nu \to \infty$ $\left(\lambda = \frac{c}{\nu} \to 0\right)$ die Frequenz ν' der gestreuten Strahlung einen endlichen Wert nicht überschreiten kann. Sind $\vec{p}$ und $E = c\sqrt{m^2 c^2 + \vec{p}^2}$ Impuls und Energie des materiellen Teilchens vor dem Streuprozeß, so wird in diesem Limes, der für ν' ein Maximum, für $\lambda' = c/\nu'$ also ein Minimum bedeutet,

$$\left.\begin{aligned}
\nu' &\sim \frac{E}{h} = \frac{m_0 c^2}{h} \frac{1}{\sqrt{1 - v^2/c^2}}\,, \\[2mm]
\lambda' &\sim \frac{hc}{E} = \frac{h}{mc} \sqrt{1 - \frac{v^2}{c^2}}\,.
\end{aligned}\right\} \tag{2.3}$$

(Dabei sind sehr kleine Streuwinkel außer Betracht gelassen, da sie aus geometrischen Gründen zur Ortsbestimmung ungeeignet sind[1].) Für die maximale Genauigkeit einer Ortsbestimmung *mit Hilfe des hier diskutierten Experimentes* der Streuung eines Lichtquants durch ein optisches Instrument folgt also

$$\left.\begin{aligned}
\Delta x &\sim \frac{hc}{E} = \frac{h}{mc} \sqrt{1 - \frac{v^2}{c^2}}\,, \\[2mm]
\Delta t &\sim \frac{1}{\nu'} \sim \frac{h}{E} = \frac{h}{mc^2} \sqrt{1 - \frac{v^2}{c^2}}\,.
\end{aligned}\right\} \tag{2.4}$$

Letzteres folgt daraus, daß die Zeitdauer des Streuprozesses, d.h. die Zeit, innerhalb der eine Wechselwirkung zwischen Lichtquant und materiellem Teilchen stattfinden kann, niemals wesentlich kleiner sein kann als die Lichtperioden der einfallenden und gestreuten Strahlung. Diese Zeitdauer der Ortsmessung ist deshalb wichtig, weil sie die Benutzbarkeit des Messungsresultates für die Voraussage späterer Ortsmessungen mitbestimmt. Eine Wiederholbarkeit der Ortsmessung zu einem späteren Zeitpunkt ist nämlich in folgendem Sinne vorhanden. Bestimmt man den Ort nach Ablauf der Zeit τ noch einmal, so wird das Resultat dieser Bestimmung zwar im Einzelfall nicht voraussagbar sein, im Mittel, bei vielen wiederholten Versuchen, wird man aber eine gewisse mittlere Lage $\bar{x}(t_0 + \tau)$ mit einem gewissen mittleren Fehler $\Delta = \sqrt{\overline{(\Delta x)^2}}$ finden. Es wird dann sowohl $\bar{x}(t_0 + \tau) - \bar{x}(t_0)$, als auch $\Delta(t_0 + \tau) - \Delta(t_0)$ durch Verkleinerung von τ beliebig klein gemacht werden können. Wäre der Zeitpunkt der ersten Ortsbestimmung gänzlich unbestimmt geblieben, so würde sie sich zur Vorhersage des Resultates einer anderen Ortsbestimmung nicht verwenden lassen und wäre in diesem Sinne physikalisch nicht von Interesse.

Die in (2.4) gegebene Genauigkeitsgrenze für Ortsbestimmungen ist zunächst höchstens für Atomkerne und Elektronen von Belang, da bereits für Atome als

---

[1] Für den Fall, daß die einfallende Strahlung der ursprünglichen Bewegungsrichtung des Teilchens entgegengesetzt gerichtet ist, während die gestreute Strahlung ihr parallel ist, folgt z.B. aus Energie- und Impulssatz

$$\nu' = \nu \frac{E + c p_x}{2h\nu - c p_x + E}\,,$$

also für $h\nu \gg E$

$$\nu' \sim \frac{E + c p_x}{2h} = \frac{1}{2}\left(1 + \frac{v_x}{c}\right) \frac{mc^2}{h} \frac{1}{\sqrt{1 - v^2/c^2}}\,.$$

Ganzes ihre Dimension im allgemeinen größer als ihr h/mc ist. Ob ferner dieser Grenze für die erstgenannten Teilchen eine prinzipielle Bedeutung zukommt[1] oder ob sie durch indirekte Methoden umgehbar ist, läßt sich durch elementare Überlegungen nicht von vornherein entscheiden und hängt ganz davon ab, auf welchen Grundlagen eine relativistische Quantenmechanik erfolgreich ausgebaut werden kann. Überdies wurde hier, um das Problem nicht zu sehr zu komplizieren und den Bereich unserer gegenwärtigen Kenntnisse nicht überschreiten zu müssen, die atomistische Konstitution der Maßstäbe und Uhren selbst noch nicht besonders berücksichtigt; deshalb werden hier auch die möglichen Beschränkungen der Existenz beliebig kleiner Blenden, Linsen oder Spiegel mit Absicht noch außer Betracht gelassen. Wir legen hier zunächst Wert auf die *positive* Feststellung, daß dem Begriff des Ortes eines materiellen Teilchens zu einer bestimmten Zeit auch außerhalb des Geltungsbereiches der klassischen Mechanik ein Sinn zukommt. Die Ortsbestimmung ist nämlich jedenfalls mit einer größeren Genauigkeit möglich, als die Wellenlänge der Materiewellen

$$\lambda_m = \frac{h}{|p|} = \frac{h}{m\,v}\sqrt{1 - \frac{v^2}{c^2}}$$

beträgt, da nach (2.4)

$$\Delta x \sim \lambda_m \cdot \frac{v}{c}. \tag{2.5}$$

Mindestens in der unrelativistischen Quantentheorie, wo $v \ll c$ gilt, ist also die folgende Grundannahme natürlich. *In jedem Zustand eines Systems, zunächst bei einem kräftefreien Teilchen, existiert in jedem Zeitmoment t eine Wahrscheinlichkeit $W(x_1, x_2, x_3; t)\, dx_1\, dx_2\, dx_3$ dafür, daß das Teilchen sich innerhalb des Spielraums dx_1, dx_2, dx_3 am Ort x_1, x_2, x_3 befindet.*

Diese Grundannahme ist weder selbstverständlich noch eine direkte Folge aus den Unsicherheitsrelationen (II). Dies erhellt daraus, daß beim Lichtquant eine solche Ortsangabe außerhalb der Grenzen der klassischen geometrischen Optik nicht in sinnvoller Weise möglich ist. Der Lichtquantenort kann nicht genauer bestimmt werden, als die Wellenlänge des Lichtes beträgt, und dies in einer Zeit, die nicht kleiner sein kann als die Lichtperiode. Es gibt deshalb keine Lichtquantendichte mit analogen Eigenschaften wie die Dichte der Materieteilchen[2]. Überhaupt reicht die Analogie zwischen Licht und Materie, wie aus dem folgenden noch deutlicher werden wird, nicht so weit, als es ursprünglich schien. Sie erschöpft sich vielmehr völlig in den fundamentalen Beziehungen (I) zwischen Energie-Impuls und Frequenz-Wellenzahl, die sowohl für Lichtquanten als auch für Materieteilchen Geltung haben.

In der Formulierung der Grundannahme ist eine Auszeichnung des Ortes vor der Zeit enthalten, da die Ortskoordinaten nur bis auf einen Spielraum dx_i, die Zeitkoordinate aber exakt festgelegt gedacht ist[3]. In Wahrheit ist, wie wir ge-

---

[1] Dieser Standpunkt wird von L. Landau u. R. Peierls, Z. Physik **69**, 56 (1931), vertreten.

[2] In der Literatur, sogar in einigen Lehrbüchern, finden sich darüber vielfach unrichtige Angaben.

[3] Auf diesen Umstand ist besonders von E. Schrödinger (Berl. Ber. 1931, S. 238) hingewiesen worden. In diesem Zusammenhang wird dort auch betont, daß eine ideale, d.h. die Zeit exakt angebende Uhr, eine unendlich große Energieunsicherheit, also auch eine unendlich große Energie besitzen würde. Nach unserer Meinung bedeutet das allerdings *nicht*, daß die Benutzung des gewöhnlichen Zeitbegriffes in der Quantenmechanik widerspruchsvoll sei, da eine solche ideale Uhr beliebig angenähert werden kann. Man denke sich z.B. einen sehr kurzen (im Limes unendlich kurzen) Lichtwellenzug, der (infolge des Vorhandenseins geeigneter Spiegel) einen geschlossenen Weg beschreibt. (Dabei bleibt allerdings, wie im Text bereits hervorgehoben, die Frage der Existenz solcher Spiegel noch außer Diskussion.)

sehen haben, dieser Zeitpunkt nicht genauer fixierbar als $\Delta t = \Delta x/c$, wenn die Größenordnung des Fehlers der Ortsbestimmung Δx beträgt. Nur im Grenzfall der unrelativistischen Quantentheorie, in der sozusagen c als unendlich groß betrachtet wird, erscheint es eine sinnvolle Idealisation, bei festem Δx die Länge Δt der Zeitstrecke zu vernachlässigen, als mathematisch gleich Null zu setzen.

Wir kommen nun zur Frage der Impulsbestimmung des Teilchens. Auch hierfür kann nach BOHR die Streuung eines Lichtquants durch das Teilchen benutzt werden, da der DOPPLER-Effekt in einer bestimmten Richtung der gestreuten Strahlung (zusammen mit Frequenz und Richtung der einfallenden Strahlung) eine Rückschluß auf die Geschwindigkeit des Materieteilchens zuläßt. Da die Genauigkeit der Bestimmung von ν' durch die endliche Zeitdauer T der Wechselwirkung zwischen Licht und Materie gemäß

$$\Delta \nu' = \frac{1}{T} \tag{2.6}$$

begrenzt wird, ist es in diesem Fall — umgekehrt wie bei der Ortsbestimmung — günstig, diese Zeitdauer groß zu wählen. Betrachten wir der Einfachheit halber näher den Fall, daß das materielle Teilchen sich vor dem Prozeß in der $+x$-Richtung bewegt, daß also bereits bekannt sei, daß $p_y = p_z = 0$ ist, und daß in der $-x$-Richtung Strahlung auf das Teilchen auffällt, die in der $+x$-Richtung gestreut wird, so daß gilt

$$-\frac{h\nu}{c} + p_x = p'_x + \frac{h\nu'}{c}$$

oder

$$p'_x = p_x - \frac{h\nu}{c} - \frac{h\nu'}{c} \tag{2.7}$$

und

$$h\nu - h\nu' = E' - E. \tag{2.8}$$

Da ν gegeben ist, würde aus einer genauen Kenntnis von ν' hieraus eine genaue Kenntnis von p_x (und p'_x) folgen. Um die Verknüpfung der Ungenauigkeit Δp_x von p_x mit der Ungenauigkeit $\Delta \nu'$ von ν' zu finden, haben wir aus (2.8) zunächst $\partial \nu'/\partial p_x$ zu berechnen, wobei p'_x gemäß (2.7) als Funktion von p_x und ν' zu denken und ν festzuhalten ist. Mit Rücksicht auf

$$\frac{\partial E'}{\partial p'_x} = v'_x; \qquad \frac{\partial E}{\partial p_x} = v_x$$

(welche Relation auch im relativistischen Fall gültig ist) findet man

$$-h\frac{\partial \nu'}{\partial p_x} = v'_x\left(1 - \frac{h}{c}\frac{\partial \nu'}{\partial p_x}\right) - v_x; \qquad h\frac{\partial \nu'}{\partial p_x}\left(1 - \frac{v'_x}{c}\right) = v_x - v'_x.$$

Für die Ungenauigkeit folgt daraus zunächst

$$h\Delta\nu' = \frac{(v_x - v'_x)}{1 - v'_x/c}\,\Delta p_x.$$

Nun ist v'_x für kleine ν nahezu gleich v_x, für wachsende ν nimmt es ab, wird schließlich negativ und geht für sehr große ν endlich über in $-c$. Der Nenner $1 - \frac{v'_x}{c}$ wächst also hierbei von $1 - \frac{v_x}{c}$ bis 2 und größenordnungsmäßig gilt immer

$$h\Delta\nu' \sim (v_x - v'_x)\,\Delta p_x, \tag{2.9}$$

35

also nach (2.6) auch

$$\Delta p_x \sim \frac{h}{(v_x - v'_x)\, T}.$$ (2.10)

Andererseits gilt für die prinzipielle Unbestimmtheit der Lage des Teilchens nach dem Prozeß

$$\Delta x \sim (v_x - v'_x)\, T,$$

da es unbestimmt bleiben muß, in welchem Zeitpunkt innerhalb des Intervalles T das Teilchen seine Geschwindigkeit ändert. Wir finden auf diese Weise die Unbestimmtheitsrelation

$$\Delta p_x \Delta x \sim h$$

wieder bestätigt. Die Gl. (2.10) zeigt darüber hinaus, daß der Impuls des Teilchens sogar in beliebig kurzer Zeit bestimmt werden könnte, wenn die (bestimmte) Geschwindigkeitsänderung des Teilchens beim Prozeß beliebig groß werden könnte. In Wahrheit kann sie aber nicht größer werden als $2c$, so daß der Größenordnung nach gilt

$$\Delta p_x \sim \frac{h}{c\, \Delta t}.$$ (2.11)

Hierin ist jetzt Δt an Stelle von T geschrieben, um damit anzudeuten, daß T zugleich die Unbestimmtheit des Zeitpunktes angibt, in welchem der Wert p_x realisiert war. Die Resultate (2.10), (2.11) sind übrigens als untere Grenze des Fehlers Δp_x von den speziellen Voraussetzungen über Richtung des Lichtstrahles und der Geschwindigkeit der Materie unabhängig.

Im Falle kräftefreier Teilchen ist die Beschränkung der Genauigkeit der Impulsmessung durch die Zeitdauer T nicht wesentlich, da die Impulse des Teilchens hier zeitlich konstant sind. Wir werden also annehmen dürfen: *In jedem Zustand eines Systems, zunächst bei einem kräftefreien Teilchen, existiert eine Wahrscheinlichkeit $W(p_1, p_2, p_3)\, dp_1\, dp_2\, dp_3$ dafür, daß der Impuls des Teilchens innerhalb des Spielraumes dp_1, dp_2, dp_3 die Werte p_1, p_2, p_3 besitzt.* (Diese Annahme ist im Falle freier Strahlung offenbar auch für ein Lichtquant zutreffend.)

Die Messungen des Impulses sind übrigens, auch abgesehen von ihrer Genauigkeitsbegrenzung (2.10), im allgemeinen nicht „wiederholbar", da bei ihnen eine unter Umständen große, wenn auch *bekannte* Änderung des Impulses eintritt. Nur wenn die Zeitdauer T der Messung so lang gewählt wird, daß bei gegebenem Δp_x auch $(p'_x - p_x)$ klein gemacht werden kann (langwelliges einfallendes Licht), wird eine auf die erste Messung unmittelbar folgende zweite Impulsmessung wieder zum selben Resultat führen. In allen Fällen aber, auch bei kurzdauernden Messungen, ist das Resultat einer folgenden Impulsmessung auf Grund der vorangehenden voraussagbar. Dieser Sachverhalt ist wichtig für die Frage der Impulsmessung an gebundenen Teilchen, da, wie wir sehen werden, bei diesen nur eine begrenzte Zeitdauer für die Messung zur Verfügung steht.

3. Wellenfunktion kräftefreier Teilchen. Es handelt sich nun darum, für die Wahrscheinlichkeiten $W(x_1, x_2, x_3)$ und $W(p_1, p_2, p_3)$ von Ort und Impuls eines Teilchens solche Grundannahmen einzuführen, die mit der Unsicherheitsrelation (II) und dem Wellencharakter der Materie im Einklang sind. Dabei beschränken wir uns zunächst auf das unrelativistische Gebiet, wo die Geschwindigkeit der Teilchen klein gegen die Lichtgeschwindigkeit ist und die Schwingungszahl der Wellen mit ihrem Phasenvektor $\vec{k}$ in der Beziehung (1.8′)

$$\omega = \omega_0 + \frac{\hbar}{2m} \sum_i k_i^2$$ (1.8′)

miteinander stehen. Durch die Beschränkung auf das unrelativistische Gebiet sind übrigens Lichtquanten von vornherein aus der Betrachtung ausgeschlossen. Auf die hiermit zusammenhängenden Fragen wird erst im folgenden Abschnitt eingegangen. Denken wir uns also wie in (1.3) Funktionen

$$\psi(\vec{x}, t) = \frac{1}{\sqrt{(2\pi)^3}} \int A(\vec{k}) \, e^{i\,[(\vec{k}\,\vec{x})-\omega t]} \, d^3 k \tag{3.1}$$

gebildet, worin k und ω stets der Beziehung (1.8') genügen, also stets positiv sind. Die Zweckmäßigkeit des Faktors $\frac{1}{\sqrt{(2\pi)^3}}$ wird sich später ergeben. Ferner bilden wir die konjugiert komplexe Funktion

$$\psi^*(\vec{x}, t) = \frac{1}{\sqrt{(2\pi)^3}} \int A^*(\vec{k}) \, e^{-i\,[(\vec{k}\,\vec{x})-\omega t]} \, d^3 k \,. \tag{3.1*}$$

Führt man nach (I) in (3.1), (3.1*) statt $\vec{k}$ und ω den Impuls $\vec{p} = \hbar\vec{k}$ und die Energie $E = \hbar\omega$ des Partikels ein, so läßt sich dies auch schreiben

$$\psi(\vec{x}, t) = \frac{1}{\sqrt{(2\pi\hbar)^3}} \int A(\vec{p}) \, e^{\frac{i}{\hbar}\,[(\vec{p}\,\vec{x})-Et]} d^3 p \,, \tag{3.1'}$$

$$\psi^*(\vec{x}, t) = \frac{1}{\sqrt{(2\pi\hbar)^3}} \int A^*(\vec{p}) \, e^{-\frac{i}{\hbar}\,[(\vec{p}\,\vec{x})-Et]} \, d^3 p \,. \tag{3.1'*}$$

[Es unterscheiden sich hierin $A(\vec{p})$ und $A(\vec{k})$ um einen solchen Zahlenfaktor, daß $|A(p)|^2 dp_1 dp_2 dp_3 = |A(k)|^2 dk_1 dk_2 dk_3$.] Setzen wir

$$\varphi(\vec{p}) = A(\vec{p}) \, e^{-\frac{i}{\hbar} E t}, \tag{3.2}$$

so daß also $\varphi(\vec{p})$ der Gleichung

$$-\frac{\hbar}{i}\,\frac{\partial\varphi}{\partial t} = E\,\varphi = \left(E_0 + \sum_i \frac{p_i^2}{2m}\right)\varphi \tag{3.3}$$

genügt, so läßt sich dies auch schreiben

$$\psi(\vec{x}, t) = \frac{1}{\sqrt{(2\pi\hbar)^3}} \int \varphi(\vec{p}) \, e^{\frac{i}{\hbar}(\vec{p}\,\vec{x})} d^3 p \,, \tag{3.1''}$$

$$\psi^*(\vec{x}, t) = \frac{1}{\sqrt{(2\pi\hbar)^3}} \int \varphi^*(\vec{p}) \, e^{-\frac{i}{\hbar}(\vec{p}\,\vec{x})} d^3 p \,. \tag{3.1''*}$$

Die Umkehr dieser Relationen lautet nach dem FOURIERschen Integraltheorem

$$\varphi(\vec{p}) = \frac{1}{\sqrt{(2\pi\hbar)^3}} \int \psi(\vec{x}, t) \, e^{-\frac{i}{\hbar}(\vec{p}\,\vec{x})} d^3 x \tag{3.4}$$

bzw.

$$A(\vec{p}) = \frac{1}{\sqrt{(2\pi\hbar)^3}} \int \psi(\vec{x}, t) \, e^{-\frac{i}{\hbar}\,[(\vec{p}\,\vec{x})-Et]} d^3 x \tag{3.4'}$$

und

$$A(\vec{k}) = \frac{1}{\sqrt{(2\pi)^3}} \int \psi(\vec{x}, t) \, e^{-i\,[(\vec{k}\,\vec{x})-\omega t]} d^3 x \,. \tag{3.4''}$$

Ferner gilt die Vollständigkeitsrelation

$$\int \psi^* \psi \, d^3 x = \int \varphi^* \varphi \, d^3 p = \int A^* A \, d^3 p \,, \tag{3.5}$$

die auch den Grund für die Wahl des Zahlenfaktors in (3.1) und (3.1') darstellt.

Es ist leicht zu sehen, daß vermöge (1.8') diese Funktionen den Differentialgleichungen genügen

$$- \frac{\hbar}{i} \frac{\partial \psi}{\partial t} = \left(E_0 - \frac{\hbar^2}{2m} \varDelta\right)\psi, \tag{3.6}$$

$$+ \frac{\hbar}{i} \frac{\partial \psi^*}{\partial t} = \left(E_0 - \frac{\hbar^2}{2m} \varDelta\right)\psi^*, \tag{3.6*}$$

worin wie in (1.6)

$$E_0 = \hbar \omega_0 = m c^2$$

gesetzt ist, und $\varDelta$ den LAPLACEschen Operator bedeutet. Umgekehrt ist (3.1) die allgemeine[1] Lösung dieser Differentialgleichung (3.6), wenn für jede in (3.1) vorkommende Partialwelle die Beziehung (1.8') erfüllt ist. Diese Beziehung war gemäß (I) aus der Beziehung

$$E = E_0 + \frac{1}{2m} \sum_i p_i^2 \tag{1.8}$$

zwischen Energie und Impuls eines Teilchens in der klassischen Partikelmechanik entstanden. Formal geht (3.6) direkt aus (1.8) hervor, wenn man die auf Raum-Zeitfunktionen wirkenden Operatoren[2]

$$\boldsymbol{E} = - \frac{\hbar}{i} \frac{\partial}{\partial t}; \quad \boldsymbol{p}_i = \frac{\hbar}{i} \frac{\partial}{\partial x_i} \tag{3.7}$$

einführt und dann (1.8) durch die mit (3.6) identische Operatorgleichung

$$\boldsymbol{E}\psi = \left(E_0 + \frac{1}{2m} \sum_i \boldsymbol{p}_i^2\right)\psi \tag{3.8}$$

ersetzt. Diese ist dann überdies formal analog zu (3.3).

Im folgenden werden wir es auch mit allgemeineren Operatoren zu tun haben, die aber alle die Eigenschaft der *Linearität* besitzen. Darunter ist zu verstehen, daß der betreffende Operator $\boldsymbol{D}$ der Bedingung genügt

$$\boldsymbol{D}(c_1\psi_1 + c_2\psi_2) = c_1 \boldsymbol{D}\psi_1 + c_2 \boldsymbol{D}\psi_2, \tag{3.9}$$

worin c_1 und c_2 zwei beliebige Konstante sind und ψ_1 und ψ_2 beliebige Funktionen irgendwelcher Variabler bedeuten. Diese Variablen können unter Umständen statt eines Kontinuums von Werten wie die Raum-Zeitkoordinaten nur diskreter Werte oder sogar nur einer endlichen Anzahl von Werten fähig sein. Stets aber sind die Funktionen $\boldsymbol{D}\psi$ als von denselben Variablen abhängig zu denken wie die Funktionen ψ. Zu den speziellen Operatoren (3.7) zurückkehrend, bemerken wir, daß die Zuordnung gerade dieser Operatoren zu den Energie- und Impulsgrößen nur einen anderen Ausdruck für die Bildung des FOURIERschen Integrals (3.1'') beim Aufbau von Raum-Zeitfunktionen $\psi(\vec{x}; t)$ aus Impulsfunktionen $\varphi(\vec{p})$ darstellt.

Eine physikalische Bedeutung bekommen die hier eingeführten Funktionen erst dadurch, daß sie mit den Wahrscheinlichkeiten $W(\vec{k})$ und $W(\vec{p})$ von Energie und Impuls des Teilchens in dem betreffenden Zustand in Verbindung gebracht

---

[1] Damit dieser Ausdruck auch den Fall umfaßt, daß ψ eine *Summe* über verschiedene ebene Wellen neben dem *Integral* enthält, müssen für die $A(\vec{k})$ gewisse Singularitäten zugelassen und die Integrale dann im STIELTJESschen Sinn verstanden werden.

[2] Fettdruck markiert in diesem Artikel i. a. Operatoren. Dreidimensionale Vektoren werden daher durch einen Pfeil über dem Buchstaben bezeichnet.

werden. Hierbei ist wesentlich, zu beachten, daß erstens diese Wahrscheinlichkeiten W *nie negativ* sein können, und daß zweitens zu jedem Zeitpunkt

$$\int W(\vec{x})\, d^3x = 1 \tag{3.10}$$

und

$$\int W(\vec{p})\, d^3p = 1 \tag{3.10'}$$

gelten muß. Der einfachste Ansatz für $W(\vec{x})$, der diesen Forderungen genügt, ist der, daß $W(\vec{x})$ *eine definite quadratische Form* der Werte von (eventuell mehreren) Funktionen ψ_ϱ, ψ_ϱ^*, ... $(\varrho = 1, 2, \ldots)$ ist, von denen jede den Gln. (3.6) bzw. (3.6*) genügt

$$W(\vec{x}) = Q(\psi_\varrho, \psi_\varrho^*). \tag{3.11}$$

(Daß man ohne Formen vierten oder höheren Grades auskommt, kann natürlich nur der Erfolg lehren.). Um dann auch noch die zeitliche Konstanz von

$$W(\vec{x})\, d^3x$$

gemäß (3.6) und (3.6*) zu erreichen, muß notwendig

$$Q(\psi_\varrho, \psi_\varrho^*) = \sum_\varrho C_\varrho \psi_\varrho^* \psi_\varrho \tag{3.12}$$

gesetzt werden, worin C_ϱ positive reelle Zahlen sind. Man erkennt dies sowohl aus (3.1) mittels des FOURIERschen Satzes, als auch aus (3.6) durch partielle Integration. Zum Beispiel ergibt sich auf die letztere Weise zunächst

$$-\frac{1}{2}\frac{\hbar}{i}\frac{\partial}{\partial t}(\psi^2) = E_0\psi^2 - \frac{\hbar^2}{2m}\sum_i \frac{\partial}{\partial x_i}\left(\psi\,\frac{\partial\psi}{\partial x_i}\right) + \frac{\hbar}{2m}(\operatorname{grad}\psi)^2,$$

$$+\frac{1}{2}\frac{\hbar}{i}\frac{\partial}{\partial t}(\psi^{*2}) = E_0\psi^{*2} - \frac{\hbar^2}{2m}\sum_i \frac{\partial}{\partial x_i}\left(\psi^*\,\frac{\partial\psi^*}{\partial x_i}\right) + \frac{\hbar}{2m}(\operatorname{grad}\psi^*)^2,$$

aber

$$\frac{\hbar}{i}\frac{\partial}{\partial t}(\psi\psi^*) = \frac{\hbar^2}{2m}\sum_i \frac{\partial}{\partial x_i}\left(\psi^*\,\frac{\partial\psi}{\partial x_i} - \psi\,\frac{\partial\psi^*}{\partial x_i}\right),$$

also ist weder $\int\psi^2 d^3x$ nach $\int\psi^{*2} d^3x$ noch irgendeine Liniearkombination von beiden zeitlich konstant, wohl aber (unter der Annahme, daß die durch partielle Integration über eine sehr große Kugel entstehenden Randintegrale im Limes eines unendlich großen Integrationsgebietes verschwinden)

$$\int \psi\psi^*\, d^3x = \text{const}. \tag{3.13}$$

Wir merken noch für spätere Anwendungen an, daß die letzte der angeschriebenen Differentialgleichungen die Form der Kontinuitätsgleichung

$$\frac{\partial \varrho}{\partial t} + \operatorname{div}\vec{i} = 0 \tag{3.14}$$

annimmt, wenn neben $\varrho = \psi^*\psi$

$$\vec{i} = \frac{\hbar}{2mi}(\psi^*\operatorname{grad}\psi - \psi\operatorname{grad}\psi^*) \tag{3.15}$$

gesetzt wird.

Wenn wir ausdrücklich festsetzen, die zeitliche Ableitung einer reellen Funktion als neue (zweite) Funktion zu zählen, können wir sagen: In (3.8) ist enthalten, daß *eine einzige reelle Funktion nicht ausreicht, um aus Wellen der Form* (3.1) *eine nach Integration über das Volumen zeitlich konstante, nirgends negative Wahrscheinlichkeit aufzubauen*[1]! Vielmehr sind dazu mindestens zwei reelle Funktionen oder eine komplexe Funktion und ihre Konjugierte notwendig. Die Konstanten C_ϱ können offenbar in die ψ miteinbezogen werden, so daß

$$W(\vec{x}) = \sum_\varrho \psi_\varrho^* \psi_\varrho = \sum_\varrho |\psi_\varrho|^2 \qquad (3.12')$$

der allgemeinste Ansatz für die Wahrscheinlichkeit $W(\vec{x})$ ist. Wir werden später sehen, daß in der Tat mehrere ψ-Funktionen nötig sein können, und zwar dann, wenn es sich um Teilchen mit einem Drehimpuls handelt. Vorläufig wollen wir aber der Einfachheit halber hiervon absehen und nur mit einer komplexen ψ-Funktion operieren, so daß

$$W(\vec{x}) = |\psi|^2 = \psi^* \psi \qquad (3.12'')$$

wird mit der Normierungsbedingung

$$\int \psi^* \psi \, d^3x = 1. \qquad (3.13')$$

Gemäß der Kontinuitätsgleichung (3.14) können wir nunmehr den Ausdruck (3.15) als *statistische Stromdichte* oder *Wahrscheinlichkeitsstrom* interpretieren. Es gibt $\vec{i}(x)$ die Wahrscheinlichkeit dafür an, daß durch die Flächeneinheit senkrecht zur x-Achse das Teilchen pro Zeiteinheit eher in der positiven als in der negativen x-Richtung hindurchtritt.

Nunmehr ist es leicht, auch die Wahrscheinlichkeitsdichte $W(\vec{p})$ im Impulsraum anzugeben, die übrigens im kräftefreien Fall zeitlich konstant sein wird (nicht nur ihr Integral), da hier der Teilchenimpuls konstant ist. Diese Wahrscheinlichkeitsdichte ist gegeben durch

$$W(\vec{p}) = |A(\vec{p})|^2 = A^* A = \varphi^* \varphi. \qquad (3.16)$$

Man könnte vielleicht zunächst daran denken, $W(\vec{p})$ durch

$$W(\vec{p}) = C(\vec{p}) |A(\vec{p})|^2$$

zu definieren, wo $C(\vec{p})$ eine noch allgemeiner zu bestimmende positive Funktion wäre. Wegen der aus (3.1') folgenden Vollständigkeitsrelation (3.5) ist es jedoch notwendig, $C(p) \equiv 1$ zu setzen, da aus

$$\int W(\vec{x}) \, d^3x = 1$$

---

[1] Es hängt dies damit zusammen, daß der Realteil $u = \frac{1}{2}(\psi + \psi^*)$ von ψ [für den Imaginärteil $v = \frac{1}{2i}(\psi - \psi^*)$ gilt ganz Analoges] gemäß (3.6), (3.6*) keiner Differentialgleichung, die hinsichtlich der zeitlichen Ableitung von erster Ordnung ist, genügt, sondern nur der ,,iterierten'' Differentialgleichung zweiter Ordnung

$$\left(-\frac{\hbar}{i}\frac{\partial}{\partial t} + \frac{\hbar^2}{2m}\Delta - E_0\right)\left(+\frac{\hbar}{i}\frac{\partial}{\partial t} + \frac{\hbar^2}{2m}\Delta - E_0\right)u = 0$$

oder

$$\left[\hbar^2\frac{\partial^2}{\partial t^2} + \left(\frac{\hbar^2}{2m}\Delta - E_0\right)^2\right]u = 0.$$

Ein aus u quadratisch gebildeter Ausdruck, dessen Volumintegral zeitlich konstant ist, müßte nicht nur u und seine räumlichen Ableitungen, sondern auch die erste zeitliche Ableitung enthalten.

notwendig

$$\int W(\vec{p})\, d^3 p = 1$$

folgen muß.

Die Mittel zur statistischen Beschreibung irgendeines Zustandes eines materiellen Teilchens im kräftefreien Fall sind hiermit vollständig gegeben. Jeder solche Zustand ist beschrieben durch ein Wellenpaket $\psi(\vec{x}, t)$ der Form (3.1), aus welchem gemäß (3.4) eindeutig das „Paket" $\varphi(\vec{p})$ im Impulsraum folgt. Diese Funktionen $\psi(\vec{x}, t)$ und $\varphi(\vec{p})$ — man nennt sie oft „Wahrscheinlichkeitsamplituden" — sind aber, was ihre Phase betrifft, *nicht direkt beobachtbar*; dies gilt vielmehr nur von den Wahrscheinlichkeitsdichten $W(\vec{x}, t)$ und $W(\vec{p})$. Die komplexe Wellenfunktion selber hat somit einen nur *symbolischen Charakter* und dient dazu, den Zusammenhang zwischen $W(\vec{x}, t)$ und $W(\vec{p})$ zu vermitteln[1].

Aus den entwickelten Grundlagen lassen sich verschiedene einfache Folgerungen ziehen, welche direkt mit dem Experiment verglichen werden können. Insbesondere kann man Mittelwerte über irgendwelche Funktionen von $\vec{x}$ oder $\vec{p}$ bilden und ihren Zusammenhang sowie ihre zeitliche Veränderung untersuchen. Zum Beispiel ist

$$\bar{x}_l = \int x_l\, \psi^*\, \psi\, d^3 x; \qquad \bar{p}_l = \int p_l\, \varphi^*\, \varphi\, d^3 p. \tag{3.17}$$

Ferner ist von Interesse die mittlere Ausdehnung der Pakete im gewöhnlichen Raum und im Impulsraum, die gegeben wird durch die „mittleren Querschnitte"

$$\overline{(\Delta x_l)^2} = \int (x_l - \bar{x}_l)^2\, \psi^*\, \psi\, d^3 x; \qquad \overline{(\Delta p_l)^2} = \int (p_l - \bar{p}_l)^2\, \varphi^*\, \varphi\, d^3 p. \tag{3.18}$$

Das Verhalten des Mittelpunktes eines Paketes ergibt sich aus der Umformung gemäß (3.1'') und (3.4) und durch partielle Integration

$$\bar{x}_l = \frac{1}{\sqrt{(2\pi)^3}} \int x_l\, \psi^*\, d^3 x \int \varphi(\vec{k})\, e^{i(\vec{k}\vec{x})}\, d^3 k = \frac{1}{\sqrt{(2\pi)^3}} \int \psi^*\, d^3 x \int \varphi(\vec{k})\, \frac{1}{i}\, \frac{\partial}{\partial k_l} \left(e^{i(\vec{k}\vec{x})} \right) d^3 k$$

$$= \frac{1}{\sqrt{(2\pi\hbar)^3}} \int \psi^*\, d^3 x \int i\hbar\, \frac{\partial}{\partial p_l}\, [\varphi(\vec{p})]\, e^{\frac{i}{\hbar}(\vec{p}\vec{x})}\, d^3 p$$

$$= \frac{1}{\sqrt{(2\pi\hbar)^3}} \int i\hbar\, \frac{\partial}{\partial p_l}\, [\varphi(\vec{p})]\, d^3 p \int \psi^*\, e^{\frac{i}{\hbar}(\vec{p}\vec{x})}\, d^3 x = \int \varphi^*(\vec{p})\, i\hbar\, \frac{\partial}{\partial p_l}\, [\varphi(\vec{p})]\, d^3 p,$$

also

$$\bar{x}_l = \int \varphi^*(\vec{p}) \cdot i\hbar\, \frac{\partial \varphi(\vec{p})}{\partial p_l}\, d^3 p = \int \varphi^*(\vec{k}) \left(i\, \frac{\partial}{\partial k_l} \right) \varphi(\vec{k})\, d^3 k \tag{3.19}$$

oder auch

$$\bar{x}_l = \int A^*(\vec{k})\, e^{i\omega t} \left(i\, \frac{\partial}{\partial k_l} \right) [A(\vec{k})\, e^{-i\omega t}]\, d^3 k,$$

also schließlich

$$\bar{x}_l = \int A^*\, i\, \frac{\partial A}{\partial k_l}\, d^3 k + t \int \frac{\partial \omega}{\partial k_l}\, A^* A\, d^3 k. \tag{3.20}$$

Hierin ist enthalten, daß

$$\frac{d\bar{x}_l}{dt} = \overline{\left(\frac{\partial \omega}{\partial k_l} \right)} = \overline{\left(\frac{\partial E}{\partial p_l} \right)} = \bar{v}_l = \frac{\bar{p}_l}{m}, \tag{3.21}$$

---

[1] Die mathematische Frage, ob bei gegebenen Funktionen $W(\vec{x})$ und $W(\vec{p})$ die Wellenfunktionen ψ stets eindeutig bestimmt ist, wenn es eine solche zugehörige Wellenfunktion überhaupt gibt [d.h. wenn $W(\vec{x})$ und $W(\vec{p})$ physikalisch vereinbar sind], ist noch nicht allgemein untersucht worden.

was den Satz von der Gruppengeschwindigkeit darstellt. Aus der Kontinuitätsgleichung (3.14) folgt andererseits leicht durch Multiplikation mit x_l und partielle
Integration

$$\frac{d\,\overline{x}_l}{dt} = \int i_l\,d^3x = \frac{1}{m}\,\psi^*\left(\frac{\hbar}{i}\,\frac{\partial\psi}{\partial x_l}\right)d^3x,\tag{3.22}$$

also folgt durch Vergleich mit (3.21) weiter

$$\overline{p}_l = \int \varphi^*(\vec{p})\,p_l\,\varphi(\vec{p})\,d^3p = \int \psi^*\left(\frac{\hbar}{i}\,\frac{\partial}{\partial x_l}\,\psi\right)d^3x,\tag{3.23}$$

was man auch leicht direkt verifiziert. Die Beziehungen (3.19) und (3.23) lassen
sich weitgehend verallgemeinern. Sei $F(x_l)$ irgendeine ganze rationale Funktion
der x_i, $F(p_l)$ irgendeine ganze rationale Funktion der p_j, so gilt

$$\overline{F(x_l)} = \int \psi^*\,F(x_l)\,\psi\,d^3x = \int \varphi^*\,F\left(i\hbar\,\frac{\partial}{\partial p_l}\right)\varphi\,d^3p,\tag{3.24}$$

$$\overline{F(p_l)} = \int \psi^*\,F\left(\frac{\hbar}{i}\,\frac{\partial}{\partial x_l}\right)\psi\,d^3x = \int \varphi^*\,F(p_l)\,\varphi\,d^3p,\tag{3.24'}$$

wie unmittelbar durch partielle Integration unter Benutzung des Fourierschen
Integraltheorems verifiziert werden kann[1].

Es ist deshalb z.B.

$$\overline{p_l^2} = \int \varphi^*\,p_l^2\,\varphi\,d^3p = \int \psi^*\left(-\hbar^2\,\frac{\partial^2\psi}{\partial x_l^2}\right)d^3x = +\hbar^2\int \frac{\partial\psi^*}{\partial x_l}\cdot\frac{\partial\psi}{\partial x_l}\,d^3x,$$

$$\overline{x_l^2} = \int \psi^*\,x_l^2\,\psi\,d^3x = \int \varphi^*\left(-\hbar^2\,\frac{\partial^2\varphi}{\partial p_l^2}\right)d^3p = +\hbar^2\int \frac{\partial\varphi^*}{\partial p_l}\cdot\frac{\partial\varphi}{\partial p_l}\,d^3p.$$

Um entsprechende Beziehungen für $\overline{(\varDelta x_l)^2}$ und $\overline{(\varDelta p_l)^2}$ aufzustellen, sind nur ge-
ringe Modifikationen dieser Gleichungen erforderlich. Diese ergeben sich am ein-
fachsten, wenn wir den Übergang zu einem neuen Bezugssystem betrachten,

$$x' = x - x_0 - vt; \qquad t' = t,$$

für den wir hier naturgemäß die Galilei-Transformation benutzen müssen, da
die Relativitätskorrekturen vorläufig konsequent vernachlässigt werden. Da
hier gilt

$$p_x' = p_x - mv; \qquad E' = E - p_x v + \frac{m}{2}\,v^2,$$

müssen wir, um gemäß (3.3) das Bestehen der Gleichung

$$-\frac{\hbar}{i}\,\frac{\partial\varphi'}{\partial t} = E'\,\varphi'$$

zu erreichen, setzen

$$\varphi' = \varphi\,e^{-\frac{i}{\hbar}\left[\frac{m}{2}v^2 - p_x v\right]t}\,e^{\frac{i}{\hbar}f},$$

worin f von t unabhängig so zu bestimmen ist, daß die Funktion

$$\psi' = \frac{1}{\sqrt{(2\pi\hbar)^3}}\int \varphi'(\vec{p'})\,e^{\frac{i}{\hbar}(\vec{p'}\vec{x'})}\,d^3p'$$

die Eigenschaft hat

$$W'(\vec{x'}) = W(\vec{x})$$

oder

$$\psi'^*(\vec{x'})\,\psi'(\vec{x'}) = \psi^*(\vec{x})\,\psi(\vec{x}).$$

---

[1] Über Verallgemeinerungen dieser Relation für andere als ganz-rationale F siehe Abschnitt B, Ziff. 18c.

Um dies zu erreichen, genügt es, $f = p_x x_0$ zu setzen. Dann erhält man endgültig

$$\varphi'(\vec{p}') = \varphi(\vec{p})\, e^{-\frac{i}{\hbar}\left[\frac{m}{2}v^2 t - p_x(x_0 + v t)\right]}, \tag{3.25}$$

$$\psi'(x') = \psi(x)\, e^{-\frac{i}{\hbar}\left[m v(x - x_0) - \frac{m}{2}v^2 t\right]} \tag{3.26}$$

oder

$$\psi'(x', t') = \psi(x' + x_0 + v t')\, e^{-\frac{i}{\hbar}\left[m v x' + \frac{m}{2}v^2 t'\right]}. \tag{3.26'}$$

Man verifiziert leicht, daß diese Funktion in der Tat der Gleichung

$$-\frac{\hbar}{i}\frac{\partial \psi'}{\partial t'} = E_0 - \frac{\hbar^2}{2m}\Delta' \psi'$$

genügt. Für die Stromdichte (3.15) folgt daraus weiter

$$\vec{i}' = \vec{i} - \vec{v}\,\psi^* \psi, \tag{3.27}$$

was offenbar eine unmittelbar anschauliche Bedeutung besitzt[1].

Da nun der Mittelpunkt eines Wellenpaketes sich gemäß (3.20) mit konstanter Geschwindigkeit bewegt, können wir ein Bezugssystem K' einführen, welches sich mit dem Mittelpunkt des Paketes mitbewegt, so daß sich dieses dauernd im neuen Koordinatenursprung in Ruhe befindet. Wir haben dann in diesem neuen System

$$\bar{x} = 0; \quad \bar{p} = 0$$

und

$$\overline{x^2} = \overline{(x - \bar{x})^2} = \overline{(\Delta x)^2}; \quad \overline{p^2} = \overline{(p - \bar{p})^2} = \overline{(\Delta p)^2}.$$

Die vollständige Schreibweise wäre $\overline{x_l'} = 0, \dots$ usw.; um die Bezeichnung zu vereinfachen, soll im folgenden zunächst der eindimensionale Fall betrachtet und der Akzent weggelassen werden. Der letztere Mittelwert

$$\overline{p^2} = \int p^2 \varphi^* \varphi\, dp = \hbar^2 \int \frac{\partial \psi^*}{\partial x}\cdot\frac{\partial \psi}{\partial x}\, dx$$

ist zeitlich konstant, während

$$\overline{x^2} = \int x^2 \psi^* \psi\, dx = \hbar^2 \int \frac{\partial \varphi^*}{\partial p}\cdot\frac{\partial \varphi}{\partial p}\, dp$$

zeitlich veränderlich ist. Und zwar folgt aus der letzten Form gemäß (3.2) sogleich

$$\overline{x^2} = \hbar^2 \int \frac{\partial A^*}{\partial p}\cdot\frac{\partial A}{\partial p}\, dp + i\hbar t \int \frac{\partial E}{\partial p}\left(A^* \frac{\partial A}{\partial p} - A \frac{\partial A^*}{\partial p}\right) dp + t^2 \int \left(\frac{\partial E}{\partial p}\right)^2 A^* A\, dp \tag{3.28}$$

oder

$$\overline{x^2} = \hbar^2 \int \frac{\partial A^*}{\partial p}\cdot\frac{\partial A}{\partial p}\, dp + \frac{\hbar i t}{m}\int p\left(A^* \frac{\partial A}{\partial p} - A \frac{\partial A^*}{\partial p}\right) dp + \frac{t^2}{m^2}\overline{p^2}. \tag{3.28'}$$

Der mittlere Querschnitt eines beliebigen Wellenpaketes nach jeder Koordinatenrichtung ist also im kräftefreien Fall eine quadratische Funktion der Zeit. Er wächst also (eventuell nach Durchlaufen eines Minimums) sowohl später als auch früher beliebig stark an. Es ist einfach, (3.28') in den Koordinatenraum umzuschreiben. Bezeichnet ψ_0 den Wert von ψ für $t = 0$, $\overline{(x^2)}_0 = \int x^2 \psi_0^* \psi_0\, d^3x$ den Wert von $\overline{(x^2)}$

---

[1] V. Bargmann: Ann. of Math. **59**, 1 (1954) insbes. § 6g gibt eine gruppentheoretische Anwendung hiervon.

2*

zur Zeit $t = 0$, $\vec{i}_0 = \dfrac{\hbar}{2\,m_i}\,(\psi_0^* \cdot \operatorname{grad} \psi_0 - \psi_0 \operatorname{grad} \psi_0^*)$ den Wert von $\vec{i}$ zur Zeit $t = 0$, so erhält man

$$\overline{x} = (\overline{x^2})_0 + 2t \int (x\,i_0)\,d^3x + \frac{t^2}{m^2}\,\overline{p^2} \tag{3.29'}$$

und im *ungestrichenen* Koordinatensystem (mit $\varrho = \psi^*\psi$)

$$\overline{\Delta x^2} = (\overline{\Delta x^2})_0 + 2t \int (x - \bar{x})\left(i_0 - \frac{\varrho_0}{m}\,p\right)d^3x + \frac{t^2}{m^2}\,\overline{(\Delta p^2)}. \tag{3.29}$$

Dieses Resultat enthält nichts besonders für die Quantentheorie Charakteristisches, da sich für ein System von kräftefrei bewegten Punkten, die mit der Dichte ϱ und der Stromdichte $\vec{i}$ sowie mit dem mittleren Quadrat des Impulses $\overline{(\Delta p^2)}$ verteilt sind, dasselbe ergeben würde. Es sei aber daran erinnert, daß die Stetigkeit von $\bar{x}$ und $\overline{\Delta x}$ als Funktion der Zeit [bei beliebig kleinem $\overline{(\Delta x)_0^2}$] für die Wiederholbarkeit der Ortsmessung wesentlich ist. Ebenso kann man im dreidimensionalen Fall die zeitliche Änderung des Mittelwertes $\overline{\Delta x_l \Delta x_m}$ der Produkte zweier Koordinaten berechnen. Es ergibt sich dann analog der in t quadratische Ausdruck

$$\left.\begin{aligned}\overline{\Delta x_l\,\Delta x_m} = \overline{(\Delta x_l\,\Delta x_m)_0} &+ t \int \left[(x_l - \bar{x}_l)\left(i_{m_0} - \frac{\varrho_0}{m}\,p_m\right) + \right.\\ &\left. + (x_m - \bar{x}_m)\left(i_{l_0} - \frac{\varrho_0}{m}\,p_l\right)\right]d^3x + \frac{t^2}{m^2}\,\overline{\Delta p_l\,\Delta p_m}.\end{aligned}\right\} \tag{3.30}$$

Für die Quantentheorie charakteristisch ist aber der Umstand, daß zwischen den Werten $\overline{(\Delta x)^2}$ und $\overline{(\Delta p)^2}$ eine der Unsicherheitsrelation entsprechende Beziehung besteht, indem nämlich nicht beide Ausdrücke zugleich beliebig klein gemacht werden können[1]. Man erkennt dies am einfachsten durch Umformung der Ungleichung

$$D = \left|\frac{x}{2\,\overline{x^2}}\,\psi + \frac{\partial \psi}{\partial x}\right|^2 \geq 0.$$

Es wird

$$D = \frac{x^2}{4\,(\overline{x^2})^2}\,\psi\,\psi^* + \frac{x}{2\,\overline{x^2}}\left(\psi\,\frac{\partial \psi^*}{\partial x} + \psi^*\,\frac{\partial \psi}{\partial x}\right) + \frac{\partial \psi}{\partial x}\,\frac{\partial \psi^*}{\partial x}$$

$$= \frac{1}{4}\left(\frac{x}{\overline{x^2}}\right)^2 \psi\,\psi^* + \frac{1}{2}\,\frac{\partial}{\partial x}\left(\frac{x}{\overline{x^2}}\,\psi\,\psi^*\right) - \frac{1}{2}\,\frac{1}{\overline{x^2}}\,\psi\,\psi^* + \frac{\partial \psi}{\partial x}\,\frac{\partial \psi^*}{\partial x}$$

$$= \frac{1}{4}\,\frac{1}{(\overline{x^2})^2}\cdot[x^2 - 2\,\overline{x^2}]\,\psi\,\psi^* + \frac{1}{2}\,\frac{\partial}{\partial x}\left(\frac{x}{\overline{x^2}}\,\psi\,\psi^*\right) + \frac{\partial \psi}{\partial x}\,\frac{\partial \psi^*}{\partial x},$$

also integriert

$$\int D\,d^3x = \frac{1}{\hbar^2}\,\overline{p^2} - \frac{1}{4}\,\frac{1}{\overline{x^2}} \geq 0,$$

also

$$\overline{p^2}\,\overline{x^2} = \overline{(\Delta p)^2}\,\overline{(\Delta x)^2} \geq \frac{\hbar^2}{4}. \tag{3.31}$$

Dies ist die quantitative Verschärfung der Unsicherheitsrelation. Das Gleichheitszeichen in (3.31) gilt nur, wenn

$$\frac{1}{2}\,\frac{x}{\overline{x^2}}\,\psi + \frac{\partial \psi}{\partial x} = 0$$

<hr>

[1] Vgl. hierzu H. Weyl, Gruppentheorie und Quantenmechanik, 2. Aufl., Anhang 1, Leipzig 1931; W. Heisenberg, Die physikalischen Prinzipien der Quantentheorie, S. 13. Leipzig 1930. Für Verallgemeinerungen E. U. Condon, Science, Lancaster, Pa. 1929; H. P. Robertson, Phys. Rev. **34**, 163 (1929), und vor allem E. Schrödinger (Berl. Ber. 1930, 296), wo Sätze der Form (3.28), (3.29) zum erstenmal allgemein bewiesen sind.

oder

$$\psi = C\,e^{-\frac{1}{4}\frac{x^2}{\bar{x}^2}}\,.\tag{3.32}$$

Interessiert man sich für das Produkt $\overline{(\Delta p_l^2)}\,\overline{(\Delta x_l^2)}$ nur für einen bestimmten Wert des Index l, so ist die Abhängigkeit von den übrigen Koordinaten gleichgültig. Will man das Minimum für alle drei Koordinaten erreichen, so muß man setzen

$$\psi = C\,e^{-\frac{1}{4}\left(\frac{x_1^2}{\bar{x}_1^2}+\frac{x_2^2}{\bar{x}_2^2}+\frac{x_3^2}{\bar{x}_3^2}\right)}\,.\tag{3.32'}$$

Während $\overline{\Delta p_l^2}$ zeitlich konstant ist, ändert sich $\overline{\Delta x_l^2}$ mit der Zeit; wird das Minimum von $\overline{(\Delta p_l)^2}\overline{(\Delta x_l)^2}$ für $t=0$ erreicht, so muß das in t lineare Glied in (3.29) verschwinden (was man auch unmittelbar verifiziert), für frühere oder spätere Zeiten wird also dann das in Rede stehende Produkt einen größeren Wert erhalten. Durch nachträgliche Messungen kann es zwar wieder verkleinert werden, aber niemals unter das Minimum.

Die Impulsfunktion $\varphi(\vec{p})$, welche diesem Minimum entspricht, ist, wie aus der vollen Symmetrie des Minimumproblems in bezug auf p_x und x hervorgeht, ebenfalls die GAUSSsche Fehlerfunktion

$$\varphi(\vec{p}) = C\,e^{-\frac{1}{4}\frac{p_x^2}{(\Delta p_x)^2}}\tag{3.33}$$

bzw.

$$\varphi(\vec{p}) = C\,e^{-\frac{1}{4}\left[\frac{p_1^2}{(\Delta p_1)^2}+\frac{p_2^2}{(\Delta p_2)^2}+\frac{p_3^2}{(\Delta p_3)^2}\right]}\,,\tag{3.33'}$$

wie man auch unmittelbar durch Nachrechnen gemäß (3.4) bestätigt.

Zum Schluß sei eine allgemeine Methode beschrieben, um die zeitabhängige Gl. (3.6) zu lösen, wenn ψ für $t=0$ als Raumfunktion ψ_0 vorgegeben ist. Diese Frage kann sofort beantwortet werden, wenn es uns gelingt, eine „Grundlösung" $U(\vec{x};t)$ zu finden mit der Eigenschaft, daß U für $t=0$ singulär wird in solcher Weise, daß für jedes endliche Integrationsgebiet

$$\lim_{t\to 0}\int_{(V)} U\,d^3x = \begin{cases} 1,\ \text{wenn der Nullpunkt in } V \text{ liegt,} \\ 0,\ \text{wenn der Nullpunkt außerhalb } V \text{ liegt.} \end{cases}\tag{3.34}$$

Wegen des linearen Charakters der Differentialgleichung ist dann nämlich

$$\begin{aligned} \psi(x_i;t) &= -\int U(\bar{x}_i - x_i;t)\,\psi(\bar{x}_i;0)\,d^3\bar{x} \\ &= \int U(\bar{x}_i;t)\,\psi(x_i+\bar{x}_i;0)\,d^3\bar{x} \end{aligned}\tag{3.35}$$

die gesuchte Lösung.

Um die Grundlösung U für den kräftefreien Fall der unrelativistischen Wellenmechanik zu finden, ist es zweckmäßig, sich an die formale Analogie der Differentialgleichung

$$\frac{\partial \psi}{\partial t} = \frac{i\,\hbar}{2m}\,\Delta\psi\tag{3.36}$$

mit der Wärmeleitungs- oder Diffusionsgleichung zu erinnern[1]. (Wir haben hier der Einfachheit halber $E_0=0$ gesetzt, da dies durch Abspaltung des Faktors $e^{-\frac{i}{\hbar}E_0 t}$ aus der ψ-Funktion leicht erreicht werden kann.) Es ist hier aber für den

---

[1] Auf diese Analogie ist besonders von P. EHRENFEST, Z. Physik **45**, 455 (1927), hingewiesen worden; vgl. für das Folgende auch L. DE BROGLIE, Wellenmechanik, Kap. 13.

Wärmeleitungskoeffizienten eine imaginäre Zahl einzusetzen. Unsere Grundlösung entspricht dann der einem „Wärmepol" zugeordneten Lösung der Wärmeleitungsgleichung und lautet zunächst im eindimensionalen Fall

$$U(x, t) = \frac{C}{\sqrt{t}}\, e^{-\frac{im}{2\hbar}\frac{x^2}{t}}.$$

Von dieser Funktion ist zunächst leicht zu verifizieren, daß sie der Differentialgleichung

$$\frac{\partial \psi}{\partial t} = \frac{i\,\hbar}{2\,m}\frac{\partial^2 \psi}{\partial x^2}$$

genügt. Sodann gilt

$$\int\limits_{x_1}^{x_2} U(x, t)\, dx = C \sqrt{\frac{2\hbar}{m}} \int\limits_{\sqrt{\frac{m}{2\hbar}}\frac{x_1}{\sqrt{t}}}^{\sqrt{\frac{m}{2\hbar}}\frac{x_2}{\sqrt{t}}} e^{i\,\xi^2}\, d\xi.$$

Nun ist für $\lim a \to +\infty$; $\lim b \to +\infty$

$$\lim \int\limits_a^b e^{i\,\xi^2}\, d\xi = 0,$$

für $\lim a \to -\infty$; $\lim b \to +\infty$

$$\lim \int\limits_a^b e^{i\,\xi^2}\, d\xi = \int\limits_{-\infty}^{\infty} e^{i\,\xi^2}\, d\xi = \sqrt{\pi}\, e^{i\,\pi/4},$$

also ist in der Tat, wie in (3.34) verlangt wird,

$$\lim_{t \to 0} \int\limits_{x_1}^{x_2} U\, dx = \begin{cases} 0, \\ 1, \end{cases} \text{wenn der Nullpunkt } x = 0 \begin{cases} \text{außerhalb} \\ \text{innerhalb} \end{cases} \text{des Intervalls } (x_1\, x_2) \text{ liegt,}$$

sobald wir noch die Konstante C zu

$$C = e^{-i\pi/4} \sqrt{\frac{m}{2\pi\hbar}}$$

normieren. Wir haben also schließlich

$$U(x, t) = e^{-i\pi/4} \sqrt{\frac{m}{2\pi\hbar}}\, \frac{1}{\sqrt{t}}\, e^{\frac{im}{2\hbar}\frac{x^2}{t}}. \tag{3.37}$$

Für den dreidimensionalen Fall erhält man hieraus sofort durch Produktbildung

$$U(x_1, x_2, x_3; t) = U(x_1, t)\, U(x_2, t)\, U(x_3, t) = e^{-\frac{3\pi}{4} i} \left(\frac{m}{2\pi\hbar}\right)^{\frac{3}{2}} t^{-\frac{3}{2}} e^{\frac{im}{2\hbar}\frac{x_1^2 + x_2^2 + x_3^2}{t}}. \tag{3.38}$$

Einsetzen dieses Ausdruckes in (3.35) ergibt dann die allgemeine Lösung

$$\psi(x_1, x_2, x_3; t)$$

der Wellengleichung[1]. Beim Aufsuchen der Grundlösung U hätte man auch von ihrer Zerlegung in räumliche Fourier-Komponenten gemäß (3.1), (3.4) unter Benutzung von (3.34) ausgehen können.

---

[1] Spezielle Lösungen der Wellengleichung, insbesondere für den Fall, daß für $\psi(x_i; 0)$ die Gausssche Fehlerfunktion (3.32) eingesetzt wird, findet man bei W. Heisenberg, Z. Physik 43, 172 (1927); E. H. Kennard, Z. Physik 44, 326 (1927); C. G. Darwin, Proc. Roy. Soc. Lond., Ser. A 117, 258 (1927).

4. Wellenfunktion im Fall eines Teilchens, das unter dem Einfluß von Kräften steht. Die Beschreibung der Zustände eines Systems von Teilchen, die Kräften unterworfen sind, durch statistische Begriffe und Gesetzmäßigkeiten, ist aus denen für kräftefreie Teilchen durch Verallgemeinerung entstanden. Offenbar müssen diese Begriffe und Gesetze in sich widerspruchsfrei sein und diejenigen der klassischen Punktmechanik als Grenzfall enthalten. Abgesehen von dieser allgemeinen Forderung kann nur der Erfolg über die Brauchbarkeit bestimmter Annahmen entscheiden. Man kann diese Annahmen, zunächst für den Fall eines einzigen Teilchens und immer mit Vernachlässigung der Relativitätskorrektionen, folgendermaßen formulieren:

1. Die Wahrscheinlichkeit, zu einem bestimmten Zeitpunkt t die Ortskoordinaten x_i des Teilchens zwischen x_i und $x_i + dx_i$ zu finden, ist auch hier ein sinnvoller Begriff. Sie ist wieder gegeben durch

$$W(x_1 \, x_2 \, x_3; t) \, d^3x = \psi^* \, \psi \, d^3x, \tag{4.1}$$

worin $\psi(\vec{x}, t)$ eine selbst nicht beobachtbare, im allgemeinen komplexe Wellenfunktion, und ψ^* die dazu konjugierte komplexe Funktion bedeutet. Bei dieser Schreibweise ist ψ normiert gedacht gemäß

$$\int \psi \psi^* \, d^3x = 1. \tag{4.2}$$

Diese Annahme ist deshalb sehr naheliegend, weil die Ortsbestimmung in so kurzen Zeiten erfolgen kann, daß das Vorhandensein der Kräfte hierbei keine Rolle spielt. Aus (4.2) folgt bereits für die zeitliche Veränderung der ψ die Bedingung

$$\frac{d}{dt} \int \psi \psi^* \, d^3x = 0.$$

Dies ist nur erfüllbar, wenn für jeden Zeitpunkt $\partial \psi / \partial t$ und $\partial \psi^* / \partial t$ bei gegebenem ψ und ψ^* bereits mitbestimmt sind. (Über die Notwendigkeit, bei Teilchen mit Eigendrehimpuls mehrere Funktionen zu gebrauchen, vgl. Ziff. 13.)

2. Wenn wir setzen

$$-\frac{\hbar}{i} \frac{\partial \psi}{\partial t} = H \psi, \tag{4.3}$$

so soll H ein *linearer* und kein allgemeinerer Operator sein. Wie bereits erwähnt, ist dies eine Zuordnung einer neuen Funktion $H\psi$ zur Funktion ψ mit der Eigenschaft, daß für beliebige Konstanten c, die auch komplex sein können, gilt

$$H(c \, \psi) = c H \psi,$$

und für zwei beliebige Funktionen ψ_1, ψ_2

$$H(\psi_1 + \psi_2) = H\psi_1 + H\psi_2.$$

[Aus diesen beiden Eigenschaften folgt übrigens, daß $H\psi$ nicht explizite von ψ^* abhängt.]

Die Forderung der Linearität des Operators H kann als eine Verallgemeinerung des *Superpositionsprinzips* angesehen werden, da sie ja, wie wir gesehen haben, im kräftefreien Fall direkt diesem der Wellenlehre entstammenden Prinzip Ausdruck gibt. Dieses Prinzip ist wesentlich für eine widerspruchslose Formulierung des Messungsbegriffes, sobald die Koppelung des Systems mit dem Meßapparat selbst quantentheoretisch beschrieben wird (vgl. Ziff. 9).

47

Damit die Konstanz von $\int \psi\psi^* d^3x$ auf Grund von (4.3) erfüllt ist, muß H die Eigenschaft haben

$$\int [\psi^* H\psi - \psi(H\psi)^*]\, d^3x = 0. \tag{4.4}$$

Hierbei ist von der Wellengleichung

$$+\frac{\hbar}{i}\frac{\partial \psi^*}{\partial t} = (H\psi)^* \tag{4.3*}$$

Gebrauch gemacht. Dies muß zunächst gelten für alle regulären Funktionen, die im Unendlichen hinreichend rasch verschwinden. Einen Operator H, der diese Eigenschaft besitzt, nennt man Hermitesch[1]. Wegen der Linearität von H folgt aus (4.4) für zwei beliebige Funktionen

$$\int [\psi_1^* H\psi_2 - \psi_2(H\psi_1)^*]\, d^3x = 0. \tag{4.4'}$$

3. Der Zusammenhang (3.1''), (3.4) von ψ mit der gemäß (3.16) die Wahrscheinlichkeit $W(\vec{p}, t)\, d^3p$ für den Impuls bestimmenden „Amplitude" $\varphi(\vec{p})$ wird auch hier beibehalten[2], nur ist diese Wahrscheinlichkeit jetzt nicht mehr konstant. (Über Impulsbestimmung an gebundenen Teilchen vgl. Ziff. 15, S. 132.) Die Sätze (3.23), (3.24) bleiben dann bestehen, ebenso die Vollständigkeitsrelation (3.5).

Vom Standpunkt der unrelativistischen Wellenmechanik aus ist der einzige Weg zur Auffindung des Operators H bei einem bestimmten System der Vergleich des Verhaltens der allgemeinen Lösung der Gl. (4.3) mit den Eigenschaften der mechanischen Bahnen desselben Systems in der klassischen Theorie in geeigneten Grenzfällen, wie es dem Bohrschen Korrespondenzgedanken entspricht. Zwischen verschiedenen korrespondenzmäßigen Möglichkeiten für H kann zunächst nur die Erfahrung entscheiden.

Als einfachstes Beispiel betrachten wir ein Teilchen in einem äußeren Kraftfeld mit der Potentialfunktion $V(\vec{x})$. Die klassische Hamilton-Funktion lautet hier

$$H(p_i, x_i) = \sum_i \frac{p_i^2}{2m} + V(x_i).$$

Im Hinblick darauf, daß der Erwartungswert von p_i^2 gemäß (3.24')

$$\overline{p_i^2} = \int p_i^2 |\varphi(\vec{p})|^2 d^3p = -\hbar^2 \int \psi^* \frac{\partial^2 \psi}{\partial x_i^2}\, d^3x$$

beträgt, liegt es nahe, mit Schrödinger[3] die Wellengleichung in der Form

$$-\frac{\hbar}{i}\frac{\partial \psi}{\partial t} = -\frac{\hbar^2}{2m}\Delta\psi + V\psi \tag{4.5}$$

anzunehmen. Wir wollen hieraus einige Folgerungen über Mittelwerte ziehen, die den in der vorigen Ziffer formulierten Sätzen über das Verhalten des Mittel-

---

[1] Es sei hier bemerkt, daß aus (4.4) allein noch nicht die Linearität von H folgt. Zum Beispiel hat auch der nichtlineare Operator $H\psi = i\psi\dfrac{\partial \psi^*}{\partial x}\left(\text{wobei } (H\psi)^* = -i\psi^*\dfrac{\partial \psi}{\partial x}\right)$ die Eigenschaft (4.4), da $\psi^* H\psi - \psi(H\psi)^* = \dfrac{i}{2}\dfrac{\partial}{\partial x}(\psi^2\psi^*)$. Es ist also nötig, das Superpositionsprinzip als neue Annahme zu formulieren.

[2] Dies wurde allgemein zuerst von P. Jordan, Z. Physik **40**, 809 (1927), bemerkt.

[3] E. Schrödinger: Ann. d. Phys. **79**, 361 (1926). Auf die Notwendigkeit einer *statistischen* Deutung der Wellenfunktion hat besonders M. Born [Z. Physik **38**, 803 (1926)] in seiner Behandlung der Stoßvorgänge hingewiesen.

punktes und der Querschnitte der Wellenpakete analog ist. Zunächst folgt aus (4.5) wieder die Kontinuitätsgleichung

$$\frac{\partial \varrho}{\partial t} + \operatorname{div} \vec{i} = 0$$

mit $\varrho = \psi^* \psi$ und dem ursprünglichen Ausdruck (3.15)

$$i_k = \frac{\hbar}{2 m i} \left(\psi^* \frac{\partial \psi}{\partial x_k} - \psi \frac{\partial \psi^*}{\partial x_k} \right)$$

für die Stromdichte; denn bei der Berechnung von $\partial \varrho / \partial t$ fällt der Term mit $V \psi$ fort.

Es folgen hieraus weiter sofort die in (3.17), (3.23), (3.22) angegebenen Zusammenhänge

$$\overline{x_k} = \int x_k \psi^* \psi \, d^3 x; \qquad \overline{p_k} = \int p_k \varphi^* \varphi \, d^3 p = \int \psi^* \left(\frac{\hbar}{i} \frac{\partial \psi}{\partial x_k} \right) d^3 x;$$

$$\frac{d \overline{x_k}}{dt} = \int i_k \, d^3 x = \frac{1}{m} \overline{p_k} = \left(\frac{\partial H}{\partial p_k} \right).$$

Wir erhalten jedoch etwas Neues, wenn wir die Änderung $d \overline{p_k} / dt$ von $\overline{p_k}$ mit der Zeit berechnen, da diese ja im kräftefreien Fall verschwindet, während das nun nicht mehr zutrifft. Zu diesem Zweck bilden wir zunächst

$$m \frac{\partial i_k}{\partial t} = \frac{1}{2} \left[(H\psi)^* \frac{\partial \psi}{\partial x_k} - \psi^* \frac{\partial}{\partial x_k} (H\psi) + (H\psi) \frac{\partial \psi^*}{\partial x_k} - \psi \frac{\partial}{\partial x_k} (H\psi)^* \right]$$

$$= \frac{\hbar^2}{4 m} \left[- (\Delta \psi^*) \frac{\partial \psi}{\partial x_k} + \psi^* \frac{\partial}{\partial x_k} (\Delta \psi) - (\Delta \psi) \frac{\partial \psi^*}{\partial x_k} + \psi \frac{\partial}{\partial x_k} \Delta \psi^* \right]$$

$$+ \frac{1}{2} \left[V \psi^* \frac{\partial \psi}{\partial x_k} - \psi^* \frac{\partial}{\partial x_k} (V\psi) + V \psi \frac{\partial \psi^*}{\partial x_k} - \psi \frac{\partial}{\partial x_k} (V\psi^*) \right].$$

Die zweite Klammer vereinfacht sich sofort zu $- \dfrac{\partial V}{\partial x_k} \psi^* \psi$. Die erste Klammer ist wie folgt umzuformen. Es ist für beliebige Funktionen u, v

$$v \Delta u - u \Delta v = \sum_l \frac{\partial}{\partial x_l} \left(v \frac{\partial u}{\partial x_l} - u \frac{\partial v}{\partial x_l} \right).$$

Setzt man hierin einmal $v = \psi^*, u = \dfrac{\partial \psi}{\partial x_k}$, das andere Mal $v = \psi, u = \dfrac{\partial \psi^*}{\partial x_k}$, so kommt mit Einführung der Kraft $K_l = - \dfrac{\partial V}{\partial x_l} = - \dfrac{\partial H}{\partial x_l}$

$$m \frac{\partial i_k}{\partial t} = - \sum_l \frac{\partial T_{kl}}{\partial x_l} + K_k \psi^* \psi \tag{4.6}$$

mit

$$T_{kl} = \frac{\hbar^2}{4 m} \left[- \psi^* \frac{\partial^2 \psi}{\partial x_k \partial x_l} - \psi \frac{\partial^2 \psi^*}{\partial x_k \partial x_l} + \frac{\partial \psi}{\partial x_k} \frac{\partial \psi^*}{\partial x_l} + \frac{\partial \psi^*}{\partial x_k} \frac{\partial \psi}{\partial x_l} \right]. \tag{4.7}$$

Man kann den Tensor T_{kl}, welcher übrigens die Symmetriebedingung

$$T_{kl} = T_{lk} \tag{4.7'}$$

erfüllt, als Spannungstensor bezeichnen[1]. Man erhält daraus zunächst

$$\frac{d \overline{p_k}}{dt} = m \frac{d^2 \overline{x_k}}{dt^2} = m \int \frac{\partial i_k}{\partial t} d^3 x = \int K_k \psi^* \psi \, d^3 x = \overline{K_k} = - \overline{\left(\frac{\partial V}{\partial x_k} \right)} = - \overline{\left(\frac{\partial H}{\partial x_k} \right)}, \tag{4.8}$$

[1] Eine relativistische Verallgemeinerung hiervon bei E. Schrödinger, Ann. d. Phys. 82, 265 (1927); vgl. dazu auch Ziff. 18 dieses Artikels.

was bedeutet, daß die zeitliche Ableitung des Mittelwertes von p_k gleich ist dem Mittelwert der Kraft über das Wellenpaket[1]. Letzterer ist im allgemeinen verschieden vom Wert der Kraft an der Stelle des Mittelpunktes $\overline{x_k}$ des Wellenpaketes. Nur wenn das Paket in Übereinstimmung mit den Unsicherheitsrelationen $\Delta p_k \, \Delta x_k \sim \hbar$ so gewählt werden kann, daß im Gebiet des Paketes die Kraft nur wenig variiert, erhält man ein Verhalten des Paketes, das dem eines klassischen Partikels ähnlich ist, dessen Bahn die Bewegungsgleichung

$$m \frac{d^2 x_k}{d t^2} = - \frac{\partial V}{\partial x_k}$$

erfüllt (vgl. Ziff. 12).

Eine andere Folgerung aus (4.6) betrifft den Virialsatz[2]. Durch Multiplikation von (4.6) mit x_k und partielle Integration ergibt sich nämlich zunächst

$$m \frac{d}{dt} \int x_k i_k d^3 x = + \int T_{kk} d^3 x - \int x_k \frac{\partial V}{\partial x_k} \psi^* \psi \, d^3 x .$$

Wegen (4.7) ergibt sich weiter für das erste Integral der rechten Seite durch partielle Integration

$$\frac{\hbar^2}{m} \int \frac{\partial \psi^*}{\partial x_k} \frac{\partial \psi}{\partial x_k} d^3 x = \frac{\overline{p_k^2}}{m} ,$$

also

$$m \frac{d}{dt} \int x_k i_k d^3 x = \frac{\overline{p_k^2}}{m} - \overline{\left(x_k \frac{\partial V}{\partial x_k} \right)} . \tag{4.9}$$

Summiert man noch über den Index k, so erhält man das Analogon zum Virialsatz.

Endlich kann man analog wie in (3.29) die zeitliche Veränderung des Querschnittes eines Wellenpaketes betrachten, wobei dieser gegeben ist durch

$$\overline{(\Delta x_k)^2} = \int (x_k - \overline{x_k})^2 \psi^* \psi \, d^3 x . \tag{4.10}$$

Nur wird es wegen der Wirksamkeit der Kräfte im allgemeinen jetzt nicht mehr möglich sein, den Verlauf von $\overline{(\Delta x_k)^2}$ für endliche Zeiten anzugeben, vielmehr wird man statt dessen den ersten und zweiten Differentialquotienten von $\overline{(\Delta x_k)^2}$ nach der Zeit berechnen. Zunächst ergibt sich, da ja $\int (x_k - \overline{x_k}) \psi^* \psi \, d^3 x = 0$,

$$\frac{d}{dt} \overline{(\Delta x_k)^2} = \int (x_k - \overline{x_k})^2 \frac{\partial}{\partial t} (\psi^* \psi) \, d^3 x$$

und mit Anwendung der Kontinuitätsgleichung und partieller Integration

$$\frac{d}{dt} \overline{(\Delta x_k)^2} = 2 \int (x_k - \overline{x_k}) i_k d^3 x , \tag{4.11}$$

ferner wegen $\dfrac{d \overline{x_k}}{dt} = \int i_k d^3 x = \dfrac{\overline{p_k}}{m}$

$$\frac{1}{2} \frac{d^2}{dt^2} \overline{(\Delta x_k)^2} = \int (x_k - \overline{x_k}) \frac{\partial i_k}{\partial t} d^3 x - \left(\int i_k d^3 x \right)^2$$

und mit Benutzung von (4.9)

$$\frac{m}{2} \frac{d^2}{dt^2} \overline{(\Delta x_k)^2} = \frac{\overline{p_k^2} - (\overline{p_k})^2}{m} + \overline{(\Delta x_k \Delta K_k)}$$

[1] P. EHRENFEST: Z. Physik 45, 455 (1927).
[2] A. SOMMERFELD: Atombau und Spektrallinien, Bd. 2, 2. Aufl., S. 171 ff. Braunschweig 1944.

oder

$$\frac{m}{2}\,\frac{d^2}{dt^2}\,\overline{(\varDelta x_k)^2} = \overline{\frac{(p-\overline{p_k})^2}{m}} + \overline{(\varDelta x_k\,\varDelta K_k)}. \tag{4.12}$$

Die Relationen (4.11) und (4.12) stellen die natürliche Verallgemeinerung von (3.29) dar.

Bevor wir die Frage der Kopplung mehrerer Teilchen besprechen, sollen noch diejenigen Modifikationen der Wellengleichung angegeben werden, die bei Anwesenheit eines äußeren Magnetfeldes erforderlich sind. Sind $\varPhi_k$ die Komponenten des Vektorpotentials und ist e die Ladung des Teilchens, c die Lichtgeschwindigkeit, so ist die magnetische Feldstärke gegeben durch[1]

$$\mathscr{H}_{kl} = \frac{\partial \varPhi_l}{\partial x_k} - \frac{\partial \varPhi_k}{\partial x_l}, \tag{4.13}$$

die elektrische Feldstärke bekommt einen Zusatz

$$\mathscr{E}_k = -\frac{1}{c}\,\frac{\partial \varPhi_k}{\partial t}, \tag{4.14}$$

falls $\varPhi_k$ explizite von der Zeit abhängt, und die Kraft wird

$$\left.\begin{aligned}
K_k &= -\frac{\partial V}{\partial x_k} + e\left(\mathscr{E}_k + \frac{1}{c}\sum_l \mathscr{H}_{kl}\dot{x}_l\right)\\
&= -\frac{\partial V}{\partial x_k} + \frac{e}{c}\left[-\frac{\partial \varPhi_k}{\partial t} + \sum_l\left(\frac{\partial \varPhi_l}{\partial x_k} - \frac{\partial \varPhi_k}{\partial x_l}\right)\dot{x}_i\right].
\end{aligned}\right\} \tag{4.15}$$

Bekanntlich lassen sich die mechanischen Bewegungsgleichungen

$$m\,\frac{d^2 x_k}{dt^2} = K_k$$

mit diesem Wert der Kraft in der kanonischen Form schreiben[2]

$$\frac{dx_k}{dt} = \frac{\partial H}{\partial p_k}, \quad \frac{dp_k}{dt} = -\frac{\partial H}{\partial x_k},$$

wenn

$$H = \sum_k \frac{1}{2m}\left(p_k - \frac{e}{c}\,\varPhi_k\right)^2 + V(x). \tag{4.16}$$

Es wird dann

$$\dot{x} = \frac{1}{m}\left(p_k - \frac{e}{c}\,\varPhi_k\right); \quad p_k = m\dot{x}_k + \frac{e}{c}\,\varPhi_k; \tag{4.16'}$$

der Zusammenhang zwischen Impuls und Geschwindigkeit wird also geändert.

Der Umstand, daß die klassische HAMILTON-Funktion (4.16) aus derjenigen ohne Magnetfeld dadurch hervorgeht, daß p_k durch $p_k - \frac{e}{c}\,\varPhi_k$ ersetzt wird, legt es nahe, daß die Wellengleichung des Teilchens im Magnetfeld aus derjenigen ohne Magnetfeld (4.5) dadurch entsteht, daß der Operator $\frac{\hbar}{i}\,\frac{\partial}{\partial x_k}$ durch den

---

[1] Wir bevorzugen die Schreibweise von $\mathscr{H}$ als schiefsymmetrischer Tensor ($\mathscr{H}_{kl} = -\mathscr{H}_{lk}$), so daß $\mathscr{H}_{23}$, $\mathscr{H}_{31}$, $\mathscr{H}_{12}$ bzw. die 1, 2, 3-Komponente von $\mathscr{H}$ bedeuten. Das vektorielle Produkt $[\vec{\dot{x}} \times \vec{\mathscr{H}}]$ hat dann die 1-Komponente $\dot{x}_2\mathscr{H}_{12} - \dot{x}_3\mathscr{H}_{31}$, und dies ist wegen $\mathscr{H}_{31} = \mathscr{H}_{13}$, $\mathscr{H}_{11} = 0$ in der Tat gleich $\sum_l \mathscr{H}_{1l}x_l$.

[2] In historischer Hinsicht sei bemerkt, daß dies zuerst von LARMOR gezeigt wurde in dem Buch Aether and matter, Cambridge 1900.

Operator $\left(\frac{\hbar}{i}\frac{\partial}{\partial x_x}-\frac{e}{c}\Phi_k\right)$ ersetzt wird. Man erhält dann an Stelle von (4.5) die allgemeinere Gleichung

$$-\frac{\hbar}{i}\frac{\partial\psi}{\partial t}=\frac{1}{2m}\sum_k\left(\frac{\hbar}{i}\frac{\partial}{\partial x_k}-\frac{e}{c}\Phi_k\right)\left(\frac{\hbar}{i}\frac{\partial}{\partial x_k}-\frac{e}{c}\Phi_k\right)\psi+V\psi=0, \qquad (4.17)$$

was man auch schreiben kann:

$$-\frac{\hbar}{i}\frac{\partial\psi}{dt}=\frac{1}{2m}\sum_k\left[-\hbar^2\frac{\partial^2}{\partial x_k^2}\psi-\frac{\hbar e}{ic}\frac{\partial}{\partial x_k}(\Phi_k\psi)-\frac{\hbar e}{ic}\Phi_k\frac{\partial\psi}{\partial x_k}+\frac{e^2}{c^2}\Phi_k^2\psi\right]+V\psi=0. \quad (4.17')$$

Die Rechtfertigung für diesen Ansatz liegt darin, daß aus dieser Gleichung Sätze über die Mittelwerte von p_k, x_k und den Gesamtstrom $\bar{i}_k=\int i_k d^3x$ und ihre zeitlichen Ableitungen folgen, die den entsprechenden Bewegungsgleichungen der klassischen Mechanik analog sind.

Zunächst gilt wieder eine Kontinuitätsgleichung wie (3.14)

$$\frac{\partial}{\partial t}(\psi^*\psi)+\operatorname{div}\vec{i}=0,$$

womit zugleich bewiesen ist, daß $\boldsymbol{H}$ in der Tat ein Hermitescher Operator ist. Für den Strom $\vec{i}$ gilt jetzt aber der neue Ausdruck

$$i_k=\frac{1}{2m}\left[\psi^*\left(\frac{\hbar}{i}\frac{\partial}{\partial x_x}-\frac{e}{c}\Phi_k\right)\psi-\psi\left(\frac{\hbar}{i}\frac{\partial}{\partial x_k}+\frac{e}{c}\Phi_k\right)\psi^*\right] \qquad (4.18)$$

oder

$$i_k=\frac{\hbar}{2m}\left(\psi^*\frac{\partial\psi}{\partial x_k}-\psi\frac{\partial\psi^*}{\partial x_k}\right)-\frac{e}{mc}\Phi_k\psi^*\psi. \qquad (4.18')$$

Bilden wir

$$\overline{p_k}=\int p_k\varphi^*\varphi\,d^3p=\int\psi^*\frac{\hbar}{i}\frac{\partial\psi}{\partial x_k}\,d^3x$$

und entsprechend (3.22)

$$\frac{d\bar{x}_k}{dt}=\frac{d}{dt}\int x_k\psi^*\psi\,d^3x=\int i_k d^3x, \qquad (3.22')$$

so finden wir

$$\frac{d\bar{x}_k}{dt}=\frac{1}{m}\left(\overline{p_k}-\frac{e}{c}\overline{\Phi_k}\right), \qquad (4.16'')$$

was zu (4.16') analog ist.

Ferner findet man analog zu (4.6) und (4.7)

$$m\frac{\partial i_k}{\partial t}=-\sum_l\frac{\partial T_{kl}}{\partial x_l}+\left(-\frac{\partial V}{\partial x_k}-\frac{e}{c}\frac{\partial\Phi_k}{\partial t}\right)\psi^*\psi+\frac{e}{c}\sum_l\mathscr{H}_{kl}i_l \qquad (4.19)$$

mit

$$T_{kl}=\frac{\hbar^2}{4m}\left[-\psi^*\left(\frac{\partial}{\partial x_l}-\frac{ie}{\hbar c}\Phi_l\right)\left(\frac{\partial\psi}{\partial x_k}-\frac{ie}{\hbar c}\Phi_k\psi\right)-\psi\left(\frac{\partial}{\partial x_l}+\frac{ie}{\hbar c}\Phi_l\right)\left(\frac{\partial\psi^*}{\partial x_k}+\frac{ie}{\hbar c}\Phi_k\psi^*\right)+\right.$$
$$\left.+\left(\frac{\partial\psi}{\partial x_k}-\frac{ie}{\hbar c}\Phi_k\psi\right)\left(\frac{\partial\psi^*}{\partial x_l}+\frac{ie}{\hbar c}\Phi_l\psi^*\right)+\left(\frac{\partial\psi^*}{\partial x_k}+\frac{ie}{\hbar c}\Phi_k\psi^*\right)\left(\frac{\partial\psi}{\partial x_l}-\frac{ie}{\hbar c}\Phi_l\psi\right)\right] \qquad (4.20)$$

oder

$$T_{kl}=\frac{\hbar^2}{4m}\left\{\left[-\psi^*\frac{\partial^2\psi}{\partial x_l\partial x_k}-\psi\frac{\partial^2\psi^*}{\partial x_l\partial x_k}+\frac{\partial\psi}{\partial x_l}\frac{\partial\psi^*}{\partial x_k}+\frac{\partial\psi^*}{\partial x_l}\frac{\partial\psi}{\partial x_k}\right]+\right.$$
$$\left.+\frac{2ie}{\hbar c}\left[\Phi_k\left(\psi^*\frac{\partial\psi}{\partial x_l}-\psi\frac{\partial\psi^*}{\partial x_l}\right)+\Phi_l\left(\psi^*\frac{\partial\psi}{\partial x_k}-\psi\frac{\partial\psi^*}{\partial x_k}\right)\right]+\frac{4e^2}{\hbar^2c^2}\Phi_k\Phi_l\psi^*\psi\right\}, \qquad (4.21)$$

so daß die Symmetriebedingung $T_{kl}=T_{lk}$ wieder erfüllt ist. Setzen wir im Hinblick auf (4.15)

$$\overline{K_k}=\int\left[-\left(\frac{\partial V}{\partial x_k}+\frac{e}{c}\frac{\partial\Phi_k}{\partial t}\right)\psi^*\psi+\frac{e}{c}\sum_l\mathcal{H}_{kl}\,i_l\right]d^3x,\qquad(4.22)$$

so erhalten wir aus (4.19) wegen $\int i_k\,d^3x=\dfrac{d\bar{x}_k}{dt}$

$$m\frac{d^2\bar{x}_k}{dt^2}=\overline{K_k}\qquad(4.23)$$

als Analogon zur Bewegungsgleichung. Ferner mit

$$\overline{x_k K_k}=\int\left[-x_k\left(\frac{\partial V}{\partial x_k}+\frac{e}{c}\frac{\partial\Phi_k}{\partial t}\right)\psi^*\psi+\frac{e}{c}\sum_l\mathcal{H}_{kl}\,x_k i_l\right]d^3x\qquad(4.22')$$

ganz analog wie früher

$$m\frac{d}{dt}\int x_k i_k\,d^3x=\int T_{kk}\,d^3x+\overline{x_k K_k}.$$

Durch partielle Integration folgt aus (4.20)

$$\int T_{kk}\,d^3x=\frac{h^2}{m}\int\left(\frac{\partial\psi^*}{\partial x_k}+\frac{ie}{\hbar c}\Phi_k\psi^*\right)\left(\frac{\partial\psi}{\partial x_k}-\frac{ie}{\hbar c}\Phi_k\psi\right)d^3x$$

$$=-\frac{1}{m}\overline{\left(p_k-\frac{e}{c}\Phi_k\right)^2}=m\overline{\dot{x}_k^2}.$$

Die letzten beiden Ausdrücke können allerdings erst vom Standpunkt eines systematischen Operatorkalküls voll gerechtfertigt werden, der erst später besprochen wird. Mit diesem Vorbehalt erhalten wir

$$m\frac{d}{dt}\int x_k i_k\,d^3x=m\overline{\dot{x}_k^2}+\overline{x_k K_k},\qquad(4.24)$$

also das Analogon zum Virialsatz (4.9). Ebenso ergibt sich analog zu (4.11) und (4.12)

$$\frac{d}{dt}\overline{(\Delta x_k)^2}=2\int(x_k-\bar{x}_k)\,i_k\,d^3x,\qquad(4.25)$$

$$\frac{m}{2}\frac{d^2}{dt^2}\overline{(\Delta x_k)^2}=m\overline{(\dot{x}_k-\bar{\dot{x}}_k)^2}+\overline{(x_k-\bar{x}_k)\,K_k}.\qquad(4.26)$$

Bekanntlich ist es ein wichtiger Umstand, daß die Potentiale Φ_k nur bis auf einen zusätzlichen Gradienten bestimmt sind, da durch einen solchen die magnetischen Feldstärken $\mathcal{H}_{kl}$ nicht verändert werden. Es ist also eine erlaubte Substitution, zu setzen

$$\Phi_k'=\Phi_k+\frac{\partial f}{\partial x_k},\qquad(4.27)$$

worin f eine beliebige Funktion der Raumkoordinaten ist. Ja es kann sogar f die Zeit explizite enthalten, nur hat man dann gleichzeitig zu setzen

$$V'=V-\frac{e}{c}\frac{\partial f}{\partial t},\qquad(4.27')$$

um den Ausdruck (4.15) für die Kraft invariant zu erhalten. In der Tat wird dann

$$\frac{\partial V'}{\partial x_k}+\frac{e}{c}\frac{\partial\Phi_k'}{\partial t}=\frac{\partial V}{\partial x_k}+\frac{e}{c}\frac{\partial\Phi_k}{\partial t};\quad\mathcal{H}_{kl}=\mathcal{H}_{kl}'.$$

Da in der Wellengleichung (4.17) nicht nur die magnetische und elektrische Feld-stärke und die Kraft, sondern auch die Potentiale V und Φ_k selbst eingehen, könnte es vielleicht zunächst scheinen, als ob die aus dieser Wellengleichung folgenden physikalischen Resultate auch von den Absolutwerten der Potentiale abhingen. Dem ist aber nicht so; ist nämlich ψ eine Lösung der Wellengleichung (4.17) für die Potentiale V und Φ_k, so erhält man eine Lösung ψ' für die durch (4.27), (4.27′) gegebenen Potentiale V' und Φ_k' durch die Substitution

$$\psi' = \psi \exp\left(\frac{i\,e}{\hbar\,c}\,f\right). \tag{4.27″}$$

Die durch (4.27), (4.27′), (4.27″) definierte Gruppe von Substitutionen pflegt man als *Eichgruppe* zu bezeichnen, Größen, die gegenüber diesen Substitutionen sich nicht ändern, als *eichinvariante* Größen[1]. Das Bemerkenswerte ist, daß nicht nur die Wahrscheinlichkeitsdichte $\psi\psi^*$, sondern auch der durch (4.18) gegebene Strom $\vec{i}$ sowie der durch (4.20) definierte Spannungstensor T_{kl} eichinvariante Größen sind. Von diesem Gesichtspunkt aus muß die Wellengleichung (4.17) insbesondere die spezielle Wahl des Hamilton-Operators in dieser Gleichung, als eine sehr naturgemäße bezeichnet werden. Andererseits beruhte diese Gleichung wesentlich auf der Voraussetzung, daß die Feldgrößen V und Φ_k selbst als klas-sische Größen (vorgegebene Raumzeitfunktionen) betrachtet werden können, der-art, daß von einem etwaigen Einfluß des Wirkungsquantums auf die Definition dieser Feldgrößen abgesehen werden kann.

5. Wechselwirkung mehrerer Teilchen. Operatorkalkül. Die Art und Weise, wie die aus mehreren Teilsystemen bestehenden Gesamtsysteme in der Quanten-theorie beschrieben werden, ist für diese Theorie von fundamentaler Wichtigkeit und am meisten charakteristisch. Sie zeigt einerseits die Fruchtbarkeit des Schrödingerschen Gedankens der Einführung einer ψ-Funktion, die einer line-aren Gleichung genügt, andererseits den rein symbolischen Charakter dieser Funk-tion, die von den Wellenfunktionen der klassischen Theorie (Oberflächenwellen von Flüssigkeiten, elastische Wellen, elektromagnetische Wellen) prinzipiell ver-schieden ist.

Wenn ein System von mehreren Teilchen vorliegt, erhält man *keine* genügende Beschreibung des Systems durch die Angabe der Wahrscheinlichkeit dafür, *eines* der Teilchen an einem bestimmten Ort zu finden. Denken wir uns z.B. ein System bestehend aus zwei materiellen Teilchen, die sich in einem geschlossenen Kasten befinden. Dieser Kasten sei durch eine Trennungswand mit einer kleinen verschließbaren Öffnung in zwei Teile geteilt. Durch plötzliches Schließen der Öffnung und Auseinandernehmen der beiden Hälften läßt sich dann von jedem Teilchen feststellen, in welcher Hälfte des Kastens es sich im betreffenden Mo-ment befunden hat. Man kann nun nicht nur untersuchen, wie groß für jedes Teilchen die Wahrscheinlichkeit ist, sich in der einen bzw. in der anderen Hälfte zu befinden, sondern auch, wie häufig es ist, daß sich die Teilchen in derselben oder in verschiedenen Hälften des Kastens befinden. Statt der Trennungswände lassen sich auch „Mikroskope" mit kurzwelliger Strahlung verwenden, und statt

---

[1] Die Invarianz der Wellengleichung gegenüber der in Rede stehenden Gruppe von Substitutionen ist (im Falle einer relativistischen Verallgemeinerung dieser Gleichung) zuerst von V. Fock, Z. Physik **39**, 226 (1927), angegeben worden. Die Analogie dieser Gruppe zur Eichgruppe in einer älteren Theorie von Weyl über Gravitation und Elektrizität wurde von F. London, Z. Physik **42**, 375 (1927), angegeben. Von Weyl selbst [Z. Physik **56**, 330 (1929)] wurde der Zusammenhang dieser Gruppe mit dem Erhaltungssatz für die Ladung bei Ableitung der Wellengleichung aus einem Variationsprinzip hervorgehoben. Über die Eichgruppe in der relativistischen Wellengleichung vgl. Ziff. 18d.

9

einer Teilung eines endlichen Volumens in nur zwei Teile läßt sich dann eine beliebig feine Unterteilung des Raumes erreichen. Es seien also nunmehr N Teilchen vorhanden und ihre Koordinaten seien $x_k^{(1)}, x_k^{(2)}, \ldots, x_k^{(N)}$, wofür wir auch einfacher schreiben $q_1 \ldots q_f$, wobei $f = 3N$ die Anzahl der Freiheitsgrade des Systems bezeichnet; ferner möge einfach dq für das mehrdimensionale Volumelement $dq_1 \, dq_2 \ldots dq_f$ geschrieben werden. Die Grundannahme für die Beschreibung eines Systems mit mehreren materiellen Teilchen kann dann folgendermaßen formuliert werden:

1. *In jedem Zeitmoment t existiert eine Wahrscheinlichkeit*

$$W(q_1 \ldots q_f; t) \, dq \tag{5.1}$$

dafür, zugleich die Koordinaten des ersten Teilchens im Bereich $(q_k, q_k + dq_k)$ $(k = 1, 2, 3)$, die des zweiten Teilchens in $(q_k, q_k + dq_k)$ $(k = 4, 5, 6)$, die des N-ten Teilchens in $(q_k, q_k + dq_k)$ $(k = f-2, f-1, f)$ zu finden.

Zur Erläuterung dieses Wahrscheinlichkeitsbegriffes ist zu bemerken, daß man hier zunächst die Unterscheidbarkeit der Teilchen vorausgesetzt hat; die Wahrscheinlichkeit, das erste Teilchen an der Stelle $x_k^{(1)}, x_k^{(1)} + dx_k^{(1)}$ und das zweite an der Stelle $x_k^{(2)}, x_k^{(2)} + dx_k^{(2)}$ zu finden, wird im allgemeinen verschieden sein von der Wahrscheinlichkeit, das zweite Teilchen an der Stelle $x_k^{(1)}, x_k^{(1)} + dx_k^{(1)}$ und das erste an der Stelle $x_k^{(2)}, x_k^{(2)} + dx_k^{(2)}$ zu finden oder, was dasselbe ist, es kommt auf die Reihenfolge der $x_k^{(p)}$ in den Argumenten $q_1 \ldots q_f$ von W an. Eine solche Unterscheidbarkeit ist sicher vorhanden, wenn die beiden Teilchen verschiedenartig sind, z.B. verschiedene Masse haben (wie Elektron und Proton, oder wie die Kerne zweier verschiedener Isotopen). Die Existenz exakt gleichartiger Individuen in der Natur, wie z.B. zwei Elektronen oder zwei Protonen oder zwei α-Teilchen, zwingt uns aber in diesem Fall zu einer besonderen Vorsicht, die übrigens in den Grundlagen der jetzigen Quantentheorie noch nicht direkt zum Ausdruck kommt. Man kann bei *gleichartigen* Teilchen nur fragen nach der Wahrscheinlichkeit dafür, *eines* der Teilchen in $(x_k^{(1)}, x_k^{(1)} + dx_k^{(1)})$, *ein anderes* in $(x_k^{(2)}, x_k^{(2)} + dx_k^{(2)})$, ein letztes in $(x_k^{(N)}, x_k^{(N)} + dx_k^{(N)})$ zu finden. Sind also mehrere unter sich gleichartige Teilchen vorhanden, so wird man nur solchen Funktionen W einen Sinn zusprechen können, die in den Koordinaten der gleichartigen Teilchen symmetrisch sind. Auf diesen Fall kommen wir in Ziff. 14 ausführlich zurück; vorläufig sehen wir hiervon ab.

Durch Integration von W über die Koordinaten aller Teilchen bis auf eines gelangt man zu N neuen Funktionen

$$W_1(x_1, x_2, x_3), \quad W_2(x_4, x_5, x_6), \quad \ldots \quad W_N(x_{3N-2}, x_{3N-1}, x_{3N}),$$

welche die Wahrscheinlichkeit angeben, ein bestimmtes der Teilchen an einer bestimmten Raumstelle zu finden, wobei nicht gefragt wird, an welchen Raumstellen sich die übrigen Teilchen befinden. Diese Funktionen sagen weniger über das System aus als die ursprüngliche Funktion von f Argumenten, in dem letztere offenbar nicht eindeutig aus ersteren gefolgert werden kann, sondern nur das Umgekehrte gilt. (Im obigen Beispiel des aus zwei Hälften bestehenden Kastens mit den beiden Teilchen folgt z.B. aus der Angabe „für jedes der Teilchen ist es gleich wahrscheinlich, in der ersten oder zweiten Hälfte des Kastens zu sein" noch nichts über die relativen Häufigkeiten der Fälle „beide Teilchen sind in derselben Hälfte" und „beide Teilchen sind in verschiedenen Hälften".)

Nur in einem speziellen Fall ist die Kenntnis der Funktionen $W_1 \ldots W_N$ gleichwertig mit der Kenntnis der Funktion $W(q_1, q_2, \ldots q_f)$, nämlich wenn diese

Funktion W in ein Produkt zerfällt:

$$W(q_1 \ldots q_f) = W_1(q_1, q_2, q_3)\, W_2(q_4, q_5, q_6) \ldots W_N(q_{3N-2}, q_{3N-1}, q_{3N}).$$

In diesem Spezialfall sagen wir, daß die Teilchen statistisch unabhängig voneinander sind.

Die Existenz der Wahrscheinlichkeit $W(q_1 \ldots q_f; t)$ enthält die Aussage oder ist nur unter der Voraussetzung möglich, daß die Ortsmessungen der verschiedenen Teilchen einander nicht grundsätzlich stören, derart, daß die Benutzbarkeit der Ortskenntnis eines Teilchens für die Voraussage von anderen Messungen (z. B. des Ortes dieses Teilchens zu einer späteren Zeit) durch die Kenntnis des Ortes des anderen Teilchens nicht verlorengeht. Diese Sachlage hängt sehr eng zusammen mit der Frage, inwiefern die *Gleichzeitigkeit* der Ortsmessungen der verschiedenen Teilchen für die Existenz der Wahrscheinlichkeit wesentlich ist. Dies soll besagen: unter welchen Umständen existiert eine Wahrscheinlichkeit

$$W(x_k^{(1)}, t^{(1)}; x_k^{(2)}, t^{(2)}; \ldots; x_k^{(N)}, t^{(N)})\, dq_1 \ldots dq_{3N} \tag{5.2}$$

dafür, daß das erste Teilchen zur Zeit $t^{(1)}$ im Raumelement $x_k^{(1)}$, $x_k^{(1)} + dx_k^{(1)}$, ferner das zweite Teilchen zur Zeit $t^{(2)}$ im Raumelement $x_k^{(2)}$, $x_k^{(2)} + dx_k^{(2)}$, ferner das N-te Teilchen zur Zeit $t^{(N)}$ im Raumelement $x^{(N)}$, $x_k^{(N)} + dx_k^{(N)}$ zu finden. Im allgemeinen, d. h. wenn irgendwelche Wechselwirkungskräfte zwischen den Teilchen vorhanden sind, ist die gegenseitige Störungsfreiheit der Messungen dann und nur dann garantiert, wenn für die Entfernung r_{ab} irgendeines Paares (a, b) von Teilchen und die zugehörigen Zeiten gilt

$$|t_a - t_b| < \frac{r_{ab}}{c}. \tag{5.3}$$

Die Veränderung der Kraftwirkung des Teilchens a auf das Teilchen b, die durch die Ortsmessung von a hervorgerufen wird, kann sich nämlich höchstens mit Lichtgeschwindigkeit c fortpflanzen. *Insofern man in einer relativistischen Quantenmechanik überhaupt die Wahrscheinlichkeit $W(x_1\, x_2\, x_3; t)\, dx_1\, dx_2\, dx_3$ für den Ort eines Teilchens als existierend annimmt, muß man allgemein die Wahrscheinlichkeit (5.2) als existierend annehmen, wenn die Argumentwerte die Bedingung (5.3) erfüllen*[1]. In der unrelativistischen Wellenmechanik ist es konsequent, c sozusagen als unendlich groß zu betrachten und sich daher auf den Fall zu beschränken, daß $t^{(1)} = t^{(2)} = \cdots = t^{(N)} = t$.

2. Als eine natürliche Verallgemeinerung der analogen Annahme bei *einem* Teilchen nehmen wir auch hier die Existenz einer Funktion[2]

$$\psi(q_1 \ldots q_f; t)$$

an, derart, daß

$$W(q_1 \ldots q_f; t)\, dq = \psi^* \psi\, dq. \tag{5.4}$$

Diese Funktion ψ soll wieder einer Gleichung vom Typ (4.3)

$$-\frac{\hbar}{i}\, \frac{\partial \psi}{\partial t} = H \psi$$

genügen, worin H *ein linearer* Operator ist. Die Funktion $(H\psi)(q_1 \ldots q_f; t)$ ist dabei eindeutig bestimmt durch die Funktion $\psi(q_1 \ldots q_f; t)$ für den *gleichen*

---

[1] Siehe hierzu: P. A. M. Dirac, V. Fock u. B. Podolsky, Phys. Z. Sowjet. **2**, 468 (1932); F. Bloch, Phys. Z. Sowjet. **5**, 301 (1934).

[2] Über die Notwendigkeit mehrerer ψ-Funktionen für Teilchen mit Spin vgl. Ziff 13.

Zeitpunkt t, ohne daß die Kenntnis von ψ zu anderen Zeiten nötig wäre. Um die Bedingung

$$\frac{d}{dt}\int \psi\psi^* \, dq = 0$$

zu erfüllen, muß H ein HERMITEscher Operator sein, d.h. für zwei beliebige Funktionen ψ_1, ψ_2, die nur gewisse Regularitätsbedingungen erfüllen müssen, muß analog zu Gl. (4.4) gelten

$$\int \psi_1^* H \psi_2 \, dq = \int \psi_2 \, [H\psi_1]^* \, dq.$$

3. In Verallgemeinerung von (3.1″) und (3.4) nehmen wir auch an, daß

$$\varphi(p_1 \ldots p_f; t) = \frac{1}{\sqrt{(2\pi\hbar)^f}} \int \psi(q_1 \ldots q_f; t) \, e^{-\frac{i}{\hbar}(p_1 q_1 + \cdots + p_f q_f)} \, dq \qquad (5.5)$$

mit der Umkehrung

$$\psi(q_1 \ldots q_f; t) = \frac{1}{\sqrt{(2\pi\hbar)^f}} \int \varphi(p_1 \ldots p_f; t) \, e^{+\frac{i}{\hbar}(p_1 q_1 + \cdots + p_f q_f)} \, dp \qquad (5.5')$$

gemäß

$$W(p_1 \ldots p_f; t) \, dp = \varphi \, \varphi^* \, dp \qquad (5.6)$$

die Wahrscheinlichkeit dafür angibt, zur Zeit t die Impulse der Teilchen zwischen p_k und $p_k + dp_k$ zu finden. Es ist hierin $dq = dq_1 \ldots dq_f$ und $dp = dp_1 \ldots dp_f$ gesetzt. Es gilt ferner die Vollständigkeitsrelation

$$\int \varphi^* \, \varphi \, dp \equiv \int \psi^* \, \psi \, dq. \qquad (5.7)$$

Ganz analog zu (3.24), (3.24′) folgert man daraus durch partielle Integration, wenn F eine ganze rationale Funktion von f Variablen bedeutet

$$\overline{F(q_1 \ldots q_f)} = \int \psi^* F \psi \, dq = \int \varphi^* \left[F\left(i\hbar \frac{\partial}{\partial p_1}, \ldots, i\hbar \frac{\partial}{\partial p_f}\right) \varphi \right] dp. \qquad (5.8)$$

$$\overline{F(p_1 \ldots p_f)} = \int \varphi^* F \varphi \, dp = \int \psi^* \left[F\left(\frac{\hbar}{i} \frac{\partial}{\partial q_1}, \ldots, \frac{\hbar}{i} \frac{\partial}{\partial q_f}\right) \psi \right] dq, \qquad (5.8')$$

Auf die Bedeutung dieser Relationen kommen wir sogleich zurück.

Was die Wahl des HAMILTON-Operators H betrifft, so ist zunächst anzunehmen, daß in dem Fall, wo keine Wechselwirkung zwischen den Teilchen stattfindet, diese aber beliebigen *äußeren* Kräften unterworfen sein können, der HAMILTON-Operator in unabhängige Summanden zerfallen wird

$$H = H^{(1)} + H^{(2)} + \cdots + H^{(N)}, \qquad (5.9)$$

derart, daß $H^{(1)}$ nur eine die Koordinaten des ersten Teilchens enthaltende Funktion $\psi(x_k^{(1)})$ verändert, eine nur die Koordinaten der anderen Teilchen enthaltende Funktion aber in sich überführt. Überdies gilt dann

$$H^{(1)} [\psi(q^{(1)}) \, \psi(q^{(2)} \ldots q^{(N)})] = \{H^{(1)} [\psi(q^{(1)})]\} \, \psi(q^{(2)} \ldots q^{(N)})$$

und entsprechendes für die Operatoren $H^{(2)} \ldots H^{(N)}$. Sind dann also

$$\psi^{(1)}(q^{(1)}), \ldots, \psi^{(N)}(q^{(N)})$$

irgendwelche Lösungen der Wellengleichungen

$$-\frac{\hbar}{i} \frac{\partial \psi^{(a)}}{\partial t} = H^{(a)} \psi^{(a)}, \qquad a = 1, 2, \ldots N$$

der isolierten Systeme, so ist

$$\psi = \psi^{(1)} \cdot \psi^{(2)} \dots \psi^{(N)} \tag{5.10}$$

eine Lösung (allerdings nicht die allgemeinste Lösung) von

$$-\frac{\hbar}{i}\frac{\partial \psi}{\partial t} = H\psi = \left[H^{(1)} + H^{(2)} + \dots + H^{(N)} \right]\psi.$$

Einer additiven Zerlegung des Hamilton-Operators in unabhängige Summanden entspricht also eine Produktzerlegung der Wellenfunktion in unabhängige Faktoren. Dies ist im Einklang mit dem Umstand, daß bei statistisch unabhängigen Teilchen die Wahrscheinlichkeit $W(q_1 \dots q_f; t)$ in ein Produkt zerfällt. Da ψ für alle Zeiten eindeutig bestimmt ist durch seinen Verlauf für eine bestimmte Zeit t_0, können wir nämlich sagen: Wenn für ungekoppelte Teilchen die Wellenfunktion für einen bestimmten Zeitpunkt in ein Produkt zerfällt, so trifft dies für alle Zeiten zu. Also gilt auch: Sind mechanisch ungekoppelte Teilchen für einen bestimmten Zeitpunkt t_0 statistisch unabhängig, so sind sie dies für alle Zeiten.

Auf Grund der vorigen Ziffer kennen wir also nun den Hamilton-Operator H_0 für ungekoppelte Teilchen, die äußeren Kräften unterworfen sind. Er ist gegeben durch

$$H_0 = \sum_{a=1}^{N}\left[-\frac{\hbar^2}{2m^{(a)}} \sum_{k=1}^{3}\left(\frac{\partial}{\partial x_k^{(a)}} - \frac{i}{\hbar}\frac{e^{(a)}}{c}\Phi_k^{(a)}\left(x_l^{(a)}\right) \right)^2 + V^{(a)}\left(x_l^{(a)}\right) \right]. \tag{5.11}$$

Wenn die Kräfte zwischen den Teilchen sich aus einem Potential ableiten lassen, das nur von ihren Lagekoordinaten abhängt und welches wir schreiben können $V(q_1 \dots q_f)$, ist es naheliegend, zu setzen

$$-\frac{\hbar}{i}\frac{\partial \psi}{\partial t} = H\psi = H_0\psi + V(q_1 \dots q_f)\psi. \tag{5.12}$$

Unter diese Voraussetzung fallen die Coulombschen elektrischen Kräfte zwischen geladenen Teilchen, deren Potential ja gegeben ist durch

$$V = \sum_{(a,\,b)}' \frac{e_a e_b}{r_{ab}} \tag{5.13}$$

[in der Summe ist $a \neq b$ und jedes Paar (a, b) nur einmal zu nehmen]. Auf die Frage der magnetischen Wechselwirkung zwischen zwei Teilchen soll erst bei der Besprechung der relativistischen Quantentheorie näher eingegangen werden.

Die Ansätze (5.11) bis (5.13) für die unrelativistische Wellengleichung des Mehrkörperproblems enthalten, abgesehen von einer notwendigen Ergänzung betreffend den Spin (vgl. Ziff. 13), die Grundlage für die rechnerische Behandlung des Atom- und Molekülbaues. Was ihre prinzipielle Stellung betrifft, so ist zu betonen, daß in ihr die Potentiale $\Phi_k^{(a)}$, $V^{(a)}$[1] und V aus der klassischen Theorie übernommen werden; insbesondere gilt dies für das Coulombsche Potential (5.13), das ja seinerseits wieder eine Konsequenz der Maxwellschen Gleichungen ist, So beruht die heutige Wellenmechanik auf zwei verschiedenen Grundannahmen. Erstens der Gleichung für die (nur symbolisch aufzufassenden) Materiewellen, welche logisch als eine dem Wirkungsquantum Rechnung tragende sinngemäße Verallgemeinerung der klassischen Partikelmechanik anzusehen ist. Zweitens

---

[1] Die „äußeren Kräfte" sind als ein Hilfsbegriff anzusehen, dessen Anwendung dann praktisch ist, wenn die diese Kräfte erzeugenden Körper nicht in das betrachtete System mit einbezogen werden. Ihre Elimination wäre im Prinzip allgemein möglich, wenn eine Berücksichtigung der Retardierung der Kräfte in der Quantentheorie streng durchführbar wäre.

den MAXWELLschen elektrodynamischen Gleichungen, die allerdings ebenfalls einer quantentheoretischen Umdeutung bedürfen (vgl. die beiden folgenden Artikel in diesem Bande).

In diesem Kapitel wollen wir jedoch die Potentiale einfach als vorgegebene Raum-Zeit-Funktionen betrachten. Es lassen sich dann zunächst die Kontinuitätsgleichung (3.14) und die Gl. (3.22') für die zeitliche Änderung des Stromes unmittelbar auf unseren Fall übertragen. Dabei ist es zweckmäßig, statt $e^{(a)}$, $m^{(a)}$, $\Phi_k^{(a)}(x_l^{(a)})$, worin $k = 1, 2, 3$, $(a) = 1 \ldots N$, die Bezeichnung e_k, m_k, Φ_k, $\ldots$ mit $k = 1, 2 \ldots f$ einzuführen, so daß z.B. $m_1 = m_2 = m_3 = m^{(1)}$; $m_4 = m_5 = m_6 = m^{(2)}$. Dann gibt es zunächst im f-dimensionale Lagenraum einen Stromvektor i_k mit f Komponenten $(k = 1 \ldots f)$, dessen physikalische Bedeutung die ist, daß z.B. i_1 die Wahrscheinlichkeit, daß bei gegebenen Lagen aller Teilchen das erste Teilchen eher in der Richtung von $-x_1$ nach $+x_1$ als in der umgekehrten durch die senkrecht auf x_1 stehende Flächeneinheit hindurchtritt. Dieser Vektor $\vec{i}$ im f-dimensionalen Lagenraum ist gegeben durch

$$i_k = \frac{\hbar}{2 m_k i}\left(\psi^* \frac{\partial \psi}{\partial q_k} - \psi \frac{\partial \psi^*}{\partial q_k}\right) - \frac{e_k}{m_k c}\,\Phi_k \psi^* \psi, \qquad (5.14)$$

und genügt der Kontinuitätsgleichung

$$\frac{\partial(\psi^* \psi)}{\partial t} + \sum_{k=1}^{f} \frac{\partial i_k}{\partial q_k} = 0. \qquad (5.15)$$

Ebenso ist jetzt auch der Spannungstensor im f-dimensionalen Raum zu nehmen und gegeben durch den zu (4.20) völlig analogen Ausdruck

$$\begin{aligned}
T_{\varkappa\lambda} = \frac{\hbar^2}{4 m_\lambda}\Big[&-\psi^*\left(\frac{\partial}{\partial q_\lambda} - \frac{i e_\lambda}{\hbar c}\,\Phi_\lambda\right)\left(\frac{\partial \psi}{\partial q_\varkappa} - \frac{i e_\varkappa}{\hbar c}\,\Phi_\varkappa \psi\right) \\
&-\psi\left(\frac{\partial}{\partial q_\lambda} + \frac{i e_\lambda}{\hbar c}\,\Phi_\lambda\right)\left(\frac{\partial \psi^*}{\partial q_\varkappa} + \frac{i e_\varkappa}{\hbar c}\,\Phi_\varkappa \psi^*\right) \\
&+\left(\frac{\partial \psi}{\partial q_\varkappa} - \frac{i e_\varkappa}{\hbar c}\,\Phi_\varkappa \psi\right)\left(\frac{\partial \psi^*}{\partial q_\lambda} + \frac{i e_\lambda}{\hbar c}\,\Phi_\lambda \psi^*\right) \\
&+\left(\frac{\partial \psi^*}{\partial q_\varkappa} + \frac{i e_\varkappa}{\hbar c}\,\Phi_\varkappa \psi^*\right)\left(\frac{\partial \psi}{\partial q_\lambda} - \frac{i e_\lambda}{\hbar c}\,\Phi_\lambda \psi\right)\Big].
\end{aligned} \qquad (5.16)$$

Die Symmetriebedingung $T_{\varkappa\lambda} = T_{\lambda\varkappa}$ gilt hier nur, wenn $\varkappa$ und λ zum selben Teilchen gehören. Analog zu (4.19) gilt dann

$$m \frac{\partial i_\varkappa}{\partial t} = -\sum_\lambda \frac{\partial T_{\varkappa\lambda}}{\partial q_\lambda} + \left(-\frac{\partial\left(V + \sum_a V^{(a)}\right)}{\partial q_\varkappa} - \frac{e_\varkappa}{c}\frac{\partial \Phi_\varkappa}{\partial t}\right)\psi^* \psi \\
+ \frac{e_\varkappa}{c}\sum_\lambda\left(\frac{\partial \Phi_\lambda}{\partial q_\varkappa} - \frac{\partial \Phi_\varkappa}{\partial q_\lambda}\right)i_\lambda. \qquad (5.17)$$

Nach unseren Annahmen über Φ_k sind in der letzten Summe nur drei Terme (die auf dasselbe Teilchen bezüglichen) von Null verschieden. Ferner gilt wieder analog zu (4.16'') und zu (4.23)

$$\frac{d\,\overline{q_k}}{dt} = \int i_k\, dq = \frac{1}{m_k}\left(\overline{p_k} - \frac{e_k}{c}\,\overline{\Phi_k}\right), \qquad (5.18)$$

$$m \frac{d^2\,\overline{q_k}}{dt^2} = \overline{K_k}, \qquad (5.19)$$

wenn $\overline{K_k}$ wie in (4.22) definiert wird.

3*

Die zuletzt erwähnten Relationen, die Bewegungsgleichungen, können sehr allgemein mittels des Operatorkalküls aus der Wellengleichung abgeleitet werden. Wir knüpfen zunächst an die Relationen (5.5), (5.5′) an, aus denen die Beziehungen (5.8), (5.8′) folgen, wenn F eine ganze rationale Funktion bedeutet. Dies führt dazu, den Impulsen und Koordinaten Operatoren zuzuordnen, die folgendermaßen wirken

$$p_k \psi(q_1 \ldots q_f) = \frac{\hbar}{i} \frac{\partial}{\partial q_k} \psi; \quad q_k \psi(q_1 \ldots q_f) = q_k \psi; \qquad (5.20)$$

$$p_k \varphi(p_1 \ldots p_f) = p_k \varphi(p_1 \ldots p_f); \quad q_k \varphi(p_1 \ldots p_f) = -\frac{\hbar}{i} \frac{\partial}{\partial p_k} \varphi. \qquad (5.20')$$

Es folgen daraus die grundlegenden *Vertauschungsrelationen* (im folgenden als V.-R. abgekürzt)

$$
\begin{aligned}
p_k q_l - q_l p_k &= \delta_{lk} \frac{\hbar}{i}, \quad \delta_{lk} = \begin{cases} 1 & \text{für} \quad l = k \\ 0 & \text{für} \quad l \neq k \end{cases} \\
p_k p_l - p_l p_k &= 0, \\
q_k q_l - q_l q_k &= 0.
\end{aligned}
\qquad (5.21)
$$

Zum Beispiel ist

$$p_k q_k \psi = \frac{\hbar}{i} \frac{\partial}{\partial q_k} (q_k \psi); \quad q_k p_k \psi = q_k \frac{\hbar}{i} \frac{\partial}{\partial q_k} \psi,$$

also in der Tat

$$(p_k q_k - q_k p_k) \psi = \frac{\hbar}{i} \left(\frac{\partial}{\partial q_k} (q_k \psi) - q_k \frac{\partial \psi}{\partial q_k} \right) = \frac{\hbar}{i} \psi.$$

Das gleiche hätte sich ergeben, wenn man die $\varphi(p_1 \ldots p_f)$ zur Vertifikation der V.-R. benutzt hätte. Auf analoge Weise verifiziert man ferner die übrigen V.-R. (5.21). Diese Form der V.-R. ist nur ein anderer Ausdruck für den Zusammenhang (5.5), (5.5′) von $\varphi(p)$ mit $\psi(q)$.

Es ist ferner zu betonen, daß die p_k und q_k Hermitesche (lineare) Operatoren sind. Solche sind ja definiert durch die zu (4.4′) analoge Beziehung

$$\int \psi_1^* (H \psi_2) \, dq = \int \psi_2 (H \psi_1)^* \, dq, \qquad (5.22)$$

die für beliebige Funktionen ψ_1 und ψ_2 gültig sein muß, was man für die Operatoren (5.20) leicht bestätigt. Wir erwähnen weiter, daß durch zweimalige Anwendung von (5.22) für zwei als Hermitesch vorausgesetzte Operatoren folgt

$$\int (H_1 \psi_1)^* (H_2 \psi_2) \, dq = \int \psi_2 (H_2 [H_1 \psi_1])^* \, dq,$$

$$\int (H_2 \psi_2)^* (H_1 \psi_1) \, dq = \int \psi_1 (H_1 [H_2 \psi_2])^* \, dq,$$

also

$$\int \psi_2 (H_2 [H_1 \psi_1])^* \, dq = \int \psi_1^* (H_1 [H_2 \psi_2]) \, dq. \qquad (5.23)$$

Daraus folgt: Sind H_1 und H_2 Hermitesche lineare Operatoren, so gilt dasselbe von

$$F = H_1 H_2 + H_2 H_1 \qquad (5.24)$$

und

$$G = i(H_1 H_2 - H_2 H_1). \qquad (5.24')$$

Sind speziell H_1 und H_2 vertauschbar, so ist auch $H_1 H_2$ Hermitesch, insbesondere ist jede ganze rationale Funktion von H_1 wieder Hermitesch. Sind A, B zwei lineare Operatoren, so schreiben wir oft zur Abkürzung

$$[A, B] \equiv i(A B - B A). \qquad (5.25)$$

Dann gilt

$$[A_1 A_2, A_3] \equiv A_1 [A_2 A_3] + [A_1 A_3] A_2, \tag{5.26}$$

$$[[A_1, A_2] A_3] + [[A_3, A_1] A_2] + [[A_2, A_3] A_1] \equiv 0. \tag{5.27}$$

Nun sei F ein beliebiger HERMITEscher linearer Operator, der die Zeit nicht explizite enthält, und H der HAMILTON-Operator. Wir wollen die zeitliche Änderung des Mittelwertes (,,Erwartungswertes'')

$$\overline{F} = \int \psi^* (F \psi)\, dq \tag{5.28}$$

berechnen. Es ergibt sich

$$\hbar \frac{d\overline{F}}{dt} = \hbar \int \frac{\partial \psi^*}{\partial t} (F \psi)\, dq + \hbar \int \psi^* \left(F \frac{\partial \psi}{\partial t} \right) dq$$

$$= i \int (H \psi)^* (F \psi)\, dq - i \int \psi^* (F [H \psi])\, dq$$

$$= i \int \psi^* [(H F) \psi]\, dq - i \int \psi^* [(F H) \psi]\, dq,$$

also

$$\hbar \frac{d\overline{F}}{dt} = \int \psi^* ([H, F] \psi)\, dq = \overline{[H, F]} = i \overline{(H F - F H)}. \tag{5.29}$$

Nun gilt für jede Funktion $F(p_1 \ldots p_f)$ der p allein

$$F p_k - p_k F = 0; \qquad F q_k - q_k F = \frac{\hbar}{i} \frac{\partial F}{\partial p_k}, \tag{5.30}$$

die letztere Formel ist richtig für $F = p_i$ und für $F = q_i$; sie ist ferner für $F_1 + F_2$ und $F_1 \cdot F_2$ richtig, wenn sie für F_1 und F_2 richtig ist, wie man aus (5.26) entnimmt. Daraus folgt die Behauptung für jede ganze rationale Funktion F der p. Ferner gilt gemäß der Definition $p_k = \frac{\hbar}{i} \frac{\partial}{\partial q_k}$ für jede Funktion $G(q_1 \ldots q_f)$ der q allein

$$p_k G - G p_k = \frac{\hbar}{i} \frac{\partial G}{\partial q_k}; \qquad q_k G - G q_k = 0. \tag{5.31}$$

Aus (5.30) und (5.31) zusammen folgt zunächst für jede Funktion

$$H(p, q) = F(p_1 \ldots p_f) + G(q_1 \ldots q_f), \tag{5.32}$$

worin F ganz rational und G beliebig, also

$$H \psi(q) = \left[F \left(\frac{\hbar}{i} \frac{\partial}{\partial q_1}, \ldots, \frac{\hbar}{i} \frac{\partial}{\partial q_f} \right) + G(q_1 \ldots q_f) \right] \psi,$$

$$H p_k - p_k H = -\frac{\hbar}{i} \frac{\partial H}{\partial q_k}; \qquad H q_k - q_k H = \frac{\hbar}{i} \frac{\partial H}{\partial p_k}. \tag{5.33}$$

Schließlich ist es auf Grund der Definition der p_k und q_k auch leicht, diese Formel noch zu beweisen für eine Funktion der Form

$$H = F(p_1 \ldots p_f) + \sum_k [A_k(q)\, p_k + p_k A_k(q)] + G(q_1 \ldots q_f). \tag{5.32'}$$

Von dieser Form ist die HAMILTON-Funktion in kartesischen Koordinaten, die wir bisher benutzt haben. (Man beachte die Symmetrisierung der Reihenfolge der Faktoren A_k und p_k, die gemäß (5.24) nötig ist, damit H hermitesch wird.)

Durch Einsetzen von $F = p_k$ bzw. $F = q_k$ in (5.29) folgt mit Rücksicht auf (5.33) zunächst

$$\frac{d\overline{p_k}}{dt} = -\overline{\left(\frac{\partial H}{\partial q_k}\right)}; \quad \frac{d\overline{q_k}}{dt} = +\overline{\left(\frac{\partial H}{\partial p_k}\right)} \tag{5.34}$$

für die Mittelwerte der betreffenden Größen über die Wellenpakete einer beliebigen Lösung der Wellengleichung. Dabei ist über das Bisherige hinausgehend benutzt, daß z.B. als Mittelwert eines Ausdruckes der Form

$$A_k(q)\, p_k + p_k\, A_k(q)$$

der (stets reelle) Wert

$$\int \psi^* \left[A_k(q)\, \frac{\hbar}{i}\, \frac{\partial \psi}{\partial q_k} + \frac{\hbar}{i}\, \frac{\partial}{\partial q_k}\, (A_k(q)\, \psi) \right] dq$$

zu verstehen ist. Es ist dies eine Definition, die sich in vieler Hinsicht bewährte. Sodann folgt aus (5.29) für $F = H$ wegen $[H, H] \equiv 0$, daß für den Fall, daß H die Zeit nicht explizite enthält, gilt

$$\frac{d\overline{H}}{dt} = 0; \quad \overline{H} = \text{const}. \tag{5.35}$$

Hierin erblicken wir den Ausdruck für den Energiesatz, da $\overline{H}$ als Mittelwert der Energie über das Wellenpaket interpretiert werden kann. Ebenso folgt für den Gesamtimpuls

$$\overline{P} = \overline{\sum_{(k)} p_k}; \quad \frac{d\overline{P}}{dt} = -\overline{\left(\sum_k \frac{\partial}{\partial q_k}\right) H},$$

welcher Ausdruck verschwindet, wenn H explizite nur von den Differenzen der Koordinaten $q_k - q_i$ abhängt. Ferner für den Drehimpuls, zunächst im Fall der Abwesenheit eines Magnetfeldes

$$J_{ik} = \sum_{a=1}^{N} (q_i^{(a)}\, p_k^{(a)} - q_k^{(a)}\, p_i^{(a)}), \quad (J_{ik} = -J_{ki};\ i, k = 1, 2, 3) \tag{5.36}$$

$[(a) = $ Teilchenindex, der von 1 bis N läuft$]$

$$\frac{d\overline{J_{ik}}}{dt} = -\overline{\sum_{a=1}^{N} \left[q_i^{(a)}\, \frac{\partial V}{\partial q_k^{(a)}} - q_k^{(a)}\, \frac{\partial V}{\partial q_i^{(a)}} \right]}, \tag{5.37}$$

worin, wie in der klassischen Mechanik, die rechte Seite verschwindet, sobald die potentielle Energie des Systems invariant ist gegenüber einer starren Drehung des ganzen Systems im Raum. Im Fall der Anwesenheit eines Magnetfeldes folgt zunächst

$$\frac{d\overline{q_\varkappa}}{dt} = \frac{1}{m}\left(\overline{p_\varkappa} - \frac{e}{c}\, \overline{\Phi_\varkappa}\right) = \int i_\varkappa\, dq, \tag{5.38}$$

wenn $i_\varkappa$ durch (5.14) definiert ist. Ferner folgt mit $\mathscr{H}_{\varkappa\lambda} = \dfrac{\partial \Phi_\lambda}{\partial q_\varkappa} - \dfrac{\partial \Phi_\varkappa}{\partial q_\lambda}$ bei unserer Definition der Mittelwerte

$$\int \mathscr{H}_{\varkappa\lambda} i_\lambda dV = \frac{1}{2}\overline{(\mathscr{H}_{\varkappa\lambda}\dot{q}_\lambda + \dot{q}_\lambda \mathscr{H}_{\varkappa\lambda})} = \frac{1}{2m}\overline{(\mathscr{H}_{\varkappa\lambda} p_\lambda + p_\lambda \mathscr{H}_{\varkappa\lambda})} - \frac{e}{mc}\mathscr{H}_{\varkappa\lambda}\Phi_\lambda,$$

also

$$m\frac{d^2\overline{q_\varkappa}}{dt^2} = -\frac{\partial \overline{\left(V + \sum_a V^{(a)}\right)}}{\partial q_\varkappa} - \frac{e_\varkappa}{c}\frac{\partial \overline{\Phi_\varkappa}}{\partial t} + \frac{e_\varkappa}{c}\frac{1}{2}\sum_\lambda \overline{(\mathscr{H}_{\varkappa\lambda}\dot{q}_\lambda + \dot{q}\,\mathscr{H}_{\varkappa\lambda})} = \overline{K_\varkappa}$$

und mit

$$\boldsymbol{J}_{ik} = \sum_{a=1}^{N} m^{(a)} \left(q_i^{(a)} \dot{q}_k^{(a)} - q_k^{(a)} \dot{q}_i^{(a)} \right)$$

$$= \sum_{a=1}^{N} \left[\left(q_i^{(a)} p_k^{(a)} - p_k^{(a)} q_i^{(a)} \right) - \frac{e^{(a)}}{c} \left(q_i^{(a)} \Phi_k^{(a)} - q_k^{(a)} \Phi_i^{(a)} \right) \right], \tag{5.36'}$$

$$\overline{J_{ik}} = \sum_{a=1}^{N} m^{(a)} \int \left[q_i^{(a)} i_k^{(a)} - q_k^{(a)} i_i^{(a)} \right] dq, \tag{5.36''}$$

$$\frac{d\overline{J_{ik}}}{dt} = \frac{1}{2} \sum_{(a)} \left[\overline{\left(q_i^{(a)} K_k^{(a)} - q_k^{(a)} K_i^{(a)} \right)} + \overline{\left(K_k^{(a)} q_i^{(a)} - K_i^{(a)} q_k^{(a)} \right)} \right] \tag{5.37'}$$

wenn unter $K_k^{(a)}$ der Operator der betreffenden Kraftkomponente verstanden wird. Letzteres folgt auch direkt aus (5.17). Die rechte Seite von (5.37') verschwindet wieder, sobald das System Rotationssymmetrie um die zur $(x_i x_k)$-Ebene senkrechte Achse besitzt (vgl. Ziff. 13).

Es bleibt noch etwas zu sagen über den Fall, daß statt kartesischen andere Koordinaten benutzt werden. Da die klassische HAMILTON-Funktion hier die allgemeinere Form einer quadratischen Abhängigkeit von den p mit irgendwie von den q abhängigen Koeffizienten annimmt, treten hier im allgemeinen Zweideutigkeiten über die Reihenfolge der Faktoren $f(q)$ und p_k auf. Diese Reihenfolge kann nicht anders als durch Umrechnen auf kartesische Koordinaten festgelegt werden[1]. Dagegen ist es möglich, eine rationale Vorschrift für die Bildung der partiellen Differentialquotienten nach den p_k und q_k eines solchen allgemeineren Ausdruckes zu geben[2]. Man kann nämlich definitorisch festsetzen, daß allgemein für ein Produkt zweier Funktionen $F_1 \cdot F_2$ *einschließlich der Reihenfolge der Faktoren* gelten soll:

$$\frac{\partial}{\partial X} (F_1 F_2) = \frac{\partial F_1}{\partial X} F_2 + F_1 \frac{\partial F_2}{\partial X}, \tag{5.39}$$

woraus durch Induktion für ein Produkt aus beliebig vielen Faktoren folgt

$$\frac{\partial}{\partial X} (F_1 \dots F_N) = \frac{\partial F_1}{\partial X} F_2 \dots F_N + F_1 \frac{\partial F_2}{\partial X} F_3 \dots F_n + \cdots + F_1 \cdots F_{n-1} \frac{\partial F_n}{\partial X}, \tag{5.39'}$$

worin für X irgendeine der Variablen $p_1 \dots q_f$ substituiert werden kann. In diesem Fall ist (5.33) allgemein richtig, wenn H ganz rational von den p und irgendwie von den q abhängt, und wegen (5.29) ist dann (5.34) wieder eine Konsequenz der Wellengleichung.

Wir können nun noch die Wellengleichung in beliebigen krummlinigen Koordinaten formulieren. Das Linienelement sei

$$ds^2 = g_{\varkappa\lambda} dq_\varkappa dq_\lambda$$

(über doppelt vorkommende Indices ist in den nächstfolgenden Gleichungen stets zu summieren), worin $g_{\varkappa\lambda} = g_{\lambda\varkappa}$ beliebige Funktionen der $q_\varkappa$ sind, und der Massenfaktor in die $g_{\varkappa\lambda}$ mit einbezogen zu denken ist. Die $g^{\varkappa\lambda}$ mögen die zu $g_{\varkappa\lambda}$ reziproke Matrix bilden und $D = \sqrt{|g|}$ sei die Quadratwurzel aus der Determinante $|g| = |g_{\varkappa\lambda}|$ der $g_{\varkappa\lambda}$. Dann lautet in diesen Koordinaten die Wellengleichung, entsprechend (5.11), (5.12)

$$-\frac{\hbar}{i} \frac{\partial \psi}{\partial t} = \frac{1}{2} \frac{1}{D} \left(\frac{\hbar}{i} \frac{\partial}{\partial q_\varkappa} + A_\varkappa \right) D g^{\varkappa\lambda} \left(\frac{\hbar}{i} \frac{\partial}{\partial q_\lambda} + A_\lambda \right) \psi + V \psi, \tag{5.40}$$

---

[1] Vgl. B. PODOLSKY: Phys. Rev. **32**, 812 (1928).

[2] M. BORN, P. JORDAN u. W. HEISENBERG: Z. Physik **35**, 557 (1926).

worin die $A_\varkappa$ die mit $-\dfrac{e_\varkappa}{c}$ multiplizierten Vektorpotentiale sind. Mit

$$\varrho = D\,\psi\,\psi^*,$$

$$i^\varkappa = D\,g^{\varkappa\lambda}\left[\psi^*\left(\frac{\hbar}{i}\,\frac{\partial\psi}{\partial q_\lambda} + A_\lambda\psi\right) + \psi\left(-\frac{\hbar}{i}\,\frac{\partial\psi^*}{\partial q_\lambda} + A_\lambda\psi^*\right)\right]$$

gilt die Kontinuitätsgleichung

$$\frac{\partial\varrho}{\partial t} + \frac{\partial i^\varkappa}{\partial q_\varkappa} = 0.$$

Ein Operator F heißt jetzt wegen des Auftretens des Faktors D in der Dichtefunktion hermitesch, wenn

$$\int D\psi^*\,(F\psi)\,dq = \int D\,(F\psi)^*\,\psi\,dq.$$

Soll der Impulsoperator $p_\varkappa$ in diesem Sinne hermitesch sein und außerdem der V.-R.

$$p_\varkappa q_\varkappa - q_\varkappa p_\varkappa = \frac{\hbar}{i}$$

genügen, so muß gelten

$$p_\varkappa\psi = \frac{\hbar}{i}\,\frac{1}{\sqrt{D}}\,\frac{\partial\sqrt{D}\,\psi}{\partial q_\varkappa}\,.$$

Die Beziehungen dieses Operators zur Wellengleichung und zum Strom sind leicht aufzustellen.

Im Spezialfall räumlicher Polarkoordinaten ist

$$ds^2 = m\,(dr^2 + r^2\,d\vartheta^2 + r^2\sin^2\vartheta\,d\varphi^2),$$

also

$$D = r^2\sin\vartheta, \qquad g^{rr} = \frac{1}{m}, \qquad g^{\vartheta\vartheta} = \frac{1}{m}\,\frac{1}{r^2}, \qquad g^{\varphi\varphi} = \frac{1}{m}\,\frac{1}{r^2\sin^2\vartheta}\,.$$

Für spätere Anwendungen ist in diesem Fall zu beachten, daß

$$\frac{1}{r^2}\,\frac{d}{dr}\left(r^2\,\frac{df}{dr}\right) = \frac{1}{r}\,\frac{d^2}{dr^2}\,(r f)\,.$$

Deshalb kann man gemäß (5.40) mit

$$p_r\psi = \frac{\hbar}{i}\,\frac{1}{r}\,\frac{d}{dr}\,(r\psi) \quad \text{und} \quad P^2 = -\hbar^2\left(\frac{1}{\sin\vartheta}\,\frac{\partial}{\partial\vartheta}\,\sin\vartheta\,\frac{\partial}{\partial\vartheta} + \frac{1}{\sin^2\vartheta}\,\frac{\partial^2}{\partial\varphi^2}\right) \qquad (5.41)$$

den HAMILTON-Operator hier einfach schreiben

$$H = \frac{1}{2m}\left(p_r^2 + \frac{P^2}{r^2}\right) + V\,. \qquad (5.42)$$

Diese Schreibweise wird in den älteren Arbeiten über Quantenmechanik oft benutzt.

6. Stationäre Zustände als Eigenwertproblem. Von den Lösungen der allgemeinen Wellengleichung (4.3),

$$-\frac{\hbar}{i}\,\frac{\partial\psi}{\partial t} = H\left(\frac{\hbar}{i}\,\frac{\partial}{\partial q},\,q\right)\psi \qquad (6.1)$$

haben diejenigen ein besonderes Interesse, für welche sowohl die Dichte $\psi^*\psi$ als auch die Stromdichte zeitlich konstant sind. Dabei nehmen wir jetzt durchweg an, daß die in H vorkommenden Feldgrößen V, Φ_k die Zeit nicht explizite enthalten. Die betreffenden Lösungen entsprechen dann den sog. *stationären Zuständen* des Systems. Damit sowohl $\psi^*\psi$ als auch $\psi^*\dfrac{\partial\psi}{\partial q_k} - \psi\dfrac{\partial\psi^*}{\partial q_k}$ von der Zeit unabhängig sind, muß ψ notwendig die Form haben

$$\psi = u\,(q)\,e^{-if(t)},$$

worin u unabhängig von t, f unabhängig von den q ist. Aus (6.1) folgt dann

$$\hbar \frac{df}{dt}\, u(q) = H[u(q)]$$

und das ist offenbar nur möglich, wenn df/dt von der Zeit unabhängig ist. Wir können also setzen

$$\psi_E = u(q)\, e^{-\frac{i}{\hbar} E t},\tag{6.2}$$

$$H\!\left(\frac{\hbar}{i}\frac{\partial}{\partial q}, q\right) u = E\, u.\tag{6.3}$$

Es handelt sich hier um eine homogene lineare Differentialgleichung, die einen Parameter enthält. Solche Differentialgleichungen haben bekanntlich nicht immer für alle Werte von E reguläre Lösungen und man spricht deshalb von einem *Eigenwertproblem*. Um die Regularitätsbedingungen des Problems festzulegen[1], gehen wir aus von der für zwei beliebige Funktionen u, v gültigen Gleichung

$$\int v^* (H u)\, dq = \int u (H v)^* dq.\tag{6.4}$$

Von den als Lösung von (6.3) zugelassenen Funktionen ist zu verlangen, daß diese „Hermitezität" oder „Komplex-Selbstadjungiertheit" von H nicht durch singuläre Stellen gestört wird. Insbesondere soll (6.4) gelten, wenn eine der Funktionen regulär ist. Über den Wertebereich der q und den Funktionsbereich der u können sonst noch sehr allgemeine Annahmen gemacht werden. [Im allgemeinen ist dann unter dq das Volumdifferential $\varrho(q)\, dq_1 \ldots dq_f$ mit einer geeigneten Dichtefunktion $\varrho(q)$ zu verstehen.] Zum Beispiel kann es sich bei Drehungen starrer Körper um Winkelgrößen handeln, die nur von 0 bis 2π bzw. von 0 bis π variieren können. Oder es handelt sich um Funktionen eines beschränkten Intervalles [etwa $(-1, +1)$], die für -1 und $+1$ denselben Wert annehmen sollen, oder um Funktionen, die in dem Halbraum $(0, \infty)$ definiert sind und für $q = 0$ verschwinden müssen. Immer muß (6.4) erfüllt sein in dem durch die Rand- und Regularitätsbedingungen eingeschränkten Funktionsbereich. Dabei ist es nicht nötig, daß u und v überall regulär sind. Wegen der Bedeutung von $\psi\psi^* = uu^*$ als Wahrscheinlichkeitsdichte ist es dagegen naheliegend, zu verlangen, daß

$$\int u u^* dq\tag{6.5}$$

existiert (also endlich ist), wenn über den ganzen Bereich der q integriert wird. In vielen Fällen sind durch diese Forderung *diskrete* Eigenwerte E ausgezeichnet. Indessen ist die Forderung (6.5) im Fall kontinuierlicher E-Werte etwas abzuschwächen, wie aus dem Fall kräftefreier Teilchen zu ersehen ist. Eine Lösung von

$$-\frac{\hbar^2}{2m}\, \Delta u = E\, u$$

ist die ebene Welle

$$u_{p_1 \ldots p_f} = e^{\frac{i}{\hbar}(p_1 q_1 + \cdots + p_f q_f)},$$

worin die $p_1, \ldots, p_f$ als Integrationskonstanten erscheinen. Offenbar ist für diese ebenen Wellen die Bedingung (6.5) nicht erfüllt. In der Tat stellen die ebenen Wellen physikalisch einen singulären Grenzfall dar, indem hier die Wahrscheinlichkeiten, ein Teilchen außerhalb eines bestimmten endlichen Volumens zu

---

[1] Vgl. dazu J. v. NEUMANN, Göttinger Nachr. **1927**, 1. Später wurde diese Frage wieder diskutiert von G. JAFFÉ, Z. Physik **66**, 770 (1930). Es scheint uns jedoch, daß in der zitierten Arbeit von NEUMANN die allgemeinste Beantwortung der Frage gegeben ist.

10

finden, unendlich vielmal größer ist als die Wahrscheinlichkeit, es innerhalb zu finden; nur der Quotient der Wahrscheinlichkeiten, ein Teilchen in zwei verschiedenen endlichen Raumgebieten zu finden, hat einen bestimmten Wert[1]. Wie bereits in Ziff. 2 gezeigt wurde, verschwindet jedoch diese Singularität, sobald man Wellenpakete betrachtet. Bildet man durch Integration über ein endliches, aber beliebig kleines Gebiet des p-Raumes

$$\bar{u}_{p_k', p_k''} = \int_{p_k'}^{p_k''} dp_1 \ldots dp_f \, u_{p_1 \ldots p_f},$$

so existiert das Integral von $\bar{u}\bar{u}^*$ über den ganzen q-Raum. Wir werden für den Fall, daß die Eigenfunktionen stetig von irgendwelchen Parametern $\lambda_1 \lambda_2 \ldots$ (kurz mit λ ohne Index bezeichnet) abhängen, als Ersatz für (6.5) also zu fordern haben, daß für

$$\bar{u}_{\lambda', \lambda''} = \int_{\lambda'}^{\lambda''} u_\lambda(q) \, d\lambda, \tag{6.6}$$

(worin $d\lambda$ als Abkürzung für $d\lambda_1 \ldots d\lambda_n$ eingeführt ist)

$$\int \bar{u}_{\lambda', \lambda''}^*(q) \, \bar{u}_{\lambda', \lambda''}(q) \, dq \tag{6.7}$$

existiert. Nur für diese „Elementarpakete" $\bar{u}_{\lambda', \lambda''}$ braucht dann auch die Relation (6.4) für den ganzen q-Raum zu gelten.

Man gelangt zu einer einheitlichen Formulierung der diskreten und kontinuierlichen Eigenwerte, wenn man allgemein setzt

$$\bar{u}_\lambda = \int_{\lambda_0}^{\lambda} u_\lambda(q) \, d\lambda + \sum_{p=\lambda_1}^{\lambda_n} u_p(q), \tag{6.6'}$$

worin das Integral über die im Intervall $\lambda_0 \leq \lambda' < \lambda$ liegenden kontinuierlichen Eigenwerte die Summe über die in diesem Intervall liegenden diskreten Eigenwerte $\lambda_1, \lambda_2, \ldots \lambda_n$ zu erstrecken ist. Es kann sich dann also $\bar{u}_\lambda$ sprungweise mit λ ändern. Jedoch existiert für jede stetige Funktion $f(\lambda)$ das Stieltjessche Integral

$$\int_{\lambda_0}^{\lambda} f(\lambda) \, d\bar{u}_\lambda = \int_{\lambda_0}^{\lambda} f(\lambda) \, u_\lambda(q) \, d\lambda + \sum_{p=\lambda_1}^{\lambda_n} u_p f(\lambda_p).$$

Man kann nun (ganz unabhängig von der Existenz der u_λ) die mit λ evtl. sprungweise veränderliche Funktion $\bar{u}_\lambda$ charakterisieren durch die als Verallgemeinerung von (6.3) zu betrachtende Gleichung

$$(H\bar{u}_{\lambda''}) - (H\bar{u}_{\lambda'}) = \int_{\lambda'}^{\lambda''} [H \, d\bar{u}_\lambda] = \int_{\lambda'}^{\lambda''} E(\lambda) \, d\bar{u}_\lambda, \tag{6.3'}$$

worin dann die Werte von E an den Sprungstellen $\lambda_1 \lambda_2 \ldots$ von $\bar{u}_\lambda$ als diskrete Eigenwerte $E_1 E_2 \ldots$ erscheinen.

Um die mit (6.4) verträglichen Singularitäten von u und v zu untersuchen, ist es nützlich, auf die Gleichung

$$\int [v^* H u - u(Hv)^*] \, dq = \oint i_N(v^*, u) \, df \tag{6.8}$$

zurückzugreifen, die bei Integration über ein endliches Volumen des q-Raumes aus der Kontinuitätsgleichung

$$v^* \dot{H} u - u(Hv)^* = \text{Div} \, \vec{i}(v^*, u)$$

folgt. Hierin ist $\vec{i}(\psi^*, \psi)$ die gewöhnliche Stromdichte, aus der $\vec{i}(v^*, u)$ durch die Substitution $\psi^* \to v^*$, $\psi \to u$ formal entsteht; die Div ist im f-dimensionalen

---

[1] Vgl. hierzu P. A. M. Dirac, Quantenmechanik, S. 187.

Raum zu verstehen (eventuell in krummlinigen Koordinaten), während das Flächenintegral auf der rechten Seite von (6.8), in welchem i_N die Komponente von $\vec{i}$ in der Richtung der Normale nach außen bedeutet, über die geschlossene Begrenzungsfläche des Bereiches V zu erstrecken ist. Steht auf der linken Seite von (6.8) speziell ein eindimensionales Integral, so degeneriert die rechte Seite von (6.8) in die Differenz der Werte von $\vec{i}$ an den Integrationsgrenzen $q_1, q_2 \ldots$. An Stellen, wo die in H auftretenden Potentialfunktionen singulär sind, ist dann zu verlangen, daß das bei Umrandung der Singularitäten auftretende Flächenintegral in (6.8) beliebig klein gemacht werden kann.

Man folgert daraus leicht Aussagen für folgende Fälle:

a) Es sei ein eindimensionales Problem mit der HAMILTON-Funktion

$$\frac{1}{2m}\left(\frac{\hbar}{i}\frac{d}{dx} - \frac{e}{c}\Phi(x)\right)^2 + V(x)$$

vorgegeben. An einer Stelle x_0 seien $\Phi(x)$ oder $V(x)$ oder beide Funktionen unstetig. Da hier

$$i(v^*, u) = \frac{1}{2m}\left[v^*\left(\frac{\hbar}{i}\frac{du}{dx} - \frac{e}{c}\Phi(x)\,u\right) - u\left(\frac{\hbar}{i}\frac{dv^*}{dx} + \frac{e}{c}\Phi(x)\,v^*\right)\right],$$

ist zu verlangen

$$\frac{du}{dx} - \frac{i\hbar e}{c}\Phi(x)\,u \text{ stetig}; \quad u \text{ stetig für } x = x_0. \tag{6.9}$$

Dies muß für alle in Betracht zu ziehenden Funktionen gelten, also auch für $v(x)$.

b) Bei einem Teilchen im gewöhnlichen Raum sei V singulär. Das Integral $\oint i_N\,df$ über eine kleine Kugel um den Nullpunkt wird

$$r^2\int\left[v^*\left(\frac{\hbar}{i}\frac{\partial u}{\partial r} - \frac{e}{c}\Phi_r u\right) - u\left(\frac{\hbar}{i}\frac{\partial v^*}{\partial r} + \frac{e}{c}\Phi_r v^*\right)\right]d\Omega.$$

Seien alle v, u von der Form $\bar{v}/r^\alpha, \bar{u}/r^\alpha$, worin $\bar{v}, \bar{u}$ im Nullpunkt regulär sind (vielleicht verschwinden, aber dies nicht notwendig zu tun brauchen), so sieht man, daß $2-2\alpha > 0$ also $\alpha < 1$ sein muß, damit dieser Ausdruck für alle regulären $\bar{v}, \bar{u}$ im limes $r = 0$ verschwindet, d.h. es müssen die u, v für $r = 0$ bestimmt schwächer unendlich werden als $1/r$; eine Eigenfunktion, für die $\lim (r\,u) = A \neq 0$, ist nicht zulässig $\left(\text{obwohl für eine solche Funktion } \int\limits_0^\infty u^*\,u\,r^2\,dr \text{ existiert}\right)$.

Wir erhalten also nunmehr ein wohldefiniertes Eigenwertproblem und daher eine natürliche und willkürfreie Methode zur Bestimmung der diskreten oder kontinuierlichen möglichen Energiewerte eines Systems. Diese Methode stammt von SCHRÖDINGER[1], der auch zugleich zeigen konnte, daß für ein Elektron mit der Ladung $-e$ unter dem Einfluß eines festen Kernes der Ladung $+Ze$, also mit der potentiellen Energie $V = -\dfrac{Ze^2}{r}$ aus der von ihm aufgestellen Wellengleichung [vgl. (5.12), (5.13)]

$$-\frac{\hbar^2}{2m}\Delta u + \left(E + \frac{Ze^2}{r}\right)u = 0,$$

---

[1] E. SCHRÖDINGER, Abhandlungen in den Bänden 79 bis 81 der Ann. d. Physik (1926). Auch als besonderes Buch bei J. A. Barth, Leipzig unter dem Titel „Abhandlungen zur Wellenmechanik" erschienen.

12

die negativen diskreten Energie-Eigenwerte $-Rh/1^2$, $-Rh/2^2$, ..., $-Rh/n^2$, ... und daran anschließend die kontinuierlichen positiven Eigenwerte $(0 \leq E < +\infty)$ folgen. Es ist dabei

$$R = \frac{m\,e^4}{4\,\pi\,\hbar^3}\,Z^2$$

die mit dem Quadrat der Kernladungszahl multiplizierte Rydbergsche Konstante. (Daß hier ein diskretes und ein kontinuierliches Eigenwertspektrum gemischt auftreten, liegt wesentlich am Verhalten der Potentialfunktion r bei großen Entfernungen, ihrem langsamen Zunehmen von negativen Werten gegen Null. Dagegen ist die Singularität von V im Nullpunkt hierfür ganz unwesentlich, da der punktförmige Kern ebensogut durch eine kleine geladene Kugel ersetzt werden könnte.)

Das einfachste Beispiel für ein System mit nur diskreten Energiewerten ist der harmonsche Oszilator, der im eindimensionalen Fall die potentielle Energie

$$V = \frac{m}{2}\,\omega^2\,x^2,$$

im dreidimensionalen Fall, sobald noch Isotropie vorhanden ist, die potentielle Energie

$$V = \frac{m}{2}\,\omega^2\,r^2$$

besitzt, wobei ω die Kreisfrequenz des Oszillators bedeutet. Die Energiewerte sind

$$E_n = (n + \tfrac{1}{2})\,\hbar\,\omega \qquad\qquad n = 0, 1, 2, 3, \ldots$$

beim linearen,

$$E_n = (n + \tfrac{3}{2})\,\hbar\,\omega \qquad\qquad n = 0, 1, 2, 3, \ldots$$

beim isotropen räumlichen Oszillator. In den hier betrachteten Fällen ist (ebenso wie im kräftefreien Fall) die Reihe der Energiewerte nach unten begrenzt, es gibt einen kleinsten Energiewert. Daß dies nicht immer der Fall zu sein braucht, zeigt das Beispiel

$$V = -F\,x,$$

welches einer konstanten Kraft in der $+x$-Richtung entspricht.

Als Beispiel der Umrechnung auf krummlinige Koordinaten sei hier speziell der Fall der Polarkoordinaten besonders durchgeführt, der auch bei dem erwähnten Problem des Wasserstoffatoms vorliegt, da er für den Fall eines Teilchens in einem Zentralfeld, d.h. in einem Feld, dessen potentielle Energie $V(r)$ nur von der Distanz r des Teilchens von einem festen Zentrum abhängt, besonders wichtig ist. [Vgl. hierzu die Gln. (5.41) und (5.42) auf S. 40.] Der Operator Δ nimmt in Polarkoordinaten r, ϑ, φ die Form an

$$\Delta u \equiv \frac{1}{r}\,\frac{d^2}{dr^2}\,(r\,u) + \frac{1}{r^2}\,\Omega\,u,$$

worin

$$\Omega \equiv \frac{1}{\sin\vartheta}\,\frac{\partial}{\partial\vartheta}\,\sin\vartheta\,\frac{\partial}{\partial\vartheta} + \frac{1}{\sin^2\vartheta}\,\frac{\partial^2}{\partial\varphi^2}$$

in einfacher Weise mit dem Operator des Drehimpulses des Teilchens zusammenhängt. Dessen Komponenten sind nämlich gegeben durch

$$P_1 = \frac{\hbar}{i}\left(x_2\,\frac{\partial}{\partial x_3} - x_3\,\frac{\partial}{\partial x_2}\right),$$

die übrigen durch cyclische Vertauschung. Das Quadrat des Drehimpulsvektors

$$P^2 = P_1^2 + P_2^2 + P_3^2$$

ist dann einfach

$$P^2 = -\hbar^2\,\Omega.$$

Für den Fall des Zentralfeldes läßt sich die Wellengleichung (6.3) separieren gemäß

$$u = f(r)\,Y(\vartheta, \varphi),$$

worin mit einer reinen Zahl λ

$$\Omega Y = \lambda Y \qquad\qquad (6.10)$$

und $f(r)$ der Gleichung genügt:

$$-\frac{\hbar^2}{2m}\left[\frac{1}{r}\frac{d^2}{dr^2}(r f) + \frac{\lambda}{r^2}f\right] + V(r)\,f = E\,f.$$

Es ist nun wichtig, die Lösungen der Gl. (6.10) und die Eigenwerte von Ω zu ermitteln. Die Antwort ist wohlbekannt[1]. Nur für

$$\lambda = -l(l+1), \qquad\qquad (6.10')$$

worin l eine nicht negative *ganze* Zahl ($l \geq 0$), existieren singularitätenfreie Lösungen von (6.10), und zwar sind dies die allgemeinen Kugelfunktionen der Ordnung l. Von diesen gibt es $2l+1$ linear unabhängige. Die Eigenwerte von P^2 sind also $\hbar^2 l(l+1)$. Man kann die $Y_l(\vartheta, \varphi)$ so wählen, daß der Operator

$$P_3 = \frac{\hbar}{i}\frac{\partial}{\partial\varphi}$$

die Funktion $Y_l(\vartheta, \varphi)$ einfach mit seinem Eigenwert multipliziert. Dieser wird dann $\hbar m$, worin die ganze Zahl m von $-l$ bis $+l$ läuft

$$Y_{l,m}(\vartheta, \varphi) = Y_{l,m}(\vartheta)\,e^{im\varphi}.$$

Die $Y_{l,m}$ sind orthogonal, wie für gleiche l und verschiedene m direkt ersichtlich, für verschiedene l aber aus der Differentialgleichung folgt. In der Tat ist für zwei beliebige Funktionen Y_1 und Y_2

$$\sin\vartheta\,(Y_1\,\Omega\,Y_2 - Y_2\,\Omega\,Y_1) \equiv \frac{\partial}{\partial\vartheta}\left[\sin\vartheta\left(Y_1\frac{\partial Y_2}{\partial\vartheta} - Y_2\frac{\partial Y_1}{\partial\vartheta}\right)\right]$$
$$+ \frac{\partial}{\partial\varphi}\left[\frac{1}{\sin\vartheta}\left(Y_2\frac{\partial Y_1}{\partial\varphi} - Y_1\frac{\partial Y_2}{\partial\varphi}\right)\right],$$

woraus durch Einsetzen von Y_{lm} für Y_1, $Y_{l'm'}^*$ für Y_2 gemäß (6.10)

$$\int Y_{l'm'}^*\,Y_{lm}\sin\vartheta\,d\vartheta\,d\varphi = 0 \quad \text{für} \quad l \neq l'$$

folgt.

In dieser Verbindung ist es von Interesse, die Möglichkeit mehrdeutiger Lösungen von (6.10) zu diskutieren. Man könnte nämlich im Zweifel sein, ob die Forderung der Eindeutigkeit der u eine notwendige ist, da ja nur die Dichte $\psi^*\psi$ der allgemeinen Lösung $\sum c_n e^{-\frac{i}{\hbar}Et}\,u_n$ eine direkte physikalische Bedeutung hat. Wenn alle u_n des betrachteten Systems sich beim Umlauf gewisser geschlossener Wege mit demselben Faktor vom Betrag 1 multiplizieren, bleibt $\psi^*\psi$ immer noch eindeutig.

---

[1] R. Courant u. D. Hilbert: Methoden der Mathematischen Physik, S. 258. Berlin 1924.

Ein allgemeines Kriterium für die Zulässigkeit von Eigenfunktionen, das nicht von vornherein ihre Eindeutigkeit voraussetzt, wurde von W. Pauli[1] angegeben. Dieses besagt, daß die wiederholte Anwendung der den physikalischen Größen entsprechenden Operatoren auf die Eigenfunktionen nicht aus dem Bereich der quadratisch integrierbaren Eigenfunktionen herausführen darf. In dem hier betrachteten Beispiel der Kugelfunktionen sind die maßgebenden Operatoren die Komponenten P_1, P_2, P_3 des Drehimpulses und das Kriterium führt hier zur Ausschließung aller nicht eindeutigen Kugelfunktionen, insbesondere derjenigen mit halbzahligem Index. Das Kriterium der Zulässigkeit der Eigenfunktionen ist hier sowie auch in anderen Beispielen damit gleichbedeutend, daß diese die Basis einer Darstellung der dem Eigenwertproblem zugeordneten Transformationsgruppe (s. Ziff. 13) liefern müssen. In dem hier betrachteten Beispiel ist dies die Drehgruppe des dreidimensionalen Raumes, für den bekanntlich nur die Kugelfunktionen mit ganzzahligem Index eine Darstellung definieren.

Ein Beispiel, bei dem nicht eindeutige Eigenfunktionen auf Grund des in Rede stehenden Kriteriums zulässig sind, ist jedoch der Kugelkreisel[2]. Hier hängen die Wellenfunktionen von drei Eulerschen Winkeln ϑ, φ, ψ ab. Bildet man aus diesen die beiden durch Gl. (13.26), Ziff. 13 definierten komplexen Größen

$$\alpha = \cos\frac{\vartheta}{2}\, e^{\frac{i}{2}(\varphi+\psi)}, \qquad \beta = i\sin\frac{\vartheta}{2}\, e^{\frac{i}{2}(\varphi-\psi)},$$

deren Spaltung in Real- und Imaginärteil vier reelle Größen mit der Quadratsumme 1 liefert, so genügt es hier, wenn die Eigenfunktionen eindeutig auf dieser Kugeloberfläche des vierdimensionalen Raumes sind. Dies schließt die Möglichkeit von in den Eulerschen Winkeln zweideutigen Eigenfunktionen ein. Die Eigenfunktionen sind in der Tat die harmonischen Polynome auf dieser dreidimensionalen Kugeloberfläche. Gruppentheoretisch geben diese Anlaß zu einem direkten Produkt aus zwei Darstellungen der Drehgruppe des dreidimensionalen Raumes, die je den Drehungen des körperfesten und des raumfesten Koordinatensystems entsprechen. Die Darstellungen mit halbganzen Quantenzahlen (Ziff. 13) sind hier mit eingeschlossen.

Die Eigenfunktionen haben eine wichtige Eigenschaft, die unmittelbar aus der zugrunde gelegten Gl. (6.4) für den Operator H folgt, wenn wir hierin für v und u zwei zu verschiedenen Werten E_n, E_m der Energie gehörige Lösungen u_n, u_m einsetzen. Dabei beziehen wir uns zunächst auf den Fall diskreter Eigenwerte, um diese Beziehung direkt auf die Eigenlösungen anwenden zu können. Dann folgt[3]

$$E_n \int u_m^* u_n \, dq = E_m \int u_n u_m^* \, dq,$$

also

$$\int u_m^* u_n \, dq = 0 \quad \text{für} \quad E_n \neq E_m. \tag{6.11}$$

Dies nennt man die *Orthogonalität der Eigenfunktionen*. Hier ist zu sagen, daß für denselben Energiewert E_n mehrere linear unabhängige Eigenfunktionen

---

[1] W. Pauli: Helv. phys. Acta **12**, 147 (1939); vgl. hierzu auch M. Fierz, Helv. phys. Acta **17**, 27 (1943).

[2] Siehe A. Sommerfeld: Atombau und Spektrallinien, Bd. 2, S. 162ff. 1939. — H.B.G. Casimir: Rotation of a rigid body in quantum mechanics. Thesis 1931. — F. Hund: Z. Physik **51**, 11 (1928).

[3] Hierbei ist bereits vorausgesetzt, daß die E alle reell sind. Dies folgt aber aus (6.4) für $v = u = u_n$, da diese Beziehung dann übergeht in

$$E_n \int u_n^* u_n \, dV = E_n^* \int u_n u_n^* \, dV; \quad \text{also} \quad E_n^* = E_n.$$

existieren können. Die allgemeinste Lösung für diesen Energiewert hat dann die Form

$$u_n = c_1 u_{n,1} + c_2 u_{n,2} + \cdots + c_g u_{n,g},$$

worin die $c_1 \ldots c_g$ willkürliche Konstante sind. Ihre Anzahl g, das *Gewicht* des Zustandes, ist gleich der maximalen Zahl linear unabhängiger Lösungen, die zu diesem Zustand existieren. (Im obenerwähnten Beispiel des Wasserstoffatoms hat der Zustand n das Gewicht[1] n^2, beim ebenen Oszillator das Gewicht $n+1$, die Zustände des linearen harmonischen Oszillators sind einfach.) Man kann die Basis $u_{n,1} \ldots u_{n,g}$ der Lösungen von (6.3) mit dem vorgegebenen E_n dann stets orthogonalisieren, d.h. mittels Bildung geeigneter Linearkombinationen durch eine andere ersetzen, für welche die Bedingung (6.11) für alle voneinander verschiedenen Paare u_n, u_m erfüllt ist, was wir im folgenden voraussetzen wollen. Da ein konstanter Faktor in jedem u_n noch unbestimmt ist, können wir ferner diesen gemäß

$$\int u_n^* u_n \, dq = 1 \tag{6.11'}$$

normiert annehmen. Ein komplexer Faktor vom Betrag 1 bleibt dann in u_n immer noch unbestimmt.

Es besteht nun für eine willkürliche Funktion f, für welche $\int |f|^2 \, dq$ existiert, die Möglichkeit einer Reihenentwicklung

$$f \sim a_1 u_1 + \cdots + a_n u_n + \cdots, \tag{6.12}$$

worin, wie man durch Auflösen mittels der Orthogonalitätsrelation (6.11), (6.11') findet,

$$a_n = \int f u_n^* \, dq \tag{6.13}$$

zu setzen ist. Das Zeichen $\sim$ soll andeuten, daß die Reihe im allgemeinen nicht konvergent im gewöhnlichen Sinne, sondern nur konvergent im Mittel ist. Das heißt: es ist

$$\lim_{N \to \infty} \int \left| f - \sum_{k=1}^{N} a_k u_k \right|^2 dq = 0. \tag{6.12'}$$

Dies ist besonders zu beachten, wenn f irgendwelche quadratintegrierbaren Singularitäten besitzt; diese müssen nämlich zur Erreichung der Konvergenz im Mittel von den u_n keineswegs nachgeahmt werden und umgekehrt. Das Integral in der Relation (6.12') läßt sich umformen zu

$$\int |f|^2 dq - \sum_{k=1}^{N} a_k^* \int f u_k^* \, dq - \sum_{k=1}^{N} a_k \int f^* u_k \, dq$$

$$+ \sum_{l,k=1}^{N} a_k a_l^* \int u_k u_l^* \, dq$$

oder mit Rücksicht auf (6.11), (6.11') und (6.13)

$$\int |f|^2 dq - 2 \sum_{k=1}^{N} a_k^* a_k + \sum_{k=1}^{N} a_k a_k^*$$

$$= \int |f|^2 dq - \sum_{k=1}^{N} a_k^* a_k.$$

---

[1] Über die Verdoppelung dieses Gewichts infolge des Elektronenspins vgl. Ziff. 13.

Infolgedessen ist (6.12') äquivalent mit

$$\int |f|^2 \, dq = \sum_{k=1}^{\infty} a_k^* \, a_k, \tag{6.14}$$

16

wobei sich zugleich die Konvergenz der auftretenden Reihe ergibt. Diese Relation heißt auch *Vollständigkeitsrelation*, da sie ein Kriterium dafür ist, daß keine Funktion u_n fehlt und keine neue linear unabhängige hinzugefügt werden kann. Da die Zuordnung zwischen den Funktionen f und den Koeffizienten a_n eine lineare ist, so folgt für zwei beliebige Funktionen

$$f \sim a_1 u_1 + \cdots + a_n u_n + \cdots; \quad a_n = \int f \, u_n^* \, dq,$$
$$g \sim b_1 u_1 + \cdots + b_n u_n + \cdots; \quad b_n = \int g \, u_n^* \, dq,$$

$$\int f^* \, g \, dq = \sum_{k=1}^{\infty} a_k^* \, b_k; \quad \text{also auch} \quad \int f \, g^* \, dq = \sum_{k=1}^{\infty} a_k \, b_k^*. \tag{6.14'}$$

Man erkennt dies daraus, daß (6.13) auch gelten muß, wenn man mit beliebigen Zahlen λ, μ die Linearkombination $\lambda f + \mu g$ statt f und $\lambda a_k + \mu b_k$ statt a_k substituiert.

Eine Verallgemeinerung der Orthogonalitätsrelationen (6.11) erhält man durch Einführung der durch (6.6) definierten Elementarpakete $\bar{u}_{\lambda' \, \lambda''} = \bar{u}_{\lambda''} - \bar{u}_{\lambda'}$. Die Anwendung der Relation (6.4) auf diese Funktionen ergibt dann

$$\int u^*_{\lambda_1' \lambda_1''} \, \bar{u}_{\lambda_2' \lambda_2''} \, dq = 0, \quad \text{wenn} \quad (\lambda_1' \, \lambda_1'') \text{ außerhalb } (\lambda_2' \, \lambda_2''). \tag{6.11'}$$

Wenn es sich ferner um ein rein kontinuierliches Spektrum handelt, existiert der Limes

$$\lim_{\Delta \lambda \to 0} \frac{1}{\Delta \lambda} \int \bar{u}^*_{\lambda, \lambda + \Delta \lambda} \bar{u}_{\lambda, \lambda + \Delta \lambda} \, dq \to G(\lambda),$$

also

$$\int \bar{u}^*_{\lambda, \lambda + \Delta \lambda} \bar{u}_{\lambda, \lambda + \Delta \lambda} \, dq = \int_{\lambda}^{\lambda + \Delta \lambda} G(\lambda) \, d\lambda. \tag{6.15}$$

Man kann (6.11') und (6.15) zusammenfassen in die Gleichung

$$\int \bar{u}^*_{\lambda_1' \lambda_1''} \bar{u}_{\lambda_2' \lambda_2''} \, dq = \int_{\lambda'}^{\lambda''} G(\lambda) \, d\lambda, \tag{6.16}$$

wenn (λ', λ'') *das den Intervallen* $(\lambda_1', \lambda_1'')$ *und* $(\lambda_2', \lambda_2'')$ *gemeinsame* Teilintervall darstellt. Die Funktionen $\bar{u}$ bzw. u heißen in bezug auf den stetigen Parameter λ *normiert*, wenn die Funktion $G(\lambda)$ in (6.16) speziell gleich 1 wird. Dann gilt speziell

$$\int \bar{u}^*_{\lambda_1' \lambda_1''} u_{\lambda_2' \lambda_2''} \, dq = (\lambda'' - \lambda'). \tag{6.17}$$

Führt man statt λ eine Funktion $\mu = f(\lambda)$ als neuen Parameter ein, so gilt für die in bezug auf μ normierten Funktionen

$$\bar{u}_{\mu', \mu''} = \int_{\lambda'}^{\lambda''} \sqrt{\frac{d\mu}{d\lambda}} \, d\bar{u}_{\lambda' \lambda}, \tag{6.17'}$$

oder grob gesprochen: die Eigenfunktionen u_λ sind mit $\sqrt{d\mu/d\lambda}$ zu multiplizieren. An Stelle der Reihenentwicklung (6.12) tritt hier ferner das Integral

$$f \sim \int a_\lambda u_\lambda \, d\lambda = \int a_\lambda \, d\bar{u}_\lambda, \tag{6.18}$$

wobei
$$a_\lambda\, G(\lambda) = \int f\, u_\lambda^* \, dq \tag{6.19}$$

bzw.
$$a_\lambda = \int f\, u_\lambda^* \, dq, \tag{6.19'}$$

falls u_λ gemäß (6.17) normiert ist. Die Vollständigkeitsrelation lautet

$$\lim_{\substack{\lambda_1 \to -\infty \\ \lambda_2 \to +\infty}} \int \Big| f - \int\limits_{\lambda_1}^{\lambda_2} a_\lambda u_\lambda\, d\lambda \Big|^2 dq = 0 \quad \text{oder} \quad \lim_{\substack{\lambda_1 \to -\infty \\ \lambda_2 \to +\infty}} \int \Big| f - \int\limits_{\lambda_1}^{\lambda_2} a_\lambda\, d\bar{u}_\lambda \Big|^2 dq = 0,$$

was auf Grund der Orthogonalitätsrelationen äquivalent ist mit

$$\int |f|^2 dq = \int |a_\lambda|^2 d\lambda \tag{6.20}$$

bzw., wenn keine Normierung vorgenommen wurde,

$$\int |f|^2 dq = \int |a_\lambda|^2 G(\lambda)\, d\lambda, \tag{6.20'}$$

und für zwei Funktionen f, g und ihre Entwicklungskoeffizienten a_λ, b_λ

$$\int f\, g^* dq = \int a_\lambda b_\lambda^* \, G(\lambda)\, d\lambda. \tag{6.20''}$$

Man kann nun diese Ergebnisse auch so formulieren, daß diskretes und kontinuierliches Spektrum oder wie man auch sagt, *Punkt- und Streckenspektrum* einheitlich erfaßt werde n[1]. Es seien wieder $\bar{u}_\lambda$ die in (6.6') definierten Funktionen, die mit λ sprungweise veränderlich sein können, ferner möge zur Abkürzung

$$\bar{u}_{\lambda'\lambda''} = u_{\lambda''} - u_{\lambda'}$$

gesetzt werden, und es sei wieder, wenn in einer Gleichung die beiden Intervalle $(\lambda_1'\lambda_1'')$ und $(\lambda_2'\lambda_2'')$ vorkommen, das ihnen gemeinsame Teilintervall (das eventuell verschwinden kann) $(\lambda'\lambda'')$. Unter Verzicht auf eine Normierung schreiben wir dann die Orthogonalitätsrelation

$$\int \bar{u}_{\lambda_1'\lambda_1''}^* \, \bar{u}_{\lambda_2'\lambda_2''}\, dq = \overline{G}(\lambda'') - \overline{G}(\lambda'), \tag{6.16'}$$

worin $\overline{G}(\lambda)$ eine mit wachsendem λ niemals abnehmende, stets positive, evtl. sprungweise veränderliche Funktion ist. Der Verzicht auf die Normierung hat übrigens den Vorteil, daß man der Entartung besser Rechnung tragen kann, indem zu $\bar{u}_\lambda$ bei einem bestimmten λ-Wert evtl. auch ein ganzes Linearaggregat von Eigenfunktionen hinzutreten kann. Wenn wir ferner statt (6.19) schreiben

$$\int\limits_{\lambda'}^{\lambda''} a_\lambda d\,\overline{G}(\lambda) = \int f\bar{u}_{\lambda'\,\lambda''}^* \, dq, \tag{6.19''}$$

so gilt dies ebenfalls sowohl für das diskrete als auch für das kontinuierliche Spektrum. Die Vollständigkeitsrelation schreibt sich sodann

$$\int |f|^2 \, dq = \int\limits_{-\infty}^{+\infty} |a_\lambda|^2 \, d\overline{G}_\lambda \tag{6.21}$$

bzw.

$$\int f g^* \, dq = \int\limits_{-\infty}^{+\infty} a_\lambda \, b_\lambda^* d\overline{G}_\lambda. \tag{6.22}$$

Nunmehr betrachten wir den Operator $\boldsymbol{P}_\lambda$, welcher der willkürlichen Funktion f den bei λ abgeschnittenen Teil des zugehörigen Integrals (6.18) zuordnet:

$$\boldsymbol{P}_\lambda f = \int\limits_{-\infty}^{\lambda} a_\lambda \, d\bar{u}_\lambda.$$

Diesen Operator nennt man einen *Projektionsoperator*, da er die Mannigfaltigkeit der a_λ auf eine Teilmannigfaltigkeit projiziert — diejenige, für die a_λ außerhalb des Intervalles $(-\infty, \lambda)$ verschwindet. Offenbar hat jeder Projektionsoperator $\boldsymbol{P}$ die Eigenschaft

$$\boldsymbol{P}^2 = \boldsymbol{P}, \tag{6.23}$$

---

[1] Vgl. hierzu J. v. Neumann, Göttinger Nachr. 1927, 1.

und wir wollen umgekehrt *jeden* Operator P mit dieser Eigenschaft einen Projektionsoperator nennen. In unserem Fall gilt, daß für $\lambda'' > \lambda'$ der Operator

$$P_{\lambda''\lambda'} \equiv P_{\lambda''} - P_\lambda$$

ebenfalls ein Projektionsoperator ist:

$$(P_{\lambda''\lambda'})^2 \equiv (P_{\lambda''} - P_{\lambda'})^2 = P_{\lambda''\lambda'} \quad \text{für alle} \quad \lambda'' > \lambda', \tag{I}$$

ferner ist

$$P(-\infty) = 0; \qquad P(+\infty) = 1 \tag{II}$$

für $\lambda' > \lambda$ und $\lim \lambda' \to \lambda^*$ gilt $P_{\lambda'} \to P_{\lambda^*}$. Nunmehr suchen wir die Beziehung zwischen dem Operator H und den P_λ. Nach (6.3') war

$$H\bar{u}_{\lambda'\lambda''} = \int_{\lambda'}^{\lambda''} E(\lambda)\, d\bar{u}_\lambda,$$

also

$$P_{\lambda'\lambda''}f = \int_{\lambda'}^{\lambda''} a_\lambda\, d\bar{u}_\lambda; \quad HP_{\lambda'\lambda''}f = \int_{\lambda'}^{\lambda''} a_\lambda E(\lambda)\, d\bar{u}_\lambda = \int_{\lambda'}^{\lambda''} E(\lambda)\, d(P_{\lambda',\lambda}f), \tag{6.24}$$

für $\lambda' = -\infty$, $\lambda'' = +\infty$ geht dies über in

$$Hf = \int_{-\infty}^{+\infty} E(\lambda)\, d(P_\lambda f), \tag{III}$$

was dasselbe bedeutet wie: für alle g gilt

$$\int (g^* Hf)\, dq = \int_{-\infty}^{+\infty} E(\lambda)\, d\left(\int g^* P_\lambda f\, dq\right). \tag{III'}$$

Statt des beliebigen Parameters λ hätte man hier auch die Energie selbst einführen können. Durch die Forderungen (I), (II) und (III) ist das Eigenwertproblem in sehr allgemeiner Weise definiert. Auf die Frage seiner Lösbarkeit kommen wir in nächster Ziffer noch zu sprechen.

Für die Rechnungen ist es oft bequem, die Integrale

$$\int u_\lambda^* u_{\lambda'}\, dq$$

als uneigentliche Gebilde einzuführen. Sei $\delta(\lambda)$ eine uneigentliche Funktion mit der Eigenschaft, daß für alle stetigen

$$\int_{\lambda_1}^{\lambda_2} f(\lambda)\, \delta(\lambda)\, d\lambda = \begin{cases} f(0) \\ 0 \end{cases} \text{wenn } 0 \begin{cases} \text{innerhalb} \\ \text{außerhalb} \end{cases} (\lambda_1\, \lambda_2), \tag{6.25}$$

so gilt

$$\int u_\lambda^* u_{\lambda'}\, dq = G(\lambda)\, \delta(\lambda' - \lambda) \quad \text{bzw.} \quad = \delta(\lambda' - \lambda). \tag{6.26}$$

Später werden wir auch die Ableitung δ' der δ-Funktion gebrauchen, die definiert ist durch

$$\int f(\lambda)\, \delta'(\lambda)\, d\lambda = -f'(\lambda)\, \delta(\lambda)\, d\lambda = \begin{cases} -f'(0) \\ 0 \end{cases} \text{wenn } 0 \begin{cases} \text{innerhalb} \\ \text{außerhalb} \end{cases} (\lambda_1\, \lambda_2). \tag{6.27}$$

18 Diese Relationen sind als eine formal bequeme Abkürzung für (6.16), (6.17) zu betrachten.

Zur allgemeinen Differentialgleichung (6.3) des Eigenwertproblems sei noch bemerkt, daß sie stets mit einem Variationsproblem

$$\delta \int u^* (Hu)\, dq = \delta \int (Hu)^* u\, dq = 0 \tag{6.28}$$

mit der Nebenbedingung

$$\int u^* u\, dq = 1 \tag{6.29}$$

äquivalent ist[1]. Hierin sind u und u^* unabhängig voneinander zu variieren. Unter Umständen kann (6.28) noch durch partielle Integration umgeformt werden. Zum Beispiel ist bei kartesischen Koordinaten und der HAMILTON-Funktion

$$H = - \sum_k \frac{\hbar^2}{2m_k}\left(\frac{\partial}{\partial q_k} - \frac{ie_k}{\hbar c}\,\Phi_k\right)^2 + V(q),$$

$$\delta \int\left[\sum_k \frac{\hbar^2}{2m_k}\left(\frac{\partial u^*}{\partial q_k} + \frac{ie_k}{\hbar c}\,\Phi_k\right)\left(\frac{\partial u}{\partial q_k} - \frac{ie_k}{\hbar c}\,\Phi_k\right) + V u^* u\right] dq = 0 \qquad (6.30)$$

mit der Nebenbedingung (6.29). Der Wert des Integrals (6.30) für die extremale Funktion ist vermöge (6.3) eben gleich dem Energiewert. Dieses Variationsproblem ist oft für die näherungsweise Integration der Differentialgleichungen nützlich, indem man der Funktion u spezielle Formen aufprägt und dann unter diesen Zusatzbedingungen das Problem zu lösen trachtet. Dabei werden die Werte des Variationsintegrals stets größer gefunden als die wahren Eigenwerte.

Zwei allgemeine Sätze seien noch erwähnt. Für reelle Eigenfunktionen gehört, wenn eine solche existiert, stets die Eigenfunktion ohne Knotenflächen (Nullstellen) zum kleinsten Energiewert. Für reelle Eigenfunktionen einer einzigen Variablen entspricht die Ordnung der Eigenfunktionen nach wachsender Knotenzahl eben derjenigen nach wachsenden Eigenwerten. Die Knotenzahl erscheint dabei als „Quantenzahl" des Systems.

7. Allgemeine Transformationen von Operatoren und Matrizen. Mit Hilfe der Vollständigkeitsrelation kann man einen wichtigen Zusammenhang zwischen den auf die u_n wirkenden Operatoren und den ihnen zugeordneten Matrizen konstruieren. Sei F ein linearer Operator, dann entspricht jeder Eigenfunktion u_n eine Entwicklung

$$(F u_n) \sim \sum_k u_k F_{kn} \quad \text{mit} \quad F_{kn} = \int u_k^* (F u_n)\, dq. \qquad (7.1)$$

Ist F hermitesch, so ist

$$\int u_k^* (F u_n)\, dq = \int (F u_k)^* u_n\, dq,$$

also

$$F_{kn} = (F_{nk})^*, \qquad (7.2)$$

die Matrix ist also dann hermitesch. Nun betrachten wir zwei HERMITEsche Operatoren F und G,

$$F u_n \sim \sum_k u_k F_{kn}; \quad F_{kn} = \int u_k^* (F u_n)\, dq,$$

$$G u_m \sim \sum_k u_k G_{km}; \quad G_{km} = \int u_k^* (G u_m)\, dq.$$

Hierauf werden wir die (für alle n, m gültige) Vollständigkeitsrelation (6.14') an, welche besagt

$$\int (F u_n)^* (G u_m)\, dq = \sum_{k=1}^{\infty} F_{kn}^* G_{km}$$

und mit Benutzung der Hermitezität von F

$$\int u_n^* (F G u_m)\, dq = \sum_k F_{nk} G_{km}. \qquad (7.3)$$

Auf Grund von (7.1) ist jedem Operator eine Matrix zugeordnet, jedem HERMITEschen Operator eine HERMITEsche Matrix. Aus (7.3) folgt dann: *Es ist dem*

---
[1] E. SCHRÖDINGER: Ann. d. Phys. **79**, 361 (1926).

4*

Produkt der beiden Operatoren $F \cdot G$ das Produkt der Matrizen $(F) \cdot (G)$ zugeordnet, wenn letzteres nach der gewöhnlichen Regel für die Multiplikation der Matrizen gebildet wird. Letztere Regel lautet eben

$$(FG)_{nm} = \sum_k F_{nk} G_{km}. \tag{7.3'}$$

Es ist zu beachten, daß hierbei nur die Hermitezität von F und G, nicht die von $(F \cdot G)$ und auch nicht die Vertauschbarkeit von F und G vorausgesetzt wurde.

Gehört nun zur beliebigen Funktion f die Entwicklung $\sum_k a_k u_n$, so gehört zu Ff die Entwicklung $\sum_k (Fu_k) a_k = \sum_{k,l} u_l F_{lk} a_k$[1]. Es werden also durch F den Koeffizienten $(a_1, a_2, \ldots, a_m, \ldots)$ die anderen Koeffizienten $(b_1, b_2, \ldots, b_n, \ldots)$ derart zugeordnet, daß

$$b_n = \sum_m F_{nm} a_m. \tag{7.4}$$

Die dem Operator F äquivalente Matrix vermittelt also eine *lineare Abbildung* in dem unendlich vieldimensionalen Vektorraum der Entwicklungskoeffizienten (a_m) unseres Funktionensystems. Die Hermitezität von F drückt sich darin aus, daß

$$\sum_n a_n^* b_n = \sum_n a_n b_n^*, \tag{7.5}$$

dieses „skalare Produkt" also reell ist.

In dem allgemeinen Ausdruck (7.1) für das Matrixelement F_{kn} ist enthalten, daß das Diagonalelement

$$F_{nn} = \int u_n^* (Fu_n)\, dq \tag{7.6}$$

ist.

Wir haben in voriger Ziffer gesehen, daß in einfachen Fällen diesem Ausdruck die Bedeutung des Mittelwertes oder Erwartungswertes zukommt. Dabei sind wir ausgegangen von einem Ausdruck $|\varphi(p)|^2 dp$, der die Wahrscheinlichkeit dafür angibt, daß der Impuls p in dem betreffenden Zustand des Systems zwischen p und $p + dp$ liegt. Dann folgte für den Mittelwert einer beliebigen ganz rationellen Funktion F von p, daß ihr Mittelwert

$$\int F(p)\, |\varphi(p)|^2\, dp = \int \psi^*(q) \left[F\left(\frac{\hbar}{i} \frac{\partial}{\partial q}\right) \psi(q) \right] dq$$

wird. Ebenso ist für eine beliebige Funktion von q

$$\overline{F}(q) = \int \psi^* F(q)\, \psi\, dq,$$

---

[1] Strenggenommen bedarf dies noch einer Rechtfertigung, da die Entwicklung $\sum a_k u_k$ nicht zu konvergieren, sondern nur im Sinne der Konvergenz im Mittel mit f übereinzustimmen braucht. Bezeichnen wir die N-te Partialsumme $\sum_1^N a_k u_k$ mit f_N, so gilt aber

$$\lim_{N \to \infty} \int |f - f_N|^2\, dq = 0.$$

Nun verlangen wir vom Operator F folgende Eigenschaft: Wenn es zur Folge $Ff_N = g_N$ ein g gibt, so daß $\lim_{N \to \infty} \int |g - g_N|^2\, dq = 0$, dann soll $Ff = g$ gelten. Hierbei werden zwei Funktionen g, g', für die $\int |g - g'|^2\, dq = 0$, als grundsätzlich nicht verschieden betrachtet. In unserem Fall ist die Existenz eines solchen g dann gesichert, wenn die Summe $\sum_1^\infty |b_k|^2$ konvergiert $(b_k = \sum_l F_{kl} a_l)$, und dies ist wiederum der Fall, wenn für alle k die Summen

$$\sum_l |F_{kl}|^2 = \sum_l |F_{lk}|^2$$

konvergieren.

was wiederum mit (7.6) übereinstimmt, wenn wir unter F hier einfach die Multiplikation mit q verstehen. Hatten wir es endlich mit einer Funktion F zu tun, die von den p linear, von den q aber beliebig abhängt,

$$F = \tfrac{1}{2} \sum_k \left[A_k(q)\, p_k + p_k A_k(q) \right]$$

(bei Unterlassung der Symmetrisierung wäre F nicht hermitesch), so konnten wir bei kartesischen Koordinaten die zum Freiheitsgrad k gehörige Stromdichte i_k einführen und erhielten dann wieder

$$\overline{F} = \sum_k \int A_k(q) \left[m\, i_k + \frac{e}{c}\, \Phi_k \right] dV = \sum_k \int \psi^* \frac{1}{2} \left[A_k \frac{\hbar}{i} \frac{\partial \psi}{\partial q_k} + \frac{\hbar}{i} \frac{\partial}{\partial q_k}(A_k \psi) \right] dq.$$

Da ferner der Erwartungswert der Summe zweier Größen gleich ist der Summe der Erwartungswerte der Größen und (7.6) im Operator F linear ist, kann (7.6) auch für Größen als gültig betrachtet werden, welche gleich der Summe von Größen des betrachteten Typus sind. Insbesondere ist dies dann zutreffend, wenn für F die HAMILTON-Funktion H des Systems eingeführt wird.

Für solche Operatoren F, die in dieser Weise physikalischen Größen zugeordnet werden — d.h. Eigenschaften des Systems, die durch Angabe von Zahlenwerten beschrieben werden können, wobei diese Zahlenwerte durch geeignete Versuchsanordnungen im Prinzip eindeutig ermittelt („gemessen") werden können —, können wir sagen: *Das Diagonalelement F_{nn} ist gleich dem Erwartungswert der zugehörigen Größe F in dem durch die Eigenfunktion u_n charakterisierten Zustand des Systems.* Welches die physikalischen Größen eines Systems sind und wie sie gemessen werden können, kann nur durch einen weiteren Ausbau der Theorie an Hand von Erfahrungstatsachen entschieden werden[1]. Wir bemerken noch, daß auch für diese speziellen Operatoren F *nur die Diagonalelemente der Matrix F einen direkten physikalischen Sinn erhalten.* Die Nichtdiagonalelemente sind nur indirekt mit möglichen Messungsdaten verknüpft, und zwar auf folgende Weise: Der Mittelwert einer beliebigen ganzen rationalen Funktion $f(F)$ des Operators F, insbesondere derjenige aller seiner Potenzen, ist gegeben bzw. definiert durch das Diagonalelement $[f(F)]_{nn}$ von $f(F)$. Setzt man andererseits für die formale Bildung von $[f(F)]_{nn}$ das Multiplikationsgesetz der Matrizen voraus, so kann man zeigen, daß durch die Angabe der $[f(F)]_{nn}$ auch die Nichtdiagonalelemente F_{nm} von F im allgemeinen eindeutig bestimmt sind.

Bei dem allgemeinen durch die Beziehung (7.1) ausgedrückten Zusammenhang zwischen Matrizen und Operatoren wurde über die Funktionen $u_1, u_2, \ldots, u_n, \ldots$ nur vorausgesetzt, daß sie ein vollständiges orthogonales System bilden. Es ist nützlich zu untersuchen, wie die Matrizen sich ändern, wenn man von diesem System zu einem neuen System $v_1, v_2, \ldots, v_n, \ldots$ übergeht, welches gleichfalls die Eigenschaft der Orthogonalität und Vollständigkeit besitzt. Zunächst entspricht jeder der Funktionen v_m eine Entwicklung

$$v_m \sim \sum_n u_n S_{nm} \quad \text{mit} \quad S_{nm} = \int u_n^* [S\, u_m]\, dq = \int u_n^* v_m\, dq. \tag{7.7}$$

Die Matrix S_{nm} definiert einen linearen Operator S, der jeder Funktion $f = a_1 u_1 + a_2 u_2 + \cdots$ die Funktion $g = a_1 v_1 + a_2 v_2 + \cdots$ mit den gleichen Entwicklungskoeffizienten im neuen System zuordnet. Dieses S hat also die Eigenschaft

$$\int f\, u_n^*\, dq = \int [S\, f]\, v_n^*\, dq$$

---

[1] Dieser Standpunkt ist entgegengesetzt dem anderen, daß jedem HERMITEschen Operator eine Größe oder „Observable" des Systems entspricht, und daß es immer einen direkten physikalischen Sinn haben soll, von der Wahrscheinlichkeit dafür zu sprechen, daß diese Größe F im betreffenden Zustand bestimmte Werte hat (vgl. hierzu Ziff. 9).

23

für alle f. Dieser Operator S ist aber von grundsätzlich anderer Art als die früher betrachteten Hermiteschen Operatoren F, die physikalischen Größen entsprechen können. Wir nennen S einen *Transformationsoperator*. Da gemäß der Vollständigkeitsrelation gilt

$$\int v_n^* v_m \, dq = \sum_k S_{kn}^* S_{km},$$

drückt sich die Orthogonalität und Normierung der v_n darin aus, daß

$$\sum_k S_{kn}^* S_{km} = \begin{cases} 0 & \text{für } n \neq m, \\ 1 & \text{für } n = m. \end{cases} \tag{7.8}$$

Da aus $f \sim \sum a_k u_k$; $g \sim \sum a_k v_k$, folgt $\sum_k |a_k|^2 = \int |f|^2 dq = \int |g|^2 dq$, ist dies auch äquivalent mit der Forderung, daß für alle f gelten soll

$$\int |S f|^2 dq = \int |f|^2 dq, \tag{7.9}$$

also für zwei beliebige f, g

$$\int (S f)^* (S g) \, dq = \int f^* g \, dq. \tag{7.9'}$$

Der Operator S ist also nicht hermitesch, sondern hat gemäß (7.9) die Eigenschaft *„längentreu"* zu sein, wenn wir $\int |f|^2 dq$ als Maß für die „Länge" einer Funktion, allgemeiner $\int |f - g|^2 dq$ als Maß für die „Entfernung" zweier Funktionen benutzen. Sollen ferner die $v_n = (S u_n)$ ein vollständiges Funktionensystem bilden, so muß die Mannigfaltigkeit der $S f$ mit derjenigen der f übereinstimmen. Das heißt *es muß auch der zu S inverse Operator S^{-1} für alle f existieren*. Diese Vollständigkeit des Systems der v ist gleichbedeutend damit, daß die u_n sich auch nach den v_n entwickeln lassen gemäß

$$u_m \sim \sum_n v_n S_{nm}^{-1}; \qquad S_{nm}^{-1} = \int v_n^* [S^{-1} v_m] \, dq = \int v_n^* u_m \, dq. \tag{7.7'}$$

Durch Vergleich mit (7.7) folgt

$$S_{nm}^{-1} = S_{mn}^*. \tag{7.10}$$

Es ist also (S) keine Hermitesche Matrix, sondern die zu (S) hermitesch-konjugierte Matrix $\widetilde{S}$, die aus S durch Übergang zum konjugiert-komplexen und Vertauschen von Zeilen und Spalten entsteht, ist mit der zu S reziproken Matrix identisch:

$$S^{-1} = \widetilde{S}. \tag{7.11}$$

In der Tat ist (7.8) wegen $S_{kn}^* = \widetilde{S}_{nk}$ gleichbedeutend mit

$$\widetilde{S} S = I, \tag{7.8'}$$

wenn I die Einheitsmatrix bedeutet. Die Vollständigkeit des Funktionensystems v_n bedeutet nun aber, wie aus (7.7') durch Anwendung der Vollständigkeitsrelation hervorgeht, daß auch

$$\sum_k (S_{kn}^{-1})^* S_{km}^{-1} = \begin{cases} 0 & \text{für } n \neq m, \\ 1 & \text{für } n = m, \end{cases} \tag{7.12}$$

oder gemäß (7.10)

$$\sum_k S_{nk} S_{mk}^* = \begin{cases} 0 & \text{für } n \neq m, \\ 1 & \text{für } n = m, \end{cases} \tag{7.13}$$

was in der Matrixschreibweise bedeutet

$$S \widetilde{S} = I.$$ $(7.13')$

Es ist wichtig zu betonen, daß $(7.13')$ noch keine Folge von $(7.8')$ darstellt, sondern dann und nur dann aus $(7.8')$ folgt, wenn der zu S inverse Operator S^{-1} für alle f existiert. *Ein Operator S heißt unitär, wenn er neben der Eigenschaft der Längentreue [Gl. (7.9)] noch die der ausnahmslosen Existenz des reziproken Operators besitzt; entsprechend heißt eine Matrix S unitär, wenn sie die beiden Relationen $(7.8')$, $(7.13')$ erfüllt. Die Transformationsoperatoren sind solche unitäre Operatoren.* Durch Zusammensetzung (Multiplikation) zweier unitärer Operatoren (Matrizen) entsteht offenbar wieder ein unitärer Operator (eine unitäre Matrix).

Es ist vielleicht nützlich, die Analogie zu diesen Verhältnissen für Größen zu betonen, die nur endlich vieler, sagen wir N Werte, fähig sind. In diesem Fall besteht das vollständige Funktionensystem aus N orthogonalen (komplexen) Vektoren $u_k(1)$, $u_k(2)$, ..., $u_k(N)$, worin statt der q die Werte q_1, ..., q_N der betreffenden Größe eingesetzt sind. Ein orthogonales System von Vektoren in einem endlichdimensionalen Raum ist dann und nur dann vollständig, wenn die Anzahl p der Vektoren des Systems mit der Dimensionszahl N des Systems übereinstimmt. Der Fall, daß eine Matrix S die Relation

$$\widetilde{S} S = I$$

erfüllt, während $S \widetilde{S} \neq I$ tritt also ein, wenn S keine quadratische Matrix, sondern eine rechteckige Matrix S_{nm} ($n = 1, 2, ..., N$; $m = 1, 2, ..., p$) ist, deren Spaltenzahl p kleiner ist als deren Zeilenzahl N. Es ist klar, daß dann $S \widetilde{S}$ nicht die Einheitsmatrix ist, und daß die zur Abbildung S, welche den Vektor $f(r) = \sum_{k=1}^{N} a_k u_k(r)$; $r = 1, ..., N$ überführt in $[S f(r)] = \sum_{k=1}^{p} a_k v_k(r)$, reziproke Abbildung S^{-1} dann und nur dann für alle $f(r)$ existiert, wenn $p = N$ ist. Die Forderung, daß neben $\widetilde{S} S = I$ auch $S \widetilde{S} = I$ gelten soll, ist hier gleichbedeutend damit, daß S eine quadratische Matrix sein soll. Bei Matrizen S mit unendlich vielen Zeilen und Kolonnen kann aber die Vollständigkeit nicht durch eine einfache Abzählung festgestellt werden, und deshalb tritt die ausnahmslose Existenz des Reziproken als neue Forderung neben die Relation $\widetilde{S} S = I$.

Wir können jetzt die Frage beantworten, wie die zum Operator F gemäß (7.1) zugeordneten Matrizen sich ändern, wenn man vom Funktionssystem u_k zum System v_k übergeht. Man hat gemäß (7.7) für

$$\left. \begin{aligned} F'_{nm} &= \int v_n^* \, (F v_m) \, dq, \\ F'_{nm} &= \sum_k \sum_l \int S_{kn}^* u_k^* \, S_{lm} F(u_l) \, dq, \end{aligned} \right\}$$ (7.14)

also wegen[1]

$$\left. \begin{aligned} F_{kl} &= \int u_k^* \, F(u_l) \, dq, \\ F'_{nm} &= \sum_{k,l} S_{kn}^* F_{kl} \, S_{lm} \end{aligned} \right\}$$ (7.15)

oder in Matrixschreibweise

$$(F') = \widetilde{S} F S = S^{-1} F S,$$ $(7.15\,\mathrm{a})$

was die Umkehrung zuläßt

$$(F) = S F' S^{-1} = S F' \widetilde{S}.$$ $(7.15\,\mathrm{b})$

Man verifiziert leicht, daß F' wieder eine HERMITEsche Matrix ist, sobald F es ist. In der Operatorsprache bedeutet offenbar (7.15): Wenn F die Funktion f in die Funktion g überführt, so führt F' die Funktion $S f$ in die Funktion $S g$ über. Bei dieser Auffassung ist aber das „Koordinatensystem" der $u_1 ... u_n$

---

[1] Bei dieser Ableitung haben wir von Konvergenzfragen abgesehen. Die Frage der Konvergenz der in (7.15) auftretenden Summationen ist im allgemeinen kompliziert.

fest gedacht und der Operator verändert, während wir davon ausgegangen waren, den Operator F fest zu lassen und das Koordinatensystem zu ändern.

Die fundamentalen V.-R. (5.21) für die Operatoren p_k, q_l gehen offenbar in entsprechende Matrizengleichungen über, wenn man die Funktionen f, auf welche diese Operatoren wirken, ersetzt durch die Folgen $a_1, a_2, \ldots, a_n, \ldots$ ihrer Entwicklungskoeffizienten nach einem beliebigen vollständigen Orthogonalsystem $v_1, v_2, \ldots, v_n, \ldots$. In der Tat bleiben diese V.-R. offenbar invariant gegenüber beliebigen unitären Transformationen der Form (7.15).

Nunmehr können wir die speziellen Eigenfunktionen $u_1, u_2, \ldots$, die der Gleichung

$$H\,u = E\,u$$

genügen und den stationären Zuständen unseres Systems mit dem Hamilton-Operator H entsprechen, sehr einfach charakterisieren. Es sind diejenigen orthogonalen und normierten Funktionen u, für welche die gemäß (7.1) definierte Matrix der Hamilton-*Funktion (Energie)*

$$(H_{nm}) = \int u_n^* \,(H\,u_m)\,dq$$

eine Diagonalmatrix wird:

$$H_{nm} = \left\{ \begin{array}{ll} 0 & \text{für} \quad n \neq m, \\ E_n & \text{für} \quad n = m. \end{array} \right\} \tag{7.16}$$

Mit Hilfe dieses Ergebnisses kann man das Problem der Bestimmung der Eigenwerte E_n der Energie und der Matrizen $p_{n,m}^{(k)}$, $q_{n,m}^{(k)}$ auch ohne Kenntnis der Wellengleichung formulieren. Man schreibe erst die V.-R. mit Hilfe der Regel für die Multiplikation der Matrizen hin, sodann die Forderung, daß die Energiematrix mit Hilfe eben dieser Regel durch die Matrixelemente der $p^{(k)}$ und $q^{(k)}$ ausgedrückt, eine Diagonalmatrix werden soll. Man erhält auf diese Weise unendlich viele Gleichungen zur Bestimmung der Matrixelemente der p und q sowie der Eigenwerte der Energie. Dies war der Ansatz der „Matrizenmechanik" Heisenbergs, die historisch vor Aufstellung der Wellengleichung entstanden ist[1]. Die praktische Auflösung dieser Gleichungen gelingt nur in wenigen Fällen, z.B. beim harmonischen Oszillator. Im Falle des Wasserstoffatoms ist es eben noch möglich, die Energiewerte zu erhalten, die Ermittlung der Matrixelemente der p und q selbst gelingt nicht mehr. Es hängt dies damit zusammen, daß hier auch ein kontinuierliches Spektrum vorhanden ist, in welchem Falle die Matrixrechnung sehr unübersichtlich wird. Wir kommen auf diesen Punkt sogleich zurück. Die Matrixrechnung ist dagegen of bequem, wenn es sich um Teilräume von endlicher Dimensionszahl handelt. Solche Teilräume treten z.B. bei entarteten Systemen auf, d.h. wenn zu einem bestimmten Energiewert mehrere, sagen wir g Zustände gehören. In diesem Fall kann man innerhalb des betreffenden g-dimensionalen Teilzustandsraumes noch eine beliebige unitäre Transformation der Matrizen gemäß (7.15) vornehmen, ohne daß die zu lösenden Gleichungen verletzt werden, da in diesem Teilraum die Energiematrix gleich der mit der festen Zahl E multiplizierten Einheitsmatrix wird, was bei den betrachteten Transformationen erhalten bleibt. In der Wellenmechanik entspricht dem die Möglichkeit, die zu E gehörigen orthogonal und normiert gedachten Eigenfunktionen $u_1, \ldots, u_g$ gemäß

$$u_m' = \sum_{n=1}^{g} u_n S_{nm} \qquad (m = 1, 2, \ldots, g)$$

---

[1] W. Heisenberg: Z. Physik **33**, 879 (1925).

zu transformieren. Ist nämlich hierin S speziell eine *unitäre* g-reihige (quadratische) Matrix, so bleibt die Orthogonalität des Funktionensystems bei dieser Transformation erhalten. In der Matrixfassung kann das Eigenwertproblem auch noch ein wenig anders formuliert werden. Man setze für die p_i, q_k irgendwelche Matrizen ein, welche die V.-R. erfüllen (sie können wellenmechanisch) irgendeinem orthogonalen Funktionensystem entsprechen). Durch Anwendung der Multiplikationsregel der Matrizen erhält man dann für die Energie eine gewisse HERMITEsche Matrix H_{mn}. Die Aufgabe besteht dann darin, diese unitär auf Diagonalform zu bringen, d.h. die unendlich vielen linearen Gleichungen

$$S^{-1} H S = E$$

oder

$$H S = S E; \qquad \sum_m H_{nm} S_m = S_n E \tag{7.17}$$

für jedes mögliche E zu lösen. Die Bedingung, daß S unitär ist, verlangt für die Koeffizienten die Normierung

$$\sum_n |S_n|^2 = 1. \tag{7.17'}$$

Für jeden möglichen Wert E_ϱ von E erhält man so ein Koeffizientensystem $S_{n,\varrho}$ und es ist leicht zu sehen, daß dieses auf Grund von (7.8) von selbst unitär wird, falls H hermitesch ist. Auch diese Gleichungssysteme sind im allgemeinen praktisch nicht lösbar, wir werden jedoch sehen, daß sie in der Störungstheorie praktisch brauchbar werden [1].

Wir besprechen nunmehr die Verallgemeinerung dieser Resultate für kontinuierliche Spektren, und zwar ohne Rücksicht auf Konvergenzfragen. Sind die Eigenfunktionen u in bezug auf den Parameter λ oder auf *die* Parameter $\lambda_1, \ldots$ normiert, so können wir analog zu (7.1) bilden

$$F u_\lambda \sim \int u_{\lambda'} F_{\lambda' \lambda} \, d\lambda'; \qquad F_{\lambda' \lambda} = \int u_{\lambda'}^* (F u_\lambda) \, dq. \tag{7.18}$$

In den $F_{\lambda' \lambda}$ und sogar schon in den u selbst können dann aber die durch (6.25) und (6.27) definierten δ-Symbole vorkommen. Zum Beispiel kann man für die λ die Zahlenwerte der q, für die u die δ-Funktionen wählen $u_{q'}(q) = \delta(q - q')$, worin $\delta(q - q')$ als Abkürzung für $\delta(q_1 - q_1') \, \delta(q_2 - q_2') \ldots \delta(q_f - q_f')$ steht. Denn es ist dann

$$\int u_{q'}^*(q) \, u_{q''}(q) \, dq = \int \delta(q - q') \, \delta(q - q'') \, dq = \delta(q' - q'');$$

die Matrix der q wird

$$q_k(q', q'') = \int \delta(q - q') \, q_k \, \delta(q - q'') \, dq$$

oder

$$q_k(q', q'') = q_k' \delta(q' - q''), \tag{7.19a}$$

ebenso

$$p_k(q', q'') = \int \delta(q - q') \, \frac{\hbar}{i} \frac{\partial}{\partial q_k} \delta(q - q'') \, dq$$

oder

$$p_k(q', q'') = \frac{\hbar}{i} \delta_k'(q' - q''), \tag{7.19b}$$

wenn der letztere Ausdruck als Abkürzung für

$$\delta(q_1' - q_1'') \ldots \delta(q_{k-1}' - q_{k-1}'') \, \delta'(q_k' - q_k'') \, \delta(q_{k+1}' - q_{k+1}'') \ldots \delta(q_f' - q_f'')$$

---

[1] Vgl. M. BORN, P. JORDAN u. W. HEISENBERG, Z. Physik 35, 557 (1926).

gesetzt ist. Man bestätigt die formale Gültigkeit von

$$\int \left[\boldsymbol{p}_k(q', q''') \, \mathsf{q}_k(q''', q'') - \mathsf{q}_k(q', q''') \, \boldsymbol{p}_k(q''', q'') \right] dq''' = \frac{\hbar}{i} \, \delta(q' - q'').$$

In Wirklichkeit haben alle diese Symbole erst Sinn, wenn vorher mit beliebigen Funktionen f^* und g von q' und q'' multipliziert und integriert ist, z. B.

$$\int\limits_{q_1'}^{q_2'} \int\limits_{q_1''}^{q_2''} f^*(q') \, \mathsf{q}_k(q', q'') \, g(q'') \, dq' \, dq'' = \int\limits_{q_1}^{q_2} f^*(q) \, \mathsf{q}_k \, g(q) \, dq,$$

wenn (q_1, q_2) das den Intervallen (q_1', q_2'); (q_1'', q_2'') gemeinsame Teilintervall darstellt.

Ebenso gibt es formal analog zu (7.7) die Transformation von einem vollständigen System u_λ zu einem anderen v_μ gemäß

$$v(\mu; q) = \int u(\lambda; q) \, S(\lambda, \mu) \, d\lambda$$

mit

$$S(\lambda, \mu) = \int u^*(\lambda; q) \, v(\mu; q) \, dq, \tag{7.20}$$

worin $S(\lambda, \mu)$ eine unitäre Matrix ist, die den zu (7.8) und (7.13) analogen Bedingungen genügt

$$\int S^*(\lambda, \mu) \, S(\lambda, \mu') \, d\lambda = \delta(\mu - \mu'), \tag{7.21}$$

$$\int S(\lambda, \mu) \, S^*(\lambda', \mu) \, d\mu = \delta(\lambda' - \lambda). \tag{7.22}$$

Die Transformationsformel, die analog ist zu (7.15), lautet

$$F(\mu; \mu') = \int S^*(\lambda, \mu) \, F(\lambda, \lambda') \, S(\lambda', \mu') \, d\lambda \, d\lambda'. \tag{7.23}$$

Von besonderem Interesse ist der Fall, daß ein Index diskret, der andere kontinuierlich ist. Dann haben wir

$$v_n(q) = \int u(\lambda; q) \, S_n(\lambda) \, d\lambda; \qquad u(\lambda; q) = \sum_n v_n^*(q) \, S_n^*(\lambda), \tag{7.24}$$

$$S_n(\lambda) = \int u^*(\lambda; q) \, v_n(q) \, dq, \tag{7.25}$$

$$\int S_n^*(\lambda) \, S_m(\lambda) \, d\lambda = \delta_{n,m}; \qquad \sum_n S_n(\lambda) \, S_n^*(\lambda') = \delta(\lambda - \lambda'), \tag{7.26}$$

$$\int (\delta_{n,m} = 0 \quad \text{für} \quad n \neq m; \quad \delta_{n,m} = 1 \quad \text{für} \quad n = m)$$

$$F_{n,m} = \int S_n^*(\lambda) \, F(\lambda, \lambda') \, S_m(\lambda') \, d\lambda \, d\lambda'; \qquad F(\lambda, \lambda') = \sum_{n,m} S_n(\lambda) \, F_{n,m} \, S_m^*(\lambda'). \tag{7.27}$$

Diese Formeln werden besonders einfach, wenn wir für $u(\lambda, q)$ speziell das System $u_{q'}(q) = \delta(q - q')$ einsetzen. Dann wird offenbar

$$S_n(q') = \int \delta(q - q') \, v_n(q) \, dq = v_n(q'), \tag{7.25'}$$

$$\int v_n^*(q) \, v_m(q) \, dq = \delta_{n,m}; \qquad \sum_n v_n(q) \, v_n^*(q') = \delta(q - q'), \tag{7.26'}$$

$$F_{n,m} = \int v_n^*(q) \, F(q, q') \, v_m(q') \, dq \, dq'; \qquad F(q, q') = \sum_{n,m} v_n(q) \, F_{n,m} \, v_m^*(q'). \tag{7.27'}$$

Wir erhalten als wichtigstes Resultat, daß die Eigenfunktionen $v_n(q)$ selbst als spezielle Transformationsfunktionen erscheinen, diejenigen von dem System $\delta(q - q')$ auf das System $v_n(q)$ selbst. Wählen wir speziell für die $v_n(q)$ solche $u_n(q)$, die einen bestimmten Hamilton-Operator $\boldsymbol{H}$ auf Diagonalform $H_{n,m} = E_n \delta_{n,m}$ bringen, so können wir sagen, daß gemäß (7.25') die $u_n(q)$ *die Transformationsfunktionen vom Operator $\boldsymbol{q}$ auf den Operator $\boldsymbol{H}$ sind.* Denn $\boldsymbol{q}$ wird durch das

System $\delta(q-q')$, $\boldsymbol{H}$ durch das System $u_n(q)$ auf Diagonalform gebracht. Was die zweiten Relationen (7.26') betrifft, so sind sie nur ein anderer, symbolischer Ausdruck der Vollständigkeitsrelation. Durch Integration kommen wir nämlich für zwei beliebige Funktionen f, g zur „wirklichen" Gleichung

$$\sum_n \int f^*(q) \, v_n(q) \, dq \cdot \int g(q') \, v_n^*(q') \, dq' = \int f^* g \, dq,$$

die mit der Vollständigkeitsrelation (6.14') genau übereinstimmt. Insbesondere ist sie richtig, wenn f und g innerhalb eines bestimmten Gebietes (nicht notwendig desselben Gebietes) gleich 1 sind und außerhalb des Gebietes verschwinden.

8. Die allgemeine Form des Bewegungsgesetzes. Während wir als Grundlage der Matrizenmechanik neben den V.-R. noch die Vorschrift eingeführt haben, daß die Energiematrix entsprechend (7.16) auf Diagonalform sein soll

$$H_{n,m} = E_n \, \delta_{n,m}, \tag{8.1}$$

hat HEISENBERG noch eine weitere Bestimmung hinzugefügt, welche die Abhängigkeit der Matrixelemente von der Zeit betrifft. Er setzte fest, daß das Matrixelement einer jeden die Zeit nicht explizite enthaltenden Größe in Abhängigkeit von der Zeit gegeben sein soll durch

$$F_{n,m}(t) = F_{n,m}(0) \, e^{\frac{i}{\hbar}(E_n - E_m)t} \tag{8.2}$$

oder mit Einführung der unitären Diagonalmatrix

$$U_{n,m}(t) = \delta_{n,m} \, e^{\frac{i}{\hbar} E_n t}, \tag{8.3}$$

$$\boldsymbol{F}(t) = \boldsymbol{U}(t) \, \boldsymbol{F}(0) \, \boldsymbol{U}^{-1}(t) = \boldsymbol{U}(t) \, \boldsymbol{F}(0) \, \widetilde{\boldsymbol{U}}(t). \tag{8.4}$$

Falls der HAMILTON-Operator die Zeit nicht explizite enthält, ergibt die Anwendung von (8.4) auf $\boldsymbol{F} = \boldsymbol{H}$, daß (8.1) für alle t bestehen bleibt. Die Relation (8.2) kann man auch ersetzen durch die Differentialgleichung

$$\frac{\hbar}{i} \, \dot{F}_{n,m} = F_{n,m}(E_n - E_m) \tag{8.5}$$

oder

$$\frac{\hbar}{i} \, \dot{\boldsymbol{F}} = \boldsymbol{H}\boldsymbol{F} - \boldsymbol{F}\boldsymbol{H}, \tag{8.6}$$

wenn unter $\boldsymbol{H}$ speziell die Diagonalmatrix (8.1) verstanden wird. Vermöge (8.1) folgt aus (8.6) die Form (8.2) zurück[1].

Die Relation (8.2) bedeutet nichts anderes, als daß in der Relation (7.1) zur Berechnung der Matrixelemente statt der u_n die Funktionen

$$\psi_n(t) = u_n \, e^{\frac{i}{\hbar} E_n t} \tag{8.7}$$

eingeführt werden, die der Wellengleichung

$$-\frac{\hbar}{i} \, \dot{\psi}_n = \boldsymbol{H} \psi_n$$

genügen. Denn dann ist

$$F_{k\,n} = \int \psi_k^*(\boldsymbol{F} \psi_n) \, dq = e^{\frac{i}{\hbar}(E_k - E_n)t} \int u_k^*(\boldsymbol{F} u_n) \, dq = e^{\frac{i}{\hbar}(E_k - E_n)t} F_{k,n}(0).$$

---

[1] Gegenüber den älteren Darstellungen der Matrixmechanik sei betont, daß (8.6) keine Folge von (8.1) ist, es sei denn, daß (8.2) als besonderes Postulat vorausgesetzt wird.

Wir können nun diesen Sachverhalt verallgemeinern, indem wir ein beliebiges Orthogonalsystem φ_n als Basis der Matrizen einführen, ohne daß dieses notwendig die spezielle Gestalt (8.7) besitzt, indem wir aber die wesentliche Forderung aufstellen, daß alle diese $\varphi_n(t)$ der Wellengleichung

$$-\frac{\hbar}{i}\,\dot{\varphi}_n = H\,\varphi_n \tag{8.8}$$

genügen sollen. Zunächst folgt aus der Tatsache, daß für alle Lösungen von (8.8) $\int \psi^* \psi\, dq$ zeitlich konstant ist, durch Anwendung auf die Lösung $c_n \varphi_n + c_m \varphi_m$ für beliebige $c_n, c_m, \ldots$, daß

$$\frac{d}{dt}\int \varphi_n^*\, \varphi_m\, dq = 0 \tag{8.9}$$

ist, d.h. daß die Orthogonalität und Normierung des Funktionensystems im Lauf der Zeit bestehen bleibt. Sodann folgt aus

$$F_{n,m} = \int \varphi_n^*\,(F\,\varphi_m)\, dq \tag{8.10}$$

durch Differentiation, die für jeden Hermiteschen, die Zeit nicht explizite enthaltenden Operator F gültige Relation

$$\begin{aligned}
\frac{\hbar}{i}\,\dot{F}_{n,m} &= \int\left[(H\,\varphi_n)^*\,(F\,\varphi_m) - \varphi_n^*\,(F\,H\,\varphi_m)\right]dq,\\
&= \int\left[\varphi_n^*\,(H\,F\,\varphi_m) - \varphi_n^*\,(F\,H\,\varphi_m)\right]dq,\\
&= (H\,F - F\,H)_{n,m},
\end{aligned}$$

also wieder die Gl. (8.6)

$$\frac{\hbar}{i}\,\dot{F} = H\,F - F\,H, \tag{8.6}$$

diesmal ohne spezielle Voraussetzung über die Matrizen. Vermöge dieser Regel bleibt jedes (miteinander verträgliche und die Zeit nicht explizite enthaltende) System von V.-R. im Lauf der Zeit bestehen, wenn es für $t=0$ erfüllt war[1].

Nun führen wir (die bisher nicht notwendige) Voraussetzung ein, daß auch H die Zeit nicht explizite enthält. Dann ist vermöge (8.6) H von der Zeit unabhängig. Also gibt es ein von der Zeit unabhängiges unitäres S, welches H auf Diagonalform bringt

$$S^{-1} H S = E.$$

Es ist dasselbe S, welches gemäß

$$\psi_m = \sum_n \varphi_n\, S_{n,m}$$

die φ_n auf die spezielle Form der durch (8.7) gegebenen ψ_n bringt. Durch Umtransformieren erhalten wir dann aus (8.3) und (8.4), wenn wir unter $e^{\frac{i}{\hbar}Et}$ die

---

[1] In der älteren Literatur über Quantenmechanik findet sich an Stelle von (8.6) oft die Operatorgleichung

$$H t - t H = \frac{\hbar}{i}\,I,$$

die aus (8.6) formal durch Einsetzen von t für F entsteht. Es ist indessen im allgemeinen nicht möglich, einen Hermiteschen Operator (z.B. als Funktion der p und q) zu konstruieren, der diese Gleichung erfüllt. Dies ergibt sich schon daraus, daß aus der angeschriebenen V.-R. gefolgert werden kann, daß H kontinuierlich alle Eigenwerte von $-\infty$ bis $+\infty$ besitzt (vgl. Dirac, Quantenmechanik, S. 34 u. 56), während doch andererseits diskrete Eigenwerte von H vorkommen können. *Wir schließen also, daß auf die Einführung eines Operators t grundsätzlich verzichtet und die Zeit t in der Wellenmechanik notwendig als gewöhnliche Zahl ("c-Zahl") betrachtet werden muß* (vgl. hierzu auch E. Schrödinger, Berl. Ber. 1931, S. 238).

Diagonalmatrix $\delta_{n,m}\, e^{\frac{i}{\hbar}\, E_n t}$ verstehen, mit diesem S

mit

$$F(t) = U(t)\, F(0)\, U^{-1}(t) \tag{8.4}$$

$$U = S\, e^{\frac{i}{\hbar}\, E t}\, S^{-1}.$$

Hierin ist offenbar U unitär, da es durch Multiplikation unitärer Matrizen entsteht. Wegen

$$S E S^{-1} = H$$

kann man auch schreiben

$$U(t) \equiv e^{\frac{i}{\hbar}\, H t} = \sum_{n=0}^{\infty} \frac{1}{n!}\left(\frac{i}{\hbar}\, H t\right)^n = \lim_{N\to\infty}\left(1 + \frac{it}{N\hbar}\, H\right)^N.$$

Dies folgt auch direkt aus (8.11) ohne Bezugnahme auf die Diagonaldarstellung von E. Wir beweisen ferner, daß U, falls alle Potenzen von H für alle f zugleich existieren, unitär ist. Zunächst ist

insbesondere

$$U(t_1)\, U(t_2) = U(t_1 + t_2)$$

$$U(t)\, U(-t) = U(0) = I,$$

$$U^{-1}(t) = U(-t) = e^{-\frac{i}{\hbar}\, H t},$$

wenn also $U(-t)$ für dieselbe Funktionsmenge existiert wie $U(t)$, ist die Bedingung der Existenz des Inversen erfüllt. Sodann zeigt man, durch sukzessive Anwendung von

$$\int g^* \left(H^n f\right) dq = \int \left(H^n g\right)^* f\, dq$$

für alle Potenzen $(H)^n$ von H, daß

$$\int g^* \left(U f\right) dq = \int \left(U^{-1} g\right)^* f\, dq,$$

also insbesondere für $g = U f$

$$\int \left(U f\right)^* \left(U f\right) dq = \int f^* f\, dq,$$

d.h. die Längentreue von U. Es genügt U der Differentialgleichung

$$\frac{\hbar}{i}\, \dot{U} = H U; \quad \text{also} \quad \frac{\hbar}{i}\, \dot{U}^{-1} = - U^{-1} H, \tag{8.11}$$

womit man dann vermöge (8.4) leicht (8.6) verifiziert. Was die Bedeutung von $U f$ betrifft, so soll U, angewandt auf die Entwicklungskoeffizienten von f nach dem festen System $\varphi_1(0),\, \varphi_2(0), \dots$

$$a_1,\, a_2, \dots$$

diese in $a_n(t) = \sum_m U_{n,m}(t)\, a_m(0)$ überführen. Man kann aber auch speziell das System $\delta(q - q')$ für die $\varphi_k(0)$ wählen. Dann führt U direkt die Funktion $f(0)$ in $f(t)$ über, so daß f der Wellengleichung genügt und für $t = 0$ mit der willkürlichen Funktion f übereinstimmt.

$$f(q, t) = U(t)\, f(q, 0) = \int U(q, q'; t)\, f(q', 0)\, dq', \tag{8.12}$$

$$U(q, q'; 0) = \delta(q - q'); \quad \frac{\hbar}{i}\, \frac{\partial}{\partial t}\, U(q, q'; t) = H\, U(q, q'; t). \tag{8.13}$$

Die Längentreue von U folgt unmittelbar aus der Kontinuitätsgleichung und ist gleichbedeutend mit

$$\int U(q, q'; t)\, U^*(q, q''; t)\, dq = \delta(q' - q''),\tag{8.14}$$

ferner muß gelten

$$U^*(q', q; t) = U(q, q'; -t) = U^{-1}(q, q'; t)\tag{8.15}$$

und allgemein

$$\int U(q, q'; t_2)\, U(q', q''; t_1)\, dq' = U(q, q''; t_1 + t_2).\tag{8.16}$$

Wir erkennen diese Funktion U als eine Verallgemeinerung der in Gl. (3.37)[1]

$$U(q, q'; t) = U(q - q'; t) = e^{-\frac{i\pi}{4}} \sqrt{\frac{m}{2\pi\hbar}}\, \frac{1}{\sqrt{t}}\, e^{\frac{im}{2\hbar}\,\frac{(q-q')^2}{t}}$$

für den eindimensional bewegten kräftefreien Massenpunkt eingeführten Funktion, aus der durch Produktbildung gemäß (3.38) die U-Funktion für den dreidimensional bewegten kräftefreien Massenpunkt und analog auch für eine beliebige Zahl von Massenpunkten folgt. Für nicht kräftefreie Massenpunkte wird U im allgemeinen nicht nur von der Differenz $(q - q')$ der Koordinaten abhängen und im allgemeinen nur auf dem Umweg über die Eigenlösungen $u_n(q)$ konstruierbar sein. Denn es ist

$$U(q, q'; t) = \sum_n u_n^*(q')\, e^{\frac{i}{\hbar} E_n t}\, u_n(q),\tag{8.17}$$

da dann gemäß (7.26') die Bedingungen (8.13) erfüllt sind. Die Eigenfunktionen u_n sind charakterisiert durch

$$U u_n = e^{\frac{i}{\hbar} E_n t}\, u_n.\tag{8.18}$$

Die Existenz eines unitären U von der besprochenen Art muß aber als physikalisch notwendig postuliert werden. Denn sie besagt nur, daß die Wellengleichung für eine beliebige Anfangsfunktion $f(q, 0)$ lösbar und zur Zeit t eine jede Funktion $f(q, t)$ auch erreichbar sein soll. Letzteres besagt dasselbe, wie daß man jede Funktion von der Zeit t an mit Hilfe der Wellengleichung auch durch die Zeit zurückverfolgen kann.

Mit diesem Sachverhalt hängt das Problem der Eigenwertdarstellung Hermitescher Operatoren, das in Gl. (III), S. 50, exakt formuliert wurde, zusammen. Zunächst muß der Definitionsbereich des Operators H in der Mannigfaltigkeit der Funktion f, für die $\int |f|^2 dq$ existiert, noch näher untersucht werden. Man wird offenbar nicht verlangen, daß Hf überall sinnvoll ist, da dies z.B. schon für den Operator der Multiplikation mit einem q nicht mehr zutrifft (es wird $\int q^2 |f|^2 dq$ nicht für alle f existieren). Man kann aber verlangen, daß die Menge der Funktionen, für die Hf sinnvoll ist, *überall* dicht liegt, d.h. zu jedem f, soll es ein g mit sinnvollem Hg geben, so daß außerdem $\int |f - g|^2 dq$ beliebig klein ist. Außerdem ist die lineare Abgeschlossenheit von H zu verlangen, d.h. aus $\lim_{N \to \infty} \int |f - f_N|^2 dq = 0$ und $\lim_{N \to \infty} \int |F - Hf_N|^2 dq = 0$, soll $Hf = F$ folgen.

In eingehenden Untersuchungen über solche Hermitesche Operatoren hat J. v. Neumann[2] das merkwürdige Resultat gefunden, daß nicht alle derartigen Operatoren eine Eigenwertdarstellung von der Form (III) zulassen. Vielmehr ist für die Möglichkeit einer solchen Darstellung die Zurückführbarkeit von H auf einen unitären Operator U erforderlich, und zwar ist diese notwendig und hinreichend für die Existenz des Eigenwertspektrums. Ein unitärer Operator U läßt nämlich ausnahmslos eine Eigenwertdarstellung zu, welche die zu (III) analoge Form

$$(U f) = \int_0^{2\pi} e^{iE}\, d(P_E f)\tag{8.19}$$

---

[1] Die Verallgemeinerung dieser Beziehung für ein kontinuierliches Eigenwertspektrum ist evident.

[2] J. v. Neumann: Math. Ann. **102**, 49, 370 (1929); J. reine angew. Math. **161**, 208 (1929), ferner M. H. Stone, Proc. Nat. Acad. **15**, 198, 423 (1929).

hat [1]. Hierin sind die P_E und $P_E - P_{E'}$ wieder Projektionsoperatoren mit den Eigenschaften (I), (II). Die Eigenwerte eines unitären Operators haben übrigens immer den Betrag 1. Für unitäre Operatoren mit der Eigenschaft (8.11) kann die Eigenwertdarstellung sogar simultan für alle t umgeschrieben werden in der Form

$$U(t)\, f = \int\limits_{-\infty}^{+\infty} e^{-i\frac{E}{\hbar}t}\, d(P_E\, f) \dots \tag{8.19'}$$

Zum Zwecke der Zurückführung von H auf ein unitäres U betrachtet NEUMANN speziell den Operator

$$U = \frac{1 + i\, H}{1 - i\, H},$$

wobei es dann darauf ankommt, daß dieses U überall sinnvoll ist. Diese spezielle Wahl von U dürfte wohl nicht wesentlich sein, es genügt z.B. auch die

$$U(t) = \lim_{N \to \infty} \left(1 + \frac{i\,t}{\hbar\, N}\, H\right)^{N}$$

zu betrachten, die der physikalischen Interpretation näherliegen [2].

Nun hat sich, wie erwähnt, gezeigt, daß ein Ausnahmeoperator H existiert, der sich auf diese Weise nicht zu einem unitären fortsetzen läßt. Er soll hier kurz besprochen werden, da er keineswegs besonders „pathologisch" ist, sondern in einfacher Weise physikalisch interpretiert werden kann. Man betrachtet einen Massenpunkt, der längs der x-Achse beweglich ist (eindimensionales Problem), der aber bei $x = 0$ von einer Wand vollkommen elastisch reflektiert wird, so daß ihm nur der Halbraum $x > 0$ zur Verfügung steht. D. h. man betrachte diejenigen Funktionen f als zugelassen, die für $0 < x < \infty$ definiert sind, für die $\int\limits_{-\infty}^{\infty} |f|^2 dx$ existiert und *die außerdem für* $x = 0$ *verschwinden,* $f(0) = 0$. In diesem Funktionenraum ist $v\, p_x = v\, \frac{\hbar}{i}\, \frac{\partial}{\partial x}$ ein zulässiger HERMITEScher Operator (v ist eine Konstante von der Dimension einer Geschwindigkeit, damit $v p_x$ die Dimension einer Energie hat), denn erstens ist sein Anwendungsbereich überall dicht, zweitens erfüllt er wegen $f(0) = 0$ die Hermitizitätsbedingung. Es ist nämlich

$$\int\limits_{0}^{\infty} g^*(p_x\, f)\, dx - \int\limits_{0}^{\infty} (p_x\, g)^*\, f\, dx = f g^* \big|_0^{\infty} = 0.$$

Für diesen Operator existiert aber in dem betrachteten Raum keine Eigenwertdarstellung! Dies wird offenbar, wenn wir die Lösungen der Gleichung

$$-\frac{\hbar}{i}\, \frac{\partial \psi}{\partial t} = v\, p_x \psi = \frac{\hbar}{i}\, v\, \frac{\partial \psi}{\partial x} \quad \text{oder} \quad \frac{\partial \psi}{\partial t} = -\, v\, \frac{\partial \psi}{\partial x}$$

betrachten; diese sind von der Form

$$\psi(x, t) = f(x - v t). \tag{8.20}$$

Dies ist überdies im Zeitintervall $0 < t < \tau$ nur dann eine Lösung, wenn für alle t dieses Intervalles für $x = 0$ $f = 0$ ist. Es muß also $f(\xi)$ für $-v\tau \le \xi < \infty$ definiert sein und es muß außerdem gelten

$$f(\xi) = 0 \quad \text{für} \quad -v\tau \le \xi \le 0, \tag{8.20'}$$

d.h.

$$\psi(x, \tau) = 0 \ \text{für} \ 0 \le x \le v\tau; \quad \psi(x, \tau) = f(x - v t) \ \text{für} \ v\tau \le x < \infty. \tag{8.20''}$$

In der Tat ist nur, wenn (8.20'') erfüllt ist, vermöge (8.20)

$$\int\limits_{0}^{\infty} |\psi(x, \tau)|^2 dx = \int\limits_{0}^{\infty} |\psi(x, 0)|^2 dx.$$

---

[1] Außer den unter 1 zitierten Arbeiten vgl. A. WINTNER, Math. Z. **30**, 228 (1929), sowie das Buch dieses Autors: Spektraltheorie der unendlichen Matrizen. Leipzig 1929.

[2] Vgl. hierzu auch H. WEYL, Z. Physik **46**, 1 (1927), und dessen Buch, Gruppentheorie und Quantenmechanik, 2. Aufl., bes. S. 36. Leipzig 1931.

Die Abbildung U, welche die $f(x)$ in die durch (8.20) definierten $\psi(x, \tau)$ überführt, ist zwar längentreu, aber nicht unitär. Denn die Mannigfaltigkeit der $\psi(x, \tau)$ ist kleiner als die Mannigfaltigkeit der $f(x)$ oder was dasselbe ist, der zu U inverse Operator U^{-1} existiert nicht für alle $f(x)$, sondern nur für diejenigen $f(x)$, die im Intervall $0 \leq x \leq v\tau$ verschwinden; für die übrigen f existiert keine Lösung der Wellengleichung im Intervall $-\tau < t < 0$. Damit die N ersten Potenzen von p_x im betrachteten Raum gleichzeitig sinnvoll sind, muß die ursprüngliche Funktion f um so mehr modifiziert werden, je größer N ist. Ein solcher Operator wäre offenbar unzulässig als Hamilton-Funktion. Der Operator $\partial^2/\partial x^2$ zeigt dagegen in dem von uns betrachteten Raum ein normales Verhalten und hat die Eigenfunktionen $\sin kx$; ebenso natürlich der Operator $\hbar/i \, \partial/\partial x$ im gewöhnlichen Raum $-\infty < x < +\infty$. Ganz wie der Operator $\hbar/i \, \partial/\partial x$ im Halbraum verhält sich der radiale Impulsoperator $p_r f = \dfrac{\hbar}{i\,r} \dfrac{\partial}{\partial r} (r f)$ im gewöhnlichen Raum. Er ist hermitesch, aber seine Matrizen können nicht auf Diagonalform gebracht werden. Wohl aber ist dies möglich für den in der Hamilton-Funktion auftretenden Operator

$$p_r^2 f = -\hbar^2 \frac{1}{r} \frac{\partial^2}{\partial r^2} (r f) \text{ mit den Eigenfunktionen } \sin kr/r.$$

9. Bestimmung des stationären Zustandes eines Systems durch Messung. Allgemeine Diskussion des Messungsbegriffs. Bevor wir auf die allgemeine Diskussion des Verhaltens von Systemen gegenüber äußeren Störungen eingehen, soll an Hand einiger typischer Beispiele angegeben werden, in welcher Weise die Feststellung eines stationären Zustandes eines Systems durch Messung, d.h. durch geeignete äußere Einwirkung erfolgen kann. Hierbei ist wesentlich, zu beachten, daß ein System, selbst wenn es nach außen abgeschlossen ist, sich nicht notwendig in einem stationären Zustand befinden muß oder, was dasselbe ist, nicht notwendig einen einzigen Wert seiner Energie mit Sicherheit besitzen muß. Der allgemeinste Zustand des Systems war ja vielmehr gegeben durch

$$\psi = \sum_n c_n(0) \, e^{-\frac{2\pi i}{\hbar} E_n t} u_n(q) = \sum c_n(t) \, u_n(q), \tag{9.1}$$

mit zeitunabhängigen, aber sonst willkürlichen Koeffizienten $c_n(0)$. (Falls ein kontinuierliches Eigenwertspektrum vorhanden ist, muß die Summe durch ein Integral ersetzt werden.) Im allgemeinen Fall wird erst durch den Messungsapparat der stationäre Zustand des Systems erzeugt. Wir haben nun zu untersuchen, wie dieser Vorgang durch den mathematischen Formalismus der Wellenmechanik dargestellt wird. Dabei wird sich als Hauptresultat eine einfache statistische Deutung für die Koeffizienten c_n ergeben.

Die einfachste Weise zur Untersuchung des Zustandes eines Systems (Atoms oder Moleküls) besteht darin, es in ein äußeres Kraftfeld zu bringen, auf welches Systeme in verschiedenen Zuständen verschieden reagieren. Bedeutet Q die Koordinate des Schwerpunktes des Moleküls oder Atoms, so kann zunächst eine beliebige Funktion $\psi(q, Q; t)$ in der Form geschrieben werden

$$\psi(q, Q; t) = \sum_n c_n(Q; t) \, u_n(q, Q).$$

Hierin bedeuten q die Koordinaten der Teilchen des Systems relativ zu dessen Schwerpunkt, $u_n(q, Q)$ die Eigenfunktionen mit den Energiewerten $E_n(Q)$, die zu den betreffenden Funktionen $\Phi_k(q, Q)$ und $V(q, Q)$ der äußeren Potentiale gehören und die zu (5.11) analogen Gleichungen erfüllen

$$-\sum_{a=1}^{N} \frac{\hbar^2}{2m^{(a)}} \sum_{k=1}^{3} \left[\left(\frac{\partial}{\partial x_k^{(a)}} - \frac{i e^{(a)}}{\hbar c} \Phi_k(x^{(a)} + Q) \right)^2 + V^{(a)}(x^{(a)} + Q) + V(q_1, \ldots, q_l) \right] u_n(q, Q)$$
$$= E_n(Q) \, u_n.$$

In diesen fungiert Q als äußerer Parameter. Wenn die äußeren Felder nur wenig innerhalb der Ausdehnung des Systems variieren, können $\Phi_k(x^{(a)} + Q)$ und

$V^{(a)}(x^{(a)} + Q)$ in eine Reihe entwickelt werden, die schon nach wenigen Termen, meistens sogar nach dem ersten Term, abgebrochen werden kann.

$$\Phi_k(x^{(a)} + Q) = \Phi_k(Q) + \sum_{l=1}^{3} \frac{\partial \Phi_k}{\partial Q_l} x_l^{(a)} + \cdots,$$

$$V^{(a)}(x^{(a)} + Q) = V^{(a)}(Q) + \sum_{l=1}^{3} \frac{\partial V^{(a)}}{\partial Q_l} x_l^{(a)} + \cdots.$$

Aus der gesamten Wellengleichung für ψ folgen dann für die $c_n(Q, t)$, abgesehen von hier fortgelassenen Zusatzgliedern, Wellengleichungen von der Form

$$-\frac{\hbar}{i} \frac{\partial c_n}{\partial t} = -\frac{\hbar^2}{2M} \sum_{l=1}^{3} \frac{\partial^2 c_n}{\partial Q_l^2} + E_n(Q) c_n. \tag{9.2}$$

Die physikalische Bedeutung dieser Wellengleichung ist die, *daß der vom Ort des Systemschwerpunktes abhängige Eigenwert der inneren Energie des Systems einfach als potentielle Energie für die Schwerpunktsbewegung des ganzen Systems erscheint.*

Was die Natur der fortgelassenen Zusatzglieder betrifft, die in Ziff. 11, S. 84 noch näher diskutiert werden, so verhindern sie die Separierbarkeit der Wellengleichung nach den c_n, indem sie von allen c_n und ihren ersten Ableitungen abhängen. Ihre Wirkung ist klein, falls die Bewegung des Systems eine so langsame ist, daß während der Zeit $\tau = \dfrac{\hbar}{E_n - E_m}$ die mittlere Ortsänderung $\Delta Q = \overline{Q}(t + \tau) - \overline{Q}(t)$ des Systems die Bedingung

$$\frac{\partial E_n}{\partial Q} \Delta Q \ll E_n - E_m \tag{9.3}$$

erfüllt. Eine besondere Vorsicht ist am Platze, wenn bei Abwesenheit des äußeren Kraftfeldes der betreffende Zustand des Systems entartet ist, so daß gewisse Energiedifferenzen $(E_n - E_m)$ der Intensität des äußeren Feldes proportional sind. Auch in diesem Fall ist die Ungleichung (9.3) die Bedingung der Anwendbarkeit der Wellengleichung (9.2)

Wellengleichungen von diesem Typus bilden die Grundlage für alle Versuche, die Ablenkungen von Molekularstrahlen in äußeren Kraftfeldern betreffen. Um einen Fall zu haben, wo keine Entartung bei Anwesenheit des äußeren Kraftfeldes vorhanden ist, kann man zunächst an verschiedene Anregungszustände denken, die zum Gesamtdrehimpuls Null des Systems gehören und die durch ein äußeres elektrisches Feld getrennt werden sollen. Ist F die elektrische Feldstärke am Ort Q, so wird hier im allgemeinen $E_n(Q)$ die Form annehmen

$$E_n(Q) = -\frac{\alpha_n}{2} F^2(Q), \tag{9.4}$$

worin $\alpha_n, \ldots, \alpha_m, \ldots$ die Werte der elektrischen Polarisierbarkeit des Atoms oder Moleküls in den Zuständen $n, m, \ldots$ bedeuten.

Bei der ursprünglichen Form des von STERN und GERLACH ausgeführten Molekularstrahlexperiments, bei welcher nicht verschiedene Anregungszustände des Atoms, sondern Zustände mit verschiedenen Richtungen seines Impulsmomentes getrennt werden, sind die Energien der betrachteten Zustände gegeben durch

$$E_m = E_0 + \hbar o m, \tag{9.5}$$

worin m die von $-j$ bis $+j$ laufende (halb- oder ganzzahlige) magnetische Quantenzahl und die zur äußeren magnetischen Feldstärke $\mathscr{H}$ proportionale Größe o gleich ist der mit einem Zahlfaktor g (dem sog. Landéschen Aufspaltungsfaktor) multiplizierten Larmor-Frequenz[1]:

$$o = g\,\frac{e\,\mathscr{H}}{2\,m_0\,c}.\tag{9.6}$$

Die Bedingung (9.3) sagt hier aus, daß die Werte der Komponenten von $\mathscr{H}$ nach drei raumfesten Richtungen am Ort des Atoms sich im Laufe der Zeit $1/o$ relativ nur wenig ändern dürfen.

Wir können nun unter Zugrundelegung der Wellengleichung (9.2) diskutieren, unter welchen Umständen die Strahlen, die zu den Zuständen n und m gehören, durch das äußere Kraftfeld räumlich getrennt werden. Wir denken uns einen zylindrischen Strahl von der Querdimension d in der x-Richtung laufen. Gemäß (4.23) bewegt sich ja der Mittelpunkt eines Wellenpaketes längs einer zur Potentialfunktion $E_n(Q)$ gehörigen klassischen Bahn, und gemäß (4.25), (4.26) und der Unbestimmtheitsrelation verändert sich die Ausdehnung eines solchen Wellenpaketes entsprechend dem notwendigen Vorhandensein eines Anfangsimpulses von mindestens $p_y \sim \hbar/d$ in der Querrichtung zum Strahl. Diesen kann man sich auch entstanden denken durch Beugung des Strahles beim Durchgang durch ihn begrenzende Blenden der Dimension d. Wir werden nun zu berechnen haben, einerseits die Ablenkungen $y_n, \ldots, y_m, \ldots$ des Strahles durch das Kraftfeld in der y-Richtung im Laufe der Zeit t, die den Zuständen $n, m, \ldots$ entsprechen, andererseits die Verbreiterung Δy des Strahles in der Querrichtung durch den genannten Beugungseffekt in derselben Zeit t. Um zwei deutlich getrennte Strahlen zu erhalten, muß gelten

$$y_n - y_m \gg \Delta y.\tag{9.7}$$

Nun ist

$$y_n = \frac{1}{2M}\,\frac{\partial E_n}{\partial Q_y}\,t^2;\qquad y_m = \frac{1}{2M}\,\frac{\partial E_m}{\partial Q_y}\,t^2,$$

$$\Delta y \sim \frac{\hbar}{M\,d}\,t,$$

also ergibt die Bedingung (9.7)

$$\frac{\partial(E_n - E_m)}{\partial Q_y}\,t \gg \frac{\hbar}{d};\qquad d\,\frac{\partial(E_n - E_m)}{\partial Q_y}\,t \gg \hbar.\tag{9.8}$$

Die zur Energiedifferenz $(E_n - E_m)$ gehörige Frequenz $\nu_{n,m}$ beträgt

$$\nu_{n,m} = \frac{E_n - E_m}{\hbar}.\tag{9.9}$$

Bezeichnen wir sodann mit $\delta f = d\,\dfrac{\partial f}{\partial Q_y}$ die Variation einer Größe längs der Querdimensionen eines Strahles, so gilt

$$t\,\delta\nu_{n,m} \gg 1.\tag{9.8'}$$

Auf jeden Fall gilt ferner $\delta\nu_{n,m} < \nu_{n,m}$ (in Wirklichkeit wird sogar $\delta\nu_{n,m}$ wesentlich kleiner sein als $\nu_{n,m}$), so daß auch gilt

$$t\,\nu_{n,m} \gg 1.\tag{9.10}$$

---

[1] Die Larmor-Frequenz ist hier als Kreisfrequenz gemessen, also gegenüber der sonst öfters üblichen Schreibweise mit 2π multipliziert. Ferner ist zu bemerken, daß auch bei Berücksichtigung des Elektronenspins (vgl. Ziff. 13) die Wellengleichung (9.2) unter den angegebenen Bedingungen bestehen bleibt.

Die Feststellung, ob das System im Zustand n oder im Zustand m ist, kann nicht in beliebig kurzer Zeit erfolgen, sondern erfordert eine Minimalzeit

$$t \sim \frac{1}{\nu_{n,m}} = \frac{\hbar}{E_n - E_m}.$$ (9.10')

Im Falle des ursprünglichen STERN-GERLACH-Experimentes, wo die Energiewerte durch (9.5) gegeben sind, beträgt demnach diese Zeit $1/o$. Wir werden sehen, daß diese Minimalzeit $1/\nu_{n,m}$ für alle Methoden zur Bestimmung des Zustandes des Systems gilt, nicht nur für die hier betrachtete[1].

Das Charakteristikum des Ablenkungsversuches besteht darin, daß nach seiner Ausführung das Molekül oder Atom praktisch mit Sicherheit in (eventuell von der Zeit abhängigen) vollständig *getrennten* Gebieten $V_n, V_m, \ldots$ liegt, falls das Molekül anfangs mit Sicherheit in den Zuständen $n, m, \ldots$ war. Wenn anfangs also $c_n = 1$, $c_m = 0$ für $n \neq m$, wird die Lösung nach dem Vorgang

$$\psi_n(q, Q; t) = a_n(Q; t)\, u_n(q, Q).$$ (9.11)

Hierin sind die $u_n(q, Q)$ für jedes feste Q in bezug auf q orthogonal und überdies fällt die Abhängigkeit der u von Q fort, wenn die Atome sich in ein Raumgebiet bewegt haben, wo das äußere Feld konstant ist. Als Folge der Kontinuitätsgleichung ist ferner

$$\int a_n^* a_n\, dQ = 1; \quad \int a_n^* a_m\, dQ = 0 \quad \text{für} \quad n \neq m$$ (9.12)

und wegen der postulierten Eigenschaft des Ablenkungsversuches

$$a_n(Q; t) = 0 \quad \text{außerhalb } V_n(t).$$ (9.13)

Die Linearität der Wellengleichung, die hier wesentlich herangezogen wird, bringt es nun weiter mit sich, daß für den Fall, wo wir es anfangs mit dem allgemeinen inneren Zustand $\sum_{(n)} c_n u_n(q)$ des Systems zu tun haben, die Wellenfunktion $\psi(q, Q; t)$ nach dem Ablenkungsversuch die Form bekommt

$$\psi(q, Q; t) = \sum_n c_n \psi_n(q, Q; t) = \sum_n c_n a_n(Q; t)\, u_n(q, Q).$$ (9.14)

Die Wahrscheinlichkeit dafür, gleichgültig welche Werte die q haben, den Ort Q im Gebiet $(Q, Q + dQ)$ anzutreffen, ist dann nach den bereits entwickelten allgemeinen Prinzipien gegeben durch

$$W(Q)\, dQ = dQ \int \psi^* \psi(q, Q; t)\, dq = \sum_n |c_n|^2 |a_n(Q; t)|^2\, dQ.$$ (9.15)

Wegen (9.13) finden wir dann weiter, daß die Wahrscheinlichkeit dafür, das Atom im allgemeinen Fall im Gebiet V_n vorzufinden, gegeben ist durch

$$\int_{V_n} W(Q)\, dQ = |c_n|^2.$$ (9.16)

Dies kann man durch Definition als gleichbedeutend mit folgender Aussage festsetzen: *Im allgemeinen Fall ist $|c_n|^2$ die Wahrscheinlichkeit dafür, das System im Zustand E_n anzutreffen.*

Die Berechtigung für eine solche Festsetzung ergibt sich auch aus dem Ergebnis für die Wahrscheinlichkeit, nach dem Ablenkungsversuch die q zwischen

---

[1] Die Relation (9.10') ist inhaltlich *nicht* gleich bedeutend mit der früher betrachteten Unbestimmtheitsrelation $\Delta E\, \Delta t \sim \hbar$, da es sich dort um die Zeitdauer handelte, mit der ein Teilchen mit der bis auf ΔE bestimmten Energie sich *an einem bestimmten* Ort befindet. Hier dagegen ist außer von E und t von einer q-Größe *nicht* die Rede.

q und $q+dq$ zu finden, gleichgültig, welche Werte die Q haben. Wir finden gemäß (9.14) und (9.12)

$$W(q)\, dq = dq \int \psi^* \psi(q, Q; t)\, dQ = \sum_n |c_n|^2 |u_n|^2 dq. \qquad (9.17)$$

Hierbei ist angenommen, daß die u_n nachher nicht mehr von den Q abhängen, wie dies oben erläutert wurde. Ein genau entsprechendes Resultat folgt für die Wahrscheinlichkeit $W(p)\, dp$ im Impulsraum.

Wir können den Atomschwerpunkt als speziellen „Meßapparat" betrachten (wobei es nur wesentlich ist, daß dieser neue Freiheitsgrade in das System mitbringt), die Energie E_n des inneren Zustandes aber als die zu messende Größe. An Stelle des Atomschwerpunktes könnte jeder andere Apparat genommen werden (wobei dann die Q etwa eine Zeigerstellung beschreiben), sofern nur festgestellt ist, daß dieser Apparat auf die verschiedenen Zustände E_n *mit Sicherheit verschieden reagiert*, wie es in der Gl. (9.13) zum Ausdruck kommt. Das nachträgliche Absehen von den Freiheitsgraden des Apparates, dem formal durch Integration der Wahrscheinlichkeiten über die q Rechnung getragen wird, hat gemäß (9.17) zur Folge, daß *die Phasen der Amplituden c_m die der zu messenden Größe zugeordnet sind, in das Resultat nicht mehr eingehen*. Die Wahrscheinlichkeit, *irgend*eine das System charakterisierende Größe ξ zwischen ξ, $\xi+d\xi$ zu finden, ist dann gleich der Summe dieser Wahrscheinlichkeiten für die Fälle, wo die zu messende Größe einen bestimmten Wert hatte, multipliziert mit geeigneten Gewichtsfaktoren $|c_n|^2$

$$W(\xi)\, d\xi = \sum_n |c_n|^2 W_n(\xi)\, d\xi \qquad \left(\sum_n |c_n|^2 = 1\right); \qquad (9.17')$$

insbesondere gilt dies für die konjugierten Größen q und p, wo $W_n(q) = |u_n(q)|^2$; $W_n(p) = |v_n(p)|^2$. In diesem Fall nennt man die betrachtete Gesamtheit ein *Gemisch*. Im Gegensatz dazu steht der *reine* Fall, für welchen die Wahrscheinlichkeit $W(\xi)$ nicht gleichzeitig für alle Größen ξ (oder, was schon ausreichend ist, für zwei konjugierte Größen ξ) durch Addition dieser Wahrscheinlichkeiten in an und für sich möglichen Fällen erzeugt werden kann. Die Ausführung der Messung der inneren Energie E_n des Systems einschließlich des darauf folgenden Abstrahierens von den Freiheitsgraden des Apparates erzeugt also aus einem reinen Fall, für den

$$W(q)\, dq = \left|\sum_n c_n u_n(q)\right|^2 dq; \qquad W(p)\, dp = \left|\sum_n c_n v_n(p)\right|^2 dp,$$

im allgemeinen (d.h. wenn nicht gerade alle c_n bis auf eines verschwinden) ein Gemisch, für welches gilt

$$W(q)\, dq = \sum_n |c_n|^2 |u_n(q)|^2 dq; \qquad W(p)\, dp = \sum_n |c_n|^2 |v_n(p)|^2 dp.$$

Dieses Ergebnis, das aus den bisher eingeführten Annahmen ohne neue Annahme folgt und wesentlich auf der Linearität aller Wellengleichungen beruht, ist für die widerspruchsfreie Erfassung des Messungsbegriffes in der Wellenmechanik entscheidend. Denn es zeigt, daß man zu übereinstimmenden Resultaten gelangt, an welchen Stellen immer man den Schnitt zwischen dem zu beobachtenden, durch Wellenfunktionen beschriebenen System und dem Meßapparat zieht[1].

Der Umstand, daß ein bestimmter Meßapparat angewandt wurde, kann somit in dem mathematischen Formalismus der Wellenmechanik direkt zum

---

[1] Vgl. J. v. Neumann, Mathematische Grundlagen der Quantenmechanik, Berlin 1932, wo in Kap. VI diese Frage ausführlich erörtert wird.

Ausdruck gebracht werden. Anders ist es dagegen mit der Feststellung, die Messung habe ein ganz bestimmtes Resultat ergeben; in unserem Fall „der Atomschwerpunkt ist nach dem Versuch in dem Gebiet V_n", „die Energie des Atoms hat also den Wert E_n und keinen anderen Wert". Eine solche *Setzung einer physikalischen Tatsache* durch ein nicht mit zum System gezähltes Meßmittel (Beobachter oder Registrierapparat) ist vom Standpunkt des mathematischen Formalismus aus, der direkt nur Möglichkeiten (Wahrscheinlichkeiten) beschreibt, ein besonderer, naturgesetzlich nicht im voraus determinierter Akt, dem nachträglich durch *Reduktion der Wellenpakete* [in unserem Fall von $\sum c_n u_n(q)$ zu $u_n(q)$] Rechnung zu tragen ist. Ganz analog verhält es sich bereits mit der Ortsmessung eines Teilchens. In diesem Fall ist statt $\sum c_n u_n(q)$ die Funktion $\psi(q, t)$ und für Q der Ort des Lichtquants in der Brennebene des Okulars des γ-Strahl-Mikroskops zu setzen. Wie bereits in Ziff. 1 erwähnt, ist die Notwendigkeit eines solchen besonderen Aktes nicht verwunderlich, wenn man bedenkt, daß bei jeder Messung eine in mancher Hinsicht prinzipiell unkontrollierbare Wechselwirkung mit dem Meßapparat erfolgt. Hierbei ist wesentlich zu beachten, daß eine Ausdrucksweise, wonach unabhängig von deren Feststellung durch Messung das System notwendig eine bestimmte innere Energie E_n besitzt oder, was dasselbe ist, sich in einem bestimmten *stationären* Zustand befinden muß, leicht zu Widersprüchen Anlaß geben kann, insbesondere dort, wo die ältere Quantentheorie von „Übergangsprozessen" zwischen den verschiedenen stationären Zuständen des Systems spricht.

Was hier von der Messung der Energie eines Systems gesagt wurde, pflegt in der Quantenmechanik gewöhnlich sogleich für die Messung einer „beliebigen physikalischen Größe" behauptet zu werden. Wir wollen dagegen diese Verallgemeinerung erst später diskutieren, und zwar deswegen, weil, wie wir gesehen haben, solche Messungen im allgemeinen eine endliche Minimalzeit erfordern und dann noch eine besondere Berücksichtigung des Umstandes erforderlich ist, daß die betreffenden Größen im Laufe der Zeit veränderlich sein können (vgl. Ziff. 10). Bei der Messung der Energie eines Systems fällt dagegen diese Komplikation fort, weil diese zeitlich konstant ist. In der Tat war ja die Wahrscheinlichkeit dafür, daß die Energie des Systems E_n beträgt, gegeben durch $|c_n|^2$, und da $c_n(t) = c_n(0)\, e^{-\frac{i}{\hbar} E_n t}$, gilt

$$|c_n(t)|^2 = |c_n(0)|^2. \tag{9.18}$$

Die Wahrscheinlichkeit dafür, einen gewissen Energiewert E_n eines abgeschlossenen Systems vorzufinden, ist unabhängig von der Zeit. Dies ist der allgemeinste Ausdruck des Energiesatzes. Der früher bewiesene Satz, daß der Erwartungswert $\bar{E}$ der Energie stets zeitlich konstant ist, ist hierin als Spezialfall enthalten, da dieser Erwartungswert

$$\bar{E} = \sum_n |c_n|^2 E_n \tag{9.19}$$

beträgt.

Es ist nützlich, hier die zuerst von J. v. NEUMANN[1] definierte (HERMITEsche) Dichtematrix $\mathbf{P}$ einzuführen, die in bequemer Weise gestattet, die Erwartungswerte irgendeiner Größe in einem Zustand zu berechnen.

Hat man einen Zustand, der der Eigenfunktion

$$\psi = \sum_n c_n(0)\, \psi_n(q, t) = \sum_n c_n(0)\, e^{-\frac{i}{\hbar} E_n t}\, u_n(q)$$

---

[1] J. v. NEUMANN: Göttinger Nachr. **1927**, 245; vgl. auch P. A. M. DIRAC, Proc. Cambridge Phil. Soc. **25** 62 (1929). Ferner Proc. Cambridge Phil. Soc. **26**, 376 (1930) und **27**, 240 (1930).

entspricht, so definiere man in der Darstellung der Matrizen, für die $H = E$ eine Diagonalmatrix ist,

$$P_{m,n} = c_n^*(t)\, c_m(t).\tag{9.20}$$

Dann ist der Mittelwert der Energie E gegeben durch

$$\overline{E} = \sum_n P_{n,n} E_n = \sum_n (PE)_{n,n}$$

der Mittelwert von q wegen

$$\overline{q} = \int q\psi^*\,\psi\,dq = \sum_{n,m} c_n^*\, c_m \int q\psi_n^*\,\psi_m\,dq = \sum_{n,m} c_n^*\, c_m\, q_{n,m},$$

$$\overline{q} = \sum_{n,m} q_{n,m}\, P_{m,n} = \sum_n (qP)_{n,n}.$$

ebenso der Mittelwert eines beliebigen Operators F durch

$$\overline{F} = \int \psi^*\,(F\psi)\,dq = \sum_{n,m} c_n^*(t)\, c_m(t)\, F_{nm}(0) = \sum_{n,m} F_{nm}(0)\, P_{mn} = \sum_n (FP)_{nn}.$$

Nun ist die *Spur* einer Matrix X definiert als die Summe ihrer Diagonalglieder

$$\mathrm{Spur}\,(X) = \sum_n X_{n,n}.\tag{9.21}$$

Diese Spur hat die wichtige Eigenschaft, daß die Spur eines Produktes zweier Matrizen A und B kommutativ, d.h. unabhängig von der Reihenfolge der Faktoren ist

$$\mathrm{Spur}\,(AB) = \mathrm{Spur}\,(BA).\tag{9.22}$$

Denn es ist

$$\mathrm{Spur}\,(AB) = \sum_{m,n} A_{n,m}\, B_{m,n}$$

symmetrisch in A und B. Setzt man in (9.22) $A = S^{-1} X$; $B = S$, so ergibt sich die für das Folgende wichtige Beziehung

$$\mathrm{Spur}\,(S^{-1} X S) = \mathrm{Spur}\,(X).\tag{9.23}$$

Insbesondere ist die Spur einer Matrix invariant gegenüber unitären Transformationen der Matrix.

Unsere bisherigen Ergebnisse lassen sich dahin zusammenfassen, daß für den allgemeinsten Zustand eines Systems die Dichtematrix P den Mittelwert eines Operators F bestimmt gemäß

$$\overline{F} = \mathrm{Spur}\,(PF) = \mathrm{Spur}\,(FP),\tag{9.24}$$

insbesondere ist es erlaubt, für F eine Ortskoordinate q oder eine Impulskoordinate p oder die Energie H des Systems einzusetzen.

Dieser Ausdruck ist aber nun wegen (9.23) invariant gegenüber einer Änderung der Darstellung der Matrizen. Zum Beispiel hat man, wenn q auf Diagonalform gebracht ist,

$$\overline{F} = \int P(q', q'')\, F(q'', q')\, dq'\, dq'',$$

also z. B. mit

$$P(q'q'') = \psi(q', t)\, \psi^*(q'', t); \qquad F(q'q'') = F(q')\, \delta(q'' - q')$$

$$\overline{F}(q) = \int \psi^*(q, t)\, F(q)\, \psi(q, t)\, dq,$$

wie es sein muß. Ferner ist die Abhängigkeit des P von der Zeit so gewählt, daß bei Unabhängigkeit der Matrizen von F von der Zeit die Abhängigkeit des Mittelwertes F von der Zeit richtig wird. Wir haben in der Tat nach (9.20)

$$\frac{\hbar}{i}\,\dot{P}_{m,n} = P_{m,n}\, E_n - E_m\, P_{m,n},$$

also allgemein

$$\frac{\hbar}{i}\,\dot{P} = -(HP - PH)\tag{9.25}$$

und dies in (9.24) eingesetzt, ergibt richtig [im Einklang mit (8.6)]

$$\frac{\hbar}{i}\,\dot{\overline{F}} = \frac{\hbar}{i}\,\mathrm{Spur}\,(\dot{P}F) = -\,\mathrm{Spur}\,(HPF) + \mathrm{Spur}\,(PHF)$$

$$= -\,\mathrm{Spur}\,(PFH) + \mathrm{Spur}\,(PHF)$$

$$= -\,\mathrm{Spur}\,(P, FH - HF) = \overline{(HF - FH)}.$$

Man beachte, daß das Vorzeichen in (9.25) umgekehrt ist wie in (8.6).

Bisher haben wir nur *reine* Fälle betrachtet. Wie aus (9.20) hervorgeht, wird auch für den allgemeinsten reinen Fall die Matrix P, unitär auf Diagonalform gebracht, stets gleich

$$(\mathsf{P}_n)_{mm'} = \delta_{mm'} \cdot \delta_{mn}; \text{ also } \mathsf{P}_n = \begin{pmatrix} 0 & & & \\ & 0 & & \\ & & \ddots & \\ & & & 1 \\ & & & & 0 \\ & & & & & 0 \end{pmatrix}. \text{ \textit{Einer der Eigenwerte von} } \mathsf{P} \text{ \textit{ist also} 1, \textit{die übrigen sind}}$$

Null. Wir werden sehen, daß dies auch eine hinreichende Bedingung für den reinen Fall ist.

Wie v. Neumann bemerkt hat, läßt sich nämlich die Matrix P so verallgemeinern, daß die Relation (9.24) und (9.25) auch für Gemische zutreffen. Die Matrix P des allgemeinsten Gemisches entsteht nämlich durch lineare Zusammensetzung von möglichen Matrizen $\mathsf{P}_1, \mathsf{P}_2, \ldots$ reiner Fälle gemäß

$$\mathsf{P} = \sum_n p_n \mathsf{P}_n, \tag{9.26}$$

worin

$$\sum_n p_n = 1; \qquad p_n \geq 0. \tag{9.26'}$$

Man sieht, daß wegen Spur $(\mathsf{P}_n) = 1$, für alle P_n gemäß (9.26') allgemein folgt

$$\text{Spur } (\mathsf{P}) = 1. \tag{9.27}$$

Diese Relation ist nach (9.24) in der Tat notwendig, wie man erkennt, indem man für F die Einheitsmatrix einsetzt. Wir behaupten, daß P positiv definit ist, d.h. daß alle Eigenwerte von P, welche nicht verschwinden, positiv sind.

$$\text{Negative Eigenwerte von } \mathsf{P} \text{ existieren nicht.} \tag{9.28}$$

Diese Aussage ist gleichbedeutend mit der anderen, daß für alle (Hermiteschen) Operatoren, die Quadrate sind, gelten soll

$$\text{Spur } (\mathsf{P}\, A^2) \geq 0. \tag{9.28'}$$

In der Tat, ist P auf Diagonalform gebracht, so folgt aus (9.28')

$$\sum_n \mathsf{P}_{n,n} \sum_k |A_{n,k}|^2 \geq 0$$

für alle $A_{n,k}$, also $\mathsf{P}_{n,n} \geq 0$ für alle n. Hieraus folgt umgekehrt die Gültigkeit von (9.28') bei dieser speziellen Darstellung der Matrizen, also wegen der Invarianz der Spur allgemein. Aus (9.28') ist nun zu erkennen: *Die Summe zweier positiv definiter Matrizen ist wieder positiv definit.* Überdies kann die Summe mehrerer positiver Matrizen nur verschwinden, wenn alle Matrizen einzeln verschwinden. Da $p_n \mathsf{P}_n$ positiv definite Matrizen sind, erkennen wir jetzt also, daß (9.28) in der Tat eine Folge von (9.26) ist. Umgekehrt kann die allgemeinste Hermitesche Matrix, welche die Bedingungen (9.27) und (9.28) erfüllt, in der Form (9.26) dargestellt werden, wobei die Matrizen P_n, die zu reinen Fällen gehören, sogar als vertauschbar angenommen werden können. Denkt man sich nämlich P auf Diagonalform $(\mathsf{P}_{n,n})$, so braucht man nur zu setzen $p_n = \mathsf{P}_{n,n}$, während P_n nur an der Stelle n das Element 1, sonst aber überall Nullen hat.

Wir können jetzt auch die reinen Fälle unter den allgemeinen Matrizen P, welche nur die Bedingungen (9.27) und (9.28) zu erfüllen brauchen, in einfacher Weise charakterisieren, und zwar durch die Relation

$$\mathsf{P}^2 = \mathsf{P}. \tag{9.29}$$

Eine Hermitesche Matrix erfüllt nämlich dann und nur dann diese Relation, wenn alle ihre Eigenwerte sie erfüllen, d.h. wenn diese Eigenwerte 0 oder $+1$ sind. Aus (9.27) folgt dann, daß nur einer der Eigenwerte gleich 1 ist, die übrigen aber 0 sind. Im allgemeinen Fall ist $\mathsf{P} - \mathsf{P}^2$ stets eine positive Matrix, da die Eigenwerte von P wegen (9.27) stets kleiner oder gleich 1 sind.

Wir zeigen auch noch, daß durch Zusammensetzung zweier Gesamtheiten, zu denen die Dichtematrizen Q und R gehören mögen, gemäß

$$\mathsf{P} = p_1 Q + p_2 R; \qquad (0 < p_1 < 1,\ 0 < p_2 < 1;\ p_1 + p_2 = 1)$$

niemals wieder ein neuer reiner Fall entstehen kann, es sei denn, daß $Q = R = \mathsf{P}$ ist. Zu diesem Zweck bilden wir

$$\mathsf{P}^2 = p_1^2 Q^2 + p_1 p_2 (QR + RQ) + p_2^2 R^2,$$

andererseits gilt

$$(Q - R)^2 = Q^2 - (QR + RQ) + R^2,$$

also ergibt sich

$$P^2 = p_1 Q^2 + p_2 R^2 - p_1 p_2 (Q - R)^2$$

(dabei ist mit Rücksicht auf $p_1 + p_2 = 1$ bereits $p_1^2 + p_1 p_2 = p_1$, $p_2^2 + p_1 p_2 = p_2$ gesetzt worden). Demgemäß finden wir

$$P - P^2 = p_1 (Q - Q^2) + p_2 (R - R^2) + p_1 p_2 (Q - R)^2,$$

auf der rechten Seite steht dann die Summe lauter positiver Matrizen. Soll P zu einem reinen Fall gehören, so folgt daher wegen $P^2 = P$ das Verschwinden aller Matrizen der rechten Seite einzeln, insbesondere

$$(Q - R)^2 = 0.$$

Das Quadrat einer HERMITEschen Matrix kann aber nur verschwinden, wenn alle Elemente der Matrix selber verschwinden [man sieht dies z.B. aus $(A^2)_{n,n} = \sum_n |A_{nk}|^2$]. Also folgt

$$Q = R, \quad \text{w. z. b. w.}$$

Die Definition des reinen Falles als derjenigen Gesamtheit, für welche *ein* Eigenwert der Dichtematrix 1, die übrigen aber 0 sind, ist also äquivalent der anderen Definition, wonach ein reiner Fall nicht durch Mischung zweier verschiedener Gesamtheiten erzeugt werden kann.

v. NEUMANN hat weiter gezeigt[1], daß die Größe

$$\Sigma \equiv \text{Spur } (P \log P) \tag{9.30}$$

bis auf den Faktor $1/k$ (k = BOLTZMANNsche Konstante) die Rolle der zur Dichteverteilung P zugeordneten Entropie spielt. Für einen reinen Fall und nur für diesen verschwindet sie, da $P_{n,n} \log P_{n,n} = 0$ sowohl für $P_{n,n} = 0$ als auch für $P_{n,n} = 1$ gilt. Setzen wir wie stets (9.27) und (9.28) voraus, so ist also

$$\text{Spur } (P \log P) = 0 \tag{9.31}$$

eine mit (9.29) äquivalente Bedingung. Diejenige Verteilung P, die bei gegebenem Mittelwert

$$E = \text{Spur } (H P)$$

der Energie, die Größe Σ zu einem Minimum macht, ist die kanonische Verteilung

$$P = C e^{-H/\Theta}, \tag{9.32}$$

worin Θ eine Konstante ist, welche die Bedeutung der mit k multiplizierten Temperatur besitzt, während C aus der Normierungsbedingung (9.27) zu ermitteln ist. Die freie Energie ist dann gegeben durch

$$e^{-F/\Theta} = \text{Spur } (e^{-H/\Theta}), \tag{9.33}$$

so daß (9.32) auch geschrieben werden kann

$$P = e^{(F-H)/\Theta}. \tag{9.32'}$$

Ist der HAMILTON-Operator H auf Diagonalform gebracht, so wird auch P diagonal und $P_{n,n} = e^{-E_n/\Theta}$, also nach (9.33)

$$e^{-F/\Theta} = \sum_n e^{-E_n/\Theta}. \tag{9.33'}$$

Die Invarianz von (9.33) gegenüber der Darstellung der Matrizen ist aber in manchen Fällen nützlich[1].

Die bisher diskutierte Art der Messung der Energie des Systems hat die Eigenschaft, daß eine unmittelbare Wiederholung der Messung für die gemessene Größe denselben Wert ergibt wie die erste Messung. Oder mit anderen Worten: falls das *Resultat* der Anwendung des Messungsapparates nicht bekannt gegeben wird, sondern nur die *Tatsache* dieser Anwendung (in der Terminologie von Ziff. 1 ist in diesem Fall die gemessene Größe nach der Messung unbekannt,

---

[1] Die Behandlung der allgemeinen Quantenstatistik auf wellenmechanischer Grundlage fällt außerhalb des Rahmens des vorliegenden Beitrages, bzw. Handbuchbandes. Vgl. etwa P. JORDAN, Statistische Mechanik auf quantentheoretischer Grundlage. Braunschweig 1933.

34

aber bestimmt), ist die Wahrscheinlichkeit, daß die gemessene Größe einen gewissen Wert hat, nach der Messung dieselbe wie vor der Messung. Wir wollen solche Messungen als *von erster Art* bezeichnen. Dagegen kann es auch vorkommen, daß durch die Messung das System in kontrollierbarer Weise verändert wird — selbst dann, wenn im Zustand vor der Messung die gemessene Größe mit Sicherheit einen bestimmten Wert hat. Das Resultat einer wiederholten Messung nach dieser Methode ist dann nicht dasselbe wie das der ersten Messung. Dennoch kann ein eindeutiger Rückschluß aus dem Messungsresultat auf die zu messende Größe des betrachteten Systems vor der Messung möglich sein. Solche Messungen nennen wir von *zweiter Art*[1]. Bereits in Ziff. 2 hatten wir gesehen, daß die Impulsmessung erster Art nur in hinreichend langen Zeiten möglich ist, die Impulsmessung zweiter Art aber auch in kurzen Zeiten.

Ein Beispiel für eine Energiemessung zweiter Art ist die Beeinflussung eines Atomsystems durch Stöße, wobei die Energie des stoßenden Teilchens nach dem Stoß gemessen wird. Ist zunächst zur Zeit 0 das zu messende System in einem Zustand n und hat das stoßende Teilchen die kinetische Anfangsenergie ε, so findet man als Wahrscheinlichkeit dafür, daß zur Zeit t das gestoßene System sich im Zustand m befindet und das stoßende Teilchen die kinetische Energie ε' zwischen ε' und $\varepsilon' + d\varepsilon'$ besitzt, einen Ausdruck der Form

$$W_m(\varepsilon')\,d\varepsilon' = A_{n,m}\left[\frac{1 - \cos\left((E_n + \varepsilon - E_m - \varepsilon')\,t/\hbar\right)}{E_n + \varepsilon - E_m - \varepsilon'}\right]^2 d\varepsilon'. \tag{9.34}$$

Diese Formel folgt aus dem allgemeinen Formalismus der Störungstheorie [Ziff. 10, besonders Gl. (10.19a) und S. 81]. Dabei ist über die Richtungen der Anfangs- und Endimpulse bereits integriert zu denken und die kinetischen Energien hängen mit den Impulsen gemäß den Relationen $\varepsilon = \dfrac{p^2}{2m}$, $\varepsilon' = \dfrac{p'^2}{2m}$ zusammen. Die Klammergröße ist zur Zeit t nur merklich von Null verschieden, wenn

$$E_m - E_n - (\varepsilon - \varepsilon') \sim \hbar/t;$$

falls $t \gg \dfrac{\hbar}{|E_m - E_n|}$, wie in (9.10'), wird also der gemessene Wert von $\varepsilon - \varepsilon'$ in der Nähe einer der Differenzen $E_l - E_n$ (für irgendein l) liegen, wenn das System im Zustand n war und in der Nähe von $E_l - E_m$, wenn es im Zustand m war. Unter der genannten Bedingung für die Zeit werden nämlich die Intervalle von $\varepsilon - \varepsilon'$, in denen $W(\varepsilon')$ merklich von Null verschieden ist, deutlich getrennt sein. Auf diese Weise kann entschieden werden, ob das System ursprünglich die Energie E_n oder E_m besaß.

Dieser Versuch wird noch etwas einfacher, wenn durch den Stoß das System ionisiert wird, so daß die Energie E_m kontinuierlich wird und man statt (9.34) schreiben kann:

$$W(\varepsilon', E')\,d\varepsilon'\,dE' = A_n(E')\left[\frac{1 - \cos\left((E_n + \varepsilon - E' - \varepsilon')\,t/\hbar\right)}{E_n + \varepsilon - E' - \varepsilon'}\right]^2 d\varepsilon'\,dE'. \tag{9.34'}$$

Es ist dann die Messung von ε, ε' und E' nach bekannten Methoden möglich und man findet $E' + \varepsilon' - \varepsilon$ bis auf den Spielraum $\hbar/t$ sicher in der Nähe von E_n, wenn n der Zustand des Systems vor dem Stoß war.

Bei dieser Betrachtung ist die Gültigkeit der Erhaltung der Energie bei Stoßprozessen wesentlich. Überdies hat sich gezeigt, daß innerhalb der Grenzen der Ungleichung (9.10') die Wechselwirkungsenergie der Systeme für die Energiebilanz vernachlässigt ist. Aufs neue rechtfertigt es sich in dieser Weise, die E_n als Energiewerte des Systems zu bezeichnen.

---

[1] Vgl. hierzu L. LANDAU u. R. PEIERLS, Z. Physik **69**, 56 (1931).

Wir gehen nun dazu über, zu untersuchen, was aus dem Stoßversuch bei einem beliebigen Anfangszustand des Systems, der durch

$$\psi = \sum_n c_n u_n$$

gegeben sein möge, geschlossen werden kann. Ist die Ungleichung (9.10') erfüllt, so verschwinden die Produktterme der rechten Seiten von (9.34) oder (9.34'), falls sie für zwei *verschiedene* Indexwerte n und m gebildet werden, durchweg. Deshalb bekommt man durch Messung von $\varepsilon - \varepsilon'$ bzw. $\varepsilon - \varepsilon'$ und E' direkt ein Maß von $|c_n|^2 A_{n,m}$ bzw. $|c_n|^2 A_n(E')$. Die durch das Auftreten der Faktoren $A_{n,m}$ bzw. $A_n(E')$ gebildete Komplikation kann man dadurch vermieden denken, daß man das stoßende Teilchen lange Zeit hin und her reflektieren, also immer wieder stoßen läßt, und seine schließliche gesamte Energieänderung mißt. Diese wird dann in $|c_n|^2$ Fällen mit einem $E_n - E_m$ (m beliebig) übereinstimmen, bzw. im Fall der Ionisation und gleichzeitiger Messung von E' wird in $|c_n|^2$ Fällen $E' - (\varepsilon - \varepsilon')$ mit E_n übereinstimmen.

Nun können wir die Messung zweiter Art mittels der Eigenfunktion ψ des zu messenden Systems und Ψ des Meßapparates allgemein schematisieren. Die Zustände des Meßapparates, die festgestellt werden, mögen dem (orthogonalen vollständigen und normierten) Funktionssystem U_k entsprechen. In dem obigen Beispiel ist statt k die Energiedifferenz $\varepsilon - \varepsilon'$ zu denken; da es keinen wesentlichen Unterschied macht, ob k diskontinuierlich oder kontinuierlich ist, wollen wir die Bezeichnungen dem ersteren Fall anpassen und Summationen über k schreiben, auch wenn es sich tatsächlich um Integrale handelt. Ist

$$\psi = \sum_n c_n u_n$$

der Zustand des zu messenden Systems vor der Messung (die u_n sind orthogonal und vollständig), so ist

$$\sum_k \psi_k U_k$$

der Zustand des Gesamtsystems nach der Messung, und es muß außerdem wegen der Linearität aller Hamilton-Funktionen ψ_k linear von den c_n abhängen

$$\psi_k = \sum_n c_n v_k^{(n)}. \tag{9.35}$$

Dabei ist $\sum_k \int |\psi_k|^2 \, dQ = 1$ für alle c_n, also $\sum_k \int |v_k^{(n)}|^2 \, dq = 1$. Nach Ablesung eines bestimmten k-Wertes an dem „Apparat" modifiziert sich das Wellenpaket ψ bis auf einen konstanten Normierungsfaktor in das Wellenpaket ψ_k. Ein eindeutiger Schluß aus dem gemessenen Wert von k auf c_n ist dann und nur dann möglich, *wenn zu jedem k nur ein einziges $v_k^{(n)}$ von Null verschieden ist.* (Zu verschiedenen k können dann aber auch dieselben n gehören.) Die Zustände k lassen sich dann in getrennte Gruppen zerlegen, derart, daß jede Gruppe zu einem bestimmten Wert von n gehört. Wir schreiben deshalb den Doppelindex n, m für k und statt (9.35)

$$\psi_{n,m} = c_n v_{n,m}, \tag{9.35'}$$

worin für alle c_n aus $\sum_n |c_n|^2 = 1$

$$\sum_{n,m} \int |\psi_{n,m}|^2 \, dQ = 1$$

folgen soll. Das ist gleichbedeutend mit

$$\int |v_{n,m}|^2 \, dQ = 1. \tag{9.36}$$

Die Wahrscheinlichkeit dafür, den Apparat nach der Messung in der Gruppe (n, m) mit festem n anzutreffen, muß gleich sein der Wahrscheinlichkeit, daß das System vor der Messung im Zustand n war. In Übereinstimmung damit findet man

$$|c_n|^2 = \sum_m \int |\psi_{n,m}|^2 \, dQ. \qquad (9.37)$$

Man hätte natürlich auch die $v_{n,m}$ nach den u_n entwickeln können

$$v_{n,m} = \sum T_{l;n,m} u_l.$$

Für jedes (n, m) gilt dann nach (9.35)

$$\sum_{l,m} |T_{l;n,m}|^2 = 1. \qquad (9.38)$$

Diese Bedingung ist offenbar viel schwächer als eine Orthogonalitätsbedingung. Bei den Messungen erster Art ist T speziell die Einheitsmatrix. Auch bei der allgemeineren Messung zweiter Art haben die speziellen Zustände, wo eines der c_n gleich 1, die übrigen 0 sind, die Eigenschaft, daß dann über den Ausfall der Messung eine gewisse Aussage *mit Sicherheit* gemacht werden kann. Nämlich: das Meßergebnis k wird in eine bestimmte Gruppe (n, m) mit einem voraussagbaren n fallen.

Kehren wir wieder zu unserem Beispiel der Energiemessung eines Systems durch Stoß zurück. Wenn es sich zunächst um die Anregung handelt, wollen wir annehmen, daß jede Energiedifferenz $E_n - E_m$ nur bei einem einzigen Paar von Zuständen vorhanden ist. Dann gibt es zu jedem k, d.h. zu jedem $\varepsilon - \varepsilon'$, ein einziges E_n. Überdies sind die $v_{n,m}$ hier bis auf einen konstanten Faktor *identisch mit den* u_m, also von n unabhängig. Im Falle des ionisierenden Stoßes denken wir uns die Energie E' des herausfliegenden Elektrons als ebenfalls von einem Apparat gemessen, $\varepsilon - \varepsilon'$ und E' spielen zusammen die Rolle von k. Zu jedem k gibt es ein einziges n, bestimmt durch $E' - (\varepsilon - \varepsilon') = E_n$, während etwa E' die Rolle von m spielt, $v_{n,m}$ ist hier wieder unabhängig von n die Eigenfunktion im kontinuierlichen Spektrum mit der Energie E'.

10. Allgemeiner Formalismus der Störungstheorie. Für viele Anwendungen ist es wesentlich, eine Annäherungsmethode für die Lösung der Wellengleichung zu besitzen, die anwendbar ist, wenn die Matrixelemente der Energie zwar noch nicht ganz diagonal, die Nichtdiagonalelemente $H_{m,n}$ aber klein sind gegen die Differenzen der Diagonalelemente

$$H_{m,n} \ll H_{m,m} - H_{n,n}. \qquad (10.1)$$

Dabei beschränken wir uns zunächst auf den Fall, daß eine stationäre Lösung der Wellengleichung gesucht ist und denken uns bereits ein passendes vollständiges Orthogonalsystem $v_1, v_2, \ldots$ eingeführt, in welchem diese Bedingung erfüllt ist. In diesem System lautet die Wellengleichung für die stationären Zustände

$$\sum_n H_{m,n} c_n = c_m E. \qquad (10.2)$$

Die zu E gehörige Eigenfunktion ist dann

$$u(E) = \sum_n c_n(E) \, v_n,$$

da aus

$$H v_m = \sum_n v_n H_{n,m}$$

---

gemäß (10.2) in der Tat

$$H u = E u$$

folgt. Soll u normiert sein, so muß, wenn die v_n orthogonal und normiert waren,

$$\sum_n |c_n|^2 = 1 \tag{10.3}$$

gemacht werden. Aus (10.2) folgt weiter, daß für verschiedene E stets gilt

$$\sum_n c_n^*(E)\, c_n(E') = 0, \quad \text{wenn} \quad E \neq E'. \tag{10.3'}$$

Sind die E diskret, d.h. ist (10.2) nur für die diskreten Energiewerte $E_1, E_2, \ldots,$ $E_n, \ldots$ lösbar, so kann man statt $c_n(E_k)$ auch schreiben

$$c_n(E_k) = S_{nk},$$

wobei dann gemäß (10.3), (10.3') die $S_{n,k}$ eine unitäre Matrix bilden. Wenn wir zulassen, daß k auch gewisse Wertebereiche (eventuell mehrdimensionale) stetig durchlaufen kann, wobei dann alle Summen, über k durch Integration zu ersetzen sind, erhalten wir den allgemeinen Fall.

Nun führen wir also zur näherungsweisen Lösung der Gln. (10.2) die Annahme ein, daß die Nichtdiagonalelemente von (10.2) klein gegen die Diagonalelemente seien. Um dies formal zum Ausdruck zu bringen, denken wir uns die Nichtdiagonalelemente mit einem Zahlparameter ε multipliziert, nach dessen Potenzen die c_n entwickelt werden sollen. Wir setzen

$$H_{n,n} = E_n^0 + \varepsilon\, \Omega_{n,n}; \quad H_{m,n} = \varepsilon\, \Omega_{m,n} \quad \text{für} \quad n \neq m, \tag{10.4}$$

ferner suchen wir jetzt speziell eine Lösung, die in der Nähe des Eigenwertes E_k^0 liegen soll, d.h. ein Koeffizientensystem c_n, welches in nullter Näherung gleich $\delta_{n,k}$ ist:

$$\left. \begin{aligned} E_k &= E_k^{(0)} + \varepsilon E_k^{(1)} + \varepsilon^2 E_k^{(2)} + \cdots, \\ c_{n;k} &= \delta_{n,k} + \varepsilon c_{n,k}^{(1)} + \varepsilon^2 c_{n,k}^{(2)} + \cdots, \end{aligned} \right\} \tag{10.5}$$

Ordnen nach Potenzen von ε ergibt

$$E_m^{(0)} c_{m;k}^{(1)} + \Omega_{m,k} = \delta_{m;k} E_k^{(1)} + c_{m;k}^{(1)} E_k^{(0)}, \tag{10.6a}$$

$$\left. E_m^{(0)} c_{m;k}^{(2)} + \sum_n \Omega_{m,n} c_{n;k}^{(1)} = \delta_{m,k} E_k^{(2)} + c_{m;k}^{(1)} E_k^{(1)} + c_{m;k}^{(2)} E_k^{(0)}, \right\} \tag{10.6b}$$

$$\cdots \cdots \cdots \cdots \cdots \cdots \cdots \cdots$$

Aus Gl. (10.6a) folgt zunächst für $m = k$

$$E_k^{(1)} = \Omega_{k,k}. \tag{10.7a}$$

Die Änderung des k-ten Eigenwertes ist gleich dem Diagonalelement (Erwartungswert) der Störungsenergie Ω in diesem Zustand. Sodann folgt für $m \neq k$

$$c_{m;k}^{(1)} \left[E_k^{(0)} - E_m^{(0)} \right] = \Omega_{m,k}$$

$$c_{m;k}^{(1)} = - \frac{\Omega_{m\,k}}{E_m^{(0)} - E_k^{(0)}} \quad \text{für} \quad m \neq k. \tag{10.8a}$$

Man sieht, daß der Wert von $c_{k,k}^{(1)}$ unbestimmt bleibt. Wir haben aber noch die Normierungsbedingung (10.3) zu berücksichtigen, welche nach ε entwickelt ergibt

$$c_{k\,k}^{(1)} + c_{k\,k}^{*\,(1)} = 0, \tag{10.9a}$$

$$c_{k\,k}^{(2)} + c_{k\,k}^{*\,(2)} + \sum_n |c_{n;k}^{(1)}|^2 = 0. \tag{10.9b}$$

Aus der ersten dieser Gleichungen folgt dann, daß $c_{kk}^{(1)}$ eine beliebige rein imaginäre Zahl sein kann. Diese Unbestimmtheit entspricht dem Umstand, daß in der Lösung von (10.2) Phasenkonstanten stets willkürlich bleiben; ist $c_{n;k}$ eine Lösung, so ist

$$c'_{n;k} = c_{n;k}\, e^{i\delta_k}$$

mit willkürlichem δ_k wieder eine Lösung, und es ist ferner erlaubt, ohne mit dem Ansatz (10.5) in Konflikt zu kommen,

$$\delta_k = \varepsilon\, \delta_k^{(1)} + \varepsilon^2\, \delta_k^{(2)} + \cdots$$

zu setzen, worin die $\delta_k^{(1)}$, $\delta_k^{(2)}$, ... völlig willkürlich sind.

Gehen wir nun zur Diskussion der zweiten Näherung über, so folgt aus (10.6b) zunächst für $m = k$ mit Rücksicht auf (10.7a)

$$E_k^{(2)} = \sum_n{}' \Omega_{k,n}\, c_{n;k}^{(1)} = -\sum_n{}' \frac{\Omega_{k,n}\Omega_{n,k}}{E_n^0 - E_k^0} = -\sum_n{}' \frac{|\Omega_{k,n}|^2}{E_n^0 - E_k^0}. \tag{10.7b}$$

Der Akzent am Summenzeichen bedeutet, daß bei der Summation der Wert $n = k$ auszulassen ist. Für den tiefsten Zustand k ist diese Eigenwertstörung stets negativ. Für $m \neq k$ folgt aus (10.6b)

$$c_{m;k}^{(2)}\left[E_m^0 - E_k^0\right] = -\left(\Omega_{m,m} - \Omega_{k,k}\right) c_{m;k}^{(1)} - \sum_{\substack{n \\ n \neq m}}{}' \Omega_{m,n}\, c_{n;k}^{(1)},$$

$$c_{m,k}^{(2)} = \frac{\left(\Omega_{m,m} - \Omega_{k,k}\right)\Omega_{m,k}}{\left(E_m^0 - E_k^0\right)^2} + \sum_{\substack{n \\ n \neq m}}{}' \frac{\Omega_{m,n}\Omega_{n,k}}{\left(E_m^0 - E_k^0\right)\left(E_n^0 - E_k^0\right)} \quad \text{für} \quad m \neq k. \tag{10.8b}$$

$c_{kk}^{(2)}$ kommt in diesen Gleichungen nicht vor und muß nur die Bedingung (10.9b) erfüllen. Wir können diese Resultate noch etwas übersichtlicher formulieren, wenn wir die HERMITEsche Matrix T mit den Elementen

$$T_{k,k} = 0; \quad T_{m,k} = i\,\frac{\Omega_{m,k}}{E_m^0 - E_k^0} \quad \text{für} \quad m \neq k \tag{10.10}$$

einführen. Es wird dann

$$c_{m;k}^{(1)} = iT_{m,k} \quad \text{für} \quad m \neq k, \tag{10.8a'}$$

$$E_k^{(2)} = +i\sum_n \Omega_{k,n}\, T_{n,k} \tag{10.7b'}$$

$$c_{m,k}^{(2)} = -i\,\frac{\Omega_{m,m} - \Omega_{k,k}}{E_m^0 - E_k^0}\, T_{m,k} - (T^2)_{m,k} \quad \text{für} \quad m \neq k. \tag{10.8b'}$$

Wir merken hier noch den Satz an, daß eine infinitesimale unitäre Transformation S stets durch eine mit der imaginären Einheit i multiplizierte HERMITEsche Matrix T dargestellt wird. Ist nämlich

$$S = 1 + \varepsilon\, i\, T, \tag{10.11}$$

so wird die Bedingung

$$S\widetilde{S} = \widetilde{S}S = 1$$

unter Vernachlässigung höherer Potenzen von ε äquivalent mit

$$T = \widetilde{T}, \tag{10.11'}$$

d.h. mit der Hermitezität von T (vgl. hierzu Ziff. 8). Dem entspricht es, daß gemäß (10.9a) und (10.8a') $c_{kn}^{(1)}$ bis auf den Faktor i gleich einer HERMITEschen Matrix ist.

Aus der Form (10.8a) von $c_{m;k}^{(1)}$ ist mit Rücksicht auf (10.4) zu sehen, daß die Bedingung (10.1) in der Tat entscheidend ist für die Brauchbarkeit unseres Entwicklungsverfahrens. Ist diese Bedingung verletzt, so genügt die Kleinheit von ε nicht, um das Verfahren zu rechtfertigen, da $\varepsilon\, c_{m,k}^{(1)}$ dann von der Größenordnung 1 wird. Insbesondere ist dies der Fall, wenn das betrachtete System entartet ist, d.h. wenn mehrere Energiewerte E_n^0 *exakt* zusammenfallen. In diesem Fall ist es notwendig, den betreffenden endlich-dimensionalen Teilraum zuerst gesondert zu betrachten und das Eigenwertproblem

$$\sum_{n=1}^{g} H_{m,n}\, c_n = c_m\, E ; \qquad m = 1,\, 2,\, \ldots,\, g \tag{10.12}$$

in dem betreffenden g-dimensionalen Teilraum, in welchem $E_n^0 - E_m^0$ von derselben Größenordnung ist wie $\Omega_{m,n}$, gesondert zu lösen. Dies ist ein rein algebraisches Problem und stets lösbar, z.B. bestimmen sich die g neuen Eigenwerte E aus der Bedingung, daß die Determinante (die sog. „Säkulardeterminante")

$$\begin{vmatrix} H_{11} - E,\, H_{12},\, \ldots,\, H_{1g} \\ H_{21},\, H_{22} - E,\, \ldots,\, H_{2g} \\ \cdot \qquad\qquad\qquad\quad \cdot \\ \cdot \qquad\qquad\qquad\quad \cdot \\ H_{g1},\, \quad \ldots,\, \quad H_{gg} - E \end{vmatrix} = 0 \tag{10.13}$$

verschwindet, welche Gleichung vom Grade g für E bei einem Hermitesche $H_{n,m}$ stets g reelle Wurzeln besitzt. Nach Ausführung der Transformation $\bar{v}_m = \sum_n c_{n;m}\, v_n$ mit den aus (10.12) bestimmten, zu $E = E_m$ gehörigen $c_{n;m}$, die als eine Adaptierung des Orthogonalsystems der v_n an die Störungsfunktion Ω bezeichnet werden kann, läßt sich dann das ursprüngliche Störungsverfahren wieder anwenden. Denn nach Ausführung dieser Transformation verschwinden die $\Omega_{m,k}$, wenn m und k beide in demselben Teilraum liegen, und (10.8a) und (10.7b) sind wieder anwendbar, wenn die Bestimmungen $m \neq k$ bzw. $n \neq k$ so verallgemeinert werden, daß darunter verstanden wird: Die Zustände m und k, bzw. n und k sollen zu weit verschiedenen ungestörten Energien gehören (in verschiedenen der oben betrachteten endlichen Teilräumen liegen), so daß für diese Paare von Zuständen die Ungleichung (10.1) nunmehr wieder erfüllt ist.

Es sei hier noch kurz bemerkt, wie die hier betrachtete Störungsrechnung sich gestaltet, wenn der betreffende Energiewert im kontinuierlichen Spektrum liegt. Wir denken uns dann statt der Indizes n kontinuierliche Parameter n, so daß gilt

$$u(k) = \int c(n,\, k)\, v(n)\, dn,$$

$$H\, v(m) = \int v(n)\, H(n,\, m)\, dn,$$

$$\int H(m,\, n)\, c(n,\, k)\, dn = c(m,\, k)\, E(k).$$

Wie man E von k abhängen läßt, ist dabei noch weitgehend willkürlich und durch Zweckmäßigkeitsgründe zu definieren. Anstatt (10.4) ist zu setzen

$$H(m,\, n) = E_n^0\, \delta(m - n) + \varepsilon\, \Omega(m,\, n),$$

wobei jetzt die durch (6.25) definierte singuläre δ-Funktion auftritt, ebenso

$$c(n,\, k) = \delta(n - k) + \varepsilon\, c^{(1)}(n,\, k) + \varepsilon^2\, c^{(2)}(n,\, k) + \cdots.$$

(10.6a) nimmt die Form an

$$[E^0(m) - E^0(k)]\, c^{(1)}(m,\, k) = - [\Omega(m,\, k) - E^{(1)}(k)\, \delta(m - k)].$$

Wegen des Auftretens der δ-Funktion kann hier nicht ohne weiteres auf $m = k$ spezialisiert werden und $E^{(1)}(k)$ bleibt willkürlich. Falls $\Omega(m, k)$ für $m = k$ keine Singularität besitzt oder präziser gesagt, falls $\int\limits_{m-\varepsilon}^{m+\varepsilon} \Omega(m, k)\,dk$ für $\varepsilon \to 0$ verschwindet, ist es sogar zweckmäßig, $E^{(1)}(k) = 0$ zu setzen. Wir setzen also

$$\Omega(m, k) - E^{(1)}(k)\,\delta(m - k) = \Omega'(m, k)$$

und verlangen

$$\lim_{\varepsilon \to 0} \int\limits_{m-\varepsilon}^{m+\varepsilon} \Omega'(m, k)\,dk = 0.$$

Dann wird

$$c^{(1)}(m, k) = - \frac{\Omega'(m, k)}{E^0(m) - E^0(k)}$$

für $m = k$ singulär. Eine nähere Diskussion zeigt, daß es stets erlaubt ist, für ein Integral

$$\int\limits_{k-a}^{k+a} f(m)\,c^{(1)}(m, k)\,dm,$$

worin $f(m)$ stetig, aber sonst willkürlich ist, den Hauptwert einzusetzen. Dieser ist definiert durch

$$H \int\limits_{k-a}^{k+a} = \lim_{\varepsilon \to 0} \left[\int\limits_{k-a}^{k-\varepsilon} + \int\limits_{k+\varepsilon}^{k+a} \right],$$

oder auch

$$H \int\limits_{k-a}^{k+a} F(m, k)\,dm = \tfrac{1}{2} \int\limits_{k-a}^{k+a} [F(m, k) + F(2k - m, k)]\,dm,$$

worin der Integrand jetzt regulär ist. Dies gilt sowohl für die Berechnung der $u(k)$ aus den $v(n)$ vermittels der $c(n, k)$ als auch für die Berechnung von $E^{(2)}(k)$ und $c^{(2)}(m, k)$.

Wir kommen nun zur Betrachtung zeitabhängiger Störungen. Dabei suchen wir bei gegebenem Anfangszustand $(t = 0)$ eine Lösung der Gleichung

$$- \frac{\hbar}{i}\,\dot{c}_m = \sum_n H_{m,n} c_n, \tag{10.14}$$

worin die auf ein zeitunabhängiges Orthogonalsystem bezogenen Matrixelemente von H gegeben sind durch

$$H_{m,n} = E_n \delta_{m,n} + \varepsilon\,\Omega_{m,n}(t), \tag{10.15}$$

wo die Abhängigkeit der Störungsmatrix Ω von der Zeit also beliebig vorgegeben sei. Die ungestörte Lösung lautet demnach

$$c_n^{(0)}(t) = c_n^{(0)}(0)\,e^{-\frac{i}{\hbar} E_n^0 t},$$

und wir suchen eine gestörte Lösung

$$c_n(t) = c_n^{(0)}(t) + \varepsilon\,c_n^{(1)}(t) + \varepsilon^2\,c_n^{(2)}(t) + \cdots$$

mit vorgegebenen Werten von $c_n(0) = c_n^0(0)$, so daß also $c_n^{(1)}(0) = c_n^{(2)}(0) = \cdots = 0$ werden soll. Es ist zweckmäßig, den Faktor $e^{-\frac{i}{\hbar} E_n^0 t}$ aus c_n abzuspalten,

$$c_n(t) = a_n(t)\,e^{-\frac{i}{\hbar} E_n^0 \cdot t} \tag{10.16}$$

und zu setzen

$$\Omega'_{m,n}(t) = \Omega_{m,n}(t)\,e^{\frac{i}{\hbar}(E_m^0 - E_n^0)t}. \tag{10.17}$$

Dann gilt nämlich

$$-\frac{\hbar}{i}\dot{a}_m = \varepsilon \sum_n \Omega'_{m,n}(t)\, a_n(t),\tag{10.15'}$$

also mit

$$a_n(t) = a_n^{(0)}(t) + \varepsilon\, a_n^{(1)}(t) + \cdots;\qquad \left(a_n^{(0)}(t) = a_n^{(0)}(0) = \text{const}\right),$$

$$-\frac{\hbar}{i}\dot{a}_m^{(1)} = \sum_n \Omega'_{m,n}(t)\, a_n^{(0)}(0),$$

$$-\frac{\hbar}{i}\dot{a}_m^{(2)} = \sum_n \Omega'_{m,n}(t)\, a_n^{(1)}(t).$$

Diese Gleichungen kann man unmittelbar integrieren

$$a_m^{(1)}(t) = -\frac{i}{\hbar}\sum_n a_n^{(0)}(0)\int_0^t \Omega'_{m,n}(t)\, dt,\tag{10.18a}$$

$$a_m^{(2)}(t) = -\frac{i}{\hbar}\sum_l \int_0^t \Omega'_{m,l}(t)\, a_l^{(1)}(t)\, dt$$

$$\left.\begin{aligned}= -\frac{1}{\hbar^2}\sum_n a_n^{(0)}(0)\sum_l \int_0^t \Omega'_{m,l}(\tau)\, d\tau \int_0^\tau \Omega'_{l,n}(\tau')\, d\tau',\end{aligned}\right\}\tag{10.18b}$$

$$\cdots\cdots\cdots\cdots\cdots\cdots\cdots\cdots$$

Ein wichtiger Spezialfall ist der, wo die $\Omega_{m,n}$ unabhängig von der Zeit sind, so daß nach (10.17)

$$\Omega'_{m,n}(t) = \Omega_{m,n}(0)\, e^{\frac{i}{\hbar}(E_m^0 - E_n^0)t}.$$

Dann wird nach (10.18a, b)

$$a_m^{(1)}(t) = -\sum_n a_n^{(0)}(0)\, \Omega_{m,n}(0)\, \frac{e^{\frac{i}{\hbar}(E_m^0 - E_n^0)t} - 1}{E_m^0 - E_n^0},\tag{10.19a}$$

$$a_m^{(2)}(t) = +\sum_n{}' a_n^{(0)}(0)\sum_l{}' \Omega_{m,l}(0)\,\Omega_{l,n}(0)\left[\frac{e^{\frac{i}{\hbar}(E_m^0 - E_n^0)t} - 1}{(E_m^0 - E_n^0)(E_l^0 - E_n^0)} - \frac{e^{\frac{i}{\hbar}(E_m^0 - E_l^0)t} - 1}{(E_m^0 - E_l^0)(E_l^0 - E_n^0)}\right].\tag{10.19b}$$

Wenn in (10.19a) speziell $E_m^0 = E_n^0$ wird, nimmt der betreffende Term die Form an

$$a_n^0(0)\, \Omega_{m,n}(0)\, \frac{i}{\hbar}\, t$$

und ist brauchbar, so lange $|\varepsilon|\,|\Omega_{m,n}(0)|\, t/\hbar \ll 1$ ist. Will man in diesem Fall, der dem Verschwinden eines Nenners entspricht (Resonanznenner), eine für längere Zeit gültige Lösung haben, so muß man das Störungsverfahren modifizieren, ganz analog wie dies im Falle der stationären Lösungen bei entarteten oder nahezu entarteten Systemen geschehen ist.

Ein oft eintretender Fall ist der, daß ein einzelner diskreter Energiewert des ungestörten Systems in einem Bereich liegt, in welchem das System auch ein kontinuierliches Eigenwertspektrum besitzt (Prädissoziation, Auger-Effekt). Dann lassen wir in (10.19a) den Index n diskret, während m kontinuierliche Werte durchlaufen möge und $\Omega_{m,n}$ das in bezug auf den Parameter m normierte Matrixelement sei. (Der Fall, daß mehrere Parameter m vorhanden sind, ist ganz analog.) Man kann dann nach der Wahrscheinlichkeit fragen, daß das System zur Zeit t in irgendeinen der Zustände m übergegangen ist, für die

$$E_n^0 - \Delta E < E^0(m) < E_n^0 + \Delta E,$$

wenn es zur Zeit $t=0$ mit Sicherheit im diskreten Zustand n war $\big(a_n^0(0)=1;\ a_n^0(m;0)=0\big)$. Für diese Übergangswahrscheinlichkeit $W(t)$ erhält man

$$W(t) = \int |a^{(1)}(m,t)|^2\,dm = \int dm\,|\Omega_{m,n}(0)|^2\,\frac{4\sin^2\!\left[(E^0(m)-E_0^n)\,\dfrac{t}{2\hbar}\right]}{[E^0(m)-E_n^0]^2}.$$

Dabei ist das Integral über dasjenige Gebiet des m-Raumes zu erstrecken, welches dem Energieintervall $(E_n^0 - \Delta E,\ E_n^0 + \Delta E)$ entspricht. Wenn

$$\frac{\Delta E \cdot t}{\hbar} \gg 1, \tag{10.20}$$

kann hierin bei Einführung von

$$\frac{[E^0(m)-E_n^0]\,t}{2\hbar} = x$$

als Integrationsvariable mit genügender Näherung $|\Omega_{m,n}(0)|^2$ vor das Integral gezogen werden und das restierende Integral von $-\infty$ bis $+\infty$ in x erstreckt werden. Auf diese Weise ergibt sich

$$W(t) = |\Omega_{m,n}(0)|^2\,\frac{t}{2\hbar}\,\frac{dm}{dE^0(m)}\,4\int\limits_{-\infty}^{+\infty}\frac{\sin^2 x}{x^2}\,dx,$$

also, da das Integral den Wert π hat,

$$W(t) = \frac{2\pi t}{\hbar}\,|\Omega_{m,n}(0)|^2\,\frac{dm}{dE_0(m)}. \tag{10.21}$$

Der Faktor $dm/dE^0(m)$ bewirkt den Übergang von der Normierung des Matrixelementes Ω in bezug auf m zur Normierung in bezug auf $E^0(m)$. Sind mehrere Parameter m, etwa m_1, m_2, m_3, vorhanden, so hat man das Volumelement der Energieschale $E_n^0 - \Delta E < E(m_1, m_2, m_3) < E_n^0 + \Delta E$ im m-Raum zu betrachten. Ist dieses gegeben durch

$$\int dm_1\,dm_2\,dm_3 = \omega(E_n^0)\,2\Delta E, \qquad (E_n^0 - \Delta E < E(m_1, m_2, m_3) < E_n^0 + \Delta E),$$

so tritt dann der Faktor $\omega(E_n^0)$ an Stelle von $dm/dE^0(m)$ in (10.21).

Die in Gl. (9.34) benutzten Aussagen über die Übergangswahrscheinlichkeit beim Stoßvorgang sind ebenfalls in der allgemeinen Formel (10.19a) enthalten. Es besteht in diesem Fall das ungestörte System aus zwei unabhängigen Teilsystemen, wobei die in (10.19a) eingehende Gesamtenergie des Systems gleich der Summe der Energien der beiden Teilsysteme wird, so daß E_n^0 durch $E_n + \varepsilon$, $E^0(m)$ durch $E_m + \varepsilon'$ zu ersetzen ist, wenn sich jetzt E_n und E_m auf das Atom allein, ε und ε' auf das stoßende Teilchen beziehen.

So wie wir hier den diskreten Zustand als Anfangszustand betrachtet haben, hätte man auch vom kontinuierlichen Zustand als Anfangszustand ausgehen können. Es ergibt sich aus (10.19) wieder eine Formel vom Typus (10.21)

$$W_n(t) = \frac{2\pi t}{\hbar}\,|\Omega_{n,m}(0)|^2\,\frac{dm}{dE^0(m)}\,P(m_0), \tag{10.21'}$$

wenn $P(m)\,dm$ die Dichte der Systeme im m-Raum bedeutet. Dies soll besagen, wir betrachten eine große Zahl von Systemen, von denen der Bruchteil $P(m)\,dm$

einen m-Wert zwischen m und $m + dm$ besitzt. Es bezeichnet ferner m_0 speziell denjenigen Wert von m, für den $E(m_0) = E_n^0$ wird. *Dabei ist aber über die Phasen von $a_m^0(0)$ gemittelt* und $|a_m^0(0)|^2$ als im betrachteten Intervall von m unabhängig vor die Integration über m herausgezogen und gleich $P(m_0)$ gesetzt. Wegen der Hermitezität von Ω gilt stets $|\Omega_{m,n}(0)|^2 = |\Omega_{n,m}(0)|^2$, und dies bedingt nach (10.21) und (10.21') eine für Betrachtungen über das Wärmegleichgewicht wichtige Beziehung zwischen den Häufigkeiten eines Überganges zu der des umgekehrten Überganges[1].

Die hier betrachteten „Übergangsprozesse" stellen schon in der älteren Quantentheorie einen Fall dar, wo die kausale Naturbeschreibung nicht durchführbar war, besonders sobald vom selben Anfangszustand aus mehrere verschiedene Übergänge möglich sind, zwischen denen anscheinend reiner Zufall eine Auswahl trifft. Die Quantenmechanik kennt streng genommen den Begriff des (diskontinuierlichen) „Prozesses" nicht, da alle *zeitlichen* Veränderungen des Zustandes eines Systems stetig verlaufen. Erst die Beobachtung (Messung) stellt fest, in welchen Zustand das System tatsächlich übergegangen ist, und die durch die Endlichkeit des Wirkungsquantums bedingte Diskontinuität liegt ausschließlich in der bei der Trennung von beobachtetem System und Beobachtungsmittel notwendigen Reduktion der (symbolischen und das System nur statistisch beschreibenden) Wellenpakete.

11. Adiabatische und plötzliche Störungen eines Systems. Die allgemeinste Wahrscheinlichkeitsaussage der Quantenmechanik. Ein besonderer Fall von äußeren Beeinflussungen eines Systems ist derjenige, der durch Änderung von Parametern (äußere Feldstärken, Lage von Wänden usw.) beschrieben werden kann. In der alten Quantentheorie existierte hier bereits das bekannte Ehrenfestsche *Adiabatenprinzip*[2], welches besagt, daß ein System, welches anfangs sich in einem bestimmten stationären Quantenzustand befindet, in diesem Zustand verbleibt, falls die Änderung der Parameter des Systems hinreichend langsam erfolgt. Daß ein solcher Satz auch in der Wellenmechanik besteht, wurde zum erstenmal von Born[3] formuliert und bewiesen.

Wr denken uns also den Hamilton-Operator H abhängig von einem Parameter a und denken uns das Eigenwertproblem für alle in Betracht kommenden Werte von a durch die Energiewerte $E_n(a)$ und die Eigenfunktionen $u_n(a)$ gelöst. Diese erfüllen also identisch in a die Gleichungen

$$H(p, q, a)\, u_n(a) = E_n(a)\, u_n(a), \tag{11.1}$$

Durch Differenzieren nach a folgt hieraus

$$\left(\frac{\partial H}{\partial a}\right)_{p,q} u_n(a) + H\frac{\partial u_n}{\partial a} = \frac{\partial E_n}{\partial a} u_n(a) + E_n \frac{\partial u_n}{\partial a}. \tag{11.1'}$$

Nun setzen wir

$$\frac{\hbar}{i}\int u_m^* \frac{\partial u_n}{\partial a}\, dq = k_{mn}, \tag{11.2}$$

---

[1] Diese Beziehung gilt nur in erster Näherung der Störungsrechnung, während das Wärmegleichgewicht auch unter allgemeineren Voraussetzungen abgeleitet werden kann. Vgl. E. C. G. Stueckelberg, Helv. phys. Acta **25**, 577 (1952); M. Inagaki, G. Wanders u. C. Piron, Helv. phys. Acta **27**, 71 (1954).

[2] P. Ehrenfest: Ann. d. Phys. **51**, 327 (1916). Von Bohr wurde später besonders die Frage der Anwendbarkeit der klassischen Mechanik bei den adiabatischen (unendlich langsamen) Prozessen diskutiert. Diese Seite des Problems ist jedoch jetzt nicht mehr von Interesse, da die klassische Mechanik schon bei der Beschreibung der Quantenzustände selbst versagt.

[3] M. Born: Z. Physik **40**, 167 (1926). Spätere Arbeiten über diesen Gegenstand: E. Fermi u. F. Persico, Rend. Lincei (6) **4**, 452 (1926); M. Born u. V. Fock, Z. Physik **51**, 165 (1928); P. Güttinger, Z. Physik **73**, 169 (1931).

36

worin k_{mn} wegen der Orthogonalität und Normierung der u hermitesch ist. Es ist dann weiter wegen der Hermitezität von H

$$\frac{\hbar}{i} \int u_m^* \left(H \frac{\partial u_n}{\partial a} \right) dq = \frac{\hbar}{i} \int (H u_m)^* \frac{\partial u_n}{\partial a} dq = E_m k_{mn},$$

also ergibt sich durch Multiplikation von (11.1') mit $\frac{\hbar}{i} u_m^*$ und Integration über den q-Raum

$$\frac{\hbar}{i} \left(\frac{\partial H}{\partial a} - \frac{\partial E}{\partial a} \right) = kE - Ek. \tag{11.3}$$

Diese Gleichung ist als Matrixgleichung zu verstehen, in der E Diagonalmatrix ist. In diesem Fall verschwinden die Diagonalelemente der rechten Seite identisch, so daß insbesondere folgt

$$\left(\frac{\partial H}{\partial a} \right)_{nn} = \frac{\partial E_n}{\partial a} \tag{11.3'}$$

und

$$k_{mn} = \frac{1}{E_n - E_m} \frac{\hbar}{i} \left(\frac{\partial H}{\partial a} \right)_{mn} \quad \text{für} \quad m \neq n \, (E_m \neq E_n). \tag{11.3''}$$

Ist a zeitlich veränderlich, so sucht man eine Lösung der Gleichung

$$-\frac{\hbar}{i} \dot{\psi} = H(p, q, a(t)) \, \psi$$

und mit

$$\psi = \sum_n c_n(t) \, u_n(a):$$

$$-\frac{\hbar}{i} \int u_m^* \dot{\psi} \, dq = \int u_m^* H \psi \, dq = E_m(a) \int u_m^* \psi \, dq,$$

$$-\frac{\hbar}{i} \dot{c}_m + \dot{a} \sum_n k_{mn} c_n = E_m(a) \, c_m. \tag{11.4}$$

Eine nähere Diskussion dieser Gleichung zeigt[1], daß

$$c_m(T) - c_m(0) = \dot{a} F, \tag{11.5}$$

worin bei festem endlichen $\dot{a}$ $T = a(T) - a(0)$ und $\lim T \to \infty$, also $\lim \dot{a} \to 0$ F endlich bleibt. Dabei ist zunächst vorausgesetzt, daß während des Prozesses keine der Differenzen $E_n - E_m$ durch Null geht. Dieser Ausnahmefall ist besonders von BORN und FOCK diskutiert worden, wobei eine von LAUE[2] herrührende Schlußweise eine wesentliche Rolle spielt. Auch in diesem Fall gilt für festes $a(T) - a(0)$

$$\lim_{\dot{a} \to 0} \left(c_m(T) - c_m(0) \right) = 0. \tag{11.5'}$$

Aus (11.5) folgt, daß $|c_m(T) - c_m(0)|^2$ für kleine $\dot{a}$ von der Größenordnung $\dot{a}^2$ wird.

Insbesondere gilt im Falle $c_m(0) = 0$, das $|c_m(T)|^2 \sim \dot{a}^2$. Die Häufigkeit der Übergänge von einem stationären Zustand zum anderen, die durch Änderung des Parameters a hervorgerufen werden („Schüttelwirkung"), ist also proportional zu $\dot{a}^2$.

Ein etwas allgemeinerer Fall als der bisher betrachtete ist der, daß durch den Parameter a neue Freiheitsgrade zum System hinzugebracht werden. Wenn z.B. ein Atom sich durch ein räumlich variables Kraftfeld hindurchbewegt, kann man in erster Näherung den Kern

---

[1] Vgl. die in Fußnote 2, S. 82 zitierten Arbeiten.
[2] M. v. LAUE: Ann. d. Phys. **76**, 619 (1925).

6*

als unendlich schwer betrachten und das Eigenwertproblem für jede Stelle Q des Atomschwerpunktes gelöst denken:

$$H_0(q, Q)\, u_n(q, Q) = E_n(Q)\, u_n. \tag{11.6}$$

Hier ist jedoch Q nicht zeitlich veränderlich zu denken, sondern es kommen neue Freiheitsgrade hinzu, die diesem Q entsprechen.

Man hat die Gleichung zu lösen

$$-\frac{\hbar}{i}\frac{\partial \psi}{\partial t} = \left(-\frac{h^2}{2M}\sum_k \frac{\partial^2}{\partial Q_k^2} + H_0\right)\psi(q, Q), \tag{11.7}$$

worin H_0 nur auf die q, nicht auf die Q wirkt. Dasselbe Problem tritt auch bei Molekülen auf, wenn die Kerne in erster Näherung fest gedacht werden ($M = \infty$) und erst in zweiter Näherung ihre Bewegung (Schwingung und Rotation) berücksichtigt wird. Setzen wir

$$\psi(q, Q) = \sum_n \varphi_n(Q, t)\, u_n(q, Q), \tag{11.8}$$

so wird also nach (11.6)

$$-\frac{\hbar}{i}\sum_n \frac{\partial \varphi_n}{\partial t} u_n(q, Q) = \sum_n \left\{\left[-\frac{\hbar^2}{2M}\sum_k \frac{\partial^2 \varphi_n}{\partial Q_k^2} + E_n(Q)\,\varphi_n\right] u_n(q, Q) - \right.$$

$$\left. -\frac{\hbar^2}{2M}\left[2\sum_k \frac{\partial \varphi_n}{\partial Q_k}\frac{\partial u_n}{\partial Q_k} + \varphi_n \sum_k \frac{\partial^2 u_n}{\partial Q_k^2}\right]\right\}.$$

Führen wir die Hermiteschen Matrizen ein

$$A^{(k)}_{mn} = \frac{1}{M}\frac{\hbar}{i}\int u_m^* \frac{\partial u_n}{\partial Q_k}\, dq; \qquad B_{mn} = -\frac{\hbar^2}{2M}\int u_m^* \sum_k \frac{\partial^2 u_n}{\partial Q_k^2}\, dq, \tag{11.9}$$

so wird also, wenn wir als Abkürzung den Störungsoperator Ω definieren, durch

$$\Omega\,\varphi_m = \sum_n \left(\sum_k A^{(k)}_{mn}\frac{\hbar}{i}\frac{\partial \varphi_n}{\partial Q_k} + B_{mn}\varphi_n\right), \tag{11.10}$$

$$-\frac{\hbar}{i}\frac{\partial \varphi_m}{\partial t} = -\frac{\hbar^2}{2M}\sum_k \frac{\partial^2 \varphi_m}{\partial Q_k^2} + E_m(Q)\,\varphi_m + \Omega\,\varphi_m. \tag{11.11}$$

Insbesondere gibt es stationäre Lösungen

$$\varphi_m(Q, t) = v_m(Q)\, e^{-\frac{i}{\hbar}Et}$$

für die

$$-\frac{\hbar^2}{2M}\sum_k \frac{\partial^2 v_m}{\partial Q_k^2} + E_m(Q)\, v_m + \Omega\, v_m = E\, v_m. \tag{11.11'}$$

Hierin kann E sowohl ein diskretes als auch ein kontinuierliches Spektrum oder beides gemischt besitzen.

Unter Umständen kann nun der Störungsoperator Ω als klein betrachtet und auf (11.11) oder (11.11') das gewöhnliche Störungsverfahren angewendet werden, wobei man als nullte Näherung ausgeht von der Lösung der Gleichung

$$-\frac{\hbar}{i}\frac{\partial \varphi_m^0}{\partial t} = -\frac{\hbar^2}{2M}\sum_k \frac{\partial^2 \varphi_m^0}{\partial Q_k^2} + E_m(Q)\,\varphi_m^0 \tag{11.12}$$

bzw.

$$-\frac{\hbar^2}{2M}\sum_k \frac{\partial^2 v_m^0}{\partial Q_k^2} + E_m(Q)\, v_m^0 = E\, v_m^0. \tag{11.12'}$$

Dieses Verfahren wird sowohl bei der Behandlung der Kernschwingung in einem Molekül als auch beim Durchgang eines Atoms durch ein äußeres Kraftfeld sowie auch bei anderen Problemen angewandt[1]. Man kann diese Näherung als die *adiabatische* bezeichnen, weil in

---

[1] Vgl. M. Born u. J. R. Oppenheimer, Ann. d. Phys. **84**, 457 (1927). Zur allgemeinen Methode vgl. ferner J. Frenkel, Phys. Z. Sowjet. **1**, 99 (1932). Ferner L. Landau, Phys. Z. Sowjet. **1**, 88 und **2**, 46 (1932).

dieser Näherung das System stets in demselben inneren Zustand m verbleibt und weil sie um so besser ist, je weniger sich die Pakete φ_m^0 im Laufe der Perioden $\hbar/[E_m(Q) - E_n(Q)]$ verändern; bzw. im diskreten Spektrum von (11.12'), je kleiner die Energiedifferenzen $E' - E''$ dieses Spektrums sind, verglichen mit den Differenzen $E_m - E_n$ des Spektrums der inneren Energie (Kleinheit der Kernschwingungsfrequenz relativ zu den Elektronenfrequenzen).

Die Gln. (11.11) und (11.11') sind auch die Grundlagen für den Durchgang von Atomstrahlen durch Magnetfelder mit räumlich variabler Richtung[1]. In diesem Fall genügt es, im Störungsoperator Ω in (11.10) die endlich vielen der Richtungsquantelung entsprechenden Zustände zu berücksichtigen. Aus der strengen Existenz stationärer Lösungen gemäß (11.10') folgt hier übrigens, daß auch bei Berücksichtigung der Schüttelwirkung (sofern nur die äußeren Felder nicht *zeitlich* variabel sind), die Summe aus innerer Energie und Translationsenergie konstant bleibt.

Von besonderem Interesse ist neben dem Grenzfall des adiabatischen Prozesses der Fall der „plötzlichen" Änderung des Parameters a. Hierbei ist der Sinn der Angabe „plötzlich" dahin zu präzisieren, daß die relative Änderung von a während der in Betracht kommenden Perioden $\dfrac{1}{\nu_{nm}} = \dfrac{h}{E_n - E_m}$ groß sein soll:

$$\dot{a} \gg a\,\frac{E_n - E_m}{\hbar}\,. \tag{11.13}$$

Dann kann man nämlich in der Gleichung

$$-\frac{\hbar}{i}\,\frac{\partial}{\partial t}\sum_n c_n\,u_n = \sum_m E_m\,c_m\,u_m$$

nach Integration über die Zeitdauer der Änderung

$$-\frac{\hbar}{i}\sum_n c_n\,u_n(a)\Big|_0^t = \int_0^t \sum_m E_m\,c_m\,u_m\,dt$$

bei endlicher Änderung des Parameters a in erster Näherung alle zu t proportionalen Größen gleich Null setzen. Da dies von der rechten Seite dieser Gleichung gilt, muß es auch für die linke Seite der Fall sein, also gilt hier

$$\sum_n c_n\,u_n = \sum c_n(0)\,u_n(0)\,,$$

d.h. *Stetigkeit der Funktion* $\psi = \sum c_n\,u_n$ *bei der plötzlichen Änderung des Parameters a*

$$c_m(t) = \sum_n S_{mn}\,c_n(0) \tag{11.14}$$

mit

$$S_{mn} = \int u_m^*(a)\,u_n(0)\,dq\,.$$

Sind H_{mn} die Matrixelemente der neuen HAMILTON-Funktion, die dem Parameterwert a entspricht, in bezug auf das zu $H(0)$ gehörige Funktionensystem

$$H_{mn} = \int u_m^*(0)\,H(a)\,u_n(0)\,dq\,, \tag{11.15}$$

so gilt

$$E(a) = SHS^{-1}\,, \tag{11.16}$$

d.h. S bringt die Matrix der neuen HAMILTON-Funktion auf Diagonalform.

Nun können wir die allgemeine Wahrscheinlichkeitsaussage der Quantentheorie diskutieren (wobei wir die Schreibweise der Einfachheit halber den Größen mit diskreten Eigenwerten anpassen). Diese pflegt in folgender Weise formuliert zu werden: Es wird gefragt nach der Wahrscheinlichkeit $W(F_n;\,G_m)$

---

[1] Vgl. hierzu C. G. DARWIN, Proc. Roy. Soc. Lond., Ser. A **117**, 258 (1927), bes. § 10.

dafür, daß zu einem bestimmten Zeitmoment t_1 eine gewisse Größe F den speziellen Wert F_n annimmt, wenn vorher, zu einer Zeit $t_0 = t_1 - \tau$, eine andere Größe G den Wert G_m angenommen hat. Wenn S die Transformationsmatrix ist, welche von der Darstellung der Matrizen, bei der $F(t_0)$ auf Diagonalform gebracht ist, zur Darstellung der Matrizen führt, in der $G(t_1)$ auf Diagonalform gebracht ist, so ist die gesuchte Wahrscheinlichkeit gegeben durch

$$W(F_n; G_m) = |S_{nm}|^2. \tag{11.17}$$

(Sie ist also überdies symmetrisch in bezug auf die Größen F, G.) Diese Aussage ist in unseren früheren Aussagen enthalten, wenn a) eine oder beide der Größen F und G Orts- oder Impulsvariable sind (eventuell für verschiedene Zeitmomente, vgl. Ziff. 3, 4, 5 und 9) oder b) eine oder beide der Größen F und G mit der Hamilton-Funktion des Systems vertauschbar, also zeitlich konstant sind.

Sind keine dieser beiden Möglichkeiten zutreffend, so kann man sich durch einen Trick helfen, der eine dritte Möglichkeit zur Messung der Größe bildet und auf der eben besprochenen „plötzlichen" Änderung der Hamilton-Funktion beruht. Die Aussage (11.17) ist auch dann gültig, wenn c) es möglich ist, durch Änderung eines Parameters, z.B. Abschalten eines äußeren Feldes, die betreffenden Größen „plötzlich" (im oben erläuterten Sinn) zeitlich konstant zu machen (d.h. die Hamilton-Funktion so abzuändern, daß die betreffende Größe mit ihr vertauschbar wird) („Stopannahme"). In diesem Fall kann man nämlich zuerst zur Zeit t_0 die Größe F zeitlich konstant machen und sie messen, sodann, nach Ablauf der Zeit τ vom Ende der Messung an gerechnet, die Größe G zeitlich konstant machen und diese messen. Aus dem oben bewiesenen Resultat über die plötzliche Änderung zusammen mit dem in Ziff. 9 bewiesenen folgt dann in der Tat die Gültigkeit von (11.17) für diesen Fall.

Es muß aber betont werden, daß diese Möglichkeit des plötzlichen Stoppens einer Größe nur in sehr beschränktem Umfang möglich ist. Zum Beispiel ist es unmöglich, die Kernladung des Protons plötzlich „abzuschalten" und so den Impuls des Elektrons im H-Atom plötzlich zeitlich konstant zu machen. In diesem Fall gelingt allerdings die Bestimmung der Eigenfunktion $\varphi_n(p)$ im Impulsraum durch eine Messung zweiter Art (deren unmittelbare Wiederholung ein verschiedenes Resultat geben würde) (Möglichkeit a). Es ist jedoch nicht allgemein bewiesen, daß jede Größe sich innerhalb beliebig kurzer Zeit messen läßt, selbst wenn man Messungen zweiter Art zuläßt.

Aus diesem Grunde ziehen wir es vor, zum Unterschied von der dogmatischen Begründung der Transformationstheorie die allgemeine Aussage (11.17) nicht als Axiom einzuführen. Letzten Endes läßt sich ja die Messung einer Größe, sofern sie möglich ist, auf die Ortsmessung an einem Apparat zurückführen. Ein Apparat mißt eine Größe F, wenn bei Zerlegung der ψ-Funktion nach den normierten Orthogonalfunktionen u_n des zu F gehörigen Operators F, der Apparat *mit Sicherheit* die „Zeigerstellung" Q_1, bzw. Q_2, ... bzw. Q_n... aufweist, sobald ψ vor der Messung speziell gleich u_1, bzw. u_2, ... bzw. u_n war. Im allgemeinen Fall ist dann die Wahrscheinlichkeit der Zeigerstellung Q_n zu *definieren* als die Wahrscheinlichkeit, daß die Größe F vor der Messung den Wert F_n hatte. Aus der Bedeutung der ψ-Funktion des Apparates und der Linearität aller Hamilton-Operatoren *folgt* dann, daß diese Wahrscheinlichkeit gleich ist dem Quadrat des Absolutbetrages des Entwicklungskoeffizienten c_n der ψ-Funktion des zu messenden Systems (vor der Messung) nach der Funktion u_n $(c_n = \int u_n^* \psi_n dq)$. Wird später an dem System mit neuen Apparaten, die durch neue „Zeigerstellungen" $Q_1, Q_2, \ldots$ beschrieben werden, eine neue Messung der anderen Größe G gemacht, so ist die

Wahrscheinlichkeit dafür, daß die neue Größe G einen gewissen Wert G_m hat, wenn früher die Größe F mit Sicherheit den Wert F_n hatte, *definiert* als identisch mit der Wahrscheinlichkeit, dafür, daß der neue Apparat die Zeigerstellung Q_m aufweist, wenn bekannt ist, daß der erste Apparat, der diesmal einen eindeutigen Schluß auf den Zustand nach der Messung zulassen muß (was bei Messungen zweiter Art nicht dasselbe ist wie der Zustand vor der Messung) mit Sicherheit die Zeigerstellung Q_n hatte. Die letztere Aussage ist aber gleichbedeutend damit, daß der Zustand des zu messenden Systems nach der ersten Messung durch die Eigenfunktion u_n beschrieben wird[1]. Sind $v_1, v_2, \ldots, v_m, \ldots$ die Eigenfunktionen der Größe G, so ist also dann die Wahrscheinlichkeit $W(F_1, G_m)$ in der Tat gleich $|S_{nm}|^2$, worin $S_{nm} = \int u_n v_m^* dq$.

Damit scheinen alle Aussagen über die beliebigen Größen F, G zurückgeführt auf die entsprechenden Wahrscheinlichkeitsaussagen über die Zeigerstellungen der Apparate, also auf Ortswahrscheinlichkeiten. *Wir lassen es dabei aber offen, ob Apparate mit der postulierten Beschaffenheit für beliebige Größen F, G wirklich existieren.* Denn dies ist wesentlich davon abhängig, welche HAMILTON-Funktionen in der Natur wirklich vorkommen, und darüber kann die unrelativistische Wellenmechanik keine Aussagen machen. Ihre Begriffe und ihr Formalismus sind vielmehr konsequenterweise so allgemein, daß die Theorie bei der Existenz beliebiger (HERMITEscher) HAMILTON-Operatoren widerspruchsfrei bliebe.

12. Grenzübergang zur klassischen Mechanik. Beziehung zur älteren Quantentheorie. Bereits in Ziff. 5 wurde eine Beziehung der wellenmechanischen Gleichung zur klassischen Mechanik angegeben, nämlich daß der Mittelpunkt eines Wellenpaketes sich stets so bewegt wie ein Massenpunkt, auf den eine Kraft wirkt, die mit dem Mittelwert der klassischen Kraft über das Wellenpaket übereinstimmt. Dies bedeutet an sich noch keinen völligen Grenzübergang zur klassischen Mechanik, da ja die klassische Kraft längs des Wellenpaketes sehr stark variieren und daher der Mittelwert der klassischen Kraft von ihrem Wert an der Stelle des Paketmittelpunktes beliebig stark abweichen kann. Man erhält vielmehr nur dann Übereinstimmung mit den aus den klassisch mechanischen Bahnen abgeleiteten Eigenschaften des Systems, wenn man Pakete bauen kann, innerhalb deren die klassische Kraft nur wenig variiert und sie nur innerhalb solcher Zeiten zu betrachten braucht, während deren die Dimensionen des Paketes sich nur wenig verändern. Handelt es sich um stationäre Zustände und periodische Bahnen, so muß man verlangen, daß diese Zeit mindestens mehrere Umlaufsperioden beträgt, damit die Eigenschaften der im Wellenpaket enthaltenen stationären Zustände, sofern sich diese untereinander relativ nur wenig unterscheiden, annähernd mit Hilfe von Bahnvorstellungen beschrieben werden können.

Der Grenzübergang von der Wellenmechanik zur klassischen Mechanik ist formal analog dem Übergang von der Wellenoptik zur geometrischen Optik (HAMILTON), und diese Analogie war sogar der Ausgangspunkt der Überlegungen von DE BROGLIE und SCHRÖDINGER, die zur Aufstellung der Wellenmechanik geführt haben. Er ergibt sich, wenn man in der allgemeinen Wellengleichung

$$-\frac{\hbar}{i}\frac{\partial\psi}{\partial t} = H\psi$$

---

[1] Man hat zu bilden $\dfrac{\overline{\psi}(q, Q_n)}{(\int |\overline{\psi}(q, Q_n)|^2 \, dQ)^{\frac{1}{2}}}$, wenn $\overline{\psi}(q, Q_n)$ die Funktion des Gesamtsystems nach der Messung ist. Durch die Wirkung des Apparates geht jede Rückerinnerung an frühere Zustände des Systems verloren, da die *Phase* von c_n in unkontrollierbarer Weise beeinflußt wird.

für ψ den Ansatz macht

$$\psi = e^{\frac{i}{\hbar} S} \tag{12.1}$$

und dann S nach steigenden Potenzen von $\hbar/i$ entwickelt[1]:

$$S = S_0 + \left(\frac{\hbar}{i}\right) S_1 + \left(\frac{\hbar}{i}\right)^2 S_2 + \cdots . \tag{12.2}$$

Setzen wir für den Hamilton-Operator, zunächst in kartesischen Koordinaten, an [vgl. (5.11), (5.12); wir wollen hier $\sum\limits_a V^a (x^a)$ in $V(q_1 \ldots q_f)$ mit einbezogen denken]:

$$H = \sum_k \frac{1}{2m_k} \left(\frac{\hbar}{i} \frac{\partial}{\partial q_k} + A_k\right)^2 + V ,$$

worin die $A_k = -\frac{e_k}{c} \Phi_k$ und V beliebige (reelle) Funktionen der q sein können. Dann wird gemäß (12.1) zunächst

$$\left(\frac{\hbar}{i} \frac{\partial}{\partial q_k} + A_k\right) e^{\frac{i}{\hbar} S} = \left(\frac{\partial S}{\partial q_k} + A_k\right) e^{\frac{i}{\hbar} S} ,$$

$$\left(\frac{\hbar}{i} \frac{\partial}{\partial q_k} + A_k\right)^2 e^{\frac{i}{\hbar} S} = \left[\left(\frac{\partial S}{\partial q_k} + A_k\right)^2 + \frac{\hbar}{i} \left(\frac{\partial^2 S}{\partial q_k^2} + \frac{\partial A_k}{\partial q_k}\right)\right] e^{\frac{i}{\hbar} S} .$$

Die Wellengleichung ergibt somit zunächst ohne Vernachlässigung mit Abspaltung des Faktors $e^{\frac{i}{\hbar} S}$:

$$-\frac{\partial S}{\partial t} = \sum_k \frac{1}{2m_k} \left[\left(\frac{\partial S}{\partial q_k} + A_k\right)^2 + \frac{\hbar}{i} \frac{\partial}{\partial q_k} \left(\frac{\partial S}{\partial q_k} + A_k\right)\right] + V , \tag{12.3}$$

was vermöge der Reihenentwicklung (12.2) schließlich übergeht in die sukzessiven Gleichungen

$$-\frac{\partial S_0}{\partial t} = \sum_k \frac{1}{2m_k} \left(\frac{\partial S_0}{\partial q_k} + A_k\right)^2 + V = H\left(\frac{\partial S_0}{\partial q_k}, q_k\right) , \tag{12.4$_0$}$$

d.h. es ist in der Hamilton-Funktion p_k einfach durch $\partial S_0/\partial q_k$ ersetzt, ferner

$$-\frac{\partial S_1}{\partial t} = \sum_k \frac{1}{2m_k} \left[2\left(\frac{\partial S_0}{\partial q_k} + A_k\right) \frac{\partial S_1}{\partial q_k} + \frac{\partial}{\partial q_k} \left(\frac{\partial S_0}{\partial q_k} + A_k\right)\right] , \quad \Big\}$$
$$\cdots \cdots \cdots \cdots \cdots \cdots \cdots \cdots \cdots \cdots \cdots \tag{12.4$_1$}$$

Statt (12.4$_1$) kann man auch schreiben

$$-\frac{\partial}{\partial t} e^{2S_1} = \sum_k \frac{\partial}{\partial q_k} \left[\frac{1}{2m_k} \left(\frac{\partial S_0}{\partial q_k} + A_k\right) e^{2S_1}\right] . \tag{12.5}$$

Die Gln. (12.4$_0$) und (12.5) haben eine einfache physikalische Bedeutung. Erstere ist die bekannte Hamilton-Jacobische partielle Differentialgleichung der Mechanik. Dabei ist zu beachten, daß die Lösungen dieser Gleichung in den Gebieten, die von der betrachteten Schar mechanischer Bahnen erreicht werden, reell sind. Nach (12.4$_1$) ist dann auch S_1 in diesen Gebieten reell. Unter der Voraussetzung des reellen Charakters von S_0 und S_1 ist nun (12.5) (bei Vernachlässigung

---

[1] Dieser Ansatz stammt von G. Wentzel, Z. Physik **38**, 518 (1926), und L. Brillouin, C. R. Acad. Sci., Paris **183**, 24 (1926).

von $S_2 \ldots$) identisch mit der *Kontinuitätsgleichung*. In der Tat ist dann

$$\varrho = \psi^* \psi = e^{2S_1},$$

$$i_k = \frac{1}{2m_k}\left[\psi^*\left(\frac{\hbar}{i}\frac{\partial\psi}{\partial q_k} + A_k\psi\right) + \psi\left(-\frac{\hbar}{i}\frac{\partial\psi^*}{\partial q_k} + A_k\psi^*\right)\right] = \frac{1}{m_k}\left(\frac{\partial S_0}{\partial q_k} + A_k\right)e^{2S_1}.$$

Wegen

$$\dot{q}_k = \frac{\partial H}{\partial p_k} = \frac{1}{m_k}\left(\frac{\partial S_0}{\partial q_k} + A_k\right) \tag{12.6}$$

gilt dann

$$i_k = \varrho\,\dot{q}_k, \tag{12.7}$$

und (12.5) nimmt die Form an

$$\frac{\partial\varrho}{\partial t} + \sum_k \frac{\partial}{\partial q_k}(\varrho\,\dot{q}_k) = 0, \tag{12.8}$$

was der Kontinuitätsgleichung entspricht. Konstruieren wir also durch die Punkte des q-Raumes, in denen S_0 reell ist, gemäß (12.6) eine mechanische Bahn [wenn in der Lösung S_0 von (12.4$_0$) kein weiterer Parameter vorkommt, ist es *eine* mechanische Bahn, im allgemeinen Fall entspricht jeder Spezialisierung der in S_0 vorkommenden Parameter $\alpha_1, \alpha_2, \ldots$ durch bestimmte Zahlenwerte eine bestimmte mechanische Bahn], so bleibt die Dichte gemäß (12.8) längs dieser Bahn zeitlich konstant. *In der betrachteten Näherung verhalten sich also die Wellenpakete genau wie eine Gesamtheit von Massenpunkten, die sich auf den klassischen mechanischen Bahnen bewegen.* Daß diese Bahnen auch die zweite Hälfte

$$\dot{p}_k = -\frac{\partial H}{\partial q_k}$$

der klassischen Bewegungsgleichungen erfüllen, ist, wie aus der HAMILTON-JACOBIschen Theorie bekannt, eine einfache Folge aus (12.4$_0$) und (12.6).

Was den Gültigkeitsbereich der in Rede stehenden Näherung betrifft, so kann man ihn nach (12.3) dadurch charakterisieren, daß das mit $\hbar/i$ multiplizierte Glied in (12.3) klein sein soll gegen das erste Glied, also mit der Abkürzung

$$\pi_k = \frac{\partial S}{\partial q_k} + A_k = p_k + A_k = m_k\dot{q}, \tag{12.9}$$

$$\hbar\sum_k \frac{\partial\pi_k}{\partial q_k} \ll \sum_k \pi_k^2. \tag{12.10}$$

Im Falle der Abwesenheit eines Magnetfeldes und eines einzigen Teilchens ist

$$\pi_k = p_k = \frac{h}{\lambda}n_k,$$

wenn n_k die Komponenten eines Einheitsvektors in der Bewegungsrichtung darstellen, so daß (12.10) hier die spezielle Form annimmt

$$\lambda^2 \sum_k \frac{\partial}{\partial q_k}\left(\frac{n_k}{\lambda}\right) \ll 1$$

oder

$$\sum_k \left(\lambda\frac{\partial n_k}{\partial q_k} - n_k\frac{\partial\lambda}{\partial q_k}\right) \ll 1. \tag{12.10'}$$

Im Falle eines eindimensionalen Problems, wo $n_k = \pm 1$ ist, wird dies schließlich noch einfacher:

$$\left|\frac{\partial\lambda}{\partial x}\right| \ll 1. \tag{12.10''}$$

Die Ungleichung (12.10) ist im allgemeinen verletzt an den Umkehrpunkten, wo eines der π_k, also auch $\dot{q}_k$ verschwindet, da dort $\partial \pi_k / \partial q_k$ unendlich groß werden kann; insbesondere ist dies immer der Fall bei einem eindimensionalen Problem. In der Nähe dieser Umkehrpunkte versagt also die klassische Mechanik, und für das Verhalten der Lösung in der Nähe dieser kritischen Punkte sind besondere Untersuchungen erforderlich, die sogleich besprochen werden sollen. Die Gln. (12.4) bzw. (12.5) können jedoch auch in dem nach der klassischen Mechanik unerreichbaren Gebiet verwendet werden, wo S_0 imaginär wird, da bei Aufstellung dieser Gleichungen über den Realitätscharakter der Funktionen noch nichts vorausgesetzt wurde.

Für eine stationäre Lösung

$$\psi = e^{-\frac{i}{\hbar} E t}\, u$$

ist zu setzen

$$S = - E t + \overline{S}, \qquad u = e^{\frac{i}{\hbar}\overline{S}},$$

worin jetzt $\overline{S}$ und u unabhängig von t sind. Mit

$$\overline{S} = \overline{S}_0 + \frac{\hbar}{i}\, \overline{S}_1 + \cdots \tag{12.11}$$

wird dann (12.4) und (12.5)

$$\sum_k \frac{1}{2m_k}\left(\frac{\partial \overline{S}_0}{\partial q_k} + A_k\right)^2 + V = H\left(\frac{\partial \overline{S}_0}{\partial q_k}, q_k\right) = E, \tag{12.12$_0$}$$

$$0 = \sum_k \frac{1}{2m_k}\left[2\left(\frac{\partial \overline{S}_0}{\partial q_k} + A_k\right)\frac{\partial \overline{S}_1}{\partial q_k} + \frac{\partial}{\partial q_k}\left(\frac{\partial \overline{S}_0}{\partial q_k} + A_k\right)\right], \tag{12.12$_1$}$$

$$0 = \sum_k \frac{\partial}{\partial q_k}\left[\frac{1}{m_k}\left(\frac{\partial \overline{S}_0}{\partial q_k} + A_k\right)e^{2\overline{S}_1}\right]. \tag{12.13}$$

Es ist leicht, die vorstehenden Überlegungen auf den Fall krummliniger Koordinaten zu verallgemeinern. Ist

$$ds^2 = \sum_\varkappa \sum_\lambda g_{\varkappa\lambda}\, dq_\varkappa\, dq_\lambda$$

das Linienelement und $g^{\varkappa\lambda}$ die zu $g_{\varkappa\lambda}$ reziproke Matrix ($g_{\varkappa\alpha} g^{\lambda\alpha} = \delta_\varkappa^\lambda$), D gleich der Quadratwurzel aus der Determinante $g = |g_{i\varkappa}|$, so lautet die Wellengleichung nach Gl. (5.40)

$$-\frac{\hbar}{i}\frac{\partial \psi}{\partial t} = \frac{1}{2D}\left(\frac{\hbar}{i}\frac{\partial}{\partial q_\varkappa} + A_\varkappa\right)D g^{\varkappa\lambda}\left(\frac{\hbar}{i}\frac{\partial}{\partial q_k} + A_\lambda\right)\psi + V\psi.$$

Dabei sind die Faktoren $m_\varkappa$ in die $g_{\varkappa\lambda}$ mit einbezogen zu denken, und es ist hier wie im folgenden über jeden zweimal vorkommenden Index stets zu summieren. Die Substitution (12.1) ergibt dann an Stelle von (12.3)

$$-\frac{\partial S}{\partial t} = \frac{1}{2}g^{\varkappa\lambda}\left(\frac{\partial S}{\partial q_\varkappa} + A_\varkappa\right)\left(\frac{\partial S}{\partial q_\lambda} + A_\lambda\right) + \frac{1}{2}\frac{1}{D}\frac{\hbar}{i}\frac{\partial}{\partial q_\varkappa}D g^{\varkappa\lambda}\left(\frac{\partial S}{\partial q_\lambda} + A_\lambda\right) + V. \tag{12.3*}$$

Einsetzen der Entwicklung (12.2) führt (unter Berücksichtigung von $g^{\varkappa\lambda} = g^{\lambda\varkappa}$) zu

$$-\frac{\partial S_0}{\partial t} = \frac{1}{2}g^{\varkappa\lambda}\left(\frac{\partial S_0}{\partial q_\varkappa} + A_\varkappa\right)\left(\frac{\partial S_0}{\partial q_\lambda} + A_\lambda\right) + V = H\left(\frac{\partial S_0}{\partial q_\varkappa}, q_\varkappa\right), \tag{12.4$_0^*$}$$

$$-\frac{\partial S_1}{\partial t} = g^{\varkappa\lambda}\left(\frac{\partial S_0}{\partial q_\varkappa} + A_\varkappa\right)\frac{\partial S_1}{\partial q_\lambda} + \frac{1}{2}\frac{1}{D}\frac{\partial}{\partial q_\varkappa}D g^{\varkappa\lambda}\left(\frac{\partial S_0}{\partial q_\lambda} + A_\lambda\right) \tag{12.4$_1^*$}$$

oder

$$-\frac{\partial}{\partial t}e^{2S_1} = \frac{1}{D}\frac{\partial}{\partial q_\varkappa}\left[D g^{\varkappa\lambda}\left(\frac{\partial S_0}{\partial q_\lambda} + A_\lambda\right)e^{2S_1}\right]. \tag{12.5*}$$

Für

$$\varrho = D\,\psi\psi^{*}, \qquad i^{\varkappa} = D\,g^{\varkappa\lambda}\left[\psi^{*}\left(\frac{\hbar}{i}\,\frac{\partial\psi}{\partial q_{\lambda}} + A_{\lambda}\psi\right) + \psi\left(-\frac{\hbar}{i}\,\frac{\partial\psi^{*}}{\partial q_{\lambda}} + A_{\lambda}\psi^{*}\right)\right]$$

folgt aus der Wellengleichung allgemein die Kontinuitätsgleichung

$$\frac{\partial\varrho}{\partial t} + \frac{\partial}{\partial q_{\varkappa}}\,i^{\varkappa} = 0,$$

und für reelles S_0 und S_1 wird wieder in der betrachteten Näherung

$$\varrho = e^{2S_1},$$

$$\dot{q}^{\varkappa} = \frac{\partial H}{\partial p_{\varkappa}} = g^{\varkappa\lambda}\left(\frac{\partial S_0}{\partial q_{\lambda}} + A_{\lambda}\right), \tag{12.6*}$$

$$i^{\varkappa} = \varrho\,\dot{q}^{\varkappa}, \tag{12.7*}$$

woraus sich dann dieselben Folgerungen ziehen lassen wie früher bei kartesischen Koordinaten.

Die Einführung krummliniger Koordinaten ist deshalb wichtig, weil bei geeigneter Wahl derselben bei speziellen HAMILTON-Funktionen manchmal Separation der Variablen erzielt werden kann. In diesem Fall zerfällt die stationäre Lösung u in ein Produkt aus Funktionen verschiedener Variablen

$$u = u_1(q_1)\ldots u_f(q_f)$$

und entsprechend zerfällt $\overline{S}$ additiv

$$\overline{S} = \overline{S}_1(q_1) + \cdots + \overline{S}_f(q_f).$$

Jede dieser Funktionen $\overline{S}_{\varkappa}(q_{\varkappa})$ genügt dann einer Differentialgleichung zweiter Ordnung in dieser Variablen, in der aber neben der Energiekonstante noch $f-1$ weitere Konstante $\alpha_2,\ldots,\alpha_f$ als Parameter vorkommen. Alles, was im folgenden über Systeme von einem Freiheitsgrad gesagt wird, gilt mutatis mutandis auch von der Bewegung in jeder Separationskoordinate $q_{\varkappa}$ und der zugehörigen Eigenfunktion $u_{\varkappa}(q_{\varkappa})$ eines separierbaren Systems. Insbesondere ist dies für die radiale Bewegung eines Massenpunktes unter dem Einfluß einer Zentralkraft der Fall.

Wir wollen nun den *eindimensionalen* Fall noch genauer betrachten. Hierbei ist es konsequent, das Vektorpotential Null zu setzen, da es im eindimensionalen Fall zu keinem Magnetfeld Anlaß gibt. Suchen wir gleich die stationäre Lösung und schreiben wir der Einfachheit halber jetzt S statt $\overline{S}_0$ und a statt $e^{\overline{S}_1}$, so daß in der betrachteten Näherung

$$u = a\,e^{\frac{i}{\hbar}S},$$

so wird jetzt (12.12_0) und (12.13)

$$\frac{1}{2m}\left(\frac{dS}{dx}\right)^2 + V(x) = E, \tag{12.14}$$

$$0 = \frac{d}{dx}\left(a^2\,\frac{dS}{dx}\right), \tag{12.15}$$

also mit

$$p(x) = \sqrt{2m\left(E - V(x)\right)} = \pm\frac{dS}{dx} \tag{12.16}$$

$$S = \pm\int^{x} p(x)\,dx,$$

wobei wir über die untere Grenze des Integrals noch geeignet verfügen werden und dem doppelten Vorzeichen zwei verschiedene Partikularlösungen von (12.14) entsprechen. Sodann folgt

$$a^2\,\frac{dS}{dx} = \text{const} = c^2,$$

$$a = \frac{c}{\sqrt{p(x)}} = \frac{c}{\sqrt{2m\left(E - V(x)\right)}}. \tag{12.17}$$

Die allgemeine Lösung von (12.14) und (12.15) lautet also

$$u = \frac{C_1}{\sqrt{p(x)}}\, e^{+\frac{i}{\hbar}\int_{a_1}^{x} p(x)\,dx} + \frac{C_2}{\sqrt{p(x)}}\, e^{-\frac{i}{\hbar}\int_{a_2}^{x} p(x)\,dx}. \tag{12.18}$$

Sie versagt in der Nähe der Stellen, wo $p(x)$ verschwindet. Auch in den Gebieten, wo $E - V(x)$ negativ ist, $p(x)$ also rein imaginär wird, die also von der klassisch-mechanischen Bahn nicht erreicht werden können, existiert eine Lösung der Form (12.18). Wir schreiben sie in diesem Gebiet der Deutlichkeit halber in der Form

$$u = \frac{C_1'}{\sqrt{|p(x)|}}\, e^{-\frac{1}{\hbar}\int_{a_1}^{x} |p(x)|\,dx} + \frac{C_2'}{\sqrt{|p(x)|}}\, e^{+\frac{1}{\hbar}\int_{a_2}^{x} |p(x)|\,dx}. \tag{12.18'}$$

Die Betrachtung der Differentialgleichungen (12.14) und (12.15) der geometrischen Optik (klassischen Mechanik) allein ist nicht ausreichend, um die Partikular-lösungen (12.18) und (12.18') an den kritischen Stellen, den Umkehrstellen mit $p(x)=0$ richtig zusammenzusetzen. Da hier unter „richtig" zu verstehen ist, daß diese *verschiedenen* Partikularlösungen von (12.14), (12.15) *dieselbe* Partikular-lösung $u(x)$ der strengen Wellengleichung

$$\hbar^2 \frac{d^2 u}{dx^2} + p^2(x)\, u = 0$$

in den verschiedenen Gebieten, wo $p^2(x) > 0$ und $p^2(x) < 0$ approximieren sollen, ist es unerläßlich, die strenge Wellengleichung wenigstens in der Nähe der Um-kehrpunkte heranzuziehen.

Die hier aufgeworfene, nicht ganz einfache mathematische Frage ist von Kramers und seinen Schülern ausführlich untersucht worden[1]. Das Resultat ist folgendes: Wir nehmen an, daß $V(x)$ beim Umkehrpunkt stetig ist (dies ermög-licht die Zuhilfenahme der komplexen Ebene beim Beweise). Es sei ferner rechts vom Umkehrpunkt $x = a$, d.h. für $x > a$, $p^2(x) > 0$ für $x < a$ dagegen $p^2(x) < 0$. Dann ist

$$\left.\begin{aligned} u(x) &= \frac{C}{\sqrt{|p(x)|}}\, e^{-\frac{1}{\hbar}\int_{x}^{a} |p(x)|\,dx} &\text{für}\quad x < a, \\[2em] u(x) &= \frac{C}{\sqrt{p(x)}}\, 2\cos\left[\frac{1}{\hbar}\int_{a}^{x} p(x)\,dx - \frac{\pi}{4}\right] &\text{für}\quad x > a \end{aligned}\right\} \tag{12.19}$$

nach Kramers eine „richtige" Zuordnung. Allgemeiner entspricht

$$\left.\begin{aligned} u(x) &= \frac{C}{i\sqrt{|p(x)|}}\, e^{+\frac{1}{\hbar}\int_{x}^{a} |p(x)|\,dx} + \frac{1}{2}\,\frac{C}{\sqrt{|p(x)|}}\, e^{-\frac{1}{\hbar}\int_{x}^{a} |p(x)|\,dx} &\text{für } x < a, \\[2em] u(x) &= \frac{C}{\sqrt{p(x)}}\, e^{\,i\left[\frac{1}{\hbar}\int_{a}^{x} p(x)\,dx - \frac{\pi}{4}\right]} &\text{für}\quad x > a. \end{aligned}\right\} \tag{12.20}$$

Bildet man von beiden Ausdrücken in (12.20) den reellen Teil, was erlaubt ist, so gelangt man zur Zuordnung (12.19) zurück. Durch Bildung des imaginären

---

[1] H. A. Kramers: Z. Physik **39**, 828 (1926). — A. Zwaan: Dissert. Utrecht 1929, s. ins-besondere Kap. III, § 2. — K. F. Niessen: Ann. d. Phys. **85**, 497 (1928). — H. A. Kramers u. G. P. Ittmann: Z. Physik **58**, 217 (1929), bes. S. 221 und 222.

Teiles gelangt man ebenfalls zu einer richtigen Zuordnung. Es ist richtig, daß der zweite Term im ersten Ausdruck (12.20) so klein gegen den ersten ist, daß er innerhalb der Fehlergrenzen der ganzen asymptotischen Darstellung liegt und für viele Zwecke fortgelassen werden kann. Bei allen Fragen jedoch, wo nicht nur der Betrag von $u(x)$, sondern auch die Phase von $u(x)$ eine Rolle spielt, ist es berechtigt, ihn beizuhalten; insbesondere sorgt er dafür, daß der Strom, gebildet für $x < a$, gleich wird dem Strom für $x > a$, wie es die Kontinuitätsgleichung verlangt.

Bei einem zweiten Umkehrpunkt $b > a$, der das erlaubte Gebiet zur Linken hat, gilt die zu (12.19) analoge Zuordnung

$$\left.\begin{aligned}
u(x) &= \frac{C'}{\sqrt{|p(x)|}}\, e^{-\frac{1}{\hbar}\int\limits_{b}^{x}|p(x)|\,dx} && \text{für}\quad x > b, \\[2ex]
u(x) &= \frac{C'}{\sqrt{p(x)}}\, 2\cos\left[\frac{1}{\hbar}\int\limits_{x}^{b} p(x)\,dx - \frac{\pi}{4}\right] && \text{für}\quad x < b.
\end{aligned}\right\} \qquad (12.20')$$

Wir können nun die Quantenbedingungen angeben, falls das Gebiet, in welchem $p^2(x) > 0$, für den betreffenden Energiewert E aus einem einzigen, nicht unterbrochenen Intervall $a < x < b$ besteht. *Diese Annahme führen wir ausdrücklich ein.* Dann müssen, damit $u(x)$ sowohl für $x = -\infty$ als auch für $x = +\infty$ beschränkt bleibt, die exponentiell ansteigenden Partikularlösungen in den *beiden* Gebieten $x < a$ und $x > b$ fehlen und die (übrigens sehr steil) abfallenden Partikularlösungen dort allein vorhanden sein. Hierfür ist nach (12.20) und (12.20') notwendig, daß für alle x im Intervall $a < x < b$

$$C \cos\left[\frac{1}{\hbar}\int\limits_{a}^{x} p(x)\,dx - \frac{\pi}{4}\right] = C' \cos\left[\frac{1}{\hbar}\int\limits_{x}^{b} p(x)\,dx - \frac{\pi}{4}\right].$$

Dies ist nur möglich, wenn die (konstante) Summe der beiden Phasen gleich ist einem Multiplum von π:

$$\frac{1}{\hbar}\int\limits_{a}^{b} p(x)\,dx - \frac{\pi}{2} = n\pi,$$

oder mit

$$J = 2\int\limits_{a}^{b} p(x)\,dx = \oint p(x)\,dx, \qquad\qquad (12.21)$$

$$\frac{1}{\hbar} J = \left(n + \frac{1}{2}\right) 2\pi, \qquad J = \left(n + \frac{1}{2}\right) h. \qquad\qquad (12.22)$$

Überdies ist

$$C' = (-1)^n\, C.$$

Dies stimmt damit überein, daß *n die Anzahl der Knoten der Eigenfunktion* bedeutet; in der Tat wächst die Phase

$$\frac{1}{\hbar}\int\limits_{a}^{x} p(x)\,dx - \frac{\pi}{4}$$

von $-\dfrac{\pi}{4}$ bis $\left(n + \dfrac{1}{2}\right)\pi - \dfrac{\pi}{4}$, wenn x von a bis b läuft, der Cosinus nimmt dabei also n-mal den Wert Null an.

117

Das Resultat (12.22) führt auf die Quantisierungsregel der älteren Quantentheorie, aber mit „halbzahliger Quantelung", d.h. das Phasenintegral der älteren Quantentheorie wird ein halbzahliges Vielfaches von h. Es zeigt sich also, daß dies eine bessere Approximation an die Wellenmechanik darstellt, als wenn man ganzzahlig quantisieren würde. Nach dem früher Gesagten gilt dies auch von Systemen mit mehreren Freiheitsgraden, sobald sie Separation der Variablen gestatten. Dabei ist jedoch besonders vorausgesetzt, daß der betreffende Freiheitsgrad von *oszillatorischem Typus* ist, d.h. daß zu jedem Wert der betreffenden Koordinate q in einem bestimmten Intervall zwei durch das Vorzeichen unterschiedene Werte der Geschwindigkeiten $\dot{q}$ des Teilchens gehören, so daß jeder Punkt im Laufe einer vollen Periode zweimal durchlaufen wird, während die q-Punkte außerhalb des betreffenden Intervalles von keiner mechanischen Bahn mit denselben Werten der Integrationskonstanten erreichbar sein sollen. Der oszillatorische Typus eines Freiheitsgrades steht im Gegensatz zum *rotatorischen Typus*, der z.B. bei einer cyclischen Winkelkoordinaten (Präzessionsbewegung um eine raumfeste Achse) vorliegt. Wir werden sehen, daß in diesem Fall (sobald es sich um die Umlaufsbewegung eines Teilchens und nicht um den Spin handelt) die Wellenmechanik zur ganzzahligen Quantisierung führt.

Ist mehr als ein Intervall vorhanden, welches von klassischen Bahnen mit derselben Gesamtenergie erreichbar ist, so treten nach der Wellenmechanik eigenartige Effekte ein, die darauf beruhen, daß nach (12.20) die Wellenfunktion in dem klassisch unerreichbaren Gebiet nicht exakt Null, sondern nur klein ist. Während klassisch zwei Gebiete für ein Teilchen bestimmter Gesamtenergie durch einen „Potentialberg" endlicher Höhe vollständig getrennt werden, kann die Wellenfunktion vom einen Gebiet in das andere „hindurchsickern", und die stationäre Lösung wird sogar in beiden Gebieten merklich gleiche Dichte haben[1]. Dieser Umstand ist von fundamentaler Bedeutung für zahlreiche Anwendungen der Quantentheorie[2]. Wir werden ihm übrigens in Abschnitt B, Ziff. 5, bei der relativistischen Quantentheorie nochmals begegnen.

Was die Bedingung (12.10″) betrifft, so ist sie außer in der Nähe der Umkehrpunkte um so besser erfüllt, je größer die Quantenzahl n ist. Wir können nun unsere Eigenfunktionen normieren, wobei zu beachten ist, daß für große Quantenzahlen die Phase

$$\frac{1}{\hbar}\int\limits_{a}^{u} p(x)\,dx - \frac{\pi}{4}$$

eine rasch veränderliche Funktion ist und solche Integrale, die eine rasch veränderliche Phase enthalten, zu vernachlässigen sind gegenüber anderen, die eine nur langsam oder gar nicht oszillierende Phase enthalten. In dieser Näherung sind die Eigenfunktionen auch orthogonal. Zur Normierung erhalten wir die Bedingung

$$4C^2\int\limits_{a}^{b}\frac{dx}{p(x)}\cos^2\left[\frac{1}{\hbar}\int\limits_{a}^{x}p(x)\,dx - \frac{\pi}{4}\right] = 1$$

oder

$$2C^2\int\limits_{a}^{b}\frac{dx}{p(x)} = 2C^2\int\limits_{a}^{b}\frac{dx}{m\,\dot{x}} = \frac{C^2}{m\,\omega} = 1,$$

---

[1] Ein direkter Nachweis des Teilchens *auf* dem Potentialberg durch Ortsbestimmung ist indessen immer mit einer solchen Unbestimmtheit der dem Teilchen zugeführten Energie verbunden, daß es *nach* dieser Energiezufuhr auch klassisch auf den Potentialberg gelangen könnte.

[2] Vgl. hierzu besonders auch E. Schrödinger, Berl. Ber. 1929, 668.

wenn [mit Rücksicht auf die Definition (12.21) des Phasenintegrals J]

$$\frac{1}{\omega} = 2\int\limits_a^b \frac{dx}{\dot{x}} = 2m\int\limits_a^b \frac{dx}{\sqrt{2m(E-V(x))}} = \frac{\partial J}{\partial E} \qquad (12.23)$$

die Periode der klassischen Bewegung bezeichnet. Also wird

$$u_n(x) = \sqrt{\frac{m\,\omega_n}{p_n(x)}}\, 2\cos\left[\frac{1}{\hbar}\int\limits_{a_n}^x p_n(x)\,dx - \frac{\pi}{4}\right] \qquad (12.24)$$

die normierte Eigenfunktion. Nun bilden wir die Matrix x_{nm}

$$x_{nm} = \int x\, u_n\, u_m\, dx = \int x \sqrt{\frac{m\,\omega_n}{p_n(x)}}\sqrt{\frac{m\,\omega_m}{p_m(x)}}\, 2\left\{\cos\left[\frac{1}{\hbar}\int\limits_{a_n}^x p_n(x)\,dx - \frac{1}{\hbar}\int\limits_{a_m}^x p_m(x)\,dx\right] + \right.$$

$$\left. + \cos\left[\frac{1}{\hbar}\int\limits_{a_n}^x p_n(x)\,dx + \frac{1}{\hbar}\int\limits_{a_m}^x p_m(x)\,dx - \frac{\pi}{2}\right]\right\}dx.$$

Da der zweite Term, der die Summe der Phasen enthält, viel rascher oszilliert als der erste Term, der die Differenz der Phasen enthält, kann er gegen diesen vernachlässigt werden. Ferner werden alle Größen relativ langsam mit der Quantenzahl variieren, so daß wir alle Differenzen der Form $F_n - F_m$ durch Differentialquotienten $\frac{\partial F}{\partial J}(n-m)\,h$ ersetzen wollen, wenn J wieder das durch (12.21) definierte Phasenintegral bezeichnet. Die Differentiation nach der unteren Grenze des Integrals $\int\limits_a^x p(x)\,dx$ gibt keinen Beitrag, da der Integrand an ihr verschwindet.

Auf diese Weise ergibt sich, wie Debye[1] gezeigt hat, wenn

$$\tau = n - m \qquad (12.25)$$

gesetzt wird:

$$x_{nm} = 2\int\limits_a^b x\, \frac{m\omega}{p(x)}\cos\left(2\pi\tau\int\limits_a^x \frac{\partial p}{\partial J}\,dx\right)dx.$$

Nun ist

$$\frac{\partial p}{\partial J} = \frac{\partial p}{\partial E}\Big/\frac{\partial J}{\partial E} = \omega\,\frac{m}{p(x)} = \omega/\dot{x},$$

also

$$\int\limits_a^x \frac{\partial p}{\partial J}\,dx = \omega t,$$

somit

$$x_{nm} = 2\int\limits_0^{1/2\omega} x(t)\,\omega\cos(2\pi\tau\omega t)\,dt = \omega\int\limits_0^{1/\omega} x(t)\cos(2\pi\tau\omega t)\,dt.$$

Zerlegen wir die klassische Bewegung nach Fourier, wobei zur Zeit $t=0$　$x=a$ sein soll, so wird

$$x = \sum_{\tau=0}^{\infty} a_\tau \cos 2\pi\tau\omega t$$

---

[1] P. Debye: Phys. Z. **28**, 170 (1926).

und

$$a_\tau = 2\omega \int_0^{1/\omega} x(t) \cos(2\pi\omega\tau t)\, dt.$$

Wir erhalten also schließlich den Zusammenhang

$$x_{nm} = \tfrac{1}{2} a_\tau = \tfrac{1}{2} a_{n-m} \tag{12.26}$$

im Grenzfall großer Quantenzahlen. Der Faktor $\tfrac{1}{2}$ ist korrekt, da die Summe

$$x_{n,\,n+\tau}\, e^{2\pi i\nu_{n,\,n+\tau}t} + x_{n,\,n-\tau}\, e^{2\pi i\nu_{n,\,n-\tau}t}$$

richtig in

$$a_\tau \cos 2\pi\tau\omega t.$$

übergeht. Ebenso kann man statt der Koordinatenmatrix die Impulsmatrix berechnen. Durch diese Resultate ist auch zugleich der Zusammenhang mit der ursprünglichen Form des Bohrschen Korrespondenzprinzips hergestellt.

Durch Zusammensetzung von mehreren Eigenfunktionen zu einer Gruppe kann man im Gebiet großer Quantenzahlen leicht ein Paket bilden, welches in der Nähe der klassischen Bahn einen Umlauf vollführt. Es stellt einen Zustand dar, bei dem eine Teilchenbahn annähernd existiert[1,2]. Umfaßt das Paket die Zustände von $n-k$ bis $n+k$, so hat die Zeit t, bei der das Paket an einer Stelle vorbeistreicht, eine Ungenauigkeit Δt, gegeben durch

$$\omega\,\Delta t \sim \frac{1}{k},$$

da $\Delta E = \dfrac{\partial E}{\partial J}\, \Delta J = \omega k h$, gilt dann

$$\Delta E\,\Delta t \sim h, \tag{12.27}$$

andererseits, wenn $\omega t + \delta_0 = w$ als Winkelvariable eingeführt wird,

$$\Delta J\,\Delta w \sim h. \tag{12.27'}$$

Hierbei ist angenommen, daß das Wellenpaket eine größere Zahl von Zuständen umfaßt, da die Phase w sonst ihren Sinn gänzlich verliert. Es sei noch erwähnt, daß es bei Systemen der betrachteten Art möglich ist, zwar nicht w, wohl aber e^{iw} als Operator (Funktion von p und q) zu definieren und ebenso[3] J. Hierin ist J hermitesch und e^{iw} unitär. Die beiden Operatoren genügen den V.-R.

$$J e^{iw} - e^{iw} J = e^{iw} h \quad \text{oder} \quad J e^{iw} = e^{iw}(J + h), \tag{12.28a}$$

woraus durch Linksmultiplikation mit e^{-iw} sowie Rechtsmultiplikation mit e^{-iw} folgt

$$e^{-iw} J - J e^{-iw} = e^{-iw} h \quad \text{oder} \quad J e^{-iw} = e^{-iw}(J - h). \tag{12.28b}$$

Wir werden jedoch diese Operatoren zu keinerlei Anwendungen benötigen.

Wesentlich ist, daß die Kenntnis der Umlaufsphase des Teilchens und diejenige des stationären Zustandes einander ausschließen. Die Umlaufsphase (Bahn) des Teilchens in einem einzigen stationären Zustand existiert nicht, da jeder Versuch, diese zu bestimmen, das System in einen anderen stationären Zustand wirft. Daß ferner eine Ähnlichkeit des zeitlichen Verlaufes der Dichte einer Wellengruppe aus mehreren stationären Zuständen mit einer klassischen Bahn nur im Grenzfall

[1] P. Debye: Phys. Z. 28, 170 (1927).
[2] C. G. Darwin: Proc. Roy. Soc. Lond., Ser. A 117, 258 (1927), insbes. § 8.
[3] P. A. M. Dirac: Proc. Roy. Soc. Lond., Ser. A 111, 279 (1926).

großer Quantenzahlen möglich ist, ergibt sich schon daraus, daß ein Wellenpaket im Phasenraum infolge der Unbestimmtheitsrelation mindestens die Fläche h einnimmt, während die klassische Bahn mit der Energie E_n des n-ten Zustandes im Phasenraum die Fläche nh umschließt. Nur wenn n eine große Zahl ist, ist diese Fläche groß gegen h, nur dann ist also ein wirklich umlaufendes Dichtepaket möglich.

Wir müssen noch angeben, wie ein Paket von der betrachteten Art sich im Lauf längerer Zeiten verhält. Hierfür ist wesentlich, daß die in der Dichte des Paketes auftretenden Frequenzen

$$\frac{E_{n+\tau} - E_{n+\sigma}}{h},$$

worin $-k \leq \tau \leq +k$, $-k \leq \sigma \leq +k$ im allgemeinen nicht *genau* den Vielfachen $(\tau - \sigma)\,\omega$ einer Grundfrequenz gleich sind, wie das bei der klassisch periodischen Bahn der Fall wäre, da die klassische Frequenz ω im allgemeinen von dem Wert des Phasenintegrals abhängt. Wir können näherungsweise setzen

$$\frac{1}{h}\left(E_{n+\tau} - E_n\right) = \tau\omega + \frac{1}{2}h\frac{\partial\omega}{\partial J}\tau^2,$$

$$\frac{1}{h}\left(E_{n+\tau} - E_{n+\sigma}\right) = (\tau - \sigma)\,\omega + \frac{1}{2}h\frac{\partial\omega}{\partial J}\left(\tau^2 - \sigma^2\right).$$

Wie DARWIN zeigte, hat dies zur Folge, daß zur Unbestimmtheit $1/k$ der Phase noch die weitere Unbestimmtheit $kh\dfrac{\partial\omega}{\partial J}t$ hinzutritt. Nach der Zeit

$$\Delta t \sim \frac{\omega}{k\,h\,\dfrac{\partial\omega}{\partial J}} \tag{12.29}$$

ist also das Paket über den ganzen Umfang der Bahn verschmiert und die Phase ist völlig verlorengegangen. Die Zahl N der Umläufe, nach denen dies eintritt, ist gegeben durch

$$N = \omega\,\Delta t \sim \frac{\omega}{k\,h\,\dfrac{\partial\omega}{\partial J}}. \tag{12.29'}$$

Nur bei speziellen Systemen, wie z.B. dem harmonischen Oszillator oder der Bewegung eines Elektrons in einer Ebene unter dem Einfluß eines auf dieser senkrechten homogenen Magnetfeldes, wo die Frequenz ω in Strenge von den Anfangsbedingungen unabhängig ist, hält das Wellenpaket dauernd zusammen. Im ersten Fall hat SCHRÖDINGER[1], im zweiten haben KENNARD[2] und DARWIN[3] strenge Lösungen für Wellengruppen von dieser Beschaffenheit angegeben.

Zum Schluß sei noch darauf hingewiesen, daß die frühere Quantentheorie überhaupt nur im Sonderfall mehrfach periodischer Systeme zu Aussagen über die stationären Zustände gelangte, während das Eigenwertproblem der Wellenmechanik stets eine Lösung besitzt. Auch in diesem allgemeinen Fall ist es, wie wir gesehen haben, stets möglich, Wellenpakete zu konstruieren, die sich längs der klassisch mechanischen Bahnen bewegen. Im Lauf der Zeit tritt aber stets eine Diffusion (Zerfließen) der Wellenpakete ein, und deshalb ist die Tatsache, daß in der Dichte eines solchen Paketes nur diskrete Frequenzen auftreten, nicht

[1] E. SCHRÖDINGER: Naturwiss. **14**, 664 (1926).
[2] E. H. KENNARD: Z. Physik **44**, 326 (1927).
[3] C. G. DARWIN: l. c., Fußnote 2, S. 96.

unmittelbar an ein einfaches periodisches Verhalten der klassisch mechanischen Bahnen in langen Zeiträumen geknüpft. Dieses letztere Verhalten ist bekanntlich z.B. beim Dreikörperproblem in langen Zeiten sehr kompliziert, und es ist ein Fortschritt der Wellenmechanik, daß es für die Anwendung auf die Atomsysteme ohne Bedeutung ist.

13. Hamilton-Funktionen mit Transformationsgruppen. Impulsmoment und Spin[1]. Wenn der Hamilton-Operator gegenüber einer gewissen Gruppe von Transformatoren der Variablen invariant ist, so folgt, daß aus einer Lösung $u_n(q)$ der Wellengleichung durch Ausübung der Transformationen der Gruppe neue Lösungen der Wellengleichung erhalten werden. Ist I eine Transformation der Gruppe, H der Hamilton-Operator, f eine beliebige Funktion, $u(q)$ eine Lösung der Gleichung

$$H u(q) = E u(q),$$

so folgt aus der Gültigkeit von

$$T(H f) = H(T f)$$

für alle f, daß auch

$$v(q) = T u(q)$$

die Gleichung

$$H v(q) = E v(q)$$

befriedigt. Gehören zu dem betreffenden Energiewert nur endlich viele, etwa h Eigenfunktionen (h-fache Entartung), so gibt es in dem h-dimensionalen Vektorraum, der zum Eigenwert E gehört, eine Basis $u_1, u_2, \ldots, u_h$, so daß jede Lösung $v(q)$ der Gleichung

$$H v = E v$$

in der Form

$$v = \sum_k c_k u_k$$

dargestellt werden kann. Die Transformationen T der Gruppe, angewandt auf $u_1, \ldots, u_h$, transformieren also diesen Vektorraum *linear*, derart, daß der Aufeinanderfolge zweier verschiedener Transformationen T die Aufeinanderfolge der zugeordneten linearen Abbildungen entspricht. Um mit dem Multiplikationsgesetz der Matrizen im Einklang zu bleiben, ist es dabei zweckmäßig, folgende Festsetzung zu treffen. Übt man auf die Variablen q der Funktion $u(q)$ die Transformation T aus, definiert durch den Übergang zu neuen Variablen $q'_\varrho = f_\varrho(q_1 \ldots q_f)$, so ordnen wir dieser Transformation der Variablen q einen Operator T zu, der die Funktion $u(q_1 \ldots q_f)$ in $u'(q_1 \ldots q_f)$ verwandelt:

$$T u \equiv u',$$

wobei $u'(q'_1 \ldots q'_f) = u(q_1 \ldots q_f)$, also

$$u'(T q) = u(q)$$

oder

$$u'(q) = u(T^{-1} q)$$

---

[1] Über die Beziehungen der Wellenmechanik zur Gruppentheorie existieren ausführliche Lehrbücher: H. Weyl: Gruppentheorie und Quantenmechanik, 2. Aufl., Leipzig 1931; E. Wigner: Gruppentheorie und ihre Anwendungen auf die Quantenmechanik der Atome, Berlin 1931; B. L. van der Waerden: Die gruppentheoretische Methode in der Quantenmechanik, Berlin 1932. W. Pauli: Continuous groups in quantum mechanics. Mimeographed lectures, CERN-publications, 1956. Wir geben hier nur eine sehr gedrängte Übersicht über den Gegenstand und verweisen für alle Beweise und Detailfragen auf diese Lehrbücher.

sein soll. Nur in diesem Fall ist nämlich die Zusammensetzung zweier Operatoren in der Reihenfolge erst T_2, dann T_1 *derselben* Reihenfolge der Transformation der Variablen q zugeordnet. In der Tat ist

$$T_2 u(q) = u'(q) = u(T_2^{-1} q),$$

und ersetzt man hierin die q durch $T_1^{-1} q$, so erhält man richtig

$$(T_1 T_2) u = u'(T_1^{-1} q) = u(T_2^{-1} T_1^{-1} q) = u\big((T_1 T_2)^{-1} q\big).$$

In Matrixschreibweise ist also zu setzen

$$(T u_l) = \sum_{k=1}^{h} u_k\, c_{k\,l}. \tag{13.1}$$

Dann gilt nämlich

$$c_{k\,l}(T_1 T_2) = \sum_m c_{km}(T_1)\, c_{m\,l}(T_2), \tag{13.2}$$

bzw. in Matrixschreibweise

$$c(T_1 T_2) = c(T_1)\, c(T_2). \tag{13.2'}$$

Wir sagen dann, daß die zugehörigen linearen Abbildungen eine *Darstellung* der Gruppe bilden. Natürlich können *verschiedenen* Transformationen der Gruppe dieselben linearen Abbildungen in der Darstellung entsprechen. Hat die Determinante der neuen Variablen $q'_\varrho = f_\varrho(q_1 \ldots q_f)$, welche durch die Transformation T definiert werden, nach den alten q_ϱ den Wert 1 und sind außerdem die q'_ϱ zugleich mit den q_ϱ reell, dann folgt mit

$$v(q_1 \ldots q_f) = T v\big(f_1(q),\, f_2(q) \ldots f_f(q)\big),$$

daß

$$\int v_k^* v_l\, dq \equiv \int (T v_k)^* (T v_l)\, dq.$$

In diesem Fall sind die Matrizen $c(T)$ für alle T *unitär*, man nennt dann auch die Darstellung unitär. Es wird in diesem Fall ein normiertes Orthogonalsystem wieder in ein normiertes Orthogonalsystem übergeführt.

Von wesentlicher Bedeutung ist der Begriff der *Reduktion* einer Darstellung. Eine Darstellung heißt *reduzibel*, wenn ein invarianter Teilraum von kleinerer Dimension als der ursprüngliche Darstellungsraum existiert. Das heißt, daß bei geeigneter Wahl der Basis die linear unabhängigen Funktionen $u_1, \ldots, u_g\,(g < h)$, die nur einen Teil der gesamten Basis $u_1 \ldots u_n$ bilden, bei den Transformationen T nur unter sich transformiert werden. Die gesamte Matrix $c(T)$ hat dann bei dieser Basiswahl die Gestalt

$$c = \begin{pmatrix} a & r \\ 0 & b \end{pmatrix} \tag{13.3}$$

worin a g-dimensional und b $(h-g)$-dimensional ist. Gibt es keinen echten invarianten Teilraum, so heißt die Darstellung *irreduzibel*. Änderung der Basis bedeutet eine Transformation $c' = S c S^{-1}$ der Darstellungsmatrix, und zwei Darstellungen, die sich nur in dieser Weise unterscheiden, heißen äquivalent. Wenn c eine unitäre Matrix ist, folgt aus der Gestalt (13.3) der Matrix bereits, daß durch Änderung der Basis sogar r zum Verschwinden gebracht werden kann, d.h. die Darstellung c *zerfällt*. Für eine endliche Gruppe läßt sich beweisen, daß jede Darstellung einer unitären Darstellung äquivalent ist, daß also auch jede reduzible Darstellung zerfällt. Bei kontinuierlichen Gruppen ist dies nicht immer zutreffend, sondern nur bei einer bestimmten Klasse dieser Gruppen, den sog. halb-einfachen Gruppen. Die Drehgruppe ist eine solche, ebenso die Gruppe aller linearen Transformationen mit der Determinante 1, wobei aber die letztere

7*

Beschränkung wesentlich ist. Da man in der Quantentheorie es nur mit unitären Darstellungen zu tun hat, braucht man auf die Komplikationen im allgemeinen Fall nicht einzugehen.

Es zerfällt dann also jede Darstellung (D) einer Gruppe in irreduzible Darstellungen gemäß

$$(D) = (D_1) + (D_2) + \cdots,$$

und zwar läßt sich zeigen, daß diese Zerlegung eindeutig ist. Die Entartung, die dem Grad der irreduziblen Darstellung entspricht, die zu dem betreffenden Eigenwert E der Energie gehört, kann durch stetige Änderung des Hamilton-Operators nicht aufgehoben werden, solange dieser gegenüber der betreffenden Gruppe invariant ist (im Gegensatz zu der nur zufälligen Entartung, die dem höheren Grad einer reduziblen Darstellung entspricht). Ändert man aber den Hamilton-Operator so ab, daß er nur mehr gegenüber einer Untergruppe der ursprünglichen Gruppe invariant ist, so werden gegenüber dieser kleineren Gruppe die Darstellungen im allgemeinen reduzibel werden. Die Abänderung der Basiswahl, um die Darstellungen zum Zerfallen zu bringen, die man auch als Ausreduzieren der ursprünglichen Darstellung in bezug auf die Untergruppe bezeichnet, entspricht (im allgemeinen) dem Zerfallen des ursprünglichen Energiewertes E in verschiedene Energiewerte, sobald eine Störungsfunktion hinzugefügt wird, die nur mehr gegenüber der Untergruppe invariant ist.

Aus zwei Darstellungen (D_1) und (D_2) der Grade h_1 und h_2 kann eine Produktdarstellung $(D_1 \times D_2)$ vom Grade $h_1 \cdot h_2$ in folgender Weise gebildet werden. Aus der Basis $u_k (k = 1, 2, \ldots, h_1)$ von (D_1) und $v_l (l = 1, 2, \ldots, h_2)$ von (D_2) bilde man die $h_1 \cdot h_2$ Produkte $u_k v_l$. Wenn die u_k eine lineare Abbildung $D_1(T)$ und die v_l eine lineare Abbildung $D_2(T)$ erleiden, dann erleiden die $u_k v_l$ ebenfalls eine lineare Abbildung, und diese wird als $(D_1 \times D_2)$ definiert. Speziell kann $(D_1) = (D_2)$ sein. Natürlich ist $(D_1 \times D_2)$ im allgemeinen reduzibel, selbst wenn (D_1) und (D_2) irreduzibel waren. Durch Änderung der Basiswahl des $h_1 h_2$-dimensionalen Raumes kann dann also $(D_1 \times D_2)$ zum Zerfallen gebracht werden, wobei die irreduziblen Bestandteile von (D_1) und (D_2) verschieden sein können. Diese Produktbildung von Darstellungen tritt stets auf bei der Koppelung unabhängiger Systeme.

Bei einer kontinuierlichen Gruppe sind speziell die infinitesimalen Transformationen, die in der Nähe der Identität liegen, von Interesse. Denn diese bilden selbst eine lineare Mannigfaltigkeit, einen Vektorraum von so vielen Dimensionen, als die Gruppe unabhängige Parameter enthält (bei der Gruppe der Drehungen des dreidimensionalen Raumes also einen dreidimensionalen Vektorraum). In der Tat folgt aus $T(0, \ldots, 0) = 1$

$$T(\varepsilon_1, \varepsilon_2, \ldots, \varepsilon_r) = 1 + \varepsilon_1 \omega_1 + \varepsilon_2 \omega_2 + \cdots + \varepsilon_r \omega_r,$$

sobald die Abhängigkeit des T von den ε eine stetige ist. Die $\omega_1, \omega_2, \ldots, \omega_r$ sind ebenso wie die T Operatoren, die auf die Variablen q der Eigenfunktionen ausgeübt werden. Die Tatsache, daß die betreffenden Transformationen eine Gruppe erzeugen, verlangt, daß die „Klammersymbole" $[\omega_p, \omega_q] = \omega_p \omega_q - \omega_q \omega_p$ sich wieder durch die ω selbst ausdrücken lassen mit Koeffizienten die für die betreffende Gruppe charakteristisch sind

$$[\omega_p, \omega_q] \sum_{s=1}^{r} = c_{pq,s} \omega_s. \tag{13.4}$$

Diese Koeffizienten müssen nur gewisse Relationen erfüllen, die aus der Identität

$$[[\omega_p, \omega_q] \omega_r] + [[\omega_q, \omega_r] \omega_p] + [[\omega_r \omega_p] \omega_q] \equiv 0$$

124

entspringen. Bei der oben getroffenen Festsetzung über die Zuordnung der auf die Eigenfunktionen wirkenden Operatoren zu den Transformationen der Variablen genügen beide denselben V.-R., und es braucht in der Bezeichnung zwischen beiden nicht unterschieden werden. Die Tatsache, daß der HAMILTON-Operator gegenüber der betrachteten Gruppe invariant ist, drückt sich darin aus, daß die ω mit H vertauschbar sind

$$\omega_p H - H \omega_p = 0,$$

wie dies auch beim Operator T der endlichen Transformation der Fall ist. Dies ist gleichbedeutend damit, daß die ω_p als Matrizen zeitlich konstant, d.h. Integrale der Bewegungsgleichungen sind. Bis auf den Vektor i sind die ω_p hermitesch, wenn die T unitär sind (vgl. Ziff. 10, S. 77). Zu jeder Darstellung der Gruppe gehört ein System von Matrizen für die ω_k, welche die Relationen (13.4) erfüllen.

Zum Beispiel ist bei der Gruppe der Translationen, die die Koordinaten $x_k^{(a)}$ ($k = 1, 2, 3$) um A_k verschiebt,

$$x_k^{\prime(a)} = x_k^{(a)} + A_k, \qquad (A_1, A_2, A_3 \text{ kontinuierliche Parameter})$$

$\omega_k = \sum_a \dfrac{\partial}{\partial x_k^{(a)}}$. Dies entspricht bis auf den Faktor $\dfrac{\hbar}{i}$ dem gesamten Impuls des Systems. In der Tat ist die Invarianz der HAMILTON-Funktion gegenüber dieser Gruppe gleichbedeutend damit, daß die potentielle Energie nur von den relativen Koordinaten der Teilchen abhängt.

Wir gehen nun dazu über, die Gruppe der Drehungen der Raumkoordinaten, simultan für alle Teilchen des Systems, zu betrachten. Man kann hier zwei verschiedene Methoden einschlagen. Entweder man stellt sich auf den infinitesimalen Standpunkt, ermittelt die Form der zu den *infinitesimalen* Drehungen gehörigen Operatoren ω_k und auf Grund ihrer V.-R. auf rein algebraischem Wege die zugehörigen Darstellungsmatrizen. Oder man versucht auf dem Wege der Analysis die zu den endlichen Drehungen gehörigen Darstellungen zu finden. Beide Methoden ergänzen einander. Wir beginnen hier zunächst mit der ersten Methode.

Als die drei unabhängigen infinitesimalen Drehungen des dreidimensionalen Raumes wählen wir die Drehungen um die Koordinatenachsen

$$\delta x_1 = 0, \quad \delta x_2 = - \varepsilon_1 x_3, \quad \delta x_3 = + \varepsilon_1 x_2, \tag{13.5}$$

wobei die beiden übrigen infinitesimalen Drehungen durch cyclische Vertauschung zu erhalten sind. Auf Grund einer elementaren kinematischen Betrachtung (Grenzübergang von endlichen zu infinitesimalen Drehungen) erhält man die für die infinitesimalen Drehungen charakteristischen V.-R.

$$\omega_1 \omega_2 - \omega_2 \omega_1 = \omega_3, \ldots, \tag{13.6}$$

wenn die Operatoren ω oder die entsprechenden linearen Abbildungen so definiert sind, daß z.B. zur Transformation (13.5) der Operator $1 + \varepsilon_1 \omega_1$ gehört. Diese Relationen müssen dann auch von *allen* Darstellungen der Drehungsgruppe erfüllt werden. Da wir später auch Spiegelungen der Raumkoordinaten untersuchen werden, ist hervorzuheben, daß die ω sich ihnen gegenüber wie ein schiefsymmetrischer Tensor, nicht wie ein Vektor verhalten. Schreiben wir also mit $\omega_{ik} = - \omega_{ki}$ statt $\omega_1, \omega_2, \omega_3$ nunmehr ω_{23}, ω_{12}, so schreibt sich (13.6)

$$\omega_{ik} \omega_{lm} - \omega_{lm} \omega_{ik} = - \delta_{kl} \omega_{im} - \delta_{im} \omega_{kl} + \delta_{il} \omega_{km} + \delta_{km} \omega_{il} \tag{13.6$'$}$$

($\delta_{ik} = 0$ für $l \neq k$ und $= 1$ für $i = k$). Diese Form der V.-R. für die infinitesimalen Drehungen ist auch in einem n-dimensionalen Raum richtig, wovon wir bei der Behandlung der Lorentz-Gruppe später Gebrauch machen werden.

Gemäß unserer früheren Festsetzung gehört nun zur infinitesimalen Drehung (13.5) zunächst bei einem einzigen Teilchen der Operator $1 + \varepsilon \omega_1$ (bzw. $1 + \varepsilon \omega_{23}$), der

$$u(x_1\, x_2\, x_3) \quad \text{in} \quad u(x_1,\, x_2 + \varepsilon\, x_3,\, x_3 - \varepsilon\, x_2)$$

überführt, also

$$\omega_1 u = -\left(x_2 \frac{\partial u}{\partial x_3} - x_3 \frac{\partial u}{\partial x_2}\right).$$

Bei mehreren Teilchen müssen die Koordinaten aller Teilchen derselben Drehung unterworfen werden, und man erhält

$$\omega_1 u = -\sum_r \left(x_2^{(r)} \frac{\partial u}{\partial x_3^{(r)}} - x_3^{(r)} \frac{\partial u}{\partial x_2^{(r)}}\right),$$

worin über alle vorhandenen Teilchen zu summieren ist. Da der lineare Impuls $p_k^{(r)}$ durch den Operator $\frac{\hbar}{i} \frac{\partial}{\partial x_k^{(r)}}$ repräsentiert wird, hängen die ω in einfachster Weise mit dem gesamten Drehimpuls

$$P_1 = \sum_r x_2^{(r)} p_3^{(r)} - x_3^{(r)} p_2^{(r)} = \frac{\hbar}{i} \sum_r \left(x_2^{(r)} \frac{\partial}{\partial x_3^{(r)}} - x_3^{(r)} \frac{\partial}{\partial x_2^{(r)}}\right), \tag{13.7}$$

zusammen, nämlich

$$\omega_k = -\frac{i}{\hbar} P_k, \tag{13.8}$$

wobei sich wiederum bestätigt, daß sich die ω um den Faktor i von einem Hermiteschen Operator unterscheiden. In der Tat folgt aus den V.-R. (5.21) für p_k und q_k

$$P_1 P_2 - P_2 P_1 = -\frac{\hbar}{i} P_3. \tag{13.9}$$

Es ist hier aber wichtig, darauf hinzuweisen, daß die Existenz der Integrale der drei Komponenten des Drehimpulses, die bis auf einen rein imaginären Faktor mit den zu den infinitesimalen Drehungen gehörigen Operatoren ω übereinstimmen, unabhängig von den V.-R. (5.21) gefolgert werden kann, wobei die V.-R. der ω direkt aus der Kinematik der Drehungsgruppe entspringen. Dies gilt auch von den weiteren V.-R.

$$[\omega_k,\, C] = 0 \quad \text{bzw.} \quad [P_k,\, C] = 0 \tag{13.10}$$

für jeden Skalar C und

$$[\omega_1,\, A_2] = -[\omega_2\, A_1] = A_3 \tag{13.11}$$

bzw.

$$[P_1 A_2] = -[P_2 A_1] = -\frac{\hbar}{i} A_3 \tag{13.11'}$$

für die Komponente jedes Vektoroperators $\vec{A}$. Dabei ist angenommen, daß C und $\vec{A}$ Funktionen der $p_k\, q_k$ allein sind, während keine Vektoren, die gewöhnliche Zahlen sind, dabei verwendet werden. Diese V.-R. können aus den allgemeineren, für endliche Drehungen gültigen Relationen

$$T C = C T \quad \text{oder} \quad T C T^{-1} = C \tag{13.12}$$

und

$$T A_k' = A_k T \quad \text{oder} \quad A_k' = T^{-1} A_k T \tag{13.13}$$

durch Spezialisierung auf infinitesimale Drehungen erhalten werden. Die erste Relation besagt die *Invarianz* von C (wie beim HAMILTON-Operator), die zweite die *Kovarianz* von A gegenüber Drehungen. Die Existenz einer solchen unitären Transformation T folgt schon daraus, daß die Gesamtheit der A_k' dieselben Eigenwerte besitzt und dieselben V.-R. erfüllt wie die A_k. Auf Grund von (13.7) und der fundamentalen V.-R. (5.21) kann man *verifizieren*, daß aus ihnen ebenfalls (13.12), (13.13) folgt. Insbesondere gelten diese Relationen für $A_k = p_k^{(r)}$ oder $A_k = q_k^{(r)}$, ferner gilt (13.10) für $C = P^2 = P_1^2 + P_2^2 + P_2^3$, wie auch direkt aus (13.9) folgt

$$P^2 P_k - P_k P^2 = 0. \tag{13.14}$$

Man entnimmt daraus, daß es möglich ist, P^2 und eine der Komponenten P_k gleichzeitig auf Diagonalform zu bringen.

Es ist leicht, auf elementarem algebraischem Wege alle endlichen HERMITEschen Matrizen zu ermitteln, die die Relationen (13.9) erfüllen[1]. Bringt man P^2 und P_3 auf Diagonalform, so findet man: Die Eigenwerte von P^2 sind

$$P^2 = \hbar^2 j(j+1), \tag{13.15}$$

worin j entweder eine nicht negative *ganze* Zahl ist ($j = 0, 1, 2, \ldots$) oder eine solche um $\frac{1}{2}$ übertrifft ($j = \frac{1}{2}, \frac{3}{2}, \ldots$), was wir kurz durch die Angabe ausdrücken, j sei halbzahlig. Zu einem gegebenen Eigenwert von P^2 gehören $2j+1$ verschiedene Werte von P_3, nämlich

$$P_3 = \hbar m \quad \text{mit} \quad -j \leq m \leq +j, \tag{13.16}$$

wobei m sich um Schritte von einer Einheit verändert und zugleich mit j halb- oder ganzzahlig ist. Die Matrizen von P_1 und P_2 werden dann für festes j

$$\left.\begin{array}{l} (P_1 + iP_2)_{m+1,m} = \hbar\sqrt{j(j+1) - m(m+1)} = \hbar\sqrt{(j-m)(j+1+m)}, \\ (P_1 - iP_2)_{m,m+1} = (P_1 + iP_2)_{m+1,m}; \quad (P_3)_{mm} = m\hbar. \end{array}\right\} \tag{13.17}$$

Alle übrigen Matrixelemente von $(P_1 - iP_2)$ und $(P_1 + iP_2)$ verschwinden. Für jedes j entsprechen die Matrizen (13.17) einer Darstellung der infinitesimalen Drehungen. Sie ist überdies irreduzibel.

Aus (13.11) folgt für jeden Vektor $\vec{A}$ (der nicht von Vektoren mit gewöhnlichen Zahlkomponenten abhängt), insbesondere für die Koordinatenmatrizen[2]

$$\left.\begin{array}{l} (A_1 + iA_2)_{j+1,m+1;j,m} = -A_{j+1,j}\sqrt{(j+m+2)(j+m+1)}, \\ (A_1 - iA_2)_{j+1,m-1,j,m} = A_{j+1,j}\sqrt{(j-m+2)(j-m+1)}, \\ (A_3)_{j+1,m,j,m} = A_{j+1,j}\sqrt{(j+m+1)(j-m+1)}, \end{array}\right\} \tag{13.18a}$$

$$\left.\begin{array}{l} (A_1 + iA_2)_{j,m+1;j,m} = A_{j,j}\sqrt{(j+m+1)(j-m)}, \\ (A_1 - iA_2)_{j,m-1;j,m} = A_{j,j}\sqrt{(j+m)(j-m+1)}, \\ (A_3)_{j,m;j,m} = A_{j,j}\,m. \end{array}\right\} \tag{13.18b}$$

$$\left.\begin{array}{l} (A_1 + iA_2)_{j-1,m+1,j,m} = A_{j-1,j}\sqrt{(j-m)(j-m-1)}, \\ (A_1 - iA_2)_{j-1,m-1;j,m} = -A_{j-1,j}\sqrt{(j+m)(j+m-1)}, \\ (A_3)_{j-1,m;j,m} = A_{j-1,j}\sqrt{(j+m)(j-m)}. \end{array}\right\} \tag{13.18c}$$

---

[1] Vgl. z.B. B. M. BORN u. P. JORDAN, Elementare Quantenmechanik. Berlin 1930.
[2] Über den Beweis vgl. z.B. M. BORN u. P. JORDAN, Elementare Quantenmechanik; P. A. M. DIRAC, Quantenmechanik. Leipzig 1930.

Für alle anderen Wertepaare von j, m im Anfangs- und Endzustand verschwinden die Matrixelemente. Hierin sind die Auswahl- und Intensitätsregeln für j und m enthalten.

Es sei hier endlich noch eine Bemerkung über die Zusammensetzung zweier Systeme mit den Drehimpulsen j_1 und j_2 angefügt. Zunächst denken wir uns die zugehörigen $P_3^{(1)}$ und $P_3^{(2)}$ ebenfalls auf Diagonalform gebracht, den Eigenwerten m_1 und m_2 entsprechend, die bzw. von $-j_1$ bis j_1 und von $-j_2$ bis j_2 laufen.

Wir bilden nun den Gesamtdrehimpuls $P_r = P_r^{(1)} + P_r^{(2)}$ und sein Quadrat $P^2 = \sum_{k=1}^{3} P_r^2$

Es ist P_3 bereits auf Diagonalform, und jeder Eigenwert

$$m = m_1 + m_2$$

kommt so oft vor, als er durch Addition von Zahlen der Intervalle $(-j_1, +j_2)$ bzw. $(-j_2, +j_2)$ erhalten werden kann. Setzen wir $j_1 \geq j_2$, so finden wir diese Anzahl $Z(m)$ gleich: für

$$
\begin{aligned}
j_1 - j_2 &\leq m \leq j_1 + j_2, & Z(m) &= j_1 + j_2 - m + 1, \\
-(j_1 - j_2) &\leq m \leq j_1 - j_2, & Z(m) &= 2j_2 + 1, \\
-(j_1 + j_2) &\leq m \leq -(j_1 - j_2), & Z(m) &= j_1 + j_2 + m.
\end{aligned}
$$

Wenn wir nun für jedes m statt m_1 und m_2 einzeln P^2, also j, auf Diagonalform bringen[1], so wissen wir bereits, daß wir eine Reihe von Zuständen mit verschiedenem j erhalten werden, derart, daß zu jedem j der Wert m von $-j$ bis $+j$ läuft. Kommt der Wert j $N(j)$mal vor, so erhalten wir die Gesamtzahl der Zustände $Z(m)$ mit bestimmtem m aus

$$Z(m) = \sum_{j \geq m} N(j).$$

Dies ist richtig für $m \geq 0$, worauf wir uns beschränken können, da der Fall $m \leq 0$ nichts neues liefern würde. Daraus folgt weiter

$$N(j) = Z(j) - Z(j + 1).$$

Dies gibt in unserem Fall, daß alle um eine Einheit fortschreitenden j-Werte des Intervalles

$$|j_1 - j_2| \leq j \leq j_1 + j_2 \tag{13.19}$$

und nur diese vorkommen, und zwar jeder gerade *einmal*, was mit dem „Vektormodell" der älteren Quantentheorie übereinstimmt. Für Darstellungen endlicher Drehungen folgt daraus, wie leicht einzusehen, mit der früher eingeführten Definition des Produktes von Darstellungen

$$(D_{j_1}) \times (D_{j_2}) = \sum_{j=|j_1-j_2|}^{j_1+j_2} (D_j). \tag{13.20}$$

Bisher war der Fall halb- und ganzzahliger j völlig gleichberechtigt. In Ziff. 6 wurde jedoch bewiesen, daß für ein Teilchen in einem Zentralfeld die in diesem Fall statt mit j mit l bezeichnete Drehimpulsquantenzahl immer *ganzzahlig* sein muß. Aus (13.19) folgt dann dasselbe für mehrere Teilchen, woran auch die Einschaltung beliebiger Wechselwirkungskräfte zwischen den Teilchen (wegen

---

[1] Dies geschieht für jedes m durch eine unitäre Matrix $S(m_1, j)$. Man kann sie explizite berechnen. Vgl. z.B. van der Waerden, Die gruppentheoretische Methode in der Quantenmechanik. Berlin 1932, § 18; ferner H. A. Kramers u. H. C. Brinkmann, Zitate in Anm. 2, S. 183.

deren Stetigkeit) nichts ändern kann. Für die infolge des Spins nötige Verallgemeinerung ist es aber wesentlich, daß die V.-R. (13.9) der Drehimpulsmatrizen sowie auch die V.-R. (13.10) und (13.11) mit halbzahligen j und m verträglich sind. Erst aus der Definition (13.7) des Drehimpulses im Verein mit den V.-R. für Koordinaten und Impulse folgt die Ganzzahligkeit dieser Quantenzahlen[1]. Wir werden deshalb diese Definition (13.7) noch zu verallgemeinern haben.

Wir wollen nun noch die irreduziblen Darstellungen der endlichen Drehungen angeben (zweite Methode), die den verschiedenen halb- und ganzzahligen Werten von j entsprechen[2]. Dabei ist es jedoch zweckmäßig, statt von der Gruppe der Drehungen des dreidimensionalen Raumes zunächst auszugehen von der Gruppe U_2 der unitären Transformationen mit der Determinante 1 von zwei komplexen Veränderlichen $\xi_1 \xi_2$. Diese haben die Gestalt

$$\left.\begin{aligned} \xi_1' &= \alpha^* \xi_1 + \beta^* \xi_2, \\ \xi_2' &= -\beta \xi_1 + \alpha \xi_2 \end{aligned}\right\} \qquad (13.21)$$

mit

$$\alpha\alpha^* + \beta\beta^* = 1. \qquad (13.22)$$

Die zugehörige Transformation der a_1, a_2, die die Linearform

$$a_1 \xi_1 + a_2 \xi_2$$

invariant läßt, ist

$$\left.\begin{aligned} a_1' &= \alpha a_1 + \beta a_2, \\ a_2' &= -\beta^* a_1 + \alpha^* a_2. \end{aligned}\right\} \qquad (13.23)$$

Gemäß (13.21) werden die $v+1$ Potenzprodukte

$$\xi_1^v, \quad \xi_1^{v-1} \xi_2, \quad \ldots, \quad \xi_2^v$$

linear untereinander transformiert. Dies liefert eine Darstellung der betrachteten Gruppe vom Grad $v+1$. Sie ist überdies irreduzibel. Wenn man

$$\Xi_r = \frac{\xi_1^{v-r} \xi_2^r}{\sqrt{r!(v-r)!}} \quad r = 0, 1, \ldots, v \qquad (13.24)$$

als neue Basisvektoren einführt, erhält man sogar eine unitäre Darstellung, da mit $\xi_1 \xi_1^* + \xi_2 \xi_2^*$ auch $(\xi_1 \xi_1^* + \xi_2 \xi_2^*)^v$ invariant ist und dies mit $\sum_r \Xi_r \Xi_r^*$ übereinstimmt. Setzt man $v = 2j$ und $r = j - m$, so wird der Anschluß an die früheren Bezeichnungen hergestellt. Man erhält so eine Darstellung D_j vom Grade $2j+1$ der Gruppe der unitären Transformationen der Determinante 1. D_0 ist die identische Darstellung, $D_{1/2}$ sind die ursprünglichen Transformationen selber.

Der Zusammenhang mit der Gruppe der Drehungen des dreidimensionalen Raumes ergibt sich, wenn man D_1 betrachtet. Für $j = 1$, $v = 2$ transformiere man c_0, c_1, c_2 so, daß

$$\tfrac{1}{2} c_0 \xi_1^2 + c_1 \xi_1 \xi_2 + \tfrac{1}{2} c_2 \xi_2^2$$

invariant bleibt. Da die Transformation die Determinante 1 hat, bleibt dabei die Determinante

$$\begin{vmatrix} c_1, & c_0 \\ c_2, & c_1 \end{vmatrix} = c_1^2 - c_0 c_2.$$

---

[1] Über einen Beweis dieser Folgerung mittels der Matrixrechnung vgl. M. BORN u. P. JORDAN, Elementare Quantenmechanik, S. 164. Berlin 1930.

[2] Neben den in Anm. 1, S. 98 zitierten Lehrbüchern vgl. hierzu auch H. A. KRAMERS, Proc. Amsterdam **33**, 953 (1930) und H. C. BRINKMAN, Dissert. Utrecht 1932, wo besonders auch Anwendungen auf die Berechnung verschiedener Matrixelemente zu finden sind.

invariant. Setzt man

$$x + i\,y = c_2, \quad x - i\,y = -\,c_0, \quad z = c_1, \tag{13.25}$$

so wird

$$x^2 + y^2 + z^2 = |x + i\,y|\,|x - i\,y| + z^2 = c_1^2 - c_0 c_2,$$

mithin sind die Abbildungen D_1 im $(x,\,y,\,z)$-Raume gewöhnliche Drehungen. Man zeigt leicht, daß diese $x,\,y,\,z$ sich so transformieren wie

$$a_1 a_2^* + a_2 a_1^*, \quad i\,(a_1 a_2^* - a_2 a_1^*), \quad a_1 a_1^* - a_2 a_2^*,$$

wenn die $a_1,\,a_2$ sich gemäß (13.23) transformieren. Da dies reelle Zahlen sind, handelt es sich also um reelle Drehungen. Zu einer Drehung mit den Euler-schen Winkeln $\vartheta,\,\varphi,\,\psi$ gehören die in (13.21) und (13.23) eingehenden Transformationskoeffizienten

$$\alpha = \cos\frac{\vartheta}{2}\, e^{\frac{i}{2}(\varphi + \psi)}, \quad \beta = i\sin\frac{\vartheta}{2}\, e^{\frac{i}{2}(\varphi - \psi)}. \tag{13.26}$$

Für $\vartheta = 0$ ergibt sich der Sonderfall der Drehung um die z-Achse um den Winkel $\varphi + \psi$, wobei die Matrix diagonal wird. Der Identität bei den Raumdrehungen entspricht nicht nur die Identität der Transformationen (13.21), sondern auch die Transformation

$$\xi_1' = -\,\xi_1, \quad \xi_2' = -\,\xi_2.$$

Daher sind die Drehungen eine verkürzte Darstellung von U_2 und umgekehrt $D_{1\,2}$ eine zweideutige Darstellung der Drehgruppe. Mit Hilfe von (13.26) kann man durch Betrachtung der Größen $\varXi_r$, die in (13.24) definiert sind, auch die allgemeinen Darstellungsmatrizen von D_j als Funktion der Winkel $\vartheta,\,\varphi,\,\psi$ berechnen[1]. Sie sind nach der Untergruppe der Drehungen um die z-Achse bereits ausreduziert. Für halbzahliges j erhält man zweideutige, für ganzzahliges j eindeutige Darstellungen. Die Kugelfunktionen l-ter Ordnung transformieren sich nach D_l.

Wir müssen noch bemerken, daß die Hamilton-Funktion auch invariant ist gegenüber der Spiegelung

$$x_k' = -\,x_k \tag{13.27}$$

am Schwerpunkt des Systems. Diese Spiegelung ist mit allen Drehungen vertauschbar. Deshalb muß sich jede Eigenfunktion bei dieser Spiegelung einfach mit einem Faktor multiplizieren. (Man kann sich auch durch ein äußeres Magnetfeld die von der Drehgruppe herrührende Entartung gänzlich aufgehoben denken, ohne die Invarianz der Hamilton-Funktion gegenüber dieser Spiegelung zu stören.) Da die zweimalige Spiegelung die Identität gibt, kann dieser Faktor, der definiert ist durch

$$u(-\,q, \ldots, -\,q_f) = \varepsilon\,u(q, \ldots, q_f) \tag{13.28}$$

nur gleich ± 1 sein:

$$\varepsilon = \pm 1. \tag{13.29}$$

Wir nennen diesen Faktor das *Spiegelungsmoment* oder die *Signatur*. Ein Term heißt gerade oder ungerade, je nachdem $\varepsilon = +1$ oder $\varepsilon = -1$. Für ein einziges Teilchen im Zentralfeld folgt aus den Eigenschaften der Kugelfunktionen, daß

$$\varepsilon = (-\,1)^l$$

daher allgemeiner für mehrere Teilchen

$$\varepsilon = (-\,1)^{l_1 + l_2 + \cdots + l_f}. \tag{13.30}$$

---

[1] P. Güttinger: Z. Physik **73**, 169 (1931).

Das gilt zunächst nur für ungekoppelte Teilchen, aber das Einschalten von Koppelungskräften kann wegen seiner Stetigkeit nichts daran ändern. Die Matrizen der Koordinaten der Teilchen sind nur dann von Null verschieden, wenn ε im Anfangs- und Endzustand verschiedenes Zeichen hat (Laportesche Regel).

Mit diesen Hilfsmitteln gelingt es nun leicht, *die verallgemeinerten Wellengleichungen für Teilchen mit Spin* aufzustellen. Ursprünglich hat man dabei nur die Elektronen und Protonen im Auge gehabt[1]. *Wir wollen jedoch unter Spin eines Teilchens allgemein ein Impulsmoment verstehen, das nicht auf die Translationsbewegung von Massenteilchen zurückgeführt wird und dessen Betrag (im Gegensatz zu seinen Komponenten) als feste Zahl betrachtet wird.*

Die Beschreibung des Spin beruht auf folgenden Annahmen. 1. Neben dem Bahnimpulsmoment

$$l_1 = \frac{1}{i}\left(x_1 \frac{\partial}{\partial x_2} - x_2 \frac{\partial}{\partial x_1}\right) \tag{13.31}$$

gibt es ein Spinmoment mit den Komponenten s_1, s_2, s_3, denen ebenfalls Operatoren zugeordnet werden, die auf die Wellenfunktionen wirken. Diese Operatoren sollen mit den Orts- und Impulskoordinaten des Teilchens vertauschbar sein. Dabei denken wir uns beide Impulsmomente in der Einheit $\hbar$ gemessen. 2. Den infinitesimalen Drehungen möge jetzt die Anwendung der Operatoren

$$\omega_k = -i(l_k + s_k) \tag{13.32}$$

auf die Eigenfunktionen entsprechen, so daß

$$P_k = \hbar(l_k + s_k) \tag{13.33}$$

die Rolle des gesamten Drehimpulses spielt. In der Tat ist dann dieser gesamte Operator mit allen drehinvarianten Operatoren vertauschbar, und wenn die Hamilton-Funktion drehinvariant ist, ist er demnach zeitlich konstant. Ist die Hamilton-Funktion nur drehinvariant gegenüber den Drehungen um eine Achse, etwa die x_3-Achse, so ist noch immer P_3 konstant. Aus dieser Annahme folgen rein kinematisch für die ω_k die V.-R. (13.6), also, da die l_k mit den s_k vertauschbar sind, die zu (13.9) analogen V.-R.[2]

$$s_1 s_2 - s_2 s_1 = i s_3 \dots \tag{13.34}$$

Da wir

$$s_1^1 + s_2^2 + s_3^2$$

als eine ein für allemal gegebene Zahl ansehen, die, wie wir gesehen haben, gemäß (13.34) nur gleich $s(s+1)$ mit halb- oder ganzzahligen s sein kann:

$$s_1^2 + s_2^2 + s_3^2 = s(s+1) \cdot 1, \tag{13.35}$$

können wir in die Wellenfunktion als unabhängige Variable neben den Teilchenortskoordinaten x_k noch *eine* der Komponenten s_k, etwa s_3 einführen, so daß die Wellenfunktion von der Form

$$\psi(x, s_3; t) \tag{13.36}$$

wird. Aber s_3 ist, wie wir gesehen haben, nur der Werte $-s, -(s-1), \dots, +s$ fähig. Wir können also statt (13.36) auch schreiben

$$\psi(x, s_3; t) = \sum_\mu C_\mu(s_3)\, \psi_\mu(x, t), \tag{13.36'}$$

---

[1] W. Pauli: Z. Physik **43**, 601 (1927).

[2] Ursprünglich hatte man diese V.-R. einfach aus der Analogie zu denjenigen für l_k begründet, welch letztere aus den kanonischen V.-R. für p_k und q_k deduzierbar sind. Auf die Möglichkeit der kinematischen Herleitung der V.-R. für die s_k aus der Drehgruppe haben zuerst J. v. Neumann u. E. Wigner, Z. Physik **47**, 203 (1927), hingewiesen.

worin die von x und t unabhängigen $C_\mu(s_3)$ definiert sind durch

$$C_\mu(s_3) = \begin{cases} 1 & \text{für} \quad s_3 = \mu, \\ 0 & \text{sonst}. \end{cases} \tag{13.37}$$

Diese $C_\mu(s_3)$ sind normiert und orthogonal, d.h. es gilt

$$\sum_{s_3=-s}^{+s} C_\mu^*(s_3)\, C_{\mu'}(s_3) = \begin{cases} 1 & \text{für} \quad \mu = \mu', \\ 0 & \text{für} \quad \mu \neq \mu'. \end{cases} \tag{13.37'}$$

Für die Anwendungen ist übrigens die spezielle Wahl der $C_\mu(s_3)$ in Gl. (13.37) nicht wesentlich, sondern nur die Relationen (13.37'), die bei Drehungen des Achsenkreuzes bestehen bleiben.

Allgemein ist $\psi_\mu^* \psi_\mu$ wieder die Wahrscheinlichkeit im Ort-Spin-Raum, die Dichte ϱ im Raum der Lagenkoordinaten allein ist also

$$\varrho = \sum_{s_3} \psi^*(x, s_3; t)\, \psi(x, s_3; t) = \sum_\mu \psi_\mu^*(x, t)\, \psi_\mu(x, t). \tag{13.38}$$

Ihr Volumintegral ist zeitlich konstant, also ist die Orthogonalitäts- und Normierungsbedingung für die zu stationären Zuständen gehörigen Eigenfunktionen

$$u(x, s_3) = \sum_\mu C_\mu(s_3)\, u_\mu(x),$$

$$\sum_{s_3} \int dx\, u_n(x, s_3)\, u_m(x, s_3) = \sum_\mu \int dx\, u_{n\mu}^*(x)\, u_{m\mu}(x)\, dx = \begin{cases} 1 & \text{für} \quad m = n, \\ 0 & \text{für} \quad m \neq n. \end{cases} \tag{13.38'}$$

Von den Stromkomponenten wird in der relativistischen Theorie die Rede sein.

Wie die Operatoren s_1, s_2, s_3 auf die Wellenfunktionen wirken, geht am einfachsten aus ihrer zu (13.17) analogen Matrixdarstellung hervor, die lautet

$$\left. \begin{aligned} (s_1 + i\, s_2)_{\mu+1,\mu} &= \sqrt{(s-\mu)(s+1+\mu)}, \\ (s_1 - i\, s_2)_{\mu-1,\mu} &= \sqrt{(s-\mu+1)(s+\mu)}, \\ (s_3)_{\mu\mu} &= \mu. \end{aligned} \right\} \tag{13.39}$$

Wir haben dann allgemein

$$(s_k)\, \psi_\mu(x, t) = \sum_{\mu'} \psi_{\mu'}\, (s_k)_{\mu'\mu}, \tag{13.40}$$

wobei aber von den Matrixelementen $(s_k)_{\mu'\mu}$ höchstens zwei von Null verschieden sind. Zum Beispiel ist

$$s_1 \psi_\mu = \tfrac{1}{2}(s_1 + i\, s_2)\, \psi_\mu + \tfrac{1}{2}(s_1 - i\, s_2)\, \psi_\mu$$
$$= \tfrac{1}{2}\psi_{\mu-1}\sqrt{(s-\mu+1)(s+\mu)} + \tfrac{1}{2}\psi_{\mu+1}\sqrt{(s-\mu)(s+1+\mu)},$$

wobei für $\mu = s$ der zweite, für $\mu = -s$ der erste Term der rechten Seite zu streichen ist. Andererseits ist einfach

$$s_3 \psi_\mu = \psi_\mu \mu.$$

Die Hamilton-Funktion wird im allgemeinen neben den x auch die s_k enthalten. Zum Beispiel wird sie in einem äußeren Magnetfeld mit den Komponenten $\mathscr{H}_1, \mathscr{H}_2, \mathscr{H}_3$ den Zusatz $K(s_1\mathscr{H}_1 + s_2\mathscr{H}_2 + s_3\mathscr{H}_3)$ enthalten, wenn der numerische Faktor K das Verhältnis von magnetischem Moment und Impulsmoment des Teilchens bedeutet. Im allgemeinen muß die Form des Hamilton-Operators in Analogie zur klassischen Theorie bestimmt werden.

Gegenüber räumlichen Drehungen transformieren sich die C_μ und ψ_μ in (13.36') wie die Koeffizienten c_μ und Variablen $\varXi_\mu$ der invarianten Form

$$\sum c_\mu \varXi_\mu,$$

wobei gemäß (13.24) mit $v = 2s$, $r = s - \mu$

$$\varXi_\mu = \frac{\xi_1^{s+\mu}\,\xi_2^{s-\mu}}{\sqrt{(s+\mu)!\,(s-\mu)!}}$$

und ξ_1, ξ_2 gemäß (13.21) transformiert werden. Die Transformation der ψ_μ wird also direkt durch die Darstellung (D_s) der Drehgruppe bestimmt, die ein- oder zweideutig ist, je nachdem s halb- oder ganzzahlig ist. Bei der Spiegelung (13.27) am Ursprung, der gegenüber die s_k, die eigentlich schiefsymmetrische Tensoren sind, Invarianz besitzen, können auch die Indices der ψ_μ unverändert gelassen werden. Im Fall $s = 1$ transformieren sich $\psi_1, \psi_0, \psi_{-1}$ bei der Drehung D^{-1} ihrer Argumente wie $-(x_1 - i x_2)$, x_3, $x_1 + i x_2$ bei der Drehung D, so daß geeignete Linearkombinationen der ψ_μ als Vektorkomponenten aufgefaßt werden können.

Von besonderem Interesse ist jedoch der Fall $s = \tfrac{1}{2}$, weil er, wie die Erfahrung zeigt, bei den Elementarteilchen (Elektron und Nucleon) vorliegt. Es wird hier gemäß (13.39)

$$(s_1 + i\,s_2)_{+\frac{1}{2},-\frac{1}{2}} = (s_1 - i\,s_2)_{-\frac{1}{2},+\frac{1}{2}} = 1,$$

also in Matrixschreibweise

$$s_1 + i\,s_2 = \begin{pmatrix} 0 & 1 \\ 0 & 0 \end{pmatrix}; \quad s_1 - i\,s_2 = \begin{pmatrix} 0 & 0 \\ 1 & 0 \end{pmatrix}; \quad s_3 = \begin{pmatrix} \tfrac{1}{2} & 0 \\ 0 & -\tfrac{1}{2} \end{pmatrix},$$

oder mit

$$s_k = \tfrac{1}{2}\,\sigma_k, \tag{13.41}$$

$$\sigma_1 = \begin{pmatrix} 0 & 1 \\ 1 & 0 \end{pmatrix}, \quad \sigma_2 = \begin{pmatrix} 0, & -i \\ i, & 0 \end{pmatrix}, \quad \sigma_3 = \begin{pmatrix} 1 & 0 \\ 0 & -1 \end{pmatrix}. \tag{13.42}$$

Schreibt man $\psi(\vec{x};t)$ als Kolonnenvektor:

$$\psi(\vec{x};t) = \begin{pmatrix} \psi_1(\vec{x};t) \\ \psi_2(\vec{x};t) \end{pmatrix} \tag{13.43}$$

(und entsprechend ψ^* als Zeilenvektor), so kann man „Dichtekomponenten des Spinmoments"

$$d_k = (\psi^*\,\sigma_k\,\psi)$$

definieren. Mit Hilfe von (13.42) erhält man:

$$\left.\begin{aligned} d_1 &= \psi_2^*\,\psi_1 + \psi_1^*\,\psi_2, \\ d_2 &= i(\psi_2^*\,\psi_1 - \psi_1^*\,\psi_2), \\ d_3 &= \psi_1^*\,\psi_1 - \psi_2^*\,\psi_2. \end{aligned}\right\} \tag{13.44}$$

Diese Größen transformieren sich wie die Komponenten eines Vektors

$$\vec{d} = (\psi^*\,\vec{\sigma}\,\psi),$$

während

$$\varrho = \psi_1^*\,\psi_1 + \psi_2^*\,\psi_2 \tag{13.45}$$

invariant ist.

Diese Matrizen σ_k genügen den Relationen

$$\left.\begin{aligned} \sigma_1\,\sigma_2 &= -\sigma_2\,\sigma_1 = i\,\sigma_3, \ldots, \\ \sigma_1^2 &= \sigma_2^2 = \sigma_3^2 = 1, \end{aligned}\right\} \tag{13.46}$$

die spezieller sind als (13.34), (13.35) und bedeuten, daß die σ_k sich wie die mit i multiplizierten Einheiten der Quaternionen multiplizieren.

Gegenüber räumlichen Drehungen transformieren sich ψ_1, ψ_2 und $-\psi_2^*, \psi_1^*$ wie die a_1, a_2 in (13.23), also gemäß der Matrixgleichung

$$\begin{pmatrix} \psi_1' & -\psi_2'^* \\ \psi_2' & \psi_1'^* \end{pmatrix} = \begin{pmatrix} \alpha & \beta \\ -\beta^* & \alpha^* \end{pmatrix} \begin{pmatrix} \psi_1 & -\psi_2^* \\ \psi_2 & \psi_1^* \end{pmatrix},$$

wobei der Zusammenhang mit den Drehwinkeln durch (13.26) gegeben ist. Wie bereits erwähnt, bestimmt dann

$$\omega_k = - i\, s_k = - \frac{i}{2}\, \sigma_k$$

die Transformation von ψ_1, ψ_2 bei infinitesimalen Drehungen.

Der Fall mehrerer Teilchen mit Spin, die miteinander in Wechselwirkung treten, ihre Anzahl sei N, läßt sich nun ohne weiteres erledigen. Man hat Eigenfunktionen

$$\psi(x_{r1}, x_{r2}, x_{r3}, s_{r3}) \tag{13.47}$$

einzuführen, worin der Index r die Teilchen numeriert und von 1 bis N läuft. Dabei läuft jedes s_{r3} von $-s_r$ bis $+s_r$. In Indexschreibweise hat man die Eigenfunktionen

$$\psi(x_{rk}, s_{r3}, t) = \sum_{\mu_1, \ldots \mu_N} C_{\mu_1}(s_{13}) \ldots C_{\mu_N}(s_{N3})\, \psi_{\mu_1, \ldots \mu_N}(x_{11} \ldots x_{N3}), \tag{13.48}$$

worin μ_r von $-s_r$ bis $+s_r$ läuft. Im Falle von lauter Elektronen kann jedes μ nur die zwei Werte $+\frac{1}{2}$ und $-\frac{1}{2}$ annehmen, und durch (13.48) sind 2^N Funktionen definiert. Ein Operator s_{rk} wirkt nur auf den einen Index μ_r mit derselben Nummer r, und zwar genau in der angegebenen Weise.

Eine wesentliche Unterscheidung zwischen zusammengesetzten Gebilden und elementaren Teilchen (Leptonen und Nucleonen) sowie eine Begründung für den Wert $\frac{1}{2}$ des Spins der letzteren ergibt sich erst in der relativistischen Wellenmechanik (vgl. Ziff. 18).

14. Verhalten der Eigenfunktionen mehrerer gleichartiger Teilchen gegenüber Permutation[1]. Ausschließungsprinzip. Wenn wir es mit mehreren gleichartigen

---

[1] Vgl. hierzu die in Anm. 1, S. 98 zitierten Lehrbücher. In historischer Hinsicht sei folgendes bemerkt. Das Problem mehrerer gleichartiger Teilchen wurde wellenmechanisch zuerst behandelt von P. A. M. Dirac, Proc. Roy. Soc. Lond., Ser. A **112**, 661 (1926) (hier noch ohne Spin), und W. Heisenberg, Z. Physik **40**, 501 (1926) (hier findet sich zuerst die wichtige Anwendung auf das He-Spektrum, einschließlich Spin); in den beiden genannten Arbeiten findet sich auch die allgemeine wellenmechanische Formulierung des Ausschließungsprinzips (W. Pauli, Z. Physik **31**, 765 (1925). Die Statistik von Teilchen mit symmetrischen Zuständen ist zuerst von S. N. Bose [Z. Physik **26**, 178 (1924)] und A. Einstein (Berl. Ber. **1924**, 261; **1925**, 1), die von Teilchen mit antisymmetrischen Zuständen von E. Fermi [Z. Physik **36**, 902 (1926)] und P. A. M. Dirac (l. c.) aufgestellt. Der allgemeine Fall von N Teilchen und sein Zusammenhang mit der Gruppentheorie findet sich zuerst vollständig bei E. Wigner, Z. Physik **40**, 883 (1927). Der Beweis, daß die Protonen ebenso wie die Elektronen den Spin 1/2 haben und dem Ausschließungsprinzip gehorchen, wurde von D. M. Dennison [Proc. Roy. Soc. Lond., Ser. A **115**, 483 (1927)] erbracht durch die Deutung des Abfalls der Rotationswärme des Wasserstoffes. Von N. F. Mott [Proc. Roy. Soc. Lond., Ser. A **125**, 222 (1929)] und R. Oppenheimer [Phys. Rev. **32**, 361 (1928)] wurde gezeigt, daß die Symmetrieklasse der Eigenfunktionen bei Stoßproblemen wesentlich ist. Anschließend an die von N. F. Mott [Proc. Roy. Soc. Lond., Ser. A **126**, 259 (1929)] ausgeführte Durchrechnung des Stoßes zweier gleicher Punktladungen ergab sich dann unter anderem empirisch, daß die He-Kerne (α-Teilchen) symmetrische Zustände haben.

Teilchen zu tun haben, treten besondere Verhältnisse ein, die daher rühren, daß der HAMILTON-Operator stets invariant ist bei irgendwelchen Vertauschungen der Teilchen. Wenn die Teilchen einen Spin haben, müssen hierbei auch die Spinkoordinaten s_{r3} mit den Ortskoordinaten $x_{rk} (k = 1, 2, 3)$ zugleich vertauscht werden. Wenn der HAMILTON-Operator nur die Ortsvariablen allein enthält, besteht allerdings schon Invarianz gegenüber den Vertauschungen der Ortsvariablen allein, und wenn der vom Spin abhängige Teil der HAMILTON-Funktion relativ klein ist, so besteht die letztere Invarianz näherungsweise. Auf diesen Umstand kommen wir später zurück; zunächst betrachten wir die gleichzeitige Vertauschung der Spin und Ortsvariablen, der gegenüber *exakte* Invarianz besteht. Sei also $\boldsymbol{P}$ eine Permutation der N Ziffern $1, 2, \ldots, r, \ldots, N$, welche die N gleichen Teilchen numerieren, so erhält man aus jeder Eigenfunktion $\psi(x_{11} \ldots x_{N3}, s_{13} \ldots s_{N3}, t)$ durch Anwendung der Permutation $\boldsymbol{P}$ eine neue Eigenfunktion, die zum selben beobachtbaren Zustand des Systems gehört

$$\psi'(x_{11} \ldots s_{N3}, t) = \boldsymbol{P}\psi(x_{11} \ldots s_{N3}, t).$$

In der Tat hat dann jeder in den Teilchenvariablen symmetrische Operator, insbesondere der Energieoperator, denselben Erwartungswert, wenn man ihn einmal mit ψ', das andere Mal mit ψ berechnet. *Nur diese symmetrischen Operatoren entsprechen aber bei gleichen Teilchen beobachtbaren Größen.* Wegen der Nichtunterscheidbarkeit eines Teilchens vom anderen, hat es z.B. nur einen Sinn nach der Wahrscheinlichkeit dafür zu fragen, daß *eines* der Teilchen den Ort x_{1k} und den Spin s_{13}, ein *anderes* den Ort x_{2k} und den Spin s_{23} usw. hat, nicht aber, daß das *erste* Teilchen den Ort und Spin x_{1k}, s_{13}, das *zweite* den Ort und Spin x_{2k}, s_{13} hat. Die erstere Wahrscheinlichkeit ist gegeben durch

$$\sum_{\boldsymbol{P}} \boldsymbol{P} \, \psi \, x_{11} \ldots s_{N3})^2 \, dx_{11} \ldots dx_{N3}, \tag{14.1}$$

wenn wir wie immer die Ortskoordinaten x_{rk} bis auf den Spielraum dx_{rk} bestimmt denken und die Spinkoordinaten s_{r3} die Zahlen von $-s$ bis $+s$ (bei Elektronen die Zahlen $-\frac{1}{2}$ und $+\frac{1}{2}$) durchlaufen.

Aus den allgemeinen Sätzen der vorigen Ziffer geht hervor, daß die stationären Zustände des Gesamtsystems in verschiedene Systeme zerfallen müssen, die den verschiedenen irreduziblen Darstellungen der Permutationsgruppe entsprechen. Überdies sind bei einer symmetrischen Größe nur diejenigen Matrixelemente von Null verschieden, bei denen Anfangs- und Endzustand zum selben Termsystem gehören. Ist die Darstellung vom Grade 1, so sind die Terme nicht entartet (zufällige Entartungen oder solche, die aus der Invarianz der HAMILTON-Funktion gegenüber anderen Gruppen als der Permutationsgruppe entspringen, bleiben zunächst außer Betracht), die Eigenfunktion multipliziert sich bei Anwendung jeder Permutation mit einem Zahlfaktor. Ist allgemeiner die Darstellung vom Grade h, so ist der zugehörige Energiewert h-fach entartet. Im zugehörigen h-dimensionalen linearen Vektorraum der Eigenfunktionen können wir eine Basis von zueinander orthogonalen und normierten Eigenfunktionen $u_1, u_2, \ldots, u_h$ finden, die bei Anwendung der Permutation $\boldsymbol{P}$, der linearen Abbildung $\boldsymbol{c}(\boldsymbol{P})$ der Darstellung entsprechend in die neuen Eigenfunktionen

$$\boldsymbol{P} u_s = \sum_{r=1}^{h} u_r c_{rs}(\boldsymbol{P}) \tag{14.2}$$

übergeht. Da

$$\sum_{s_r} \int u_r^* u_s \, dx = \sum_{s_r} \int (\boldsymbol{P} u_r)^* (\boldsymbol{P} u_s) \, dx_r$$

(es ist hierin jedes der vorkommenden s_{r3} von $-s$ bis $+s$ zu summieren), sind auch die $P\,u_s$ orthogonal und normiert, wenn die u_r es waren, und die Darstellung ist unitär. Aus einer beliebigen Funktion $f(q_1 \ldots q_N)$ (worin q_r die x_{1r}, x_{2r}, x_{3r} und s_{3r} zusammenfassen soll) erhält man eine spezielle Funktion $v(q_1 \ldots q_N)$, die sich gemäß der Darstellung (14.2) transformiert, durch Bildung von

$$v(q_1 \ldots q_N) = \sum_P A_P \cdot P f(q_1 \ldots q_N), \tag{14.3}$$

bei geeigneter Wahl der Zahlkoeffizienten A_P.

Spezielle Darstellungen vom Grade 1 sind die zu symmetrischen und die zu antisymmetrischen Funktionen gehörigen. Im ersteren Fall ist

$$P u(q_1 \ldots q_N) = u(q_1 \ldots q_N), \tag{14.4}$$

die Darstellung ist die identische, d.h. jedem Gruppenelement entspricht die Identität. Bei der antisymmetrischen Darstellung ist zwischen geraden und ungeraden Permutationen zu unterscheiden. Ist $\delta_P = 1$ für gerade, $\delta_P = -1$ für ungerade Funktionen, so gilt für eine antisymmetrische Funktion

$$P u(q_1 \ldots q_N) = \delta_P \cdot u(q_1 \ldots q_N). \tag{14.5}$$

Da

$$\delta_{PQ} = \delta_P \cdot \delta_Q, \qquad \delta_{P^{-1}} = \delta_P, \qquad \delta_1 = 1,$$

ist dies in der Tat eine Darstellung, und für die Gültigkeit von (14.3) ist es hinreichend, daß u bei Vertauschung irgend zweier Variablen das Vorzeichen ändert. Man erhält aus der beliebigen Funktion f gemäß (14.3) eine symmetrische, wenn man alle A_P gleich 1 setzt:

$$v_{\text{symm}}(q_1 \ldots q_N) = \sum P f(q_1 \ldots q_N), \tag{14.6a}$$

eine antisymmetrische Funktion, wenn man $A_P = \delta_P$ (also ± 1) setzt:

$$v_{\text{antis}}(q_1 \ldots q_N) = \sum_P \delta_P P f(q_1 \ldots q_N). \tag{14.6b}$$

Sind nur zwei Teilchen vorhanden, so sind die symmetrische und die antisymmetrische die einzigen irreduziblen Darstellungen; die Energiewerte zerfallen deshalb einfach in diese beiden Systeme.

Ist ein System von N Teilchen einmal in einem bestimmten [zu einer gewissen irreduziblen Darstellung $c(P)$ der Permutationsgruppe gehörigen] Termsystem, so kann es durch keine äußere Wirkung (Kraftfeld, Strahlung) in ein anderes System gebracht werden, weil die Störungsenergie symmetrisch in den Teilchen ist und ihre Matrixelemente mit Anfangszuständen des betrachteten Systems und Endzuständen eines anderen Systems verschwinden. Auch bleibt zufolge der Wellengleichung für zeitabhängige Wellenfunktionen der Symmetriecharakter, der zur Zeit 0 vorhanden war, für alle Zeiten bestehen. Man spricht deshalb auch von *nicht kombinierenden Termsystemen*. Dabei erfordert jedoch der Fall, daß die Zahl N der betreffenden Teilchensorte nicht konstant bleibt, z.B. das System mit einem weiteren Teilchen der betrachteten Art zusammenstößt, eine besondere Überlegung.

Es sei z.B. ein Atomsystem mit N Elektronen gegeben, und wir nehmen an, es sei in einem Zustand mit den Eigenfunktionen $u_\sigma(q_1 \ldots q_N)$, die zu einer bestimmten irreduziblen Darstellung $D^{(N)}$ der Gruppe Σ_N der Permutationen von N Elementen gehören. Dann möge ein weiteres $(N+1)$-tes Elektron auf das Atom stoßen, und es seien die Eigenfunktionen $U_\varrho(q_1, \ldots q_N, q_{N+1})$ des Gesamtsystems vor dem Stoß so gewählt, daß sie zu einer bestimmten irreduziblen

Darstellung $D^{(N+1)}$ der Gruppe der Permutationen von $(N+1)$ Elementen gehören möge. Es hat dann U_ϱ die Form

$$U_\varrho = \sum_P A_{P,\varrho}\, u_1(q_1 \ldots q_N)\, v(q_{N+1}),$$

worin $v(q_{N+1})$ die Eigenfunktion des stoßenden Elektrons ist und die $A_{P,\varrho}$ geeignete Zahlkoeffizienten sind. Die Darstellung $D^{(N)}$ von u muß in der Darstellung $D^{(N+1)}$ von U beim Ausreduzieren nach der Untergruppe Σ_N von Σ_{N+1} enthalten sein. Da außerdem die u in großer Entfernung R eines der Elektronen $q_1 \ldots q_N$ rasch verschwinden, ergibt sich mit großer Annäherung

$$U_\varrho(q_1 \ldots q_N, R) = A_{1\varrho}\, u_1(q_1 \ldots q_N)\, v(R).$$

Nach dem Stoß erhält man eine neue Funktion

$$U_\varrho'(q_1 \ldots q_{N+1}) = \sum_P A'_{P,\varrho}\, P u_1'(q \ldots q_N)\, v'(q_{N+1})$$

von analoger Beschaffenheit. Es wird dann U_ϱ' notwendig zur selben Darstellung $D^{(N+1)}$ von Σ_{N+1} gehören wie U_ϱ. Dagegen können die u' sich bei Anwendung der Permutationen P von Σ_N nach einer (unter Umständen reduziblen) Darstellung transformieren, die irgendwelche irreduziblen Darstellungen $D^{(N)}$ enthalten kann, die beim Ausreduzieren von $D^{(N+1)}$ nach der Untergruppe Σ_N von Σ_{N+1} auftreten. Dies sind im allgemeinen mehrere, und dann kann das Atom durch Stoß mit einem weiteren Elektron aus einem Zustand eines Systems in das eines anderen übergeführt werden. Nur in den zwei Spezialfällen, die bereits erwähnt wurden, tritt eine Vieldeutigkeit der $D^{(N)}$ nicht ein. Wenn wir es nämlich mit einer symmetrischen oder einer antisymmetrischen Funktion $U(q_1 \ldots q_{N+1})$ der $N+1$ Teilchen zu tun haben, dann müssen, wie aus den Zerlegungen

$$U_s(q_1 \ldots q_{N+1}) = \sum_P P u(q_1 \ldots q_N)\, v(q_{N+1}) = \sum_{k=1}^{N+1} T_{N+1,k}\, \bar{u}_s(q_1 \ldots q_N)\, v(q_{N+1}),$$

$$U_a(q_1 \ldots q_{N+1}) = \sum_P \delta_P P u(q_1 \ldots q_N)\, v(q_{N+1}) = \sum_{k=1}^{N+1} \delta_k\, T_{N+1,k}\, \bar{u}_a(q_1 \ldots q_N)\, v(q_{N+1}),$$

hervorgeht, die $\bar{u}_s$ und $\bar{u}_a$ notwendig wieder symmetrisch bzw. antisymmetrisch in den N Variablen $q_1 \ldots q_N$ sein. Hierin bezeichnet $T_{N+1,k}$ die Vertauschung (Transposition) der zwei Ziffern $N+1$ und k, $T_{N+1,N+1}$ also die Identität; und es ist $\delta_k = +1$ für $k = N+1$; $\delta_k = -1$ für $1 \leq k \leq N$.

Die Erfahrung hat nun gezeigt, daß — sobald wir Spin und Ortsvariable simultan vertauschen — *für jede Teilchensorte nur eine einzige Klasse von Zuständen vorhanden ist. Diese Klasse kann dann nur die symmetrische oder die antisymmetrische Klasse sein. Die Erfahrung zeigt weiter, daß bei den Elektronen und Nucleonen es die antisymmetrische Klasse ist, welche allein in der Natur vorkommt.* Bei anderen Teilchen, z.B. den He-Kernen (α-Teilchen), kommt die symmetrische Klasse in der Natur vor. Der Umstand, daß die Wellenmechanik *mehr*, und zwar korrespondenzmäßig gleichberechtigte Möglichkeiten liefert, als in der Natur vorkommen, ist sehr eigenartig, und es ist zu hoffen, daß eine künftige Theorie der Elementarteilchen auch eine vertiefte Einsicht in das Wesen dieser engeren Auswahl der Natur bringen wird[1].

---

[1] Es ist oft versucht worden, diese Einschränkung der Möglichkeiten dadurch zu erzwingen, daß man geeignete Singularitäten in die Wechselwirkungsenergie zweier Elementarteilchen einführt, im Fall, daß Ort und Spinkoordinaten der Teilchen koinzidieren. Es soll dann erreicht werden, daß nur die antisymmetrischen Eigenfunktionen regulär bleiben. In mathematisch korrekter Weise geschah dies durch G. Jaffé, Z. Physik **66**, 748 (1930). Die Singularitäten sind jedoch von solcher Art, daß sie kaum der Wirklichkeit entsprechen dürften.

Die Eigenschaften der Symmetrieklassen treten deutlicher hervor, wenn man Teilchen betrachtet, die in erster Näherung ungekoppelt, d.h. frei von Wechselwirkungskräften sind. Sie können sich aber in einem äußeren Kraftfeld befinden. Es seien in diesem Fall $u_1(q), \ldots u_N(q)$ die Eigenfunktionen der Zustände, in denen sich die N Elektronen befinden, worunter aber auch gleiche Zustände vorkommen können. Dann ist die symmetrische Eigenfunktion die Summe der Produkte

$$U_s(q_1 \ldots q_N) = \sum_P P\, u_1(q_1) \ldots u_N(q_N), \tag{14.7}$$

worin die Permutationen bei festen Indices $1 \ldots N$ der Zustände (unter denen auch gleiche vorkommen können) die Indices der Teilchenkoordinaten permutieren sollen. (Zur Normierung von U_s ist noch ein geeigneter Zahlfaktor hinzuzufügen.) Ebenso findet man die antisymmetrische Eigenfunktion

$$U_a(q_1 \ldots q_N) = \sum_P \delta_P P u_1(q_1) \ldots u_N(q_N) = \begin{vmatrix} u_1(q_1) & \ldots & u_N(q_1) \\ u_1(q_2) & \ldots & u_N(q_2) \\ \ldots & \ldots & \ldots \\ u_1(q_N) & \ldots & u_N(q_N) \end{vmatrix}, \tag{14.8}$$

die auch als Determinante geschrieben werden kann. *Die antisymmetrische Eigenfunktion verschwindet identisch, wenn zwei der Zustände übereinstimmen* $[u_l(q) \equiv u_k(q)$ für $k \neq l]$. Bei Teilchen mit antisymmetrischen Zuständen kann es also niemals vorkommen, daß sich zwei Teilchen im selben Zustand befinden. Dies ist der Inhalt des *Ausschließungsprinzips*, das schon vor Aufstellung der Wellenmechanik für Elektronen formuliert wurde; daß es auch für Nucleonen gültig ist, ist eine spätere Erkenntnis. Aus der Gültigkeit des Ausschließungsprinzips für eine bestimmte Gattung von Teilchen folgt umgekehrt, daß die Teilchen antisymmetrische Zustände haben. Denn *nur* die antisymmetrischen Eigenfunktionen haben die Eigenschaft, stets zu verschwinden, wenn zwei Teilchen sich im selben Zustand befinden.

Für die widerspruchsfreie Möglichkeit, alle Symmetrieklassen bis auf eine auszuschließen, ist es wesentlich, daß sich die Art der Symmetrieklasse innerhalb der Gültigkeit der klassischen Mechanik (geometrischen Optik) nicht bemerkbar macht. Betrachten wir der Einfachheit halber nur zwei Teilchen, so können wir sie z.B. immer dann mit Benutzung der Stetigkeit ihrer Ortsveränderung prinzipiell unterscheiden, *wenn ihre Wellenfunktionen* $\psi_1(q, t)$ *und* $\psi_2(q, t)$ *sich niemals überdecken, d.h. in vollständig getrennten räumlichen Gebieten von Null verschieden sind.* (Strenggenommen genügen getrennte Gebiete im Ort-Spin-Raum; wir schreiben ferner für den Augenblick $\int dq$ statt $\sum_{s_3} \int dx_1\, dx_2\, dx_3$.) In diesem Fall ist nämlich

$$\psi_1^*(q_r, t)\, \psi_2(q_r, t) = 0 \qquad\qquad r = 1, 2$$

im ganzen q-Raum und im ganzen in Betracht gezogenen Zeitintervall, und daher ist für den Erwartungswert eines beliebigen in den beiden Teilchen *symmetrischen* Operators $F(p_1, p_2, q_1, q_2)$ im symmetrischen und im antisymmetrischen Fall mit den normierten Funktionen

$$\Psi_s(q_1 q_2 t) = \frac{1}{\sqrt{2}}\left[\psi_1(q_1, t)\, \psi_2(q_2, t) + \psi_1(q_2, t)\, \psi_2(q_1, t)\right], \quad \left.\vphantom{\begin{matrix}1\\1\end{matrix}}\right\}$$
$$\Psi_a(q_1 q_2 t) = \frac{1}{\sqrt{2}}\left[\psi_1(q_1, t)\, \psi_2(q_2, t) - \psi_1(q_2, t)\, \psi_2(q_1, t)\right], \quad \tag{14.9}$$

$$\left.\begin{aligned}
\overline{F}(t) &= \int \Psi_s^* \, F \, \Psi_s \, dq_1 \, dq_2 = \int \Psi_a^* \, F \, \Psi_a \, dq_1 \, dq_2 \\
&= \int \psi_1^*(q_1, t) \, \psi_2^*(q_2, t) \, [F \, \psi_1(q_1, t) \, \psi_2(q_2, t)] \, dq_1 \, dq_2 \\
&= \int \psi_1^*(q_2, t) \, \psi_2^*(q_1, t) \, [F \, \psi_1(q_2, t) \, \psi_2(q_1, t)] \, dq_1 \, dq_2,
\end{aligned}\right\} \qquad (14.10)$$

da in diesem Fall (wenigstens wenn F ganz rational von den p abhängt)

$$\int \psi_1^*(q_1, t) \, \psi_2^*(q_2, t) \, [F \, \psi_1(q_2, t) \, \psi_2(q_1, t)] \, dq_1 \, dq_2 = 0.$$

Man pflegt die Tatsache, daß die Elektronen das Ausschließungsprinzip erfüllen bzw. antisymmetrische Zustände haben, oft so darzustellen, daß alle Elektronen „einen Vertrag miteinander schließen" oder „voneinander wissen" müssen, um diesem Prinzip zu genügen. Wir sehen aber, daß dieser „Vertrag", wenn man so sagen darf, automatisch erst in Wirksamkeit tritt, wenn die Wellenpakete der Elektronen einander überdecken, d.h. wenn die Möglichkeit, daß beide an derselben Stelle des Ort-Spin-Raumes sind, nicht von vornherein (bereits ohne Berücksichtigung der Symmetrieklasse) ausgeschlossen ist.

Wir wollen nun das Verhalten von mehreren Elektronen noch etwas genauer betrachten, hinsichtlich der Trennung von Orts- und Spinkoordinaten. In vielen Fällen ist es nämlich erlaubt, die Wechselwirkung zwischen Spin und Bahn, d.h. diejenigen Teile des HAMILTON-Operators, die die Spinoperatoren enthalten, noch als klein zu betrachten gegen die Wechselwirkung der Elektronen. In nullter Näherung (jedes Elektron bewegt sich im gleichen äußeren Kraftfeld) hat dann der HAMILTON-Operator die Form

$$H^{(0)} = \sum_{r=1}^{N} H_r^{(0)},$$

worin jedes $H_r^{(0)}$ nur auf die Ortskoordinaten des r-ten Elektrons wirkt. In erster Näherung kommt eine Störung

$$H^{(1)} = \sum_{r,s}{}' \frac{e^2}{r_{rs}}$$

hinzu, die symmetrisch ist in den Ortskoordinaten der Teilchen. Es ist dies die in (5.12), (5.13) bereits eingeführte COULOMBsche Wechselwirkungsenergie der Teilchen. In zweiter Näherung erst tritt eine Wechselwirkungsenergie zwischen Spin und Bahn hinzu

$$H^{(2)} = V(x_{rk}, s_{r3}).$$

Wenn $H^{(2)}$ nicht nur als klein gegenüber $H^{(0)}$, sondern auch als klein gegenüber $H^{(1)}$ betrachtet werden darf, spricht man von RUSSELL-SAUNDERS-Koppelung.

Das diesen Voraussetzungen entsprechende Verhalten der Eigenfunktionen möge nun zunächst im einfachsten Fall *zweier* Teilchen näher untersucht werden. Die im ganzen, d.h. in Spin- und Ortskoordinaten zusammen, antisymmetrischen Lösungen sind in nullter und erster Näherung (den Index $k = 1, 2, 3$ der drei Raumkoordinaten jedes Teilchens lassen wir fort) gemäß (13.36'), (13.43) mit

$$\left.\begin{aligned}
u(x, s_3) &= u(x) \, [a_\alpha \, C_+(s_3) + a_\beta \, C_-(s_3)], \\
v(x, s_3) &= v(x) \, [b_\alpha \, C_+(s_3) + b_\beta \, C_-(s_3)]
\end{aligned}\right\} \qquad (14.11)$$

von der Form

$$U(x_1, x_2, s_{13}, s_{23}) = u(x_1, s_{13}) \, v(x_2, s_{23}) - u(x_2, s_{23}) \, v(x_1, s_{13}). \qquad (14.12)$$

Es ist hierin zum Ausdruck gebracht, daß in nullter und erster Näherung Spin- und Ortsvariablen separierbar sind; $u(x)$ und $v(x)$ sind die Ortseigenfunktionen

8*

eines einzigen Elektrons in *einem* der betrachteten Zustände. Sind beide hinsichtlich der Ortskoordinaten im selben Zustand, so ist $u(x) = v(x)$ zu setzen. Ist ursprünglich kein äußeres Kraftfeld vorhanden, der Hamilton-Operator also drehungsinvariant, was wir annehmen wollen, so erhalten wir bei einer *beliebigen* Wahl der a_α, a_β, b_α, b_β zulässige Eigenfunktionen. Es ist dann $U(x_1, x_2, s_{13}, s_{23})$ eine Linearkombination folgender vier (aufeinander orthogonaler und normierter) Eigenfunktionen

$$U^I(x_1, x_2, s_{13}, s_{23}) = \frac{1}{\sqrt{2}} \left[u(x_1)\, v(x_2) - u(x_2)\, v(x_1) \right] A_{m_s}(s_{31}, s_{32}) \qquad (14.13\,\text{a})$$

mit $m_s = -1, 0, +1$ und

$$\left. \begin{aligned} A_{-1}(s_{13}, s_{23}) &= C_-(s_{13})\, C_-(s_{23}), \\ A_0 &= \frac{1}{\sqrt{2}} \left[C_+(s_{13})\, C_-(s_{23}) + C_-(s_{13})\, C_+(s_{23}) \right], \\ A_{+1} &= C_+(s_{13})\, C_+(s_{23}), \end{aligned} \right\} \qquad (14.13\,\text{b})$$

sowie

$$\left. \begin{aligned} U^{II}(x_1, x_2, s_{13}, s_{23}) &= \frac{1}{\sqrt{2}} \left[u(x_1)\, v(x_2) + v(x_1)\, u(x_2) \right] \times \\ &\times \frac{1}{\sqrt{2}} \left[C_+(s_{13})\, C_-(s_{23}) - C_-(s_{13})\, C_+(s_{23}) \right]. \end{aligned} \right\} \qquad (14.14)$$

Man sieht, daß die Spineigenfunktionen, die als Faktoren hier vorkommen, im ersten Fall symmetrisch, im zweiten antisymmetrisch sind. Im zweiten Fall ergibt die Anwendung irgendeines Operators $s_k = s_{1k} + s_{2k}$ auf die Spineigenfunktion den Wert Null. Daraus folgt schon, daß sie invariant gegenüber Drehungen ist. Dies ist auch direkt zu sehen, da sie sich bei irgendeiner linearen Transformation, die ja auf die $C_+(s_{13})\, C_-(s_{13})$ bzw. $C_+(s_{23})\, C_-(s_{23})$ in gleicher Weise ausgeübt wird, mit der Determinante der Transformation multipliziert. Diese hat aber, wie wir gesehen haben, den Wert 1 bei den den Drehungen zugeordneten Transformationen der C_+, C_-. Zu U^{II} gehört also ein Term mit $S = 0$ (Singuletterm). Selbst wenn wegen der Invarianz des Hamilton-Operators gegenüber Drehungen mehrere u und mehrere v zum selben Eigenwert gehören[1] (nicht verschwindendes resultierendes Impulsmoment L der Bahnbewegung), tritt hier bei Einschaltung der Störungsenergie $H^{(2)}$ keine weitere Aufspaltung der Terme ein. Im Fall $u(x) = v(x)$ ist der erste Normierungsfaktor in U^{II} durch $\frac{1}{2}$ zu ersetzen, so daß einfach $u(x) \cdot v(x)$ geschrieben werden kann. In erster Näherung, d.h. mit Vernachlässigung von $H^{(2)}$, gehört zu U^{II} die Termstörung

$$\Delta E_{II} = J_0 + J_1, \qquad (14.15\,\text{a})$$

worin

$$\left. \begin{aligned} J_0 &= \int |u(x_1)|^2\, |v(x_2)|^2\, V(x_1, x_2)\, dx_1\, dx_2, \\ J_1 &= \int u^*(x_1)\, u(x_2)\, v^*(x_1)\, v(x_2)\, V(x_1, x_2)\, dx_1\, dx_2. \end{aligned} \right\} \qquad (14.16)$$

J_1 ist das sog. Austauschintegral.

Im ersten Fall, der zu den Eigenfunktionen U^I gehört, sind die Spineigenfunktionen symmetrisch. Die A_{-1}, A_0, A_1 transformieren sich bei Drehungen untereinander. Dies beruht letzten Endes darauf, daß die Drehungen und die Permutationen *vertauschbar* sind, der Symmetriecharakter der Eigenfunktionen bei Drehungen also nie geändert werden kann. Die Eigenfunktionen A_{-1}, A_0, A_1

---

[1] Es müssen dann geeignete Linearaggregate verschiedener $u_\varkappa(x_1)\, v_\lambda(x_2) + u_\varkappa(x_2)\, v_\lambda(x_1)$ gebildet werden.

des Spins allein entsprechen dabei den Werten $-1, 0, 1$ der Quantenzahl m_s der 3-Komponente $s_3 = s_{13} + s_{23}$ des resultierenden Spinimpulses und dem Wert $s = 1$ der Quantenzahl des Betrages des resultierenden Spinimpulses. Die zugehörige Eigenwertstörung ist in erster Näherung

$$\Delta E_{\mathrm{I}} = J_0 - J_1, \tag{14.15 b}$$

wenn J_0 und J_1 dieselben Integrale wie oben bedeuten. Ist L das Bahnimpulsmoment, so tritt infolge der Störungsenergie $H^{(2)}$ im allgemeinen eine weitere Aufspaltung des Terms ein, indem die reduzible Darstellung

$$D_1 \times D_2$$

der Drehungsgruppe in ihre irreduziblen Bestandteile

$$D_J$$

mit $J = L + 1, L, L - 1$ zerfällt. Für $L = 0$ (S-Term) tritt offenbar keine Aufspaltung ein. Wir haben es hier also mit einem Triplettsystem zu tun. Es ist zu beachten, daß für $u(x) = v(x)$ die Eigenfunktion U^{I} identisch verschwindet.

Das wesentliche Resultat ist folgendes: *Das Ausschließungsprinzip bewirkt, daß bei zwei Elektronen die in den Ortskoordinaten allein symmetrischen Zustände zu Singuletttermen, die in den Ortskoordinaten antisymmetrischen Zustände zu Triplettermen gehören. Bereits bei Vernachlässigung der Wechselwirkungskräfte zwischen Spin und Ortskoordinaten unterscheiden sich diese Terme energetisch um die Austauschintegrale.* Bei den in der Natur nicht vorkommenden Zuständen der im ganzen symmetrischen Klasse wäre die Zuordnung der Multiplizität zur Symmetrieklasse in den Ortskoordinaten allein gerade die umgekehrte.

Dies ist der wesentliche Inhalt der HEISENBERGschen Theorie des Heliumspektrums. Wegen der Ununterscheidbarkeit der Elektronen ist der Platzwechsel zweier Elektronen prinzipiell niemals beobachtbar. Vom „Austausch" der Elektronen im He-Atom wäre im Prinzip *höchstens* beobachtbar, daß der Spin des äußeren und der des inneren Elektrons, falls sie entgegengesetzt gerichtet sind, im Laufe der Zeit Vertauschungen erfahren.

Die Theorie kann von zwei auf eine beliebige Zahl N der Elektronen verallgemeinert werden[1]. Wir gehen hier jedoch nicht auf die Beweise ein, sondern skizzieren nur die Resultate. Es empfiehlt sich dabei, nicht von der allgemeinen Theorie der Darstellungen der Permutationsgruppe auszugehen, da auch bezüglich der Symmetrie der Eigenfunktionen in den Ortskoordinaten allein infolge des Ausschließungsprinzips nur ein kleiner Teil aller möglichen Darstellungen tatsächlich vorkommen kann. Es empfiehlt sich, für die $u_n(q)$ in die Determinante (14.8) Ausdrücke der Form (14.11), (14.12) einzusetzen und den entstehenden Ausdruck geeignet zu ordnen. Es zeigt sich dabei, daß durch das Resultat der Anwendung des Operators $s^2 = \sum_{k=1}^{3} \sum_{r=1}^{N} s_{rk}^2$ auf die Spineigenfunktionen, das immer in ihrer Multiplikation mit einer Zahl der Form $s(s+1)$ besteht, der Symmetriecharakter der Spin-, und damit wegen des Ausschließungsprinzips auch der Ortseigenfunktionen bereits eindeutig bestimmt ist. Daraus folgt dann, daß bei RUSSELL-SAUNDERS-Koppelung (Kleinheit der Wirkung von $H^{(2)}$ gegenüber

---

[1] Vgl. P. A. M. DIRAC, Proc. Roy. Soc. Lond., Ser. A **123**, 714 (1929); J. C. SLATER, Phys. Rev. **34**, 1293 (1929); für zusammenfassende Darstellungen, Rapport du Congrès de Solvay 1930, Referat PAULI, besonders I, § 4; ferner M. BORN, Z. Physik **64**, 729 (1930); Ergebn. exakt. Naturw. **10**, 387 (1931).

derjenigen von $H^{(1)}$) auch bei N Elektronen die Terme in verschiedene Multipletts auseinandertreten, die sich energetisch durch Linearkombinationen von „Austauschintegralen" unterscheiden.

Es sei noch bemerkt, daß die Anwendung der früheren Überlegungen über Stöße auf die Symmetrie der Eigenfunktionen bei Vertauschungen der Ortskoordinaten allein ergibt, daß selbst bei Vernachlässigung der Spinkräfte beim Stoß eines Elektrons auf ein Atom, dieses in einen Term mit anderer Multiplizität als der Ausgangsterm übergeführt werden kann. Denn es können hier außer der symmetrischen und der antisymmetrischen noch andere Symmetrieklassen vorkommen.

Es bleibt uns noch übrig, die statistischen Anwendungen zu besprechen, die für Systeme aus vielen gleichartigen Teilchen mit einer bestimmten Symmetrieklasse (symmetrische oder antisymmetrische) charakteristisch sind. Zu diesem Zwecke denken wir uns eine große Zahl von kräftefreien Teilchen in einem abgeschlossenen Volumen V, so daß die Eigenfunktionen stehende ebene Wellen sind. Die Anzahl der stationären Zustände eines Teilchens, die im Volumelement p_k, $p_k + dp_k$ ($k = 1, 2, 3$) des Impulsraumes liegen, ist dann

$$Z = V \frac{1}{h^3} dp_1 dp_2 dp_3 .$$

Für Teilchen mit Spin kommt noch der Gewichtsfaktor $g = 2s + 1$ hinzu ($g = 2$ für Elektronen und Protonen), doch sehen wir der Einfachheit halber zunächst hiervon ab. Es ist dann zweckmäßig, nicht einen einzigen Zustand zu betrachten, sondern eine Gruppe von Z Zuständen der betrachteten Art, wobei Z eine große Zahl sein soll. Andererseits soll die Energie der Teilchen innerhalb der Gruppe so wenig variieren, daß der Boltzmann-Faktor $e^{-\frac{E}{kT}}$ für die Zustandsgruppe merklich konstant ist. Es ist dann die Frage nach der a priori Wahrscheinlichkeit W dafür, daß N Teilchen in dieser Zustandsgruppe liegen. Diese ist nach allgemeinen Prinzipien gegeben durch die Anzahl der stationären Zustände des Gesamtsystems von N Teilchen, bei denen jedes Teilchen einen Impuls zwischen p_k und $p_k + dp_k$ hat. Diese Zahl hängt ab von der Symmetrieklasse und ist verschieden von der a priori Wahrscheinlichkeit bei unabhängigen Teilchen, die einfach

$$W = Z^N \tag{14.17}$$

beträgt. Bei Teilchen mit symmetrischen Zuständen liegt die Sache wesentlich anders. Dem Fall, daß das erste Teilchen im Zustand 1, das zweite Teilchen im Zustand 2, und dem anderen, daß das zweite Teilchen im Zustand 1, das erste im Zustand 2 sich befindet, entspricht nur *ein* Zustand des aus zwei Teilchen bestehenden Systems, also ist es hier a priori gleich wahrscheinlich, daß von zwei vorhandenen Teilchen das *eine* im Zustand 1, das andere im Zustand 2 ist, wie daß beide im selben Zustand 1 bzw. im selben Zustand 2 sind. Bei unabhängigen Teilchen wäre dagegen die Wahrscheinlichkeit von jeder der letzteren Möglichkeiten nur halb so groß als die Wahrscheinlichkeit der ersteren. Allgemein ist bei N Teilchen jede symmetrische Eigenfunktion eindeutig dadurch charakterisiert, daß angegeben wird, *wie viele* von den N Molekülen in jedem der Z-Zustände der Gruppe sich befinden. Wir wollen eine solche Angabe ein „Zerlegungsbild" nennen. Man findet die Anzahl dieser Zerlegungsbilder als gleich

$$W = \frac{(N + Z - 1)!}{N!(Z - 1)!} \quad \text{(symmetrische Zustände).} \tag{14.18a}$$

Im Falle der antisymmetrischen Eigenfunktionen (Ausschließungsprinzip) sind von diesen Zerlegungsbildern alle diejenigen zu streichen, in denen mehr als ein Teilchen im selben Zustand ist. Man findet dann

$$W = \frac{Z!}{N!(Z-N)!} \quad \text{(antisymmetrische Zustände)}, \quad (14.18\,\text{b})$$

wobei notwendig $N \leq Z$ sein muß. Hat man mehrere Gruppen von Zuständen des einzelnen Teilchens, so ist die Anzahl der entsprechenden Zustände des Gesamtsystems gleich dem Produkt der Zahlen W für die einzelnen Gruppen. [Bei unabhängigen Teilchen kommt dann noch der Faktor $N!/(N_1!N_2!\ldots)$ hinzu, worin die N_n die Anzahlen der Teilchen in den einzelnen Gruppen bedeuten, während $N = \sum_n N_n$ die Gesamtzahl der Teilchen ist. Für Teilchen mit Spin sind diese W einfach in die Potenz g zu erheben, wenn unter N die Teilchenzahl mit bestimmtem Spinzustand verstanden wird.]

Vor Kenntnis der Symmetrieeigenschaften der Eigenfunktionen von N gleichen Teilchen schien besonders die den symmetrischen Zuständen entsprechende Zählweise als eine besondere hypothetische Vorschrift. Sie wurde von BOSE[1] eingeführt, da sie bei der Auffassung der Strahlung als eines aus korpuskularen Lichtquanten bestehenden Gases zu richtigen Resultaten führt. Von EINSTEIN[1] wurde sie sodann auf materielle Gase übertragen. Man spricht deshalb auch oft von EINSTEIN-BOSE-*Statistik*. Es handelt sich jedoch nicht um eine neue Art von Statistik, da, wie wir jetzt wissen, die a priori Wahrscheinlichkeiten stets der Anzahl der betreffenden stationären Zustände des Gesamtsystems proportional sind. Wir sprechen daher lieber von der Statistik symmetrischer Zustände. Sie ist bei denjenigen materiellen Teilchen anzuwenden, die solche symmetrische Zustände besitzen, wie z.B. die α-Teilchen. Für Teilchen, die das Ausschließungsprinzip befolgen, wurden die entsprechenden statistischen Folgerungen von FERMI[1] gezogen sowie unabhängig von ihm von DIRAC[1], der seine Überlegungen bereits auf die antisymmetrischen Eigenfunktionen basiert hat. Man spricht daher auch oft von FERMI-DIRAC-*Statistik*, wir wollen es aber vorziehen, von Statistik antisymmetrischer Zustände zu sprechen[2].

Von einer Anwendung dieser beiden Arten von Statistik soll noch gesprochen werden, da sie ohne Eingehen auf Wärmefragen formuliert werden kann. Es handelt sich bei der hier betrachteten Gesamtheit von N kräftfreien Teilchen eines bestimmten Geschwindigkeitsintervalles um die Schwankungen der Teilchenzahl und der Energie in einem Teilvolumen. Die Verhältnisse bei der Teilchenzahl sind einfacher und sollen zuerst besprochen werden. Ist x_r eine Abkürzung für die drei Raumkoordinaten des n-ten Teilchens, so ist

$$n(x_1, \ldots, x_N) = \sum_{r=1}^{N} \int_v d^3x\, \delta(x - x_r) \tag{14.19}$$

gleich der Anzahl derjenigen x_r, die im betrachteten Teilvolumen v liegen, über das zu integrieren ist. Es ist dann

$$\bar{n} = \int n(x_1, \ldots, x_N)\,|U(x_1, \ldots, x_N)|^2\, dx_1 \ldots dx_N,$$

$$\overline{n^2} = \int n^2(x_1, \ldots, x_N)\,|U(x_1, \ldots, x_N)|^2\, dx_1 \ldots dx_N,$$

---

[1] Vgl. Fußnote 1, S. 110.
[2] Über die weiteren thermodynamischen Folgerungen und Anwendungen hiervon vgl. die Monographie von L. BRILLOUIN, Die Quantenstatistik. Berlin 1931; ferner P. JORDAN, Statistische Mechanik auf quantentheoretischer Grundlage. Braunschweig 1933.

wenn $U(x_1, \ldots, x_r)$ die Eigenfunktion bedeutet. Die Integrale lassen sich ausführen. Hat man mit der betrachteten Gruppe von Z Zuständen zu tun, worin Z eine große Zahl ist und jeder Zustand des Gesamtsystems in der Gruppe als gleich wahrscheinlich betrachtet wird, beschränkt man sich ferner der Einfachheit halber auf den Fall, daß das Teilvolumen v klein ist gegen das Gesamtvolumen, so ergibt sich mit $z = Z \frac{v}{V}$ das bekannte Resultat[1]

$$\overline{(\Delta n)^2} = \overline{n^2} - (\bar{n})^2 = \bar{n} + \frac{\overline{n^2}}{z} \quad \text{für symmetrische Zustände,} \tag{14.20a}$$

$$\overline{(\Delta n)^2} = \overline{n^2} - (\bar{n})^2 = \bar{n} - \frac{\overline{n^2}}{z} \quad \text{für antisymmetrische Zustände,} \tag{14.20b}$$

für unabhängige Teilchen ist dagegen bekanntlich $\overline{(\Delta n)^2} = \bar{n}$. Es ist wichtig zu bemerken, daß hierin Größen von der relativen Ordnung $1/z$ zu den angeschriebenen Termen vernachlässigt sind.

Bei der entsprechenden Frage der Energie in einem Teilvolumen ist eine gewisse Vorsicht geboten, da ja die Kenntnis des Impulses der Teilchen nach sich zieht, daß der Ort nur mit einer gewissen Ungenauigkeit bekannt ist. Im Gegensatz zur Messung der Teilchenzahl in einem Teilvolumen — diese kann ja einfach so erfolgen, daß man die Orte aller Teilchen bestimmt, deren Zahlwerte in den verlangten Grenzen liegen — kann die Energie immer nur so bestimmt werden, daß man Wände (Potentialberge) oder analoge äußere Einflüsse einschaltet, welche die Abgrenzung der Teilvolumina bedingen. Die Energie in dem Teilvolumen nach diesem Eingriff ist dann im wesentlichen übereinstimmend mit der Energie, die vor dem Eingriff in einem Volumen war, dessen Grenzen um die Größenordnung der Wellenlänge der Materiewellen unbestimmt war. Nur wenn das Teilvolumen groß ist gegen diese mittlere Wellenlänge, hat die Frage nach der Energie im Teilvolumen überhaupt einen bestimmten Sinn. Nach Heisenberg[2] muß dies beachtet werden, wenn gewisse Singularitäten vermieden werden sollen, die zunächst auftreten, wenn man die Energie im Teilvolumen etwa in der Form ansetzt

$$E = \frac{1}{2m} \sum_r p_r D(x_r) p_r, \qquad D(x) = \int_v \delta(x - x') d^3x'.$$

Die Singularität verschwindet jedoch, wenn man die Funktion $D(x)$ durch eine stetige Funktion ersetzt, d.h. eine Gewichtsfunktion einführt, die außerhalb des betrachteten Gebietes v zwar steil, aber kontinuierlich verschwindet,

$$\int_v G(x') \delta(x - x') d^3x = G(x)$$

und

$$E = \frac{1}{2m} \sum_r p_r G(x_r) p_r$$

bildet. Es ergibt sich dann analog zu (14.20)

$$\overline{(\Delta E)^2} = \overline{E^2} - \overline{E}^2 = \frac{1}{2m} p^2 \overline{E} + \frac{\overline{E}^2}{z} \quad \text{für symmetrische Zustände,} \tag{14.21a}$$

$$\overline{(\Delta E)^2} = \overline{E^2} - \overline{E}^2 = \frac{1}{2m} p^2 \overline{E} - \frac{\overline{E}^2}{z} \quad \text{für antisymmetrische Zustände.} \tag{14.21b}$$

---

[1] Ich verdanke die Ausführung der Rechnung nach dieser Methode Herrn R. Peierls.
[2] W. Heisenberg: Leipzig. Akad., math.-phys. Kl. 83, 3 (1931).

Es muß hier eine eigenartige mathematische Methode besprochen werden, die von JORDAN und KLEIN[1] (Fall symmetrischer Zustände) und JORDAN und WIGNER[2] herrührt und als nochmalige Quantelung von Wellen im gewöhnlichen dreidimensionalen Raum bezeichnet werden kann. Diese Methode ist entstanden durch Betrachtung der Analogie zwischen Materieteilchen mit symmetrischen Zuständen einerseits und den Lichtquanten der Strahlung andererseits. Es ist zweifelhaft, ob es sich dabei um eine wirklich tiefgehende physikalische Analogie handelt, und es ist auch erwiesen, daß alle Resultate der Wellenmechanik auch ohne Anwendung dieser Methode gewonnen werden können. Zum mindesten als Rechenmethoden müssen sie aber angeführt werden.

In Ziff. 9 haben wir die Wahrscheinlichkeit dafür, daß ein Teilchen in dem durch die Eigenfunktion $u_n(x)$ beschriebenen Zustand sich befindet, durch $c_n^* c_n$ beschrieben. Wir führen nun (zeitabhängige) Operatoren (Matrizen) a_n^* und a_n ein, die den V.-R. genügen,

$$a_n a_m^* - a_m^* a_n = \begin{cases} 0 & \text{für} \quad n \neq m, \\ 1 & \text{für} \quad n = m, \end{cases} \tag{14.22a}$$

während

$$a_n a_m - a_m a_n = 0; \quad a_n^* a_m^* - a_m^* a_n^* = 0. \tag{14.22a'}$$

Hierbei soll a^* stets den zu a hermitesch-konjugierten Operator bedeuten. Dann ist leicht zu sehen, daß die Eigenwerte von

$$a_m^* a_m = N_m \tag{14.23}$$

die ganzen Zahlen 0, 1, 2, ... sind. Schreibt man N_m als Diagonalmatrix, so werden die Matrizen von a_m^* und a_m

$$(a_m^*)_{N_m N_m'} = \begin{cases} \sqrt{N_m} & \text{für} \quad N_m' = N_m - 1, \\ 0 & \text{sonst}, \end{cases} \tag{14.24a}$$

$$(a_m)_{N_m N_m'} = \begin{cases} \sqrt{N_m + 1} & \text{für} \quad N_m' = N_m + 1, \\ 0 & \text{sonst}. \end{cases} \tag{14.24a'}$$

Es führt also a_m^* als Operator, angewandt auf eine Funktion $f(N_m)$ diese in $\sqrt{N_m + 1}\, f(N_m + 1)$ über, ebenso führt $a_m f(N_m)$ in $\sqrt{N_m}\, f \cdot (N_m - 1)$ über. Setzen wir

$$a_m^* = \sqrt{N_m}\, \Delta_m^*, \quad a_m = \Delta_m \sqrt{N_m}, \tag{14.25}$$

worin

$$\Delta_m^* \Delta_m = 1\,[3], \tag{14.26}$$

so wird also

$$\left. \begin{array}{l} \Delta f(N_m) = f(N_m - 1), \\ \Delta^* f(N_m) = f(N_m + 1). \end{array} \right\} \tag{14.27}$$

Ganz ähnliche V.-R. lassen sich nach JORDAN und WIGNER für die Teilchen mit antisymmetrischen Zuständen aufstellen, wo die N_n nur die Werte 0 und 1 haben können. Man kann hier nach diesen Verfassern setzen

$$a_n a_m^* + a_m^* a_n = \begin{cases} 0 & \text{für} \quad n \neq m, \\ 1 & \text{für} \quad n = m, \end{cases} \tag{14.22b}$$

$$a_n a_m + a_m a_n = 0, \quad a_n^* a_m^* + a_m^* a_n^* = 0 \quad \text{für} \quad m \neq n, \tag{14.22b'}$$

wobei wieder

$$a_n^* a_n = N_n. \tag{14.23}$$

Ferner werden die Matrizen jetzt

$$(a_n^*)_{1,0} = \varepsilon_n, \quad (a_n)_{0,1} = \varepsilon_n, \quad (a_n^*)_{N_n N_n'} = (a_n)_{N_n' N_n}, \tag{14.24b}$$

worin $\varepsilon_n = \pm 1$ ein noch zu bestimmendes von n abhängiges Vorzeichen ist. Um dieses Vorzeichen festzulegen, muß man die Zustände n in eine bestimmte Reihenfolge gebracht denken. Dann kann man setzen

$$\varepsilon_n = \prod_{m \leq n} (1 - 2 N_m); \tag{14.28}$$

---

[1] P. JORDAN u. O. KLEIN: Z. Physik **45**, 751 (1927).

[2] P. JORDAN u. E. WIGNER: Z. Physik **47**, 631 (1928).

[3] Man schreibt oft $\Delta_m = e^{\frac{i}{\hbar}\Theta_m}$, um (14.26) identisch zu erfüllen.

es ist gleich $+1$ oder -1, je nachdem die Anzahl derjenigen *besetzten* Zustände, die *vor* dem betrachteten Zustand liegen, gerade oder ungerade ist. Dann hat man zu setzen

$$\begin{aligned} a_n^* f(N_1 \ldots 0_n \ldots) &= \varepsilon_n(N_1 \ldots 0_n \ldots) f(N_1 \ldots 1_n \ldots) \\ &= -\varepsilon_n(N_1 \ldots 1_n \ldots) f(N_1 \ldots 1_n \ldots), \\ a_n^* f(N_1 \ldots 1_n \ldots) &= 0 . \end{aligned} \qquad (14.29)$$

$$\begin{aligned} a_n f(N_1 \ldots 0_n \ldots) &= 0, \\ a_n f(N_1 \ldots 1_n \ldots) &= \varepsilon(N_1 \ldots 0_n \ldots) f(N_1 \ldots 0_n \ldots) \\ &= -\varepsilon_n(N_1 \ldots 1_n \ldots) f(N_1 \ldots 0_n \ldots) . \end{aligned} \qquad (14.29')$$

Von den a_n, a_n^* kann man leicht zu den ψ-Funktionen selbst übergehen gemäß

$$\psi(q) = \sum_n a_n(t)\, u_n(q); \quad \psi^*(q) = \sum_n a_n^*(t)\, u_n^*(q), \qquad (14.30)$$

worin q Orts- und Spinkoordinaten zusammenfaßt und die u_n und u_n^* gewöhnliche Zahlen sind und ein normiertes Orthogonalsystem bilden. Der letztere Umstand hat zur Folge, daß die zu (14.22a, b) analogen V.-R. gelten

$$\psi(q)\,\psi^*(q') \mp \psi^*(q')\,\psi(q) = \delta(q - q')\mathbf{1}, \qquad (14.31)$$

$$\psi^*(q)\,\psi^*(q') \mp \psi^*(q')\,\psi^*(q) = 0, \quad \psi(q)\,\psi(q') \mp \psi(q')\,\psi(q) = 0, \qquad (14.31')$$

worin das obere bzw. untere Vorzeichen gilt, je nachdem es sich um symmetrische oder antisymmetrische Zustände handelt. Es steht hierin $\delta(q - q')$ für $\delta(x - x')\delta_{\mu\mu'}$, wenn $\delta_{\mu\mu'}$ das gewöhnliche δ-Symbol für die diskreten Spinkoordinaten ist.

Als Anwendung dieser Methode kann man zunächst wieder die Energie- und Dichteschwankungen berechnen, wobei man zu bilden hat

$$n = \sum_{s_z\,v} \int \psi\,\psi^*\, d^3x,$$

$$E = \sum_{s_z\,v} \int \frac{\hbar}{2m} \frac{\partial \psi}{\partial x} \frac{\partial \psi^*}{\partial x}\, d^3x$$

und die Mittelwerte (Erwartungswerte) von n, n^2 bzw. E, E^2 über die betrachtete Gruppe von Zuständen zu bilden hat. Das Resultat ist dasselbe wie bei der Berechnung im Konfigurationsraum[1].

Dies ist ein Spezialfall der *allgemeinen Äquivalenz der Methode der quantisierten Eigenschwingungen und der Methode des Konfigurationsraumes*, die — wie die genannten Verfasser gezeigt haben — sich sogar auf das Problem von gleichen Teilchen mit Wechselwirkungskräften erstreckt. Es sei

$$H = \frac{1}{2m} \sum_r \left[-\hbar^2 \frac{\partial^2}{\partial x_r^2} + \sum_r V_r(q_r) + \sum_{r<s} \Omega(q_r, q_s) \right] \qquad (14.32)$$

der Hamilton-Operator. Hierin sind die äußeren Kräfte durch $V(q_r)$ dargestellt, während die von einem Paar von Teilchen abhängige Funktion Ω die Wechselwirkung beschreibt. Bei den Coulombschen elektrostatischen Kräften war ja $H_{rs} = \dfrac{e^2}{r_{rs}}$; im Hinblick auf spätere Verallgemeinerungen, welche die magnetische Wechselwirkung der Teilchen betreffen, wollen wir zulassen, daß V und Ω auch von den Spinkoordinaten abhängen. Würde man $\varrho(q) = \psi^*(q)\psi(q)$ als klassische Ladungswolke denken, so würde man die Wechselwirkungsenergie der Teilchen r und s klassisch schreiben

$$\iint dq_r\, dq_s\, \Omega(q_r, q_s)\, \varrho(q_r)\, \varrho(q_s) .$$

---

[1] Bei dieser Methode wird die Energiedichte kräftefreier Massenpunkte formal analog zur Energiedichte einer schwingenden Saite mit quantisierten Eigenschwingungen. Dieses letztere System wurde schon von M. Born, W. Heisenberg u. P. Jordan, Z. Physik **35**, 557 (1925), auf seine Schwankungseigenschaften untersucht.

In Anologie hierzu hat man den HAMILTON-Operator zu definieren durch

$$H = \frac{1}{2m} \sum_{s,r} \int \left[\hbar^2 \frac{\partial \psi^*}{\partial x_r} \frac{\partial \psi}{\partial x_r} + V(q_r)\, \psi^* \psi \right] d^3 x_r + \\ + \sum_{s,r,\,s,s} \iint \psi^*(q')\, \psi^*(q)\, \Omega(q, q')\, \psi(q')\, \psi(q)\, dq_r\, dq_s,$$

$$(14.32')$$

worin ψ^*, ψ die eben verwendeten Operatoren sind, die nach (14.30) durch die Operatoren a_r^*, a_s^* ausgedrückt werden können, die bei Entwicklung von ψ nach einem passenden Orthogonalsystem entstehen. Führen wir die Anzahlen N_n der Teilchen in den durch dieses System definierten Zuständen n als Variable einer Wellenfunktion $\Phi(N_1, N_2, \ldots t)$ ein, auf welche der durch (14.32') definierte Operator wirkt, so können wir eine Wellengleichung aufstellen gemäß

$$-\frac{\hbar}{i} \frac{\partial \Phi}{\partial t} = H\, \Phi(N_1, N_2, \ldots t). \qquad (14.33)$$

Es zeigt sich, daß die Folgerungen aus dieser Wellengleichung vollständig übereinstimmen mit der Folgerung aus der Wellengleichung im Konfigurationsraum, zu welcher der HAMILTON-Operator (14.32) Anlaß gibt. Dies gilt sowohl für Teilchen mit symmetrischen als auch für Teilchen mit antisymmetrischen Zuständen[1]. Für diese Übereinstimmung ist die Reihenfolge der Faktoren in (14.32') wesentlich.

Sind mehrere verschiedene Teilchensorten vorhanden (z. B. Elektronen und Protonen), so kann man für jede Teilchensorte besondere ψ-Operatoren einführen, wobei die ψ-Operatoren, die zu verschiedenen Teilchensorten gehören, vertauschbar sind.

Dies ist, kurz skizziert, die Methode der quantisierten Eigenschwingungen. Es ist zu betonen, daß trotz der formalmathematischen Analogie ein wesentlicher physikalischer Unterschied besteht zwischen dem Übergang von den Größen p, q der klassischen Punktmechanik zu den wellenmechanischen Operatoren p, q einerseits, von den Funktionen im gewöhnlichen Raum ψ^*, ψ zu den Operatoren ψ^*, ψ andererseits. Denn schon die Funktionen ψ^*, ψ sind symbolische Größen, die selbst nicht direkt beobachtbar sind und das Wirkungsquantum enthalten.

15. Korrespondenzmäßige Behandlung der Strahlungsvorgänge. Historisch hat bekanntlich der Vorgang der Lichtemission bei der Begründung der HEISENBERGschen Matrixtheorie eine wesentliche Rolle gespielt, indem die Matrixelemente des elektrischen Momentes des Atoms in unmittelbarer Anlehnung an die klassische Elektrodynamik direkt mit den elektrischen Feldstärken des bei den zugeordneten Übergängen emittierten Lichtes in Verbindung gebracht wurden. Von BORN, HEISENBERG und JORDAN[2] wurde dieser Formalismus sodann auf Dispersionsphänomene ausgedehnt. Eine entsprechende wellenmechanische Behandlungsweise wurde von KLEIN[3] gegeben. Dabei zeigte es sich jedoch, daß bei dem Schluß von dem Moment des Atoms auf die ausgesandte Strahlung besondere Vorschriften eingeführt werden müssen, die anscheinend nicht aus den allgemeinen Prinzipien der Quantenmechanik gefolgert werden konnten. Es ist dies ein Mangel, der erst in der von DIRAC eingeführten konsequenten quantenmechanischen Behandlung der Lichtwellen behoben wird. Da andererseits diese konsequente Theorie zu besonderen, mit dem Problem der Struktur des Elektrons selbst zusammenhängenden Schwierigkeiten führt, ist auch die ursprüngliche, sich infolge des Verzichtes auf eine Quantelung des elektromagnetischen Feldes enger an die korrespondierende klassische Theorie anlehnende Behandlungsweise der Strahlungsvorgänge von besonderem Interesse. Wir wollen diese im folgenden so formulieren, daß die Übertragung der Überlegungen und Schlüsse in die DIRACsche Strahlungstheorie in möglichst direkter Weise geschehen kann.

_[1] Vgl. für den Beweis außer den zitierten Arbeiten auch V. FOCK, Z. Physik **75**, 622 (1932), sowie das Buch von W. HEISENBERG, Die physikalischen Prinzipien der Quantentheorie. Leipzig 1930.
_[2] M. BORN, W. HEISENBERG u. P. JORDAN: Z. Physik **35**, 557 (1926).
_[3] O. KLEIN: Z. Physik **41**, 407 (1927).

Dabei sollen über die Anzahl der Elektronen im Atom und über das Verhältnis von Wellenlänge zu Atomdimensionen zunächst keine einschränkenden Voraussetzungen eingeführt werden.

Betrachten wir zunächst *klassisch* ein System von Teilchen, über die bestimmte statistische Daten vorliegen, nämlich zu jeder Konfiguration der Lagen $x_k^{(a)}$ $(k = 1, 2, 3;\ a = 1, \ldots, N)$ der Teilchen mit ihrem Spielraum $dx_k^{(a)}$ eine Wahrscheinlichkeit $\varrho\,(x_k^{(1)}, \ldots, x_k^{(N)};\ t)$ dieser Konfiguration und ein zugehöriger mittlerer Strom $i_k^{(a)}(x_l^{(1)}, \ldots, x_l^{(N)};\ t)$ des Teilchens (a). Es sind dann überdies

$$\left.\begin{aligned}
\bar{\varrho}^{(a)} &= \int \varrho\, d^3x^1 \ldots d^3x^{(a-1)}\, d^3x^{(a+1)} \ldots d^3x^{(N)}, \\
\bar{i}_k^{(a)} &= \int i_k^{(a)}\, d^3x^1 \ldots d^3x^{(a-1)}\, d^3x^{(a+1)} \ldots d^3x^{(N)}
\end{aligned}\right\} \tag{15.1}$$

die über die Lagen der übrigen Teilchen gemittelten Werte von Dichte und Strom des Teilchens (a) im Raumpunkt $x_k^{(a)}$ zur Zeit t. Die mittleren Werte des skalaren Potentials Φ_0 und des Vektorpotentials Φ_k im Aufpunkt P mit den Koordinaten x_P zur Zeit t sind dann nach der klassischen Elektrodynamik bekanntlich

$$\left.\begin{aligned}
\Phi_0(x_P;\ t) &= \sum_{a=1}^{N} \int \frac{\bar{\varrho}^{(a)}\!\left(x_Q;\ t - \dfrac{r_{PQ}}{c}\right)}{r_{PQ}}\, d^3x_Q^{(a)}, \\
\Phi_k(x_P;\ t) &= \sum_{a=1}^{N} \int \frac{\bar{i}_k^{(a)}\!\left(x;\ t - \dfrac{r_{PQ}}{c}\right)}{r_{PQ}}\, d^3x_Q^{(a)}.
\end{aligned}\right\} \tag{15.2}$$

Diese Ausdrücke vereinfachen sich, wenn wir Entfernungen des Aufpunktes P von den Quellpunkten Q betrachten, die groß sind gegen die Dimensionen des Gebietes, in denen $\bar{\varrho}^{(a)}$ und $\bar{i}_k^{(a)}$ merklich von Null verschieden sind, kurz gesagt gegen die Dimensionen des Systems. In der Wellenzone von P, auf deren Betrachtung wir uns in dieser Ziffer grundsätzlich beschränken, können wir, unter Einführung der Entfernung R_P des Außenpunktes von einem festen Punkt O im System, in bekannter Weise setzen

$$r_{PQ} = R_P - (\vec{x}_Q\, \vec{n}), \tag{15.3}$$

wenn $\vec{n}$ einen Einheitsvektor in der Richtung von O nach P, und $\vec{x}_Q$ den Vektor von O nach Q bedeutet. Wir beschränken uns sodann in dieser Wellenzone konsequenterweise sowohl in den Ausdrücken für die Potentiale als auch in den aus ihnen folgenden für die Feldstärken auf die zu $1/R_P$ proportionalen Terme. Aus (15.2) und (15.3) folgt dann

$$\left.\begin{aligned}
\Phi_0(x_P;\ t) &= \frac{1}{R_P} \sum_{a=1}^{N} \int \bar{\varrho}^{(a)}\!\left(x_Q;\ t - \frac{R_P}{c} + \frac{1}{c}\,(\vec{x}_Q, \vec{n})\right) d^3x_Q^{(a)}, \\
\Phi_k(x_P;\ t) &= \frac{1}{R_P} \sum_{a=1}^{N} \int \frac{1}{c}\, \bar{i}_k^{(a)}\!\left(x_Q;\ t - \frac{R_P}{c} + \frac{1}{c}\,(\vec{x}_Q, \vec{n})\right) d^3x_Q^{(a)}.
\end{aligned}\right\} \tag{15.4}$$

Beim Übergang zu den Feldstärken haben wir zu beachten, daß bei den Differentiationen nach $(x_P)_k$ in der hier betrachteten Näherung R_P konstant zu lassen ist und aus

$$\frac{\partial}{\partial x_{k,P}} \int f\!\left(x_Q;\ t - \frac{r_{PQ}}{c}\right) d^3x_Q = -\frac{1}{c}\, \frac{\partial}{\partial t} \int f\!\left(x_Q;\ t - \frac{r_{PQ}}{c}\right) \frac{\partial r_{PQ}}{\partial x_{k,P}}\, d^3x_Q$$

$$= +\frac{1}{c}\, \frac{\partial}{\partial t} \int f\!\left(x_Q;\ t - \frac{r_{PQ}}{c}\right) \frac{\partial r_{PQ}}{\partial x_{k,Q}}\, d^3x_Q$$

in der Wellenzone gemäß (15.3) folgt

$$\frac{\partial}{\partial x_{k,P}} \int f\left(x_Q; t - \frac{r_{PQ}}{c}\right) d^3 x_Q = -\frac{1}{c} n_k \frac{\partial}{\partial t} \int f\left(x_Q; t - \frac{r_{PQ}}{c}\right) d^3 x_Q.$$

Man erhält dann für die zu $1/R_P$ proportionalen Anteile der Feldstärken

$$\left.\begin{aligned}
\vec{\mathscr{E}} &= -\frac{1}{c}\frac{\partial \vec{\Phi}}{\partial t} - \operatorname{grad} \Phi_0 = -\frac{1}{c}\frac{\partial \vec{\Phi}}{\partial t} + \vec{n}\frac{1}{c}\frac{\partial \Phi_0}{\partial t}, \\
\vec{\mathscr{H}} &= \operatorname{rot} \vec{\Phi} = -\left[\vec{n}, \frac{1}{c}\frac{\partial \vec{\Phi}}{\partial t}\right].
\end{aligned}\right\} \tag{15.5}$$

Während $\vec{\mathscr{H}}$ auf $\vec{n}$ senkrecht steht, scheint $\vec{\mathscr{E}}$ zunächst einen longitudinalen, d.h. zu n parallelen Teil zu enthalten. Auf Grund der Kontinuitätsgleichung für $\vec{i}^{(a)}$ und $\bar{\varrho}^{(a)}$ folgert man aber leicht die in der Wellenzone gültige Beziehung[1]

$$\frac{1}{c}\frac{\partial \Phi_0}{\partial t} = \frac{1}{c}\left(\vec{n}\,\frac{\partial \vec{\Phi}}{\partial t}\right), \tag{15.6}$$

die nach (15.5) das Verschwinden des longitudinalen Teiles der Feldstärke

$$(\vec{\mathscr{E}}\,\vec{n}) = 0 \tag{15.6'}$$

in der Wellenzone [d.h. daß $(\vec{\mathscr{E}}\,\vec{n})$ rascher als $1/R_P$ verschwindet] zur Folge hat. Unter Einführung der transversalen Komponente

$$\vec{\Phi}_{\mathrm{tr}} = \vec{\Phi} - \vec{n}(\vec{n}\,\vec{\Phi}) = \frac{1}{R_P}\sum_{a=1}^{N}\frac{1}{c}\int \vec{i}_{\mathrm{tr}}\left(x_Q; t - \frac{R_P}{c} + \frac{1}{c}(\vec{x}_Q, \vec{n})\right) d^3 x_Q^{(a)} \tag{15.7}$$

des Vektorpotentials kann man daher gemäß (15.6) die Relationen (15.5) auch schreiben

$$\vec{\mathscr{E}} = -\frac{1}{c}\frac{\partial \vec{\Phi}_{\mathrm{tr}}}{\partial t}; \quad \vec{\mathscr{H}} = -\left[\vec{n}, \frac{1}{c}\frac{\partial \vec{\Phi}_{\mathrm{tr}}}{\partial t}\right] = [\vec{n}, \vec{\mathscr{E}}]. \tag{15.8}$$

Der POYNTINGsche Vektor wird

$$\vec{S} = \frac{c}{4\pi}[\vec{\mathscr{E}}, \vec{\mathscr{H}}] = \frac{c}{4\pi}\vec{n}\,\mathscr{E}^2 = \frac{c}{4\pi}\vec{n}\,\mathscr{H}^2. \tag{15.9}$$

Wir kommen nun zu der Frage, wie diese Resultate der klassischen Theorie in die Quantenmechanik zu übertragen sind. In der Quantenmechanik ist ja jeder Zustand des Systems prinzipiell statistisch beschrieben, und zwar durch irgendeine Lösung

$$\psi(x_1 \ldots x_{3N}; t) = \sum_n c_n u_n(x_1 \ldots x_{3N}; t)$$

der zugehörigen Wellengleichung, in der die u_n irgendein normiertes Orthogonalsystem von speziellen Lösungen dieser Gleichungen bedeuten mögen. Zunächst könnte man vielleicht denken, daß man in den Ausdruck für den Strom $\vec{i}$, der ja bilinear in ψ^* und ψ ist, gerade diesen Ausdruck für ψ einzusetzen und

---

[1] Dies hängt damit zusammen, daß zufolge der Kontinuitätsgleichung die Ausdrücke (15.2) bekanntlich allgemein die Bedingung

$$\frac{1}{c}\frac{\partial \Phi_0}{\partial t} + \operatorname{div} \vec{\Phi} = 0$$

erfüllen, die in der Wellenzone in (15.6) übergeht.

dann $\vec{\Phi}_{\mathrm{tr}}$ und $\vec{\mathscr{E}}$, $\vec{\mathscr{H}}$ gemäß (15.7) und (15.8) zu bilden habe, welches den Mittelwert (Erwartungswert) des Potentials und der Feldstärken an einer Stelle liefern würde. *Die Messung der vom System emittierten Strahlung besteht aber niemals in einer Bestimmung des Erwartungswertes der Feldstärken.* Dieser verschwindet z.B. für einen stationären Zustand, wo $\vec{i}$ zeitunabhängig wird. *Vielmehr handelt es sich stets um die Bestimmung des Erwartungswertes von in den Feldstärken quadratischen Ausdrücken.* Später werden wir sogar sehen, daß bei Vorgängen geringer Lichtintensität, bei denen nur eine kleine und wohldefinierte Zahl von Lichtquanten eine Rolle spielt, die Feldstärken selbst stets als unmeßbar anzusehen sind (abgesehen von der trivialen Feststellung, daß das Zeitmittel ihres Erwartungswertes verschwindet). Allerdings ist es nicht nur möglich, das Zeitmittel der Quadrate der gesamten Feldstärken an einer Raumstelle zu messen, sondern, da die photographischen Platten, Ionisiationskammern, absorbierenden Atome usw., mit denen das Licht nachgewiesen wird, auf verschiedene Schwingungszahlen verschieden stark reagieren, auch die Zeitmittel der Amplitudenquadrate irgendwelcher Fourier-Schwingungen von $\vec{\mathscr{E}}$ oder $\vec{\mathscr{H}}$. Hierbei ist an eine *zeitliche* Fourier-Zerlegung von $\vec{\mathscr{E}}$ und $\vec{\mathscr{H}}$ gedacht, gemäß

$$\vec{\mathscr{E}}(x_P; t) = \sum_\omega \vec{\mathscr{E}}(\omega; x_P)\, e^{i\omega t}; \qquad \vec{\mathscr{H}}(x_P; t) = \sum_\omega \vec{\mathscr{H}}(x_P; \omega)\, e^{i\omega t},$$

worin die Summe unter Umständen auch durch ein Integral zu ersetzen ist und

$$\vec{\mathscr{E}}(-\omega) = \vec{\mathscr{E}}^*(\omega); \qquad \vec{\mathscr{H}}(-\omega) = \vec{\mathscr{H}}^*(\omega);$$

d.h. für ω und $-\omega$ nehmen die Amplituden konjugiert komplexe Werte an. Wieweit die räumliche Abhängigkeit der Erwartungswerte von $\vec{\mathscr{E}}_\omega^2$ durch Messung bestimmt werden kann, brauchen wir zunächst nicht zu untersuchen, es kann jedenfalls unter Umständen in räumlichen Gebieten geschehen, die klein gegen die Wellenlänge des Lichtes sind, wie man z.B. aus den bekannten Versuchen über stehende Lichtwellen weiß.

Da $\vec{i}$ bilinear in ψ und ψ^* ist, läßt sich der Erwartungswert jeder in den Feldstärkekomponenten linearen Größe F in der Form darstellen

$$F(x_P; t) = \sum_{n,m} c_n^* F_{n,m}(x_P; t)\, c_m, \tag{15.10}$$

wenn $F_{n,m}$ Matrixelemente sind, die durch Substitution von $\psi^* = v_n^*$ und $\psi = v_m$ in $\vec{i}$ entstehen. Es ist dann der Erwartungswert von F^2

$$(F^2) = \sum_{n,m} c_n^* (F^2)_{n,m}(x_P; t)\, c_m = \sum_{n,m} c_n^* \sum_l F_{n,l}(x_P; t) F_{l,m}(x_P; t)\, c_m,$$

wie in Ziff. 9 gezeigt wurde. Weiter wird der zeitliche Mittelwert des Erwartungswertes (F^2):

$$\left.\begin{aligned}
(\overline{F^2}) &= \sum_n c_n^* \sum_l \sum_\omega F_{n,l}(\omega; x_P)\, F_{l,m}(-\omega; x_P)\, c_m \\
&= \sum_n c_n^* \sum_l \sum_{\omega>0} [F_{n,l}(\omega; x_P)\, F_{l,m}(-\omega; x_P) + F_{n,l}(-\omega; x_P)\, F_{l,m}(\omega; x_P)]\, c_m.
\end{aligned}\right\} \tag{15.11}$$

An dieser Stelle tritt eine gewisse Zweideutigkeit der korrespondenzmäßigen Deutung auf, da die $F_{n,m}(\omega; x_P)$ nicht hermitesch zu sein brauchen, sondern im allgemeinen nur gilt

$$F_{n,m}^*(\omega) = F_{m,n}(-\omega). \tag{15.12}$$

Sie wird durch eine besondere, von KLEIN formulierte Vorschrift behoben, deren Sinn bei dieser Betrachtungsweise nicht verständlich ist, die aber notwendig ist, um mit der Erfahrung, ja sogar nur mit der Gültigkeit des Energiesatzes bei einzelnen Emissions- oder Streuprozessen in Einklang zu bleiben. Für die Wellenzone, d.h. außerhalb des emittierenden oder streuenden Systems selbst lautet diese Vorschrift folgendermaßen: *Vorschrift I*. Man teile jede betrachtete Größe F in $F^{(+)}$ und $F^{(-)}$ gemäß[1]

$$F = F^{(+)} + F^{(-)},\tag{15.13}$$

$$F^{(+)} = \sum_{\omega>0} F(\omega; x_P)\, e^{i\omega t}; \qquad F^{(-)} = \sum_{\omega<0} F(\omega; x_P)\, e^{+i\omega t} = \sum_{\omega>0} F(-\omega; x_P)\, e^{-i\omega t},\tag{15.14}$$

also

$$F^+_{n,m} = \sum_{\omega>0} F_{n,m}(\omega; x_P)\, e^{i\omega t}; \quad F^-_{n,m} = \sum_{\omega<0} F_{n,m}(\omega; x_P)\, e^{i\omega t} = \sum_{\omega>0} F_{n,m}(-\omega; x_P)\, e^{-i\omega t},\tag{15.14'}$$

und ersetze das Zeitmittel des Erwartungswertes der klassischen Größe F^2 durch das von $2F^+F^-$ [2]:

$$(\overline{F^2}) \to 2(\overline{F^+ F^-})\tag{15.15}$$

und entsprechend

$$\left.\begin{aligned} F(\omega)\,F(-\omega) + F(-\omega)\,F(\omega) &\to 2\,F(\omega)\,F(-\omega)\\ &= 2\sum_{n,m} c_n^* \sum_l F_{n,l}(\omega)\, F_{l,m}(-\omega)\, c_m. \end{aligned}\right\}\tag{15.15'}$$

Diese Vorschrift ist in gleicher Weise bei Emission und Streuung anzuwenden, wobei in ersterem Fall für v_n orthogonale Lösungen der Wellengleichung des ungestörten Systems, im zweiten Fall orthogonale Lösungen[3] des durch die äußere Strahlung gestörten Systems anzusetzen sind. Welches (zeitabhängige) Orthogonalsystem verwendet wird, bleibt vorläufig ganz beliebig.

Als Anwendung dieser allgemeinen Überlegungen betrachten wir die Lichtemission näher und wählen für die v_n die den stationären Zuständen des ungestörten Systems entsprechenden Lösungen

$$u_n(x_1, \ldots, x_{3N})\, e^{-\dfrac{iE_n}{\hbar}t},$$

die exponentiell von der Zeit abhängen. Die Matrizen der transversalen Komponente des Vektorpotentials des emittierten Lichtes werden dann nach (15.7)

$$(\vec{\Phi}_{\mathrm{tr}})_{n,m} = \frac{e^{i\nu_{n,m}t}}{R}\,\frac{(-e)}{c}\sum_{a=1}^{N}\int \vec{i}^{(a)}_{\mathrm{tr}}\,(u_n^*, u_m)\, e^{i(\vec{k}_{n,m}\,\vec{x}^{(a)})}\, d^3x^{(a)}.\tag{15.16}$$

Hierin ist die Emissionsfrequenz gesetzt

$$\nu_{n,m} = \frac{E_n - E_m}{\hbar},\tag{15.17}$$

und der Ausbreitungsvektor $\vec{k}_{n,m}$ des emittierten Lichtes ist

$$\vec{k}_{n,m} = \frac{\nu_{n,m}}{c}\;.$$

---

[1] Wir haben hier $F^{(0)} = \overline{F}$ fortgelassen, da uns statische Felder hier nicht interessieren.
[2] Dazu vgl. auch neuerdings G. C. WICK, Phys. Rev. **80**, 268 (1950).
[3] Auch für zeitabhängige HAMILTON-Funktionen bleibt nach Ziff. 8 Orthogonalität und Normierung eines Lösungssystems der Wellengleichung im Lauf der Zeit bestehen, falls nur die HAMILTON-Funktion reell ist.

Der Faktor $(-e)$ der Elektronenladung wurde hinzugefügt, weil bei Lösungen, die auf 1 normiert sind, der früher angegebene Ausdruck für $\vec{i}$ den Teilchenstrom bedeutet. Gemäß (4.18) und (5.14) gilt

$$\vec{i}_k^{(a)}(u_n^*, u_m) = \frac{\hbar}{2m}\int d^3x^{(1)}\,d^3x^{(2)}\ldots d^3x^{(a-1)}\,d^3x^{(a+1)}\ldots d^3x^{(N)} \times \\ \times \frac{1}{i}\left(u_n^*\frac{\partial u_m}{\partial x_k^{(a)}} - u_m\frac{\partial u_n^*}{\partial x_k^{(a)}}\right), \tag{15.18}$$

wenn wir der Einfachheit halber kein statisches Magnetfeld als vorhanden annehmen. In der relativistischen Theorie wird ein anderer Ausdruck für den Strom zu benutzen sein, aber (15.16) bleibt auch dort bestehen. Durch Einsetzen von (15.18) in (15.16) folgt die Hermitezität der Matrix $(\Phi_{\text{tr}})_{n,m}$, wobei es wesentlich ist, daß die transversalen Komponenten genommen werden.

Gemäß (15.16) wird die Zerlegung von $\vec{\Phi}$ in Φ^+ und Φ^- sehr einfach, nämlich

$$\begin{aligned}
(\vec{\Phi}_{\text{tr}})_{n,m}^{(+)} &= (\vec{\Phi}_{\text{tr}})_{n,m} &&\text{für}\quad \nu_{n,m} > 0\,(E_n > E_m)\,, \\
(\vec{\Phi}_{\text{tr}})_{n,m}^{(+)} &= 0 &&\text{für}\quad \nu_{n,m} < 0\,(E_n < E_m)\,, \\
(\vec{\Phi}_{\text{tr}})_{n,m}^{(-)} &= 0 &&\text{für}\quad \nu_{n,m} > 0\,(E_n > E_m)\,, \\
(\vec{\Phi}_{\text{tr}})_{n,m}^{(-)} &= (\vec{\Phi}_{\text{tr}})_{n,m} &&\text{für}\quad \nu_{n,m} < 0\,(E_n < E_m)\,.
\end{aligned} \tag{15.19}$$

Für die in der Richtung $\vec{n}$ pro räumlichen Winkel $d\Omega$ und Zeiteinheit ausgestrahlte Energie erhalten wir also nach (15.9), (15.16), (15.18), (15.19) auf Grund der Vorschrift (15.15) bei Einführung der Abkürzung

$$\vec{C}_{n,m} = \frac{\hbar}{2m}\,i\,\nu_{n,m}\int d^3x^{(1)}\ldots d^3x^{(N)}\sum_{a=1}^{N}e^{i\vec{k}_{n,m}\vec{x}^{(a)}}\frac{1}{i}\left(u_n^*\frac{\partial u_m}{\partial \vec{x}_{\text{tr}}^{(a)}} - u_m\frac{\partial u_n^*}{\partial \vec{x}_{\text{tr}}^{(a)}}\right), \tag{15.20}$$

$$\vec{S} = \frac{c}{4\pi}\sum_m 2[\vec{\mathscr{E}}^{(+)}\times\vec{\mathscr{H}}^{(-)}]_{m;\,m} = \vec{n}\,\frac{e^2}{c^3}\,\frac{1}{4\pi}\,2\sum_{m\,(E_m<E_n)}|\vec{C}_{n,m}|^2. \tag{15.21}$$

Dies ist die emittierte Energie, wenn anfangs nur der Zustand n vorhanden war. Daß nur über diejenigen Zustände m zu summieren ist, für die $E_m < E_n$, rührt von der besonderen Vorschrift (15.15) her; hätte man auch $[\vec{\mathscr{E}}^{(-)}\times\vec{\mathscr{H}}^{(+)}]$ mitgenommen, so hätte man im Widerspruch mit dem Erhaltungssatz der Energie eine Emission bekommen, die Übergängen nach Zuständen größerer Energie als der des Ausgangszustandes entsprochen hätte.

Ist am Anfang nicht nur ein einziger stationärer Zustand, sondern ein allgemeines Wellenpaket

$$\sum_n c_n\,u_n$$

vorhanden, so hat man nach (15.5) zu bilden

$$|\vec{S}| = \frac{e^2}{c^3}\,\frac{1}{4\pi}\sum_{n,m}2c_n^*\left(\sum_l \vec{C}_{n,l}\,\vec{C}_{l,m}\right)e^{i\nu_{n,m}t}c_m \quad \text{mit}\quad E_l < E_n;\,E_l < E_m. \tag{15.22}$$

Bei der Bildung des Zeitmittels verschwinden aber alle Terme, für die $\nu_{n,m} \neq 0$, also E_n und E_m verschieden sind. Bei einem entarteten System können allerdings mehrere Zustände mit derselben Energie $E_n = E_m$ vorhanden sein.

Wir erwähnen noch, daß aus (15.20) eine einfache Auswahlregel folgt, die in Strenge für beliebig kurze Wellenlängen (Multipolstrahlung) gültig ist. Wenn nämlich sowohl im Anfangs- als auch im Endzustand die Eigenfunktionen dreh-invariant sind, was nach Ziff. 13 verschwindendem Impulsmoment entspricht, verschwindet $C_{n,m}$, und damit die Ausstrahlung. Dreht man nämlich das Ko-ordinatensystem um die Achse parallel zu $\vec{k}_{n,m}$, so behält in diesem Fall der Integrand seinen Wert und seine Form bei, andererseits transformiert er sich wegen der Differentiation nach $\vec{x}_{\mathrm{tr}}$ wie ein Vektor (ändert z.B. bei Drehung um 90° sein Vorzeichen), und beides zugleich ist nur möglich, wenn $\vec{C}_{n,m}$ verschwindet.

Sprünge des Impulsmomentes J von 0 zu 0 unter spontaner Lichtemission sind also in Strenge ausgeschlossen. Man sieht leicht, daß dies auch bei Berücksichtigung des Spins gilt (vgl. Ziff. 13), falls unter J das resultierende Impulsmoment aus Bahn und Spin verstanden wird. Für das resultierende Bahnmoment L allein gilt die Regel nur, soweit dessen Koppelung mit dem Spinmoment vernachlässigt werden kann.

Bisher wurde noch keine Annahme über das Verhältnis der Dimensionen des Systems zur Wellenlänge des emittierten Lichtes gemacht. Ist dieses Verhältnis klein, so sind nur für kleine Werte von $(\vec{k}_{n,m}\vec{x})$ die Eigenfunktionen merklich von Null verschieden und man entwickelt dann vorteilhaft die Exponentialfunktion $e^{-i(\vec{k}_{n,m}\vec{x}^{(a)})}$ in eine Potenzreihe. *Die einzelnen Terme dieser Entwicklung entsprechen der Dipol-, Quadrupol-, ... Strahlung.* Insbesondere ergibt sich die Dipolstrahlung, wenn man $e^{-i(\vec{k}_{n,m}\vec{x}^{(a)})}$ durch 1 ersetzt; dies ist damit gleichbedeutend, daß in (15.7) der Retardierungsterm $\frac{1}{c}(\vec{x}_Q\vec{n})$ im Zeitargument des Stromes ganz vernachlässigt wird. Da die Matrixelemente $\vec{x}_{n,m}$ der Koordinaten mit denen des Stromes $\vec{i}_{n,m}$ vermöge der Kontinuitätsgleichung in der Beziehung stehen

$$i\,\nu_{n,m}\,x_{n,m} = \vec{i}_{n,m}$$

[vgl. Gl. (4.16')], kann man für die Dipolstrahlung (15.20) auch ersetzen durch

$$(\vec{C}_{n,m})_{\mathrm{Dipol}} = -\nu^2_{n,m}\vec{x}_{\mathrm{tr},n,m}, \tag{15.23}$$

also nach (15.21)

$$|\vec{S}|_{n,\mathrm{Dipol}} = \frac{e^2}{c^3}\,\frac{1}{4\pi}\,2\sum_{m\,(E_m<E_n)}\nu^4_{n,m}\,|\vec{x}_{\mathrm{tr},n,m}|^2, \tag{15.24}$$

welche Beziehung HEISENBERG ursprünglich zur Definition der Matrizen gedient hat.

In ähnlicher Weise läßt sich auch die Dispersion behandeln. Nur ist in diesem Fall zuerst eine Störungsrechnung nötig, um den Einfluß des äußeren Feldes auf die Eigenfunktion des Atoms zu ermitteln. Man kann diesen in Rechnung setzen, als ob es sich um ein klassisches, zeitlich veränderliches elektromagnetisches Feld von gegebenem zeitlichem Verlauf handeln würde, das durch sein Vektorpotential $\Phi_k(x,y,z;t)$ charakterisiert ist. Allerdings braucht das Feld der einfallenden Lichtquelle gar nicht klassisch meßbar zu sein, aber der Erfolg sowie auch die später zu besprechende Quantelung des Strahlungsfeldes rechtfertigen diese Behandlungsweise. Im Falle einer ebenen Welle ist

$$\Phi_k = \varphi_k^+\, e^{i(\nu t - \vec{k}\vec{x})} + \varphi_k^-\, e^{-i(\nu t - \vec{k}\vec{x})}, \tag{15.25}$$

wobei

$$\varphi_k^- = (\varphi_k^+)^*, \tag{15.26}$$

d.h. φ_k^- konjugiert komplex zu φ_k^+ ist. Der zeitliche Mittelwert des Feldstärke-quadrates ist

$$\overline{\mathscr{E}^2} = \nu^2 \, 2\,\varphi_k^+ \, \varphi_k^- = 2\nu^2 \,|\varphi_k|^2. \tag{15.27}$$

Bei Lichtwellen ist es stets zulässig, das skalare Potential Null zu setzen und das Vektorpotential gemäß

$$\sum_{k=1}^{3} \frac{\partial \Phi_k}{\partial x_k} = 0 \tag{15.25'}$$

zu normieren, d.h. es transversal anzunehmen. Dann lautet nach (5.11) der Operator der Störungsfunktion[1]

$$\Omega = \frac{1}{2m} \frac{\hbar}{i} \sum_{a=1}^{N} \left\{ \frac{e}{c} 2 \sum_{k=1}^{3} \Phi_k\left(x^{(a)}\right) \frac{\partial}{\partial x_k^{(a)}} + \frac{1}{2m} \frac{e^2}{c^2} \sum_{k=1}^{3} \Phi_k^2\left(x^{(a)}\right) \right\}.$$

Ist

$$\vec{i}_{a,k}^{(0)} = \frac{\hbar}{2m} \frac{1}{i} \left(\psi^* \frac{\partial \psi}{\partial x_k^{(a)}} - \psi \frac{\partial \psi^*}{\partial x_k^{(a)}} \right)$$

der ungestörte Strom, so ist der zu Φ_k lineare Teil der Störungsfunktion hinsichtlich seiner Matrizen gegeben durch

$$\Omega_{n,m}^{(1)} = \frac{e}{c} \left\{ \sum_{a=1}^{N} \sum_{k=1}^{3} \Phi_k\left(x^{(a)}\right) \vec{i}_k^{(a)} \right\}_{n,m}. \tag{15.28}$$

Ferner kommt nach (5.14) zu $\vec{i}$ ein zu Φ_k proportionales Störungsglied[1]

$$\vec{i}_a^{(1)} = \frac{e}{mc} \vec{\Phi}\left(x^{(a)}\right) \psi^* \psi \tag{15.29}$$

hinzu. Beide Zusatzterme, der der Hamilton-Funktion und der des Stromes, geben zufolge (15.7) Anlaß zu Matrixelementen des Vektorpotentials des emittierten Lichtes, die zur Amplitude des einfallenden Lichtes proportional sind. Die Terme höherer Ordnung diskutieren wir hier nicht[2]. [Es sei noch bemerkt, daß die Form (15.28) der Störungsfunktion auch in der relativistischen Theorie bestehen bleiben wird, obwohl der Stromoperator dort ein anderer ist; dagegen fällt (15.29) dort fort.]

Die allgemeine Form der Matrixelemente der gestreuten Strahlung, die durch Anwendung der Störungsrechnung und der allgemeinen Formel (15.7) folgt, ist, soweit es sich um in den Φ_k der einfallenden Welle lineare Ausdrücke handelt, die folgende

$$(\vec{\Phi}_{\text{tr}})'_{n,m} = \sum_{k=1}^{3} \{ \varphi_k^+ \, \vec{a}_{k;n,m} \, e^{i(\nu_{n,m}+\nu)} + \varphi_k^- \, \vec{b}_{k;n,m} \, e^{i(\nu_{n,m}-\nu)t} \}. \tag{15.30}$$

Der Akzent soll die gestreute Strahlung von der einfallenden unterscheiden, ferner ergeben sich die Feldstärken durch Differenzieren nach der Zeit (und Division durch c). Die Matrix $(\vec{\Phi}_{\text{tr}})'_{n,m}$ ist wegen der Hermitezität des Hamilton-Operators selbst hermitesch, also gilt [vgl. (15.26)]

$$\vec{b}_{k;n,m} = \vec{a}_{k;n,m}^*, \tag{15.31}$$

<hr />

[1] Wir ersetzen die dort eingeführte Ladung $\epsilon^{(a)}$ bzw. e_k durch die Elektronenladung $(-e)$.
[2] Bezüglich der Durchführung der Rechnung vgl. neben der zitierten Arbeit von Klein besonders für den Fall kurzer Wellenlängen: I. Waller, Naturwiss. **15**, 969 (1927); Phil. Mag. **4**, 1228 (1927).

in Worten: $\vec{a}_k$ ist nicht hermitesch, sondern $\vec{b}_k$ ist die zu $\vec{a}_k$ hermitesch konjugierte Matrix.

Nun können wir die allgemeine Vorschrift (15.15) zur Bildung der ausgestrahlten Energie bilden. Ist der Anfangszustand n, so wird mit der Frequenz $\nu' = \nu_{n,m} + \nu$ ausgestrahlt

$$S_n = \frac{c}{4\pi}\,\nu'^2\,2\,|\varphi_k|^2\,\vec{a}_{k;n,m}\,\vec{b}_{k;n,m} = \frac{c}{4\pi}\,\nu'^2\,2\,|\varphi_k|^2\,|\vec{a}_{k;n,m}|^2 \left.\begin{array}{l} \\ \text{falls}\quad \nu' = \nu_{n,m} + \nu > 0, \end{array}\right\} \quad (15.32\,\mathrm{a})$$

mit der Frequenz $\nu' = \nu_{n,m} - \nu$

$$S_n = \frac{c}{4\pi}\,\nu'^2\,2\,|\varphi_k|^2\,\vec{b}_{k;m,n}\,\vec{a}_{k;m,n} = \frac{c}{4\pi}\,\nu'^2\,2\,|\varphi_k|^2\,|\vec{a}_{k;m,n}|^2 \left.\begin{array}{l} \\ \text{falls}\quad \nu' = \nu_{n,m} - \nu > 0. \end{array}\right\} \quad (15.32\,\mathrm{b})$$

Hätten wir die besondere Trennungsvorschrift der Größen in solche mit Termen $e^{i\omega t}$ und solche mit Termen $e^{-i\omega t}\,(\omega > 0)$ nicht angewandt, so wäre der Zustand m vor dem Zustand n gar nicht ausgezeichnet gewesen, und wir hätten für beide Zustände die Ausstrahlung $\frac{1}{2}(S_n + S_m)$ bekommen. In dem besonderen Fall $n = m$, $\nu = \nu'$ liefert jedoch die in Rede stehende Vorschrift nichts Neues, so daß der Fall der Streustrahlung mit unveränderter Frequenz sich bereits ohne ihre Anwendung erledigen läßt.

Bezüglich der allgemeinen Form der Ausdrücke für $\vec{a}_{k;n,m}$ und ihrer Diskussion verweisen wir auf die folgenden Artikel dieses Bandes. Es möge hier nur wegen seiner prinzipiellen Bedeutung auf den Sonderfall hingewiesen werden, daß die Frequenz ν der einfallenden Strahlung groß ist gegen die Abtrennungsarbeit eines Elektrons aus dem System. Es zeigt sich, daß dann die Terme in (15.30) den Ausschlag geben, die von dem Zusatzterm (15.29) des Stromes herrühren; während die von der Abänderung der Eigenfunktionen durch die äußere Störung herrührenden Terme in diesem Fall zu vernachlässigen sind. Die ersteren Terme geben nach (15.7) zum Vektorpotential der gestreuten Strahlung den Beitrag

$$(\vec{\Phi}_{\mathrm{tr}})'_{n,m} = \frac{e}{mc}\,\vec{\varphi}^{+}_{\mathrm{tr}}\,e^{i(\nu_{n,m}+\nu)t}\sum_{a=1}^{N}\int e^{-i(\vec{K}\vec{x}^{(a)})+i(\vec{K}'\vec{x}^{(a)})}\,u_n^{*}\,u_m\,d^3x^{(1)}\dots d^3x^{(N)}, \quad (15.33)$$

worin $\vec{K}$ und $\vec{K}'$ Ausbreitungsvektoren der einfallenden und gestreuten Lichtwelle sind:

$$\vec{K} = \frac{\nu}{c}\,\vec{n}; \quad \vec{K}' = \frac{\nu'}{c}\,\vec{n}'.$$

Betrachten wir etwas allgemeiner einfallendes Licht der Frequenz ν, welches aus ebenen Wellen verschiedener Richtung irgendwie zusammengesetzt ist, und dessen Vektorpotential durch

$$\Phi_k = \Phi_k^{+}(x_1, x_2, x_3)\,e^{i\nu t} + \Phi_k^{-}(x_1, x_2, x_3)\,e^{-i\nu t}$$

gegeben sei, so erhält man statt (15.33)

$$(\vec{\Phi}_{\mathrm{tr}})_{n,m} = \frac{e}{mc}\,e^{i(\nu_{n,m}+\nu)t}\sum_{a=1}^{N}\int \vec{\Phi}_{\mathrm{tr}}^{+}(x_1^{(a)}, x_2^{(a)}, x_3^{(a)})\,e^{i(\vec{K}'\vec{x})}\,u_n^{*}\,u_m\,d^3x^{(1)}\dots d^3x^{(N)}.$$

Die gesamte in einer Richtung gestreute Lichtintensität aller Frequenzen ν' zusammengenommen, kann dann bei Ersatz der verschiedenen $\vec{K}'$ durch einen

9*

einzigen Mittelwert vermöge der Vollständigkeitsrelation geschrieben werden

$$S = \frac{1}{4\pi} \, \overline{v'^2} \, \frac{e^2}{m^2 c^2} \, 2 \int \left| \sum_{a=1}^{N} \vec{\Phi}_{\mathrm{tr}}^{+}(x_1^{(a)}, x_2^{(a)}, x_3^{(a)}) \, e^{i\,(\vec{K}'\,\vec{x}^{(a)})} \right|^2 u_n^* \, u_n \, d^3 x^{(1)} \dots d^3 x^{(N)}, \quad (15.34)$$

also für eine ebene auffallende Welle

$$S = \frac{1}{4\pi} \, \overline{v'^2} \, \frac{e^2}{m^2 c^2} \, 2 \int \left| \sum_{a=1}^{N} e^{i\,(-\vec{K}+\vec{K}')\,\vec{x}^{(a)}} \right|^2 u_n^* \, u_n \, d^3 x^{(1)} \dots d^3 x^{(N)}. \quad (15.34')$$

Da in diesem Ausdruck nur die Dichte $u_n^* \, u_n$ im Anfangszustand n, nicht aber die anderen Zustände eingehen, ist es innerhalb des Gültigkeitsbereiches dieser Formel im Prinzip möglich, z.B. durch Anwendung von konvergentem Licht, dessen Intensität an einer Raumstelle viel größer ist als an einer anderen, die Dichteverteilung der Teilchen in diesem Zustand zu messen. Ebenso ist es durch Untersuchung der spektralen Intensitätsverteilung des gestreuten Lichtes bei einfallenden ebenen Wellen unter Benutzung von (15.33) möglich, die Impulsverteilung eines gebundenen Teilchens im Anfangszustand zu messen. Hiervon war in den Ziff. 2 und 11 bereits die Rede. Die Gültigkeit der angegebenen Formeln und damit auch die Möglichkeit einer einfachen und direkten Dichtebestimmung eines Teilchens im Koordinaten- oder Impulsraum durch Untersuchung der Streustrahlung ist jedoch begrenzt durch die hier vernachlässigten Relativitätskorrekturen. Sobald die Frequenz der gestreuten Strahlung mit mc^2/h vergleichbar wird, verliert aus vielen Gründen die Dichte und Stromverteilung in einem stationären Zustand ihre *direkte* Bestimmbarkeit.

In den bisherigen Überlegungen war nur von der Emission und Streuung von Licht die Rede gewesen, nicht aber von den sie begleitenden Änderungen der stationären Zustände der Atome. Es ist aber von einer vollständigen Theorie zu fordern, daß sie auch Rechenschaft gibt vom zeitlichen Anwachsen der Wahrscheinlichkeit, das Atom bei Emission in einem weniger angeregten Zustand zu finden. Um festzustellen, wieweit dies möglich ist, untersuchen wir wieder den Einfluß einer einfallenden ebenen Welle auf das Atom auf Grund der Störungsfunktion (15.28), suchen aber in diesem Fall die zeitabhängige Lösung, die für $t=0$ mit der ungestörten Lösung übereinstimmt. Das heißt wir setzen für die gestörte Eigenfunktion

$$\psi = \sum_n c_n(t) \, e^{-i \frac{E_n}{\hbar} t} \, u_n$$

und entwickeln

$$c_n(t) = c_n^{(0)} + c_n^{(1)}(t) + c_n^{(2)}(t) + \cdots,$$

worin $c_n^{(0)}$ zeitunabhängig, $c_n^{(1)}$ linear, $c_n^{(2)}$ quadratisch ist in der Amplitude der einfallenden Welle usw. und worin $c_n^{(1)}, \dots$ für $t=0$ verschwinden (vgl. Ziff. 10). Es wird dann

$$c_m^{(1)} = i \sum_n T_{m,n} \, c_n^{(0)}, \quad (15.35)$$

worin die hermitesche Matrix T, wie die Durchrechnung zeigt, für eine ebene einfallende Welle mit den Feldstärken

$$\vec{\mathscr{E}} = \vec{\mathscr{E}}^{(+)} \, e^{i\,(\nu t - \vec{K}\vec{x})} + \vec{\mathscr{E}}^{(-)} \, e^{-i\,(\nu t - \vec{K}\vec{x})}$$

von der Form wird

$$T_{m,n} = \frac{e^{i\,(-\nu_{n,m}+\nu)t} - 1}{(-\nu_{n,m}+\nu)} \, \vec{V}_{n,m} \, \vec{\mathscr{E}}^{(+)} + \frac{e^{-i\,(\nu_{n,m}+\nu)t} - 1}{(\nu_{n,m}+\nu)} \, \vec{V}_{n,m}^* \, \vec{\mathscr{E}}^{(-)}. \quad (15.36)$$

Die Matrix $V_{n,m}$ ist hierin nicht notwendig hermitesch. Von besonderem Interesse ist hier das Verhalten der Lösung bei Resonanz, d.h. bei Stellen ν, wo einer der beiden Nenner in (15.36) verschwindet ($\nu = -\nu_{n,m} = \nu_{m,n}$ und $\nu = \nu_{n,m}$). Dies gibt in $|c_m^{(1)}(t)|^2$ zu solchen Termen Anlaß, die nach Summation über ein kleines Intervall ν linear mit der Zeit anwachsen. Diese Terme sind (die anderen sind fortgelassen)

$$\left. \begin{aligned} |c_m^{(1)}(t)|^2 = c_m^{*(1)}(t)\, c_m^{(1)}(t) = \sum_n \left| \frac{e^{i(-\nu_{n,m}+\nu)t}-1}{-\nu_{n,m}+\nu} \right|^2 (\vec{V}_{m,n}\vec{\mathscr{E}}^{(-)})\,(\vec{V}_{m,n}^*\vec{\mathscr{E}}^{(+)}), \\ + \sum_n \left| \frac{e^{-i(\nu_{n,m}+\nu)t}-1}{\nu_{n,m}+\nu} \right|^2 (\vec{V}_{n,m}^*\vec{\mathscr{E}}^{(+)})\,(\vec{V}_{n,m}\vec{\mathscr{E}}^{(-)}). \end{aligned} \right\} \quad (15.37)$$

Wir bekommen für die Resonanzstelle $\nu = \nu_{n,m}$ (Endzustand kleinere Energie als Ausgangszustand) nach Summation über ν

$$|c_m^{(1)}(t)|^2 = t \cdot B_m^n\, \varrho_\nu,$$

wo B_m^n noch von der Richtung und Polarisation der einfallenden Strahlung abhängt. Ebenso für $\nu = \nu_{m,n}$ (Endzustand größere Energie als Anfangszustand)

$$|c_m^{(1)}(t)|^2 = t \cdot B_n^m\, \varrho_\nu,$$

wenn ϱ_ν die Strahlungsdichte der einfallenden Strahlung ist. Der erste Fall entspricht der induzierten Emission, der zweite der Absorption. *Die spontane Emission ergibt sich zunächst nicht.* Um sie zu erhalten, muß man eine scheinbar willkürliche, der Vorschrift I (S. 127) analoge neue Vorschrift einführen: *Vorschrift II. Man schreibe formal* $|c_m^{(1)}(t)|^2$ *mit der Reihenfolge der Faktoren* $c_m^{*(1)}\, c_m^{(1)}$ *und achte auf die Reihenfolge der Faktoren* $\mathscr{E}^{(+)}$ *und* $\mathscr{E}^{(-)}$; *wo* $\mathscr{E}^{(+)}$ *vor* $\mathscr{E}^{(-)}$ *steht* [vgl. (15.37)], *ist kein Zusatzglied hinzuzufügen, während überall, wo* $\mathscr{E}^{(-)}$ *vor* $\mathscr{E}^{(+)}$ *zu stehen kommt, statt* ϱ_ν *geschrieben werden muß* $\varrho_\nu + \dfrac{2\hbar\nu^3}{c^3}$.

Die Rechtfertigung der hier ad hoc eingeführten Vorschriften I und II ergibt sich erst aus der Diracschen Quantelung des Strahlungsfeldes. Andererseits genügt die Vorschrift I bereits, um Interferenzversuche und Fragen der Kohärenz der Strahlung widerspruchsfrei diskutieren zu können. Dies soll in folgender Ziffer gezeigt werden.

16. Anwendung auf Kohärenzeigenschaften der Strahlung[1]. Wir betrachten zunächst die spontane Emission des Lichtes und wollen untersuchen, wann das von zwei gleichartigen Atomen spontan emittierte Licht kohärent ist. Der Anfangszustand sei durch die Koeffizienten c_n bzw. c_n der Entwicklung der Wellenfunktionen der Atome nach ihren Eigenfunktionen beschrieben. Die Matrixelemente der gesamten elektrischen Feldstärke im Raumpunkt P sind dann von der Form

$$\vec{\mathscr{E}}_{n,n';m,m'} = \delta_{n',m'}\, a_{n,m}\, e^{i\nu_{n,m}\left(t-\frac{R_P}{c}\right)} + \delta_{n,m}\, a_{n',m'}\, e^{i\nu_{n',m'}\left(t-\frac{R_P'}{c}\right)}. \quad (16.1)$$

Hierin sind n, m die Quantenzahlen des betrachteten Zustandspaares für das eine Atom, n', m' die für das andere Atom. Die Matrixelemente der vom ersten (zweiten) Atom emittierten Feldstärke sind diagonal in bezug auf die Quantenzahlen des zweiten (ersten) Atoms. Sind die Atome gleichartig, so ist für korrespondierende Übergänge $a_{n,m} = a_{n',m'}$; $\nu_{n,m} = \nu_{n',m'}$. Ferner sind R_P, R_P' die Entfernungen der zunächst als fest gedachten Atome vom Aufpunkt. Für den

---

[1] Es handelt sich hier nur um einige prinzipielle Bemerkungen allgemeiner Art. Für weitere Einzelheiten und Literaturhinweise vgl. die folgenden Artikel dieses Bandes.

Erwartungswert des gemäß der Vorschrift I modifizierten Quadrates der elektrischen Feldstärke im Punkt P bekommen wir dann

$$\begin{aligned}
(\vec{\mathscr{E}}^{(+)}\vec{\mathscr{E}}^{(-)}) &= \sum_{\substack{n,n'\\m,m'}} c_n^* c_{n'}^{*\prime}\, \mathscr{E}_{n,n';l,l'}^{(+)}\, \mathscr{E}_{l,l';m,m'}^{(-)}\, c_m c_{m'}' \\
&= \sum_{\substack{E_l<E_n\\E_l<E_m}} c_n^*\, a_{n,l}\, a_{l,m}\, c_m\, e^{i\,\nu_{n,m}t} + \sum_{\substack{E_{l'}<E_{m'}\\E_{l'}<E_{n'}}} c_{n'}^*\, a_{n',l'}\, a_{l',m'}\, c_{m'}\, e^{i\,\nu_{n',m'}t} + \\
&\quad + \sum_{\substack{E_m<E_n\\E_{n'}<E_{m'}}} c_n^* c_{n'}^{*\prime}\, a_{n,m}\, a_{n',m'}\, c_m c_{m'}'\, e^{i\left[(\nu_{n,m}+\nu_{n',m'})t-\frac{1}{c}(\nu_{n,m}R_P+\nu_{n',m'}R_P')\right]} + \\
&\quad + \sum_{\substack{E_m<E_n\\E_{n'}<E_{m'}}} c_m^* c_{m'}^{*\prime}\, a_{m,n}\, a_{m',n'}\, c_n c_{n'}'\, e^{i\left[(\nu_{m,n}+\nu_{m',n'})t-\frac{1}{c}(\nu_{m,n}R_P+\nu_{m',n'}R_P')\right]}.
\end{aligned}$$

Die ersten beiden Terme entsprechen dem alleinigen Vorhandensein des ersten bzw. zweiten Atoms, die beiden letzten sind die Interferenzterme, die uns hier interessieren. Mit Rücksicht darauf, daß $a_{n,m}$, $a_{n',m'}$ Hermitesche Matrizen sind, deren Diagonalelemente verschwinden, gestaltet sich die Bildung, des zeitlichen Mittelwertes sehr einfach, sobald wir von Entartungen absehen, was hier geschehen soll. In den beiden ersten Summen geben dann nur die Glieder mit $m=n$, $m'=n'$ nicht verschwindende Beiträge, während in den beiden letzten Summen die Glieder mit $m'=n$; $n'=m$ übrigbleiben. Die Intensität des Lichtes der Frequenz $\nu_{n,m}$ im Punkt P wird dann also schließlich

$$\begin{aligned}
J(\nu_{n,m}) = |a_{n,m}|^2 \Big\{ &|c_n|^2 + |c_n'|^2 + c_n^* c_m c_n' c_m'^* e^{-i\frac{\nu_{n,m}}{c}(R_P-R_P')} \\
&+ c_n c_m^* c_n'^* c_m' e^{+i\frac{\nu_{n,m}}{c}(R_P-R_P')} \Big\}.
\end{aligned}$$

Man kann dies noch vereinfachen, indem man den geometrischen Gangunterschied

$$\Delta = \frac{\nu_{n,m}}{c}(R_P - R_P')$$

und die Phasen der Wahrscheinlichkeitsamplituden der Atome einführt gemäß

$$\begin{aligned}
c_n &= |c_n|\, e^{i\,\delta_n}; & c_m &= |c_m|\, e^{i\,\delta_m}; & \delta_{n,m} &= \delta_n - \delta_m, \\
c_n' &= |c_n'|\, e^{i\,\delta_n'}; & c_m' &= |c_m'|\, e^{i\,\delta_m'}; & \delta_{n,m}' &= \delta_n' - \delta_m'.
\end{aligned}$$

Dann wird

$$J(\nu_{n,m}) = |a_{n,m}|^2 \{ |c_n|^2 + |c_n'|^2 + 2|c_n|\,|c_m|\,|c_n'|\,|c_m'|\cos(\delta_{n,m}-\delta_{n',m'}'+\Delta)\}. \tag{16.2}$$

Man sieht daraus zunächst, daß keine Interferenzen auftreten, wenn anfangs von einem der beiden Atome mit Sicherheit nur der angeregte Zustand vorhanden war ($c_m=0$ *oder* $c_m'=0$); ferner daß niemals die Phase δ_n einer einzigen Eigenfunktion der Atome zur Beobachtung gelangen kann. Der Fall eines Paketes aus dem Grundzustand und einem angeregten Zustand bei beiden Atomen mit einer festen Phasenbeziehung $\delta_{n,m}-\delta_{n',m'}'$ ist herstellbar durch Anregung beider Atome mit demselben Licht. In diesem Sinne ist also die Resonanzstrahlung kohärent.

Es ist lehrreich, noch diejenigen Modifikationen kurz zu betrachten, die eintreten, wenn man die Atome nunmehr als frei beweglich betrachtet. Wir haben dann neben den Zuständen $n, m, \ldots$ der Elektronen des Atoms noch die Koordinaten Q seines Schwerpunktes einzuführen, so daß die Wahrscheinlichkeitsamplituden c_n jetzt Funktionen von Q werden. Um ferner zu entscheiden, wie die Matrixelemente der Feldstärken des emittierten Lichtes modifiziert werden, gehen wir auf die Ausdrücke (15.2) der klassischen Theorie zurück. Um den Übergang zu der in (15.4) enthaltenen Retardierung durch ebene Wellen machen zu können, müssen wir annehmen, daß die Entfernung des Aufpunktes vom Atom auch groß ist gegen die Dimensionen der durch die $c_n(Q)$ beschriebenen Wellenpakete (d.h. gegen die Ungenauigkeit der Definition des Ortes des Atomschwerpunktes), was unbedenklich geschehen kann. Ferner sind die Beiträge der Ströme der Atomkerne selbst zur Lichtemission stets vernachlässigbar klein. In den Ausdrücken (15.4) für die retardierten Ströme der Elektronen bleiben aber nach Integration über die Relativkoordinaten der Teilchen eben wegen der Retardierung die Schwerpunktskoordinaten noch stehen, und zwar in $\vec{x}_Q$, welches die Summe aus Relativ- und Schwerpunktskoordinaten darstellt. Im Matrixelement der emittierten Feldstärke nach den stationären Zuständen (n, m) des Elektronensystems, dessen Zeitabhängigkeit durch den Faktor $e^{i\nu_{n,m}t}$ beschrieben ist, bleibt also schließlich der Faktor

$$e^{i\nu_{n,m}\frac{1}{c}(\vec{Q}\,\vec{n})} = e^{i(\vec{K}_{n,m}\vec{Q})}$$

$\left(\text{mit } \vec{K}_{n,m} = \dfrac{\nu_{n,m}}{c}\,\vec{n}\right)$ stehen; in anderer Weise geht die Schwerpunktskoordinate des Systems nicht ein. An Stelle des Matrixelementes $a_{n,m}$ im n-Raum tritt also jetzt überall das Matrixelement

$$a_{n,m}(Q, Q') = a_{n,m}\, e^{i(\vec{K}_{n,m}\vec{Q})}\, \delta(Q - Q') \tag{16.3}$$

im (n, Q)-Raum. Es ist lehrreich, mittels

$$c_n(P) = \int c_n(Q)\, e^{-\frac{i}{\hbar}(\vec{P}\,\vec{Q})}\, dQ$$

[vgl. Gl. (3.4)] in den Impulsraum des Atoms überzugehen. In diesem wird

$$a_{n,m}(P, P') = a_{n,m}\,\delta(-\vec{P} + \vec{P}' + \hbar\,\vec{K}_{n,m}). \tag{16.3'}$$

Dies bedeutet, daß mit der Emission des Lichtes ein Rückstoß verbunden ist, der gerade der Erhaltung des Impulses entspricht, wenn man dem emittierten Licht einen Impuls vom Betrag $h\nu/c$ in seiner Fortpflanzung zuordnet, im Einklang mit dem von EINSTEIN aus der Lichtquantenvorstellung abgeleiteten Resultat. Der Rückstoß bei der Lichtemission ist prinzipiell immer dann beobachtbar, wenn die Ausdehnung des Paketes $c_n(P)$ des Anfangszustandes im Impulsraum klein gegenüber $h\nu/c$ ist. Der Rückstoß muß sich auch in einem DOPPLER-Effekt des emittierten Lichtes äußern, den wir aber hier vernachlässigen wollen was auch insofern konsequent ist, als die Strahlungsdämpfung ebenfalls stets vernachlässigt wurde. Tut man dies, so ist die Gesamtintensität des von einem Atom im Anfangszustand $c_n(Q)$ in der Richtung $\vec{n}$ emittierten Lichtes wieder gegeben durch

$$J(\nu_{n,m}) = |a_{n,m}|^2\,|c_n|^2,$$

wenn unter $|c_n|^2$ jetzt

$$|c_n|^2 = \int |c_n(Q)|^2\, dQ = \int |c_n(P)|^2\, dP \tag{16.4}$$

verstanden wird.

Die Anwendung auf die Intensität des von zwei gleichartigen Atomen emittierten Lichtes ergibt nun mit der Abkürzung

$$C_{n,m} = |C_{n,m}|\, e^{-i\delta_{n,m}} = \int c_n^*(Q)\, e^{i(\vec{K}_{n,m}\vec{Q})}\, c_m(Q)\, dQ = C_{m,n}^* \tag{16.5}$$

und analog für $C'_{n,m}$ an Stelle von (16.2) den Ausdruck

$$J(\nu_{n,m}) = |a_{n,m}|^2 \{|c_n|^2 + |c'_n|^2 + 2|C_{n,m}||C'_{n',m}| \cos(\delta_{n,m} - \delta_{n',m'} + \varDelta)\}, \quad (16.6)$$

wenn in $\varDelta = \dfrac{\nu_{n,m}}{c}(R_P - R'_P)$ die R und R' von festen Punkten aus [denselben wie Q in (16.5) und Q' in der analogen Definition von $C'_{n,m}$] gezählt werden. Die Bedeutung des erhaltenen Resultates liegt darin, daß zur Kohärenz der Resonanzstrahlung nicht nur notwendig ist, daß im Anfangszustand beide Atome im Grundzustand und im angeregten Zustand vorhanden sind, sondern auch, daß diese Zustände mit nicht verschwindender Wahrscheinlichkeit beim gleichen Ort des Atomschwerpunktes vorhanden sein können. Überdecken sich die Funktionen $c_n(Q)$ und $c_m(Q)$ nicht, wie es der Fall ist, wenn die beiden Zustände durch äußere Felder völlig voneinander getrennt werden, dann verschwindet $c_n^*(Q)\, c_m(Q)$ überall und damit auch das Interferenzglied in (16.6). Dies ist ein Beispiel dafür, daß jede Anordnung, die festzustellen erlaubt, in welchem Zustand sich das Atom befindet, die Interferenzfähigkeit der von diesem mit der von anderen Atomen emittierten Strahlung aufhebt[1].

Endlich wollen wir noch die Frage der Kohärenz der von einem Atom in verschiedenen Richtungen, sagen wir in den Richtungen $\vec{n}_1$ und $\vec{n}_2$ emittierten Strahlung prüfen, da diese Frage den früher oft diskutierten Gegensatz von „Nadelstrahlung" und „Kugelwelle" betrifft. Alle Anordnungen, die Interferenzfähigkeit der Strahlung in diesen Richtungen zu prüfen, laufen darauf hinaus, die beiden Lichtbündel schließlich nach geeigneten Spiegelungen und Brechungen in einem Punkte P zu vereinigen. Dort wird also die klassische Feldstärke eine Linearkombination von $\mathscr{E}(\vec{n}_1)$ und $\mathscr{E}(\vec{n}_2)$ sein, d.h. der Feldstärken der ursprünglich in den Richtungen $\vec{n}_1$ und $\vec{n}_2$ emittierten Bündel. Ist J_0 die Summe der Intensitäten der in diesen Richtungen emittierten Bündel, wie sie im Punkt P bei Fehlen von Interferenzen beobachtet würde, so wird also für die wirkliche Intensität klassisch gelten

$$J = J_0 + \text{const } \mathscr{E}(\vec{n}_1)\, \mathscr{E}(\vec{n}_2).$$

Wir werden also als Maß der Kohärenzfähigkeit der Bündel quantentheoretisch den Erwartungswert von

$$\mathscr{E}^{(+)}(\vec{n}_1)\, \mathscr{E}^{(-)}(\vec{n}_2) + \mathscr{E}^{(+)}(\vec{n}_2)\, \mathscr{E}^{(-)}(\vec{n}_1)$$

zu berechnen haben. Dieser ist proportional zu

$$D = \int dQ\, c_n^*(Q) \int a_{n,m}(\vec{n}_1; Q, Q'')\, a_{m,n}(\vec{n}_2; Q'', Q')\, dQ''\, c_n(Q')\, dQ' + \cdots$$

oder auch

$$D = \int dP\, c_n^*(P) \int a_{n,m}(\vec{n}_1; P; P'')\, a_{m,n}(\vec{n}_2; P'', P')\, dP''\, c_n(P')\, dP' + \cdots,$$

wobei mit $+\cdots$ der Term angedeutet ist, der durch Vertauschen von $\vec{n}_1$ und $\vec{n}_2$ aus dem angeschriebenen hervorgeht. Auf Grund von (16.3), (16.3') ergibt sich sogleich

$$D = 2\int |c_n(Q)|^2 \cos \frac{\nu_{n,m}}{c}\left((\vec{n}_2 - \vec{n}_1)\,\vec{Q}\right) dQ \qquad (16.7)$$

oder auch

$$D = \int \left\{c_n^*(P)\, c_n\left(P + \frac{\hbar\,\nu_{n,m}}{c}(n_2 - n_1)\right) + c_n(P)\, c_n^*\left(P + \frac{\hbar\,\nu_{n,m}}{c}(n_2 - n_1)\right)\right\} dP. \quad (16.7')$$

---

[1] Vgl. hierzu W. Heisenberg, Z. Physik **43**, 172 (1927); damals blieb die Frage des Zusammenhanges der Phasen der Eigenfunktionen im Atom mit den Eigenschaften des emittierten Lichtes noch ungeklärt.

Aus diesen Ausdrücken ergibt sich, daß die Möglichkeit, durch eine Rückstoßmessung festzustellen, ob das Lichtquant in der Richtung $\vec{n}_1$ oder in der Richtung $\vec{n}_2$ emittiert worden ist, in einer ausschließenden Beziehung steht zu einer Anordnung, welche zwischen den in den Richtungen $\vec{n}_1$ und $\vec{n}_2$ emittierten Lichtbündeln Interferenzen nachzuweisen erlaubt. Eine Rückstoßmessung der geforderten Art ist nämlich nur möglich, wenn der Impuls des Teilchens am Anfang genauer als $\frac{\hbar \nu_{n,m}}{c} |n_2 - n_1|$ definiert ist. Dann wird aber $c_n(P)$ nur in einem Gebiet ΔP von Null verschieden sein dürfen, das kleiner als $\frac{\hbar \nu_{n,m}}{c} |n_2 - n_1|$ ist, und in diesem Fall verschwindet D stets, wie aus (16.7′) ersichtlich. Um andererseits den Gangunterschied zwischen den nach $\vec{n}_1$ und $\vec{n}_2$ emittierten Bündeln klar definieren zu können, darf $c_n(Q)$ nur in einem Gebiet ΔQ von Null verschieden sein, das klein ist gegenüber $\frac{c}{\nu_{n,m}} \frac{1}{|n_2 - n_1|}$. Daß diese beiden Forderungen einander widersprechen, ist eine unmittelbare Folge der HEISENBERGschen Unsicherheitsrelation, die ihrerseits in der hier durchgeführten Umrechnung von $c_n(Q)$ auf $c_n(P)$ bereits erhalten ist.

Ähnlich wie es hier für die einfachsten Fälle der Lichtemission geschehen ist, kann auch die Kohärenz der von Atomen *gestreuten* Strahlung diskutiert werden. Es sei übrigens noch ausdrücklich betont, daß die hier gegebene Behandlungsweise noch unvollständig ist, da sie die Strahlungsdämpfung unberücksichtigt läßt. Dies kann erst mittels der DIRACschen Lichtquantentheorie geschehen.

B. Relativistisches Einkörperproblem.

17. Einleitung. Im Gegensatz zur unrelativistischen Quantenmechanik, die als logisch abgeschlossen gelten kann, besitzen wir heute nur Bruchstücke einer relativistischen Wellenmechanik. Von diesen wird hier noch das durch DIRACs Wellengleichung[1] beherrschte relativistische Einkörperproblem behandelt, welches das Verhalten eines Elektrons in einem gegebenen äußeren elektromagnetischen Potentialfeld beschreibt.

Die Probleme der Feldquantisierung sind den folgenden Beiträgen dieses Bandes vorbehalten.

a) DIRACs Wellengleichung des Elektrons.

18. Kräftefreier Fall. Die fundamentale Verknüpfung zwischen Impuls und Energie einerseits, Ausbreitungsvektor und Frequenz der Welle andererseits, von der wir in Abschnitt A, Ziff. 1, ausgegangen sind und die in der Relation (I) von S. 4

$$\vec{p} = \hbar \vec{k}; \quad E = \hbar \nu$$

ausgedrückt ist, besitzt bereits relativistische Invarianz. Es bilden nämlich $\left(\vec{p}, i\frac{E}{c}\right), \left(\vec{k}, i\frac{\nu}{c}\right)$ beide einen Vierervektor, transformieren sich also bei LORENTZTransformationen in gleicher Weise. Es ist deshalb natürlich, diese Relationen als Grundlage in einer relativistischen Quantentheorie beizubehalten. Zwischen Energie und Impuls einer Partikel mit der Ruhmasse m besteht, wie bereits in Abschnitt A, Gl. (1.5), angegeben, in der klassisch-relativistischen Mechanik die Relation

$$\frac{E^2}{c^2} = m^2 c^2 + \sum_{i=1}^{3} p_i^2, \tag{18.1}$$

---

[1] P. A. M. DIRAC: Proc. Roy. Soc. Lond. **117**, 610; **118**, 341 (1928).

welche nach (I) die entsprechende Relation

$$\frac{\nu^2}{c^2} = \frac{m^2 c^2}{\hbar^2} + \sum_i k_i^2 = \frac{\nu_0^2}{c^2} + \sum_i k_i^2 \tag{18.2}$$

mit

$$\nu_0 = \frac{m c^2}{\hbar} \tag{18.3}$$

zur Folge hat. Die allgemeinste Superposition von ebenen Wellen

$$\psi(\vec{x}; t) = \int A(k)\, e^{i(\vec{k}\vec{x} - \nu t)}\, d^3 k, \tag{18.4}$$

in denen ν und $\vec{k}$ stets durch (18.2) verknüpft sind, genügt der Differentialgleichung

$$\frac{1}{c^2}\frac{\partial^2 \psi}{\partial t^2} = \varDelta \psi - \frac{m^2 c^2}{\hbar^2}\,\psi, \tag{18.5}$$

und umgekehrt ist (18.4) (im wesentlichen) die allgemeinste Lösung von (18.5). Dabei ist zu beachten, daß gemäß (18.2) zu gegebenem Wert von $\vec{k}$ zwei Werte von ν gehören, ein positiver und ein negativer,

$$\frac{\nu}{c} = +\sqrt{\frac{m^2 c^2}{\hbar^2} + \sum_i k_i^2} \quad \text{und} \quad \frac{\nu}{c} = -\sqrt{\frac{m^2 c^2}{\hbar^2} + \sum_i k_i^2}, \tag{18.2'}$$

und daß im allgemeinen beide in (18.4) vertreten sein können. Die Wellenglei-chung (18.5) ist relativistisch invariant, wenn ψ als ein Skalar behandelt wird.

Bisher wurden nur die fundamentalen de Broglieschen Relationen (I) und das wellentheoretische Superpositionsprinzip benützt. Wenn wir die entspre-chende Entwicklung der unrelativistischen Wellenmechanik weiter verfolgen, so sehen wir, daß der nächste Schritt in der Einführung einer Wahrscheinlichkeits-dichte $W(x_1, x_2, x_3)$ besteht, die angibt, wie wahrscheinlich es ist, das Teilchen zur Zeit t im Raumgebiet $x_1, x_1 + dx_1 \ldots x_3, x_3 + dx_3$ zu treffen. Falls eine solche Wahrscheinlichkeitsdichte $W(x)$ sinnvoll existiert, muß sie erstens überall posi-tiv (oder Null) sein:

$$W(x) \geq 0 \tag{18.6}$$

und muß sie zweitens als Folge der Wellengleichung der Bedingung

$$\frac{d}{dt} \int W(x)\, d^3 x = 0 \tag{18.7}$$

genügen, um gemäß

$$\int W(x)\, d^3 x = 1 \tag{18.7'}$$

normiert werden zu können. .Es ist dann ferner noch die Invarianz dieser Nor-mierung gegenüber Lorentz-Transformationen zu verlangen:

$$\int W(x)\, d^3 x = \text{Invariante}. \tag{18.8}$$

Wenn wir nun versuchen, aus (18.5) einen Ausdruck zu bilden, der den Bedin-gungen (18.7) und (18.8) genügt, so werden wir zwangsläufig geführt auf

$$\varrho(x) \equiv W(x) = -\psi^* \frac{1}{c}\frac{\partial \psi}{\partial t} + \psi \frac{1}{c}\frac{\partial \psi^*}{\partial t}.$$

Denn mit Einführung des Vektors

$$\vec{i} = c(\psi^* \operatorname{grad} \psi - \psi \operatorname{grad} \psi^*), \tag{18.9}$$

worin ψ^* konjugiert komplex zu ψ ist, wird die Kontinuitätsgleichung

$$\frac{\partial \varrho}{\partial t} + \operatorname{div} \vec{i} = 0$$

erfüllt, und es läßt sich ϱ und $\vec{i}$ zu einem Vierervektor s_ν mit den Komponenten

$$s_\nu = \left(\frac{1}{c}\,\vec{i},\, i\,\varrho\right)_\nu$$

gemäß

$$s_\nu = \psi^* \frac{\partial \psi}{\partial x_\nu} - \psi \frac{\partial \psi^*}{\partial x_\nu} \tag{18.10}$$

zusammenfassen, woraus (18.7) und (18.8) folgen[1]. Dies entspricht der Theorie, wie sie ursprünglich von mehreren Verfassern versucht wurde[2]. Da hierbei die Forderung (18.6) verletzt ist — es sind ja in einem bestimmten Zeitmoment ψ und $\partial\psi/\partial t$ gemäß (18.5) beide willkürlich wählbar —, ist der Ausdruck (18.10) für den Viererstrom physikalisch nicht zulässig[3].

Auf Grund dieses Resultates kann man zunächst im Zweifel sein, ob in einer relativistischen Wellenmechanik die Wahrscheinlichkeitsdichte des Teilchens ein sinnvoller Begriff ist. Denn erstens enthält schon ihre Definition eine merkwürdige Auszeichnung der Zeit vor dem Raum, indem den Raumkoordinaten x_k der Spielraum dx_k gelassen wird, die Zeit dagegen exakt festgelegt wird; zweitens ist die Feststellung des Teilchenortes durch eine *direkte* Messung nicht mehr möglich, falls man Gebiete betrachtet, die klein gegen die Wellenlänge der Materiewelle sind und zugleich Teilchengeschwindigkeiten, die mit der Lichtgeschwindigkeit vergleichbar sind [vgl. Gl. (2.4) und (2.5)]; drittens existiert eine den Forderungen (18.6), (18.7) und (18.8) genügende Wahrscheinlichkeitsdichte im Falle der Lichtquanten tatsächlich nicht, wie wir später sehen werden.

Dennoch konnte DIRAC zeigen, daß ein den Forderungen (18.6), (18.7) und (18.8) genügender Ansatz für $W(x)$ dann möglich ist, wenn man *mehrere* ψ-Funktionen ψ_ϱ, $\varrho = 1, 2, \dots$ einführt, die im kräftefreien Falle alle der Gl. (18.5) genügen. Angesichts des großen Erfolges dieses Ansatzes, der darin besteht, daß er automatisch den Spin der elektrischen Elementarteilchen mitliefert, empfiehlt es sich zunächst, alle Konsequenzen dieses Ansatzes zu verfolgen und

---

[1] Im folgenden bezeichnen wir stets mit griechischen Buchstaben von 1 bis 4, mit lateinischen von 1 bis 3 laufende Indices, mit x_4 die imaginäre Zeitkoordinate $x_4 = ict$, mit x_0 die reelle $x_0 = ct$, so daß $x_4 = i x_0$.

[2] E. SCHRÖDINGER: Ann. d. Phys. **81**, 129 (1926), speziell § 6. — O. KLEIN: Z. Physik **37**, 895 (1926). — V. FOCK: Z. Physik **38**, 242; **39**, 226 (1926). — J. KUDAR: Ann. d. Phys. **81**, 632 (1926). Betreffend die Ausdrücke für den Viererstrom s. W. GORDON: Z. Physik **40**, 117 (1926). Bei allen Autoren ist sogleich der allgemeinere Fall eines geladenen Teilchens in einem äußeren elektromagnetischen Feld betrachtet, der im Text erst später (s. unter Ziff. 21) besprochen wird.

[3] Hätte man nicht die Forderung (18.8), sondern nur die Forderung (18.7) zugrunde gelegt, so wäre auch der Ansatz

$$\varrho = \frac{1}{2}\left[\left(\frac{\partial\psi}{\partial t}\right)^2 + (\operatorname{grad}\psi)^2 + \frac{m^2 c^2}{\hbar^2}\,\psi^2\right]$$

möglich gewesen, da dann aus (18.5)

$$\frac{\partial\varrho}{\partial t} + \operatorname{div}\left(\frac{\partial\psi}{\partial t}\operatorname{grad}\psi\right) = 0$$

folgt. Dieser Ansatz ist zwar deshalb bemerkenswert, weil man bei ihm mit einer einzigen *reellen* Funktion ψ auskommt und die Forderung (18.6) für ihn erfüllt ist. Es erscheint dann aber $\int \varrho \, d^3x$ als die 4-Komponente eines Vektors statt als Skalar.

die Diskussion der erwähnten Bedenken erst wieder aufzunehmen, sobald man auf prinzipielle Schwierigkeiten (Zustände negativer Energie) der Diracschen Theorie stößt.

Der Diracsche Ansatz besteht nun darin, am Ausdruck

$$\varrho = W(x) = \sum_\sigma \psi_\sigma^* \psi_\sigma \tag{18.11}$$

festzuhalten, der allein den positiv definiten Charakter von $W(x)$ verbürgt. Da

$$\frac{d}{dt} \int \sum_\sigma \psi_\sigma^* \psi_\sigma\, d^3x = \int \left(\sum_\sigma \frac{\partial \psi_\sigma^*}{\partial t} \psi_\sigma + \psi_\sigma^* \frac{\partial \psi_\sigma}{\partial t} \right) d^3x = 0 \tag{18.12}$$

sein soll, können die $\partial \psi_\sigma / \partial t$ und $\partial \psi_\sigma^* / \partial t$ in einem bestimmten Zeitmoment nicht willkürlich sein, die ψ_σ müssen also Differentialgleichungen erster Ordnung in $\partial/\partial t$ genügen. Um später die relativistische Invarianz der Gleichungen erfüllen zu können, ist es dann notwendig, die Differentialgleichungen als auch in den räumlichen Differentialquotienten $\partial/\partial x_k$ linear anzusetzen. Wir machen also mit Dirac den Ansatz

$$\frac{1}{c} \frac{\partial \psi_\varrho}{\partial t} + \sum_{k=1}^3 \sum_\sigma \left(\alpha_{\varrho\sigma}^k \frac{\partial \psi_\sigma}{\partial x_k} + i\, \frac{mc}{\hbar} \beta_{\varrho\sigma} \psi_\sigma \right) = 0. \tag{18.13}$$

Die Anzahl der Werte, die jeder der Indices ϱ und σ annimmt, lassen wir dabei noch offen, ebenso die Zahlwerte $\alpha_{\varrho\sigma}^k$ und $\beta_{\varrho\sigma}$. Damit (18.12) aus (18.13) folgt, genügt es anzunehmen

$$\alpha_{\varrho\sigma}^{*\,k} = \alpha_{\sigma\varrho}^k; \qquad \beta_{\varrho\sigma}^* = \beta_{\sigma\varrho}. \tag{18.14}$$

Dann folgt nämlich aus (18.13)

$$\frac{1}{c} \frac{\partial \psi_\sigma^*}{\partial t} + \sum_{k=1}^3 \sum_\varrho \left(\frac{\partial \psi_\varrho^*}{\partial x_k} \alpha_{\varrho\sigma}^k - i\, \frac{mc}{\hbar} \psi_\varrho^* \beta_{\varrho\sigma} \right) = 0. \tag{18.13*}$$

Multipliziert man (18.13) mit ψ_ϱ^* und summiert über ϱ, (18.13*) mit ψ_σ und summiert über σ, so ergibt sich die Kontinuitätsgleichung

$$\frac{\partial \varrho}{\partial t} + \operatorname{div} \vec{i} = 0, \tag{18.15}$$

wenn

$$\vec{i} = c \sum_\varrho \sum_\sigma \psi_\varrho^* \vec{\alpha}_{\varrho\sigma} \psi_\sigma \tag{18.16}$$

gesetzt wird. Um die Schreibweise zu vereinfachen, namentlich um das Anschreiben der Indices zu vermeiden, ist es zweckmäßig, die Bezeichnungsweise des Matrixkalküls einzuführen. Dabei erscheinen α^k und β als quadratische, Hermitesche Matrizen — ihrer Hermitezität ist mit der Forderung (18.14) gleichbedeutend —, während ψ als rechteckige Matrix mit einer einzigen *Spalte* (Elemente ψ_σ), ψ^* als rechteckige Matrix mit einer einzigen *Zeile* aufzufassen ist (Elemente ψ_ϱ^*). Um gemäß der Multiplikationsvorschrift der Matrizen sinnvolle Bildungen zu erhalten, muß dann ψ^* stets *links* von den Matrizen α^k und β, ψ *rechts* von ihnen stehen. Es schreiben sich dann (18.13), (18.13*), (18.11) und (18.16) einfacher

$$\frac{1}{c} \frac{\partial \psi}{\partial t} + \sum_{k=1}^3 \alpha^k \frac{\partial \psi}{\partial x_k} + i\, \frac{mc}{\hbar} \beta \psi = 0, \tag{18.13'}$$

$$\frac{1}{c}\frac{\partial \psi^*}{\partial t} + \sum_{k=1}^{3}\frac{\partial \psi^*}{\partial x_k}\alpha^k - i\frac{mc}{\hbar}\psi^*\beta = 0, \tag{18.13*'}$$

$$\varrho = (\psi^*\,\psi), \tag{18.11'}$$

$$\vec{i} = c\,(\psi^*\,\vec{\alpha}\,\psi). \tag{18.16'}$$

So wie aus den Maxwellschen Gleichungen (erster Ordnung) für die Feldstärken die Wellengleichungen (zweiter Ordnung) für jede der Feldstärken folgt, soll nun die Gl. (18.5)

$$-\frac{1}{c^2}\frac{\partial^2 \psi}{\partial t^2} + \sum_{k=1}^{3}\frac{\partial^2 \psi}{\partial x_k^2} - \frac{m^2 c^2}{\hbar^2}\psi = 0$$

für jede der Komponenten von ψ aus (18.13) folgen. Um dies zu prüfen, wenden wir auf (18.13) von links den Operator an

$$-\frac{1}{c}\frac{\partial}{\partial t} + \sum_{l}\alpha^l\frac{\partial}{\partial x^l} + i\frac{mc}{\hbar}.$$

Dies ist nämlich die einzige Operation, die im Resultat die Terme *erster* Ordnung in $\partial/\partial t$ zum Fortfallen bringt. Es ergibt sich zunächst

$$-\frac{1}{c^2}\frac{\partial^2 \psi}{\partial t^2} + \sum_{l}\sum_{k}\left\{\alpha^l\alpha^k\frac{\partial^2 \psi}{\partial x_l\partial x_k}\right\} + i\frac{mc}{\hbar}\sum_{k}(\alpha^k\beta + \beta\alpha^k)\frac{\partial \psi}{\partial x_k} - \frac{m^2 c^2}{\hbar^2}\beta^2\psi = 0,$$

oder, indem man noch im zweiten Term in bezug auf l und k symmetrisiert,

$$-\frac{1}{c^2}\frac{\partial^2 \psi}{\partial t^2} + \sum_{l}\sum_{k}\frac{1}{2}(\alpha^k\alpha^l + \alpha^l\alpha^k)\frac{\partial^2 \psi}{\partial x_k\partial x_l} + i\frac{mc}{\hbar}\sum_{k}(\alpha^k\beta + \beta\alpha^k)\frac{\partial \psi}{\partial x_k} -$$

$$-\frac{m^2 c^2}{\hbar^2}\beta^2\psi = 0.$$

Der Vergleich mit (18.5) zeigt, daß wir als notwendig und hinreichend für das Bestehen von (18.5) zu fordern haben

$$\tfrac{1}{2}(\alpha^k\alpha^l + \alpha^l\alpha^k) = \delta_{l,k}I; \quad \alpha^k\beta + \beta\alpha^k = 0; \quad \beta^2 = I, \tag{I}$$

(wobei unter I die Einheitsmatrix zu verstehen ist). Die ersteren Relationen sind äquivalent mit

$$(\alpha^k)^2 = I; \quad \alpha^k\alpha^l = -\alpha^l\alpha^k \quad \text{für} \quad k \neq l; \tag{I'}$$

überdies sind die Relationen in bezug auf die vier Matrizen α_k und β ganz symmetrisch, die letztere Matrix ist nicht ausgezeichnet.

Es ist nun zu diskutieren, ob und auf wievielfache Weise die Relationen (I) und die Hermitezitätsforderung erfüllbar sind. Es zeigt sich, daß die Zeilenzahl der (I) erfüllenden Matrizen mindestens vier sein muß. Eine mögliche Lösung mit *vier*reihigen Matrizen ergibt sich sodann unter Benutzung der in der unrelativistischen Spintheorie auftretenden zweireihigen Matrizen

$$\sigma_1 = \begin{pmatrix} 0, & 1 \\ 1, & 0 \end{pmatrix}; \quad \sigma_2 = \begin{pmatrix} 0, & -i \\ i, & 0 \end{pmatrix}; \quad \sigma_3 = \begin{pmatrix} 1, & 0 \\ 0, & -1 \end{pmatrix} \tag{18.17}$$

die den Relationen

$$\left.\begin{array}{l} \sigma_1\sigma_2 = -\sigma_2\sigma_1 = i\sigma_3, \dots, \\ \sigma_1^2 = I, \dots \end{array}\right\} \tag{18.18}$$

genügen (durch ... ist angedeutet, daß die übrigen Relationen durch cyclische Vertauschung der angeschriebenen entstehen). Eine mögliche Lösung von (I), bei der übrigens β diagonal ist, ist dann gegeben durch

$$\alpha^k = \begin{pmatrix} 0, & \sigma_k \\ \sigma_k, & 0 \end{pmatrix}; \qquad \beta = \begin{pmatrix} I, & 0 \\ 0, & -I \end{pmatrix}. \tag{18.19}$$

Hierbei ist die „gespaltene" Schreibweise der vierreihigen Matrizen α_k und β verwendet; unter I ist die zweireihige Einheits-, unter 0 die zweireihige Nullmatrix zu verstehen, und die vierreihigen Matrizen sind durch Ausschreiben der zweireihigen zu erhalten. Die angegebenen Matrizen befriedigen ferner die Hermitezitätsforderung.

Was nun die weitere Frage nach der Existenz von anderen Lösungen der Gln. (I) betrifft, so ist jedenfalls eine Transformation

$$\alpha^{k\prime} = S\alpha^k S^{-1}; \qquad \beta' = S\beta S^{-1} \tag{18.20}$$

mit einer (um die Hermitezität zu wahren) *unitären*, aber sonst beliebigen Matrix S möglich, ohne die Gültigkeit der Relationen (I) zu ändern. Ferner ist eine triviale Erweiterung der angegebenen Matrizen α^k zu mehrreihigen Matrizen möglich dadurch, daß man setzt

$$A_k = \begin{pmatrix} \alpha^k, & 0, & 0 \dots \\ 0, & \alpha^k, & 0 \dots \\ 0, & 0, & \alpha^k \dots \\ \cdot & \cdot & \cdot \end{pmatrix}; \qquad B = \begin{pmatrix} \beta, & 0, & 0, & 0 \dots \\ 0, & \beta, & 0, & 0 \dots \\ 0, & 0, & \beta, & 0 \dots \\ \cdot & \cdot & \cdot & \cdot \end{pmatrix},$$

wobei alle angeschriebenen Elemente ihrerseits wieder vierreihige Kästchen sind. Schließlich kann man diese A und B noch mit einer „großen" unitären Matrix S transformieren

$$A_k' = SA_k S^{-1}; \qquad B' = SBS^{-1}.$$

Den A' und B sieht man dann ihr Zerfallen in Teilmatrizen nicht mehr unmittelbar an. Man kann nun zeigen, daß es außer diesen trivialen Erweiterungen der angegebenen Lösung keine anderen gibt[1].

Bisher haben wir zwar gezeigt, daß die zugrunde gelegten Gln. (18.13) mit dem Ansatz (18.11') und (18.16') für Dichte und Strom die Kontinuitätsgleichung erfüllen und daß die ursprünglichen Gln. (18.5) eine Folge von (18.11') sind. Wir müssen nun noch zeigen, daß die Gln. (18.13) auch relativistisch invariant sind und daß Dichte und Strom sich zu einem Viererstrom zusammenfügen. Aus dem letzteren Umstand folgt dann von selbst die in (18.8) geforderte Invarianz der Normierung der ψ_ϱ durch das Volumintegral $\int \varrho \, d^3x$.

19. Relativistische Invarianz. Um die relativistische Invarianz des Gleichungssystems (18.13) zu untersuchen, ist es zweckmäßig, es so umzuformen, daß die vier Koordinaten $x_\mu (\mu = 1, \dots, 4)$, wobei $x_4 = ict$, als gleichberechtigt erscheinen.

---

[1] Es beruht dies, wie hier kurz angedeutet werden möge, auf folgendem: Die 16 linear unabhängigen Elemente γ^μ, $\gamma^\mu\gamma^\nu$, $\gamma^\mu\gamma^\nu\gamma^\varrho$, $\gamma^1\gamma^2\gamma^3\gamma^4$ (wobei μ, ν, ϱ untereinander verschieden sein mögen) bilden die Basis eines hyperkomplexen Zahlsystems, welches unter die Klasse der halbeinfachen Systeme fällt. Das Zentrum, d.h. die mit allen Elementen vertauschbaren Elemente, hat die nur aus einem einzigen Element bestehende Basis 1. Da allgemein die Anzahl der nicht äquivalenten irreduziblen Darstellungen eines halbeinfachen Systems mit der Anzahl der Basiselemente des Zentrums übereinstimmt, gibt es in unserm Fall nur *eine* irreduzible Darstellung. Das Quadrat ihres Grades f ist gleich der Anzahl n der Basiselemente $f^2 = n$, also in unserem Fall $f = 4$.

Zu diesem Zweck multiplizieren wir (18.13) von links mit $-i\beta$ und erhalten (wegen $\beta^2 = 1$)

$$\sum_{\mu=1}^{4} \gamma^\mu \frac{\partial \psi}{\partial x_\mu} + \frac{mc}{\hbar}\,\psi = 0, \tag{II}$$

worin

$$\gamma^4 = \beta; \quad -i\beta\alpha^k = \gamma^k, \tag{19.1}$$

also

$$\beta = \gamma^4; \quad \alpha^k = i\gamma^4\gamma^k \tag{19.1'}$$

gesetzt ist. Die Matrizen γ^μ sind zugleich mit den α^k und β ebenfalls hermitesch und genügen auch als Folge von (I) den analogen Vertauschungsrelationen

$$\tfrac{1}{2}(\gamma^\mu\gamma^\nu + \gamma^\nu\gamma^\mu) = \delta_{\mu,\nu}\cdot I. \tag{I''}$$

Die Gl. (18.13*) nimmt durch Einsetzen von (19.1') und Kürzen durch i die Form an

$$\frac{\partial \psi^*}{\partial x_4} + \sum_k \frac{\partial \psi^*}{\partial x_k}\gamma^4\gamma^k - \frac{mc}{\hbar}\psi^*\gamma^4 = 0.$$

Setzt man also

$$\psi^\dagger = \psi^*\gamma^4; \quad \psi^* = \psi^\dagger\gamma^4, \tag{19.2}$$

so folgt

$$\sum_\mu \frac{\partial \psi^\dagger}{\partial x_\mu}\gamma^\mu - \frac{mc}{\hbar}\psi^\dagger = 0. \tag{II†}$$

Der Vierervektor s_μ mit den Komponenten

$$s_\mu = \left(\frac{\vec{i}}{c}, i\varrho\right)_\mu \tag{19.3}$$

nimmt nach (18.11') und (18.16') die Form an

$$s_\mu = i\,\psi^\dagger\gamma^\mu\psi. \tag{19.4}$$

Aus (II) und (II') ist $\psi^\dagger$ bei gegebenem ψ nur bis auf einen Faktor bestimmt, der dann durch (19.2) normiert wird. Die hier gebrauchte Schreibweise der DIRAC-schen Gleichung ist zweckmäßig bei Untersuchung der relativistischen Invarianzeigenschaften, während die früher gebrauchte den Vorzug besitzt, die Realitätseigenschaften der ψ-Funktion übersichtlicher zu machen.

Wir betrachten nun die orthogonalen Koordinatentransformationen

$$\left.\begin{aligned} x'_\mu &= \sum_\nu a_{\mu\nu} x_\nu, & \sum_\mu a_{\mu\varrho} a_{\mu\sigma} &= \delta_{\varrho\sigma}, \\ x_\nu &= \sum_\mu a_{\mu\nu} x'_\mu, & \sum_\varrho a_{\varrho\mu} a_{\varrho\nu} &= \delta_{\mu\nu} \end{aligned}\right\} \tag{19.5}$$

und setzen an

$$\psi' = (S\psi), \tag{19.6}$$

worin S eine noch aufzufindende vierreihige Matrix ist. Es soll aus

$$\sum_\mu \gamma^\mu \frac{\partial \psi}{\partial x_\mu} + \frac{mc}{\hbar}\psi = 0$$

folgen

$$\sum_\mu \gamma^\mu \frac{\partial \psi'}{\partial x'_\mu} + \frac{mc}{\hbar}\psi' = 0,$$

oder

$$\sum_\mu \sum_\nu \gamma^\mu S\, a_{\mu\nu} \frac{\partial \psi}{\partial x_\nu} + \frac{m\,c}{\hbar} S \psi = 0,$$

oder

$$\sum_\mu \sum_\nu (S^{-1}\gamma^\mu S) a_{\mu\nu} \frac{\partial \psi}{\partial x_\nu} + \frac{m\,c}{\hbar} \psi = 0.$$

Dies ist erfüllt, wenn

$$\sum_\mu (S^{-1}\gamma^\mu S)\, a_{\mu\nu} = \gamma^\nu$$

oder

$$S^{-1}\gamma^\mu S = \sum_\nu a_{\mu\nu}\gamma^\nu. \tag{A}$$

Dann folgt überdies aus (II†) die Gültigkeit von

$$\frac{\partial \psi^{\dagger\prime}}{\partial x'_\mu}\gamma^\mu - \frac{m\,c}{\hbar}\psi^{\dagger\prime} = 0,$$

wenn

$$\psi^{\dagger\prime} = (\psi^\dagger S^{-1}) \tag{19.6†}$$

gesetzt wird. Ebenso folgt, daß falls (A) gilt, die Ausdrücke (19.4) für s_μ tatsächlich einen Vierervektor bilden und daß

$$J = (\psi^\dagger \psi) \tag{19.7}$$

eine Invariante ist. Mittels einer elementaren Rechnung folgt dann ferner, daß

$$M_{\mu\nu} = - M_{\nu\mu} = i\psi^\dagger \gamma^\mu \gamma^\nu \psi \qquad (\mu \neq \nu) \tag{19.8}$$

ein schiefsymmetrischer Tensor zweiten Ranges

$$K_{\mu\nu\varrho} = i\psi^\dagger \gamma^\mu \gamma^\nu \gamma^\varrho \psi, \qquad (\mu \neq \varrho \neq \nu \neq \mu) \tag{19.9}$$

ein in allen drei Indices schiefsymmetrischer Tensor dritten Ranges (Pseudovektor) und

$$N = i\psi^\dagger \gamma^5 \psi \tag{19.10}$$

mit

$$\gamma^5 = \gamma^1 \gamma^2 \gamma^3 \gamma^4, \tag{19.11}$$

ein Pseudoskalar ist. Es ist nämlich bei Koordinatentransformationen

$$N' = N\,|a_{\mu\nu}|,$$

wobei die Determinante $|a_{\mu\nu}|$ der orthogonalen Transformation bei eigentlichen Drehungen $+1$, bei Spiegelungen -1 ist[1]. Die Matrix γ^5 ist insofern bemerkenswert, als sie die Relationen

$$(\gamma^5)^2 = 1; \qquad \gamma^5 \gamma^\mu + \gamma^\mu \gamma^5 = 0 \tag{19.12}$$

erfüllt. Es existieren also fünf unabhängige vierreihige Matrizen, welche die Relationen (I) erfüllen[2].

---

[1] Vgl. hierzu auch J. v. Neumann, Z. Physik **48**, 868 (1928).

[2] Zwischen den Größen J, s_ν, $M_{\mu\nu}$, $K_{\mu\nu\varrho}$, N bestehen verschiedene quadratische Identitäten, wie

$$-\sum_\nu (s_\nu)^2 = J^2 + N^2 = K_{123}^2 + K_{412}^2 + K_{341}^2 + K_{234}^2,$$

$$K_{123}\,s_4 + K_{412}\,s_3 + K_{431}\,s_2 + K_{234}\,s_1 = 0.$$

Vgl. hierzu V. Fock, Z. Physik **57**, 261 (1929); C. G. Darwin, Proc. Roy. Soc. Lond. **120**, 621 (1928); G. E. Uhlenbeck u. O. Laporte, Phys. Rev. **37**, 1380 (1931); W. Pauli in Zeeman Verhandlungen, S. 31—43 (1935); Ann. Inst. H. Poincaré **6**, 109 (1936).

Die Matrix S ist wegen des imaginären Charakters der vierten Koordinate nicht unitär, da die a_{4k} und a_{k4} mit $k=1, 2, 3$ rein imaginär und nur a_{kl} und a_{44} reell sind. Man muß deshalb die HERMITEsche Konjugierte $\widetilde{S}$ von S statt gleich S^{-1} gleichsetzen

$$\widetilde{S} = \gamma^4 S^{-1} \gamma^4 \quad \text{oder} \quad \widetilde{S}\, \gamma^4 = \gamma^4 S^{-1}, \tag{19.13}$$

und dann gilt mit

$$\psi^{*'} = \psi^* \widetilde{S}$$

auch im neuen Koordinatensystem analog zu (19.2)

$$\psi^{\dagger'} = \psi^{*'} \gamma^4.$$

Nun kommt alles darauf an, nachzuweisen, daß für jede orthogonale Transformation (19.5) eine Matrix S als Funktion der $a_{\mu\nu}$ existiert, welche (A) erfüllt. Da die Matrizen $\sum_\nu a_{\mu\nu} \gamma^\nu$ als Folge von (19.5) denselben Relationen (I'') genügen wie die γ^μ, folgt die Existenz eines solchen S bereits aus der S. 142 erwähnten Eindeutigkeit (bis auf Äquivalenz) der irrediziblen Darstellung der γ^μ. Einen zweiten unabhängigen Beweis erhält man unter Benützung der Gruppeneigenschaft der orthogonalen Transformationen, indem man zeigt, daß die Gleichung (A) für infinitesimale Transformationen erfüllbar ist. Eine solche ist gegeben durch

$$x'_\mu = x_\mu + \sum_\nu \varepsilon_{\mu\nu} x_\nu \quad \text{mit} \quad \varepsilon_{\mu\nu} = -\varepsilon_{\nu\mu}, \tag{19.14}$$

wobei die Antisymmetrie der $\varepsilon_{\mu\nu}$ für die Erfüllung der Orthogonalitätsbedingungen sorgt. Für S machen wir den in den $\varepsilon_{\mu\nu}$ linearen Ansatz

$$S = I + \tfrac{1}{2} \sum_\mu \sum_\nu \varepsilon_{\mu\nu} T^{\mu\nu} \quad \text{mit} \quad T^{\mu\nu} = -T^{\nu\mu}, \tag{19.15}$$

worin die $T^{\mu\nu}$ Matrizen sind, die durch das Indexpaar numeriert werden. Nun haben wir (19.15) in (A) einzusetzen und nur Größen erster Ordnung in den $\varepsilon_{\mu\nu}$ beizubehalten. Wir erhalten zunächst

$$\gamma^\mu \tfrac{1}{2} \sum_\lambda \sum_\nu \varepsilon_{\lambda\nu} T^{\lambda\nu} - \tfrac{1}{2} \sum_\lambda \sum_\nu \varepsilon_{\lambda\nu} T^{\lambda\nu} \gamma^\mu = \sum_\nu \varepsilon_{\mu\nu} \gamma^\nu = \tfrac{1}{2} \sum_\lambda \sum_\nu \varepsilon_{\lambda\nu} (\delta_{\lambda\mu} \gamma^\nu - \delta_{\nu\mu} \gamma^\lambda).$$

Durch Vergleich der in den Indices λ und ν bereits antisymmetrisch geschriebenen Koeffizienten von $\varepsilon_{\lambda\nu}$ ergibt sich

$$\gamma^\mu T^{\lambda\nu} - T^{\lambda\nu} \gamma^\mu = \delta_{\lambda\mu} \gamma^\nu - \delta_{\nu\mu} \gamma^\lambda. \tag{A'}$$

Diese Gleichung ist durch vierreihige Matrizen $T^{\lambda\nu}$ in der Tat erfüllbar und dadurch ist die relativistische Invarianz der DIRACschen Gleichung und der Vektorcharakter von s_ν bewiesen. Eine in λ schiefsymmetrische Lösung von (A') ist nämlich

$$T^{\lambda\nu} = \tfrac{1}{2} \gamma^\lambda \gamma^\nu \quad \text{für} \quad \lambda \neq \nu; \quad (T^{\lambda\nu} = 0 \quad \text{für} \quad \lambda = \nu), \tag{19.16}$$

wie man auf Grund von (I'') leicht verifiziert.

Wir haben nun noch die die Realitätsverhältnisse festlegende Bedingung (19.13) zu prüfen. Sie ergibt

$$\sum_{\mu\nu} \varepsilon^*_{\mu\nu} \widetilde{T}^{\mu\nu} = -\sum_{\mu\nu} \gamma^4 \varepsilon_{\mu\nu} T^{\mu\nu} \gamma^4. \tag{19.17}$$

Mit Rücksicht darauf, daß ε_{4k} rein imaginär, ε_{ik} reell ist, sobald i, k von 1 bis 3 laufen, folgt

$$\widetilde{T}^{4k} = + \gamma^4 T^{4k} \gamma^4 \qquad \widetilde{T}^{ik} = -\gamma^4 T^{ik} \gamma^4. \quad (i, k = 1, 2, 3) \tag{19.17'}$$

Da bei dem Ansatz (19.16) $\widetilde{T}^{\lambda\nu} = -T^{\lambda\nu}$ gilt, verifiziert man auf Grund von (I'') leicht, daß (19.17') in der Tat erfüllt ist.

Es ist leicht festzustellen, wie weit die Lösung von (A') und (19.17) eindeutig ist. Die Gleichung (A') läßt noch einen additiven Zusatzterm in den $T^{\lambda\nu}$ offen, der mit allen γ^μ vertauschbar ist. Ein solcher ist notwendig von der Form

$$\Delta_{\lambda\nu} \cdot I$$

mit gewöhnlichen Zahlen $\Delta_{\lambda\nu}$. Die Gl. (19.17) verlangt dann weiter, daß

$$\Delta = \sum_{\lambda\nu} \varepsilon_{\lambda\nu} \Delta_{\lambda\nu}$$

rein imaginär ist. Da in Größen erster Ordnung

$$1 + i|\Delta| = e^{i|\Delta|},$$

hat man es hier mit einem zusätzlichen (infinitesimalen) Phasenfaktor zu tun, der allen vier Komponenten von ψ gemeinsam ist. Ein solcher ist in der Tat stets willkürlich. Seine Normierung durch den Ansatz (19.16) entspricht der Festsetzung, daß

$$\text{Spur}\,(T^{\lambda\nu}) = 0, \tag{19.18}$$

wenn wie üblich unter Spur einer Matrix die Summe ihrer Diagonalelemente verstanden wird. Bei endlichen Transformationen hat dies zur Folge, daß

$$\text{Det}\,(S) = 1, \tag{19.18'}$$

wobei unter Det die zur Matrix gehörige Determinante verstanden wird.

Wir bemerken noch, daß gemäß (19.16) die $T^{\lambda\nu}$ mit der durch (19.11) definierten Matrix γ^5 vertauschbar sind:

$$\gamma^5 T^{\lambda\nu} - T^{\lambda\nu}\gamma^5 = 0, \tag{19.19}$$

was bei endlichen Transformationen, die durch stetige Fortsetzung aus den infinitesimalen erzeugt werden können,

$$S^{-1}\gamma^5 S = \gamma^5$$

zur Folge hat. Bereits oben wurde jedoch bemerkt, daß

$$N = i\psi^\dagger \gamma^5 \psi$$

ein Pseudoskalar ist, was gleichbedeutend mit der aus (A) folgenden Aussage ist, daß

$$S^{-1}\gamma^5 S = \pm\gamma^5 \tag{19.20}$$

mit dem positiven bzw. negativen Vorzeichen für orthogonale Transformationen der Koordinaten mit der Determinante $+1$ bzw. -1. Letztere sind die Spiegelungen. Betrachten wir z.B. die Spiegelung

$$x_k' = -x_k \quad \text{für} \quad k = 1, 2, 3; \qquad x_4' = x_4, \tag{19.21}$$

so haben wir nach (A) ein S zu suchen, für welches gilt

$$\gamma^k S = -S\gamma^k \quad \text{für} \quad k = 1, 2, 3; \qquad \gamma^4 S = S\gamma^4.$$

Hieraus folgt [mit Berücksichtigung der Zusatzbedingungen (19.13) und (19.18')]

$$S = \gamma^4. \tag{19.21'}$$

Mit·Hilfe der Lösung (19.16) von (A′) ist es im Spezialfall einer Drehung in einer Koordinatenachse — bei der also nur zwei der Koordinaten verändert werden — sogar möglich, die Lösung von (A) für eine *endliche* Drehung des Koordinatenachsenkreuzes anzugeben[1]. Betrachten wir z.B. zuerst eine Drehung in der (x_1, x_2)-Ebene, die gegeben ist durch

$$x_1' = x_1 \cos\omega - x_2 \sin\omega,$$

$$x_2' = x_1 \sin\omega + x_2 \cos\omega,$$

so muß mit Rücksicht auf den Umstand, daß hier die Matrizen $S(\omega)$ für alle Werte von ω miteinander vertauschbar sind, nach (19.16) gelten

$$\frac{dS}{d\omega} = S\,T^{12} = S\,\frac{1}{2}\gamma^1\gamma^2.$$

Die Lösung dieser Differentialgleichung für die Matrix S ist mit Rücksicht auf $S = I$ für $\omega = 0$:

$$S = e^{\frac{\omega}{2}\gamma^1\gamma^2} = \cos\frac{\omega}{2} + \gamma_1\gamma_2 \sin\frac{\omega}{2}. \tag{19.22}$$

Die letzte Umformung beruht darauf, daß

$$(\gamma^1\gamma^2)^2 = -I,$$

denn in diesem Fall bleibt die Relation

$$e^{i\frac{\omega}{2}} = \cos\frac{\omega}{2} + i\sin\frac{\omega}{2}$$

richtig, wenn i durch die Matrix $\gamma_1\gamma_2$ ersetzt wird. Aus dem Resultat (19.22) geht hervor, daß bei vollem Umlauf ($\omega = 2\pi$) die Matrix S nicht zu ihrem Ausgangswert, der Einheitsmatrix, zurückkehrt, sondern in $-(I)$ übergeht:

$$S = -(I) \quad \text{für} \quad \omega = 2\pi. \tag{19.22'}$$

Es handelt sich also hier um eine *zweideutige* Darstellung der Drehungsgruppe des dreidimensionalen Raumes, wie wir sie bereits aus der unrelativistischen Spintheorie kennen. Auf den Zusammenhang der Matrizen T^{ik} $(i, k = 1, 2, 3)$ mit den Drehimpulsoperatoren kommen wir noch zurück.

Analog ergibt sich das Transformationsgesetz der ψ, d.h. die Matrix S bei den speziellen LORENTZ-Transformationen, die einer Relativbewegung der Koordinatensysteme in der x_1-Richtung entsprechen, also den Drehungen in der (x_1, x_4)-Ebene. Wir haben nur x_2, γ^2 durch x_4, γ^4 zu ersetzen. Wollen wir die reelle Zeitkoordinate $x_0 = ct$ statt $x_4 = ix_0$ betrachten, so haben wir noch den Drehwinkel $\omega = i\chi$ mit reellem χ zu setzen. Dann wird

$$x_1' = x_1 \cos\chi - x_0 \sin\chi, \qquad \tan\chi = v/c,$$

$$x_0' = -x_1 \sin\chi + x_0 \cos\chi, \qquad \cos\chi = \frac{1}{\sqrt{1 - v^2/c^2}}; \qquad \sin\chi = \frac{v/c}{\sqrt{1 - v^2/c^2}},$$

$$d x_1' = -d\chi\, x_0', \qquad d x_0' = -d\chi\, x_1',$$

$$S = e^{\frac{\chi}{2}i\gamma^1\gamma^4} = \cos\frac{\chi}{2} - i\gamma^1\gamma^4 \sin\frac{\chi}{2}.$$

---

[1] Vgl. P. A. M. DIRAC, Quantenmechanik, S. 258 u. 259.

10*

Zusammenfassend betonen wir nochmals, *daß die Existenz eines Viererstromes mit den richtigen relativistischen Invarianzeigenschaften einerseits und einer positiv definiten Dichte andererseits ein wesentlicher Zug der Diracschen Theorie ist.* Bei einem Versuch, die Diracsche Wellengleichung in Vektor- oder Tensorform umzuschreiben, würde diese Eigenschaft der Theorie verlorengehen.

Wir haben hier bei der Untersuchung des Verhaltens der ψ gegenüber Lorentz-Transformationen keine spezielle Repräsentation der Matrizen γ^μ eingeführt. Je nach dem zu behandelnden Problem können nämlich verschiedene Repräsentationen zweckmäßig sein. Um den Anschluß an die mathematische Literatur herzustellen, wählen wir jetzt eine solche Repräsentation, bei der γ^5 auf Diagonalform gebracht ist. [Sie ist verschieden von der in (18.19) angegebenen, bei der $\beta = \gamma^4$ diagonal gewählt war.] In gespaltener Schreibweise, bei der die angeschriebenen Größen selbst als zweireihige Matrizen anzusehen sind, können wir dann setzen

$$\gamma^k = \begin{pmatrix} 0, & i\,\sigma_k \\ -i\,\sigma_k, & 0 \end{pmatrix} \quad \text{für} \quad k = 1, 2, 3; \quad \gamma^4 = \begin{pmatrix} 0, & I \\ I, & 0 \end{pmatrix}; \quad \gamma^5 = \begin{pmatrix} -I, & 0 \\ 0, & I \end{pmatrix}. \tag{19.23}$$

[$I =$ zweireihige Einheitsmatrix, σ_k durch (18.17) definiert.] Nun bemerken wir, daß nach (19.20) die die Transformation der ψ gemäß

$$\psi' = S\,\psi$$

bestimmende Matrix S für Koordinatentransformationen mit der Determinante $+1$ mit γ^5 vertauschbar ist. Daraus folgt sofort, daß für diese, die sog. eigentlichen Transformationen, S die Gestalt annimmt

$$S = \begin{pmatrix} \Sigma, & 0 \\ 0, & \Sigma' \end{pmatrix},$$

worin Σ und Σ' nun zweireihige Matrizen sind. Aus (19.13) folgt dann weiter mit dem in (19.23) angegebenen Wert von γ^4, daß $\Sigma' = \tilde{\Sigma}^{-1}$ ist. Also

$$S = \begin{pmatrix} \Sigma, & 0 \\ 0, & \tilde{\Sigma}^{-1} \end{pmatrix}. \tag{19.24}$$

Die für die infinitesimalen Drehungen maßgebenden $T^{\mu\nu}$ werden nach (19.16), (18.18) und (19.23)

$$T^{1,\,2} = \tfrac{1}{2} i \begin{pmatrix} \sigma_3, & 0 \\ 0, & \sigma_3 \end{pmatrix}; \ldots \tag{19.25a}$$

$$T^{1,\,4} = \tfrac{1}{2} i \begin{pmatrix} \sigma_1, & 0 \\ 0, & -\sigma_1 \end{pmatrix}; \ldots \tag{19.25b}$$

wobei die nichtangeschriebenen Matrizen durch cyclische Vertauschung der Indices 1, 2, 3 zu erhalten sind.

Man sieht hieraus, daß die vier Komponenten $\psi_1 \ldots \psi_4$ in zwei Paare zerfallen, die bei eigentlichen Lorentz-Transformationen sich nur je unter sich transformieren, und zwar transformiert sich das zweite Paar kontragradient zum konjugiert komplexen des ersten Paares, d. h.

$$\psi_1^*\,\psi_3 + \psi_2^*\,\psi_4$$

ist eine Invariante. Unsere vierreihige Darstellung der eigentlichen (Determinante $+1$) Lorentz-Gruppe, zerfällt in zwei zweireihige. Zweikomponentige Größen φ_1, φ_2, die sich bei Lorentz-Transformationen gemäß

$$\varphi' = \Sigma\,\varphi \tag{19.26}$$

transformieren, heißen Spinoren oder auch Halbvektoren. Da die σ_k die Spur Null haben, haben die Σ stets die Determinante 1. Der Untergruppe der dreidimensionalen Drehungen entspricht eine *unitäre* Matrix Σ (wie dies auch in der unrelativistischen Spintheorie der Fall war), während bei den die vierte Koordinate x_4 nicht unverändert lassenden Lorentz-Transformationen wegen deren imaginärem Charakter Σ nicht unitär ist. Durch Abzählung der Parameter zeigt man leicht, daß die allgemeinste zweireihige Matrix Σ mit der Determinante 1 tatsächlich zu einer bestimmten Lorentz-Transformation gehört.

Das Zerfallen der hier auftretenden vierreihigen Darstellung der LORENTZ-Gruppe in zweireihige hört auf, wenn wir die Spiegelungen mit in Betracht ziehen. Speziell bei der früher betrachteten Spiegelung (19.21)

$$x'_k = - x_k \quad \text{für} \quad k = 1, 2, 3; \quad x'_4 = x_4,$$

wo nach (19.21)

$$\psi' = \gamma^4 \psi$$

war, ergibt sich hier durch Benutzung der in (19.23) angegebenen Matrix für γ^4

$$\psi'_1 = \psi_3, \quad \psi'_2 = \psi_4, \quad \psi'_3 = \psi_1, \quad \psi'_4 = \psi_2,$$

d.h. *die beiden Paare* (ψ_1, ψ_2) *und* (ψ_3, ψ_4) *werden einfach vertauscht.*

Das Rechnen mit Größen, die sich wie ψ_1, ψ_2 bzw. ψ_3, ψ_4 bei LORENTZ-Transformationen verhalten, ist von VAN DER WAERDEN[1] zu einem systematischen ,,Spinorkalkül'' ausgebaut worden, der eine Erweiterung des gewöhnlichen Tensorkalküls darstellt und alle möglichen irreduziblen Darstellungen der LORENTZ-Gruppe zu verwerten gestattet. Wir möchten hier bemerken, daß dieser Kalkül trotz seiner formalen Geschlossenheit nicht immer vorteilhaft ist, da die durch die Spezialisierung von γ^5 auf Diagonalform bewirkte Zerspaltung aller vierkomponentigen Größen in zwei zweikomponentige manchmal eine unnötige Komplikation der Formel mit sich bringt und da für gewisse Probleme andere Spezialisierungen der γ^μ als die in (19.23) eingeführten — z.B. die in (19.23) gegebene, bei der γ^4 diagonal ist — sich als die zweckmäßigeren erweisen.

Es möge noch kurz die Möglichkeit erwähnt werden, LORENTZ-invariante Gleichungen aufzustellen, welche nur die soeben eingeführten zweikomponentigen Größen φ enthalten[2]. Diese beruht darauf, daß jede kovariante Größe, die nur aus mit γ^5 vertauschbaren Matrizen aufgebaut ist, kovariant bleibt, wenn man sie für ein einzelnes zweikomponentiges Paar allein anschreibt. Nun gehen wir wieder zurück auf die durch (19.1') definierten Matrizen

$$\alpha^k = i\,\gamma^4 \gamma^k, \quad \beta = \gamma^4,$$

die in unserem Fall gemäß (19.23) gegeben sind durch

$$\alpha^k = \begin{pmatrix} \sigma_k, & 0 \\ 0, & -\sigma_k \end{pmatrix}, \quad \beta = \gamma^4 = \begin{pmatrix} 0, & I \\ I, & 0 \end{pmatrix},$$

und auf die ursprüngliche Form

$$\frac{1}{c}\,\frac{\partial \psi}{\partial t} + \sum_{k=1}^{3} \alpha^k\,\frac{\partial \psi}{\partial x_k} + i\,\frac{mc}{\hbar}\,\beta\,\psi = 0$$

der DIRACschen Gleichungen und des Stromes

$$s_k = (\psi^* \alpha^k \psi); \quad s_4 = i\,(\psi^* \psi).$$

Man sieht zunächst, daß die allein aus den zweikomponentigen φ gemäß

$$s_k = (\varphi^* \sigma_k \varphi); \quad s_4 = i\,s_0 = i\,(\varphi^* \varphi) \tag{19.27}$$

gebildeten Größen die Komponenten eines Vierervektors bilden. Dieser erfüllt überdies identisch die Beziehung

$$s_0^2 = \sum_{k=1}^{3} s_k^2. \tag{19.27'}$$

Sodann sehen wir, daß die mit γ^5 nicht kommutierbare, die Paare (ψ_1, ψ_2) und (ψ_3, ψ_4) vertauschende Matrix β in einer nur aus zwei Komponenten φ gebildeten kovarianten Wellengleichung nicht vorkommen darf. *Das die Ruhmasse enthaltende Glied der Wellengleichung müßte also bei einer zweikomponentigen Gleichung fehlen.* Streichung dieses Gliedes bedeutet physikalisch den Übergang zu Teilchen mit der Ruhmasse 0, die stets mit Lichtgeschwindigkeit c laufen und deren Energie E und Impuls in der Beziehung

$$\frac{E^2}{c^2} = \sum_k p_k^2 \tag{19.28}$$

---

[1] B. L. VAN DER WAERDEN: Göttinger Nachr. **1929**, 100. Weitere Anwendungen bei G. E. UHLENBECK u. O. LAPORTE: Phys. Rev. **37**, 1380 (1931).

[2] Hierauf wurde von H. WEYL, Z. Physik **56**, 330 (1929), hingewiesen.

zueinander stehen, wie dies bei Lichtquanten der Fall ist. Die zweikomponentige Wellengleichung lautet sodann

$$\frac{1}{c}\,\frac{\partial\varphi}{\partial t} + \sum_{k=1}^{3}\sigma_k\,\frac{\partial\varphi}{\partial x_k} = 0.$$ (19.29)

Sie ist relativistisch invariant und hat für den durch (19.27) definierten Vektor s_k die Kontinuitätsgleichung

$$\sum_{\nu=1}^{4}\frac{\partial s_\nu}{\partial x_\nu} = 0$$

zur Folge. *Diese Wellengleichungen sind, wie ja aus ihrer Herleitung hervorgeht, nicht invariant gegenüber Spiegelungen (Vertauschung von links und rechts)*[1]. Das Fehlen der Invarianz der Wellengleichung gegenüber Spiegelungen äußert sich in einer eigentümlichen Koppelung zwischen der Richtung des Spin-Drehimpulses und des Stromes, doch soll hierauf nicht näher eingegangen werden. Erwähnt sei noch, daß auch die Gln. (19.29) sowohl zu Zuständen positiver als auch zu Zuständen negativer Energie gehörige Eigenlösungen besitzen. Zu gegebenen Werten von Energie und Impuls, die (19.28) erfüllen, gibt es hier aber nur *eine* Eigenlösung.

20. Das Verhalten von Wellenpaketen im kräftefreien Fall. Ebenso wie in Abschn. A, Gln. (3.1″) und (3.4), erhält man durch Fourier-Zerlegung aus den Eigenfunktionen $\psi_\varrho(\vec{x}, t)$ des Koordinatenraumes die Eigenfunktionen $\varphi_\varrho(\vec{p}, t)$ des Impulsraumes gemäß

$$\varphi_\varrho(\vec{p}, t) = \frac{1}{(2\pi\hbar)^{\frac{3}{2}}}\int \psi_\varrho(\vec{x}, t)\, e^{-\frac{i}{\hbar}(\vec{p}\,\vec{x})}\, d^3x,$$ (20.1)

$$\psi_\varrho(\vec{x}, t) = \frac{1}{(2\pi\hbar)^{\frac{3}{2}}}\int \varphi_\varrho(\vec{p}, t)\, e^{+\frac{i}{\hbar}(\vec{p}\,\vec{x})}\, d^3p,$$ (20.1 a)

wobei

$$W(p_1, p_2, p_3)\, dp_1\, dp_2\, dp_3 = \sum_\varrho |\varphi_\varrho(\vec{p}, t)|^2\, dp_1\, dp_2\, dp_3$$ (20.2)

interpretiert wird als die Wahrscheinlichkeit dafür, daß die Impulskomponenten des Teilchens zwischen p_k und $p_k + dp_k$ liegen. In der unrelativistischen Wellenmechanik ist nun die Energie durch die Impulse eindeutig bestimmt, während in der relativistischen Mechanik, gemäß (18.1) die beiden durch das Vorzeichen unterschiedenen Energiewerte

$$\frac{1}{c}\,E = \pm\sqrt{m^2c^2 + \sum_k p_k^2}$$ (20.3)

möglich sind. Aus (18.13) folgt zunächst für die $\varphi_\varrho(p)$, wenn wir hinsichtlich des Komponentenindex ϱ wieder zur Matrixschreibweise übergehen

$$-\frac{\hbar}{i}\,\frac{1}{c}\,\frac{\partial\varphi}{\partial t} = \left(\sum_{k=1}^{3}\alpha^k p_k + mc\beta\right)\varphi.$$ (20.4)

Die allgemeine Lösung dieser Gleichung lautet

$$\varphi_\varrho = C_\varrho^{(+)}\, e^{-\frac{i}{\hbar}\sqrt{m^2c^2 + \Sigma p_k^2}\cdot ct} \left.\vphantom{\begin{array}{c}a\\a\end{array}}\right\}$$
$$+ C_\varrho^{(-)}\, e^{+\frac{i}{\hbar}\sqrt{m^2c^2 + \Sigma p_k^2}\cdot ct},$$ (20.5)

---

[1] Neuerdings wurden diese Gleichungen auf das Neutrino angewendet, um nichtspiegelinvariante schwache Wechselwirkungen darzustellen.

worin $C_\varrho^{(+)}$ und $C_\varrho^{(-)}$ den Gleichungen genügen

$$+\sqrt{m^2c^2+\sum_{k=1}^{3}p_k^2}\,C^{(+)}=\left(\sum_{k=1}^{3}\alpha^k p_k+mc\beta\right)C^{(+)},\qquad(20.6\,\mathrm{a})$$

$$-\sqrt{m^2c^2+\sum_{k=1}^{3}p_k^2}\,C^{(-)}=\left(\sum_{k=1}^{3}\alpha^k p_k+mc\beta\right)C^{(-)}.\qquad(20.6\,\mathrm{b})$$

Jede dieser Gleichungen hat noch *zwei* linear unabhängige Lösungen. Wegen der Hermitezität der α_k gilt auch

$$+\sqrt{m^2c^2+\sum_{k=1}^{3}p_k^2}\,C^{*(+)}=C^{*(+)}\left(\sum_{k=1}^{3}\alpha^k p_k+mc\beta\right),\qquad(20.6\,\mathrm{a}^*)$$

$$-\sqrt{m^2c^2+\sum_{k=1}^{3}p_k^2}\,C^{*(-)}=C^{*(-)}\left(\sum_{k=1}^{3}\alpha^k p_k+mc\beta\right).\qquad(20.6\,\mathrm{b}^*)$$

Durch Multiplikation der Gl. (20.6a) von links mit $C^{*(-)}$, der Gl. (20.6b*) von rechts mit $C^{(+)}$ folgt die Orthogonalitätsbedingung

$$\sum_\varrho C_\varrho^{*(-)}C_\varrho^{(+)}=\sum_\varrho C_\varrho^{(-)}C_\varrho^{*(+)}=0.\qquad(20.7)$$

Die Wahrscheinlichkeit $W(p_1,p_2,p_3)$ ist also zeitlich konstant:

$$W(p_1,p_2,p_3)=\sum_\varrho\{|C_\varrho^{(+)}|^2+|C_\varrho^{(-)}|^2\}=\text{const.}\qquad(20.8)$$

Es sei hier bemerkt, daß die früher erwähnten Bedenken gegen die Existenz einer Wahrscheinlichkeitsdichte $W(x_1,x_2,x_3)$ im Koordinatenraum die entsprechende Wahrscheinlichkeitsdichte im Impulsraum nur in einem geringeren Maße treffen. Problematisch ist nur, ob der Impuls eines Teilchens in beliebiger kurzer Zeit genau gemessen werden kann [vgl. Abschn. A, Ungleichung (2.11)], dagegen ist es sicher, daß er in hinreichend langer Zeit beliebig genau gemessen werden kann. Für ein kräftefreies Wellenpaket, wo die Impulse zeitlich konstant sind, ist also $W(p_1,p_2,p_3)$ exakt bestimmbar. Es gilt aber noch mehr: auch wenn ein freies Teilchen nur während eines endlichen Zeitintervalles irgendwelchen Kräften (Wechselwirkungen mit anderen Teilchen oder mit Strahlung) ausgesetzt ist, kann vor und nach der Wechselwirkung der Impuls des Teilchens beliebig genau gemessen werden. Die Geschwindigkeitsverteilung von Teilchen nach einem Stoß ist also auch in der relativistischen Quantentheorie ein exakter und in Strenge sinnvoller Begriff, ebenso wie wir später sehen werden, die Intensitätsverteilung der von einem Teilchen gestreuten Strahlung in ihrer Abhängigkeit von Frequenz und Richtung.

Nach dieser Abschweifung untersuchen wir die Konsequenzen aus der Existenz der Lösungen $\varphi_\varrho^{(-)}$, die zu negativer Energie gehören, für das Verhalten der Wellenpakete. Zunächst folgt, abweichend von der unrelativistischen Theorie, daß der Gesamtstrom J_k, der nach (18.16)′ und (20.1) gegeben ist, durch

$$\frac{1}{c}J_k=\int(\psi^*\alpha^k\psi)\,d^3x=\int(\varphi^*\alpha^k\varphi)\,d^3p\qquad(20.9)$$

nicht mehr zeitlich konstant ist. Er ist vielmehr nach (20.5) gegeben durch

$$\left.\begin{aligned}\frac{1}{c}J_k&=\int(C^{*(+)}\alpha^k C^{(+)})\,d^3p+\int(C^{*(-)}\alpha^k C^{(-)})\,d^3p+\\&+\int\left[(C^{*(+)}\alpha^k C^{(-)})\,e^{\frac{2i}{\hbar}\sqrt{m^2c^2+\Sigma p_k^2}\cdot ct}+(C^{*(-)}\alpha^k C^{(+)})\,e^{-\frac{2i}{\hbar}\sqrt{m^2c^2+\Sigma p_k^2}\cdot ct}\right]d^3p.\end{aligned}\right\}\qquad(20.10)$$

Die beiden ersten Terme sind zeitlich konstant und entsprechen dem, was man in Analogie zur klassisch relativistischen Mechanik erwarten sollte. Man bestimmt ihre Größe durch Multiplikation von (20.6a*) mit $\alpha^l C^{(+)}$ von rechts, von (20.6b) mit $C^{*(-)}\alpha^l$ von links. Durch Addition ergibt sich mit Rücksicht auf die Vertauschungsrelationen (I)

$$\sqrt{m^2 c^2 + \sum_k p_k^2}\,(C^{*(+)}\alpha^l C^{(+)}) = p_l (C^{*(+)} C^{(+)}),$$

$$-\sqrt{m^2 c^2 + \sum_k p_k^2}\,(C^{*(-)}\alpha^l C^{(-)}) = p_l (C^{*(-)} C^{(-)}).$$

Unter Einführung der Energie

$$E = \pm c \sqrt{m^2 c^2 + \sum_k p_k^2}$$

und der mit der Gruppengeschwindigkeit der Welle übereinstimmenden Teilchengeschwindigkeit

$$v_k = \frac{\partial E}{\partial p_k} = \frac{c^2 p_k}{E} = \frac{\pm c\,p_k}{\sqrt{m^2 c^2 + \Sigma p_k^2}} \tag{20.11}$$

folgt also für die konstanten Teile von J_k

$$\overline{J}_k = \int v_k^{(+)}(p)\,(C^{*(+)} C^{(+)})\,d^3 p + \int v_k^{(-)}(p)\,(C^{*(-)} C^{(-)})\,d^3 p. \tag{20.12}$$

Die darüber gelagerte Oszillation mit den Frequenzen $2\,|E|/h$ wurden von Schrödinger als „Zitterbewegung" bezeichnet. *Sie ist eine Folge der Interferenz der zu positiven Energien gehörigen Teile des Wellenpaketes mit seinen zu negativen Energien gehörigen Teilen; in solchen Wellenpaketen, die nur die zu einem Vorzeichen der Energie gehörigen Eigenfunktionen enthalten, fällt diese Zitterbewegung fort.*

Ebenso wie in dem Strom äußert sich die Zitterbewegung in dem durch

$$\overline{x}_k = \int x_k W(x)\,d^3 x = -\frac{\hbar}{i}\int \sum_\varrho \varphi_\varrho^* \frac{\partial \varphi_\varrho}{\partial p_k}\,d^3 p \tag{20.13}$$

definierten Mittelpunkt des Wellenpaketes. Aus der Kontinuitätsgleichung (18.15) folgt nämlich unmittelbar

$$\frac{d\overline{x}_k}{dt} = J_k. \tag{20.14}$$

Daher entspricht dem konstanten Teil von J_k eine gleichförmige Bewegung von $\overline{x}_k$, dem oszillierenden Teil auch eine Oszillation von x_k. Man könnte zunächst daran denken, als Nebenbedingung in die Theorie einzuführen, daß nur solche Wellenpakete zugelassen werden sollen, die ausschließlich zu positiven Energien gehörige Eigenfunktionen enthalten. Dies ist in der Tat möglich, wenn man nur den kräftefreien Fall im Auge hat, läßt sich aber im Fall der Anwesenheit von Kräften nicht im Einklang mit der relativistischen Invarianz und mit der Korrespondenz zur klassisch-relativistischen Mechanik durchführen (vgl. Ziff. 24).

Die mathematische Formulierung des Verhaltens der allgemeinen Wellenpakete und ihrer Eigenschaften im Laufe der Zeit gestaltet sich übersichtlicher, wenn man von den Wellenfunktionen zu den Operatoren übergeht[1]. Dieser Übergang geschieht genau so wie in der unrelativistischen Wellenmechanik, nur daß die Operatoren jetzt auch auf den Index ϱ

---

[1] E. Schrödinger: Berl. Ber. **1930**, 418; **1931**, 63. — V. Fock: Z. Physik **55**, 127 (1929); **68**, 527 (1931) (in dieser Arbeit auch Anwendungen auf den Fall der Anwesenheit von Kräften). Ferner die Diskussion E. Schrödinger, Z. Physik **70**, 808 (1931); V. Fock, Z. Physik **70**, 811 (1931).

wirken, der vier Werte durchläuft, und daß überall, wo über eine Orts- oder Impulskoordinate integriert wird, auch über ϱ zu summieren ist. Ist $\boldsymbol{D}$ ein Operator, der auf Funktionen $u_\varrho(x)$ wirkt, so ist

$$(\boldsymbol{D}u)_\varrho = \sum_\sigma \boldsymbol{D}_{\varrho\sigma} u_\sigma.$$

Der Operator ist hermitesch, wenn für beliebige Funktionen u_ϱ und v_ϱ gilt:

$$\int \sum_\varrho (\boldsymbol{D}v)_\varrho^* u_\varrho \, d^3x = \int \sum_\varrho v_\varrho^* (\boldsymbol{D}u)_\varrho \, d^3x. \tag{20.15}$$

Die zeitliche Änderung des Operators ist definiert durch die Forderung, daß für zwei beliebige Lösungen $\psi_\varrho(t)$, $\psi_\varrho'(t)$ der Wellengleichung gelten soll

$$\int \sum_\varrho \psi_\varrho^*(t) \, [\boldsymbol{D}(0)\,\psi'(t)]_\varrho \, d^3x = \int \sum_\varrho \psi_\varrho^*(0) \, [\boldsymbol{D}(t)\,\psi'(0)]_\varrho \, d^3x.$$

Dann ist

$$\boldsymbol{D}(t) = e^{\frac{i}{\hbar}\boldsymbol{H}t} \, \boldsymbol{D}(0) \, e^{-\frac{i}{\hbar}\boldsymbol{H}t},$$

also

$$\frac{d\boldsymbol{D}}{dt} = \frac{i}{\hbar} (\boldsymbol{H}\boldsymbol{D} - \boldsymbol{D}\boldsymbol{H}). \tag{20.16}$$

In der Tat ist für

$$-\frac{\hbar}{i} \frac{\partial\psi}{\partial t} = \boldsymbol{H}\psi; \qquad -\frac{\hbar}{i} \frac{\partial\psi'}{\partial t} = \boldsymbol{H}\psi',$$

worin $\boldsymbol{H}$ den HAMILTON-Operator bedeutet, falls dieser hermitesch ist, mit Rücksicht auf (20.15)

$$\frac{d}{dt} \int \sum_\varrho \psi_\varrho^* (\boldsymbol{D}\psi')_\varrho \, d^3x = \frac{i}{\hbar} \int \sum_\varrho \psi_\varrho^* [(\boldsymbol{H}\boldsymbol{D}-\boldsymbol{D}\boldsymbol{H})\psi']_\varrho \, d^3x. \tag{20.16'}$$

Dabei ist angenommen, daß $\boldsymbol{D}$ die Zeit nicht explizite enthält.

Der HAMILTON-Operator der kräftefreien DIRAC-Gleichung ist nun

$$\boldsymbol{H} = c\left(\sum_{k=1}^{3} \alpha^k p_k + \beta\, m\, c \right),$$

wobei die α^k, β mit den p_k und x_k vertauschbar sind und (I) befriedigen, und wobei ferner wieder gilt

$$p_i x_k - x_k p_i = \frac{\hbar}{i} \delta_{ik} I. \tag{20.17}$$

Nun findet man

$$\dot{x}_k = \frac{i}{\hbar}(\boldsymbol{H} x_k - x_k \boldsymbol{H}) = c\,\alpha_k, \tag{20.18a}$$

$$\dot{p}_k = \frac{i}{\hbar}(\boldsymbol{H} p_k - p_k \boldsymbol{H}) = 0, \tag{20.18b}$$

$$\dot{\alpha}_k = \frac{i}{\hbar}(\boldsymbol{H}\alpha^k - \alpha^k \boldsymbol{H}) = \frac{2i}{\hbar}(c\,p_k - \alpha^k \boldsymbol{H}) = \frac{2i}{\hbar}(\boldsymbol{H}\alpha_k - c\,p_k), \tag{20.18c}$$

$$\dot{\beta} = \frac{i}{\hbar}(\boldsymbol{H}\beta - \beta \boldsymbol{H}) = \frac{2i}{\hbar}(m\,c^2 - \beta \boldsymbol{H}) = \frac{2i}{\hbar}(\boldsymbol{H}\beta - m\,c^2), \tag{20.18d}$$

letzteres wegen

$$\boldsymbol{H}\alpha_k + \alpha_k \boldsymbol{H} = 2c\,p_k, \qquad \boldsymbol{H}\beta + \beta \boldsymbol{H} = 2m\,c^2. \tag{20.19}$$

Besonders bemerkenswert ist Gl. (20.18a), die zeigt, daß $c\alpha^k$ formal die Rolle der Geschwindigkeiten spielen, und daß diese nicht wie in der klassischen Mechanik direkt mit den Impulsen verknüpft sind. Auf diesen Umstand wurde zuerst von BREIT[1] hingewiesen. Die Gl. (20.18c) bestimmen nach (20.16') die zeitliche Änderung des gesamten Stromes.

---

[1] G. BREIT: Proc. Nat. Acad. Sci. U.S.A. **14**, 553 (1928); vgl. auch Proc. Nat. Acad. Sci. U.S.A. **17**, 70 (1931).

Die Aufhebung des Zusammenhanges zwischen Geschwindigkeit und Impuls hängt eben mit der Möglichkeit von Zuständen negativer Energie aufs engste zusammen. Um dies einzusehen, führen wir mit Schrödinger zuerst die allgemeine Zerlegung eines Wellenpaketes in positive und negative Funktionen ein. Positiv heißt der ausschließlich mit den $C_\varrho^{(+)}$ gebildete Bestandteil

$$\psi_\varrho^{(+)} = \int C_\varrho^{(+)}(\vec{p})\, e^{\frac{i}{\hbar}\vec{p}\,\vec{x}}\, e^{-\frac{i}{\hbar}\sqrt{m^2 c^2 + \Sigma p_k^2}\cdot c t}\, d^3 p \tag{20.20a}$$

ebenso

$$\psi_\varrho^{(-)} = \int C_\varrho^{(-)}(\vec{p})\, e^{\frac{i}{\hbar}\vec{p}\,\vec{x}}\, e^{+\frac{i}{\hbar}\sqrt{m^2 c^2 + \Sigma p_k^2}\cdot c t}\, d^3 p. \tag{20.20b}$$

Dabei genügen die $C_\varrho^{(+)}$ und $C_\varrho^{(-)}$ bzw. den Gln. (20.6a) und (20.6b). Nun führen wir den Operator $\varLambda$ ein, der definiert ist durch

$$\varLambda = \frac{\sum\limits_{k}\alpha^k p_k + \beta\, m\, c}{\sqrt{m^2 c^2 + \sum\limits_{k} p_k^2}}. \tag{20.21}$$

Er ist zunächst definiert im Impulsraum, und es ist klar, wie er auf Funktionen $\varphi_\varrho(p)$ wirkt. Es ist $\varLambda$ hermitesch, das Quadrat von $\varLambda$ ist 1:

$$\varLambda^2 = 1, \tag{20.22}$$

also ist $\varLambda$ zugleich unitär, ferner ist $\varLambda$ mit den p_k und mit dem Hamilton-Operator vertauschbar. Offenbar führt $\varLambda$ jedes $\varphi_\varrho^{(+)}$ in sich, jedes $\varphi_\varrho^{(-)}$ in sein negatives über:

$$\varLambda\,\varphi_\varrho^{(+)} = \varphi_\varrho^{(+)}; \quad \varLambda\,\varphi_\varrho^{(-)} = -\,\varphi_\varrho^{(-)}, \tag{20.23}$$

also

$$\varLambda\,\varphi_\varrho = \varphi_\varrho^{(+)} - \varphi_\varrho^{(-)}, \quad \text{wenn} \quad \varphi_\varrho = \varphi_\varrho^{(+)} + \varphi_\varrho^{(-)}. \tag{20.24}$$

Es ist nun nicht schwer, $\varLambda$ auch im Koordinatenraum zu definieren. Der Operator p_k ist ja einfach $\dfrac{\hbar}{i}\dfrac{\partial}{\partial x_k}$, es kommt also nur darauf an, den Operator $\dfrac{1}{\sqrt{m^2 c^2 + \sum\limits_{k} p_k^2}}$ zu definieren. Nun ist für die Funktion

$$\psi_\varrho(x) = e^{\frac{i}{\hbar}\vec{p}\,\vec{x}}$$

dieser Operator bereits definiert. Also

$$\frac{1}{\sqrt{m^2 c^2 + \sum\limits_{k} p_k^2}} \int A_\varrho(p)\, e^{\frac{i}{\hbar}\vec{p}\,\vec{x}}\, d^3 p = \int \frac{A_\varrho(p)}{\sqrt{m^2 c^2 + \sum\limits_{k} p_k^2}}\, e^{\frac{i}{\hbar}\vec{p}\,\vec{x}}\, d^3 p,$$

also wegen

$$A_\varrho(p) = \frac{1}{(2\pi\hbar)^{\frac{3}{2}}} \int \psi_\varrho(x')\, e^{-\frac{i}{\hbar}\vec{p}\,\vec{x'}}\, d^3 x'$$

mit Einführung der Funktion

$$D(x) = \frac{1}{(2\pi\hbar)^{\frac{3}{2}}} \iiint \frac{e^{-\frac{i}{\hbar}\vec{p}\,\vec{x}}}{\sqrt{m^2 c^2 + \sum\limits_{k} p_k^2}}\, dp_1 dp_2 dp_3 = \frac{2\pi}{(2\pi\hbar)^{\frac{3}{2}}}\,\frac{\hbar}{i}\,\frac{1}{r} \int \frac{e^{-\frac{i}{\hbar}p r} - e^{+\frac{i}{\hbar}p r}}{\sqrt{m^2 c^2 + p^2}}\, p\, dp,$$

$$\frac{1}{\sqrt{m^2 c^2 + \sum\limits_{k} p_k^2}}\, \psi_\varrho(\vec{x}) = \int D(\vec{x} - \vec{x'})\, \psi_\varrho(\vec{x'})\, d^3 x'.$$

Auf die nähere Auswertung der Funktion $D(x)$, die für $r = 0$ singulär ist, brauchen wir hier nicht einzugehen. Es soll vielmehr nur betont werden, daß $\varLambda$ dann auch im Koordinatenraum die Eigenschaft hat

$$\varLambda\psi_\varrho^{(+)} = \psi_\varrho^{(+)}, \quad \varLambda\psi_\varrho^{(-)} = -\psi_\varrho^{(-)}, \tag{20.23'}$$

$$\psi_\varrho^{(+)} = \tfrac{1}{2}(1 + \varLambda)\,\psi_\varrho, \quad \psi_\varrho^{(-)} = \tfrac{1}{2}(1 - \varLambda)\,\psi_\varrho.$$

Wir merken noch an, daß

$$\frac{1}{\sqrt{m^2 c^2 + \sum\limits_k p_k^2}}\, \Lambda = \frac{\sum\limits_k \alpha^k p_k + \beta\, m\, c}{m^2 c^2 + \sum p_k^2} = c\, H^{-1},$$

da dieser Operator, mit $\dfrac{1}{c}\, H$ multipliziert, die Identität ergibt.

Nun können wir mit Hilfe dieses Λ auch jeden Operator D in einen geraden und einen ungeraden Bestandteil zerlegen. Dabei ist ein gerader Operator ein solcher, der jede positive (bzw. negative) Funktion wieder in eine positive (bzw. negative) verwandelt, ein ungerader ein solcher, der jede positive (bzw. negative) in eine negative (bzw. positive) Funktion verwandelt. Da alle positiven Funktionen auf allen negativen orthogonal sind, haben die ungeraden Operatoren die Erwartungswerte Null in allen Zuständen, die durch Wellenpakete mit nur positiven oder negativen Energien dargestellt werden. Nun ist

$$\Lambda D \Lambda \psi^{(+)} = \quad \Lambda D \psi^{(+)} = \quad (D\psi^{(+)})^{(+)} - (D\psi^{(+)})^{(-)},$$
$$\Lambda D \Lambda \psi^{(-)} = -\Lambda D \psi^{(-)} = -(D\psi^{(-)})^{(+)} + (D\psi^{(-)})^{(-)}.$$

Also ist

$$\tfrac{1}{2}(D + \Lambda D \Lambda) = \tfrac{1}{2}\Lambda(\Lambda D + D\Lambda) = g\,(D) \tag{20.25a}$$

der gerade,

$$\tfrac{1}{2}(D - \Lambda D \Lambda) = \tfrac{1}{2}(D\Lambda - \Lambda D)\,\Lambda = u\,(D) \tag{20.25b}$$

der ungerade Bestandteil von D, und durch die unitäre Transformation

$$D \rightarrow \Lambda D \Lambda$$

wird $D = g + u$ übergeführt in $g - u$.

Nun ist es leicht, die geraden Bestandteile von α^k und β zu ermitteln. Man findet

$$g\,(\alpha^k) = c\, H^{-1} p_k, \quad g\,(\beta) = m\, c^2\, H^{-1}. \tag{20.26}$$

Die geraden Bestandteile von α^k und β haben also wieder den klassischen Zusammenhang mit Impuls und Energie, der bei den ursprünglichen Operatoren α^k und β aufgehoben war. Ferner findet man mit Rücksicht auf

$$x_k \Lambda - \Lambda x_k = -\frac{\hbar}{i}\,\frac{\partial \Lambda}{\partial p_k}$$

für den ungeraden Bestandteil von x_k:

$$u\,(x_k) = \frac{\hbar}{2i}\, c\, H^{-1}(\alpha^k - p_k c\, H^{-1}) = \frac{\hbar}{2i}\, c\, H^{-1} u\,(\alpha^k) \tag{20.27}$$

in Übereinstimmung mit den von SCHRÖDINGER gefundenen Ausdrücken.

21. Die Wellengleichung für den Fall des Vorhandenseins von Kräften. In der klassischen relativistischen Punktmechanik erhält man die HAMILTON-Funktion eines geladenen Teilchens unter dem Einfluß eines äußeren elektromagnetischen Feldes, indem man die Energie E durch $E + e\Phi_0$, die räumlichen Impulse p_k durch $p_k + \dfrac{e}{c}\,\Phi_k$ ersetzt. Dabei ist die Ladung des Teilchens gleich $-e$ gesetzt, was für das Elektron bequem ist, und es ist Φ_0 das elektrische skalare, Φ_k das magnetische vektorielle Potential des äußeren Feldes. Faßt man $(\Phi_k, i\Phi_0)$ zum Vierervektor Φ_ν des Potentials, $\left(p_k, i\,\dfrac{E}{c}\right)$ zum Vierervektor p_ν von Impuls und Energie zusammen, so kann man auch invariant formulieren, daß p_ν durch $p_\nu + \dfrac{e}{c}\,\Phi_\nu$ zu ersetzen ist. DIRAC behält diesen Ansatz auch in der Quantentheorie bei, setzt also für die Wellengleichung eines geladenen Teilchens unter dem Einfluß äußerer Kräfte in Verallgemeinerung von (II)

$$\sum_{\mu=1}^{4} \gamma^\mu \left(\frac{\hbar}{i}\,\frac{\partial}{\partial x_\mu} + \frac{e}{c}\,\Phi_\mu\right)\psi - i\, m\, c\,\psi = 0 \tag{III}$$

oder

$$\sum_{\mu}\gamma^{\mu}\left(\frac{\partial}{\partial x_{\mu}}+\frac{ie}{\hbar c}\,\Phi_{\mu}\right)\psi+\frac{mc}{\hbar}\,\psi=0. \qquad (\text{III}')$$

Für die durch (19.2) definierten Funktionen $\psi^{\dagger}$ gilt dann

$$\sum_{\mu}\left(\frac{\partial}{\partial x_{\mu}}-\frac{ie}{\hbar c}\,\Phi_{\mu}\right)\psi^{\dagger}\gamma^{\mu}-\frac{mc}{\hbar}\,\psi^{\dagger}=0. \qquad (\text{III}^{\dagger})$$

Die Definition (19.4) bzw. (18.11) und (18.16) des Vierervektors kann daher unverändert beibehalten werden, da ja dann auch hier die Kontinuitätsgleichung

$$\sum_{\nu=1}^{4}\frac{\partial s_{\nu}}{\partial x_{\nu}}=0$$

eine Folge der Wellengleichung ist. Auch an den Überlegungen über die relativistische Invarianz ändert sich nichts.

Ein wichtiger Umstand ist der, daß nur die Feldstärken

$$F_{\mu\nu}=\frac{\partial\Phi_{\nu}}{\partial x_{\mu}}-\frac{\partial\Phi_{\mu}}{\partial x_{\nu}} \qquad (21.1)$$

eine direkte physikalische Bedeutung haben, in den Potentialen daher ein additiver Gradient einer willkürlichen Funktion $f(x_1 \ldots x_4)$ verfügbar bleibt. Ersetzt man Φ_{μ} durch

$$\Phi'_{\mu}=\Phi_{\mu}+\frac{\partial f}{\partial x_{\mu}}, \qquad (21.2\text{a})$$

so bleibt ja $F_{\mu\nu}$ ungeändert. Diese Substitution in (III) eingeführt, zeigt, daß beim Übergang von Φ_{μ} zu Φ'_{μ} die Wellenfunktionen ψ_{ϱ} sich gemäß

$$\psi'_{\varrho}=\psi_{\varrho}\,e^{-\frac{ie}{\hbar c}f} \qquad (21.2\text{b})$$

transformieren. Denn dann ist

$$\left(\frac{\partial}{\partial x_{\mu}}+\frac{ie}{\hbar c}\,\Phi'_{\mu}\right)\psi'-\left\{\left(\frac{\partial}{\partial x_{\mu}}+\frac{ie}{\hbar c}\,\Phi_{\mu}\right)\psi\right\}e^{-\frac{ie}{\hbar c}f}. \qquad (21.3)$$

Man nennt, im Hinblick auf eine ähnliche Situation in einer früheren von Weyl herrührenden Theorie von Gravitation und Elektrizität, die Transformationen (21.2a) und (21.2b) auch *Eichtransformationen*, die Invarianz der Wellengleichung ihnen gegenüber *Eichinvarianz*[1].

Von den γ^{ν} zu den α^{k} und β übergehend, kann man die Wellengleichung (III) auch schreiben

$$\frac{1}{c}\frac{\partial\psi}{\partial t}-\frac{ie}{\hbar c}\,\Phi_{0}\psi+\sum_{k=1}^{3}\alpha^{k}\left(\frac{\partial\psi}{\partial x_{k}}+\frac{ie}{\hbar c}\,\Phi_{k}\psi\right)+i\,\frac{mc}{\hbar}\,\beta\psi=0, \qquad (21.4)$$

so daß der durch

$$\frac{\hbar}{i}\frac{\partial\psi}{\partial t}+H\psi=0$$

definierte Hamilton-Operator durch

$$H=-e\Phi_{0}+c\left[\sum_{k=1}^{3}\alpha^{k}\left(p_{k}+\frac{e}{c}\,\Phi_{k}\right)+mc\beta\right] \qquad (21.5)$$

---

[1] F. London: Z. Physik **42**, 375 (1927). — H. Weyl: Z. Physik **56**, 330 (1929).

gegeben ist. Führt man ferner statt p_k und H die eichinvarianten Operatoren

$$\left.\begin{aligned}
\pi_k &= p_k + \frac{e}{c}\,\Phi_k = \frac{\hbar}{i}\,\frac{\partial}{\partial x_k} + \frac{e}{c}\,\Phi_k,\\[4pt]
\pi_0 &= \frac{H}{c} + \frac{e}{c}\,\Phi_0 = -\frac{\hbar}{i}\,\frac{1}{c}\,\frac{\partial}{\partial t} + \frac{e}{c}\,\Phi_0,\\[4pt]
\pi_4 &= i\,\pi_0 = \frac{\hbar}{i}\,\frac{\partial}{\partial x_4} + \frac{e}{c}\,\Phi_4
\end{aligned}\right\}\qquad (21.6)$$

ein, so gilt wieder

$$\sum_{\mu=1}^{4} \gamma^\mu \pi_\mu \psi - i\,m\,c\,\psi = 0, \qquad \text{(III'')}$$

aber die π_μ erfüllen die Vertauschungsrelationen

$$\pi_\mu \pi_\nu - \pi_\nu \pi_\mu = \frac{\hbar}{i}\,\frac{e}{c}\,F_{\mu\nu}, \qquad (21.7)$$

während die p_μ vertauschbar sind.

Die Forderungen der relativistischen Invarianz, der Eichinvarianz und der Korrespondenz bestimmen den Ansatz (III) allerdings noch nicht eindeutig. Es bliebe nämlich die Möglichkeit, diesen durch ein additives Zusatzglied

$$\frac{1}{c}\,M \sum_\mu \sum_\nu F_{\mu\nu}\,\gamma^\mu \gamma^\nu \psi$$

zu modifizieren, worin $F_{\mu\nu}$ wieder die Feldstärken des äußeren Feldes und M eine reelle Konstante von der Dimension Ladung mal Länge bedeutet. Es zeigt sich aber, daß man bereits ohne ein solches Zusatzglied in der Wellengleichung erster Ordnung auskommt und Übereinstimmung mit der Erfahrung erreicht. *Und zwar ergibt sich dann von selbst auch der Spin des Elektrons einschließlich der absoluten Größe $eh/2mc$ seines magnetischen Momentes.* Dies ist als ein wesentlicher Erfolg der Diracschen Wellengleichung anzusehen. Dies ist bereits zu sehen, wenn man mittels derselben Operation, die im kräftefreien Fall zur Gl. (18.5) geführt hat, von (III) zur Wellengleichung zweiter Ordnung übergeht. Durch Anwendung des Operators

$$\sum_{\mu=1}^{4} \gamma^\mu \left(\frac{\partial}{\partial x_\mu} + \frac{i\,e}{\hbar\,c}\,\Phi_\mu\right) - \frac{m\,c}{\hbar}$$

von links auf (III') folgt nämlich zunächst

$$\sum_\mu \sum_\nu \gamma^\mu \gamma^\nu \left[\left(\frac{\partial}{\partial x_\mu} + \frac{i\,e}{\hbar\,c}\,\Phi_\mu\right)\left(\frac{\partial}{\partial x_\nu} + \frac{i\,e}{\hbar\,c}\,\Phi_\nu\right) - \frac{m^2 c^2}{\hbar^2}\right]\psi = 0$$

Hier trennen wir die Terme mit $\mu = \nu$ und die Terme mit $\mu \neq \nu$. Die ersteren geben im Einklang mit früheren relativistischen Theorien wegen $(\gamma^\mu)^2 = 1$

$$\sum_\nu \left(\frac{\partial}{\partial x_\nu} + \frac{i\,e}{\hbar\,c}\,\Phi_\nu\right)^2 \psi,$$

die letzteren geben wegen $\gamma^\mu \gamma^\nu = -\gamma^\nu \gamma^\mu$ für $\mu \neq \nu$

$$\frac{1}{2} \sum_\mu \sum_\nu \gamma^\mu \gamma^\nu \left\{\left(\frac{\partial}{\partial x_\mu} + \frac{i\,e}{\hbar\,c}\,\Phi_\mu\right)\left(\frac{\partial}{\partial x_\nu} + \frac{i\,e}{\hbar\,c}\,\Phi_\nu\right) - \left(\frac{\partial}{\partial x_\nu} + \frac{i\,e}{\hbar\,c}\,\Phi_\nu\right)\left(\frac{\partial}{\partial x_\mu} + \frac{i\,e}{\hbar\,c}\,\Phi_\mu\right)\right\}\psi$$

$$= \frac{1}{2} \sum_\mu \sum_\nu \gamma^\mu \gamma^\nu \frac{i\,e}{\hbar\,c}\,F_{\mu\nu} \cdot \psi,$$

worin die Feldstärken wieder durch (21.1) gegeben sind. Das Endresultat ist also

$$\sum_{\nu}\left[\left(\frac{\partial}{\partial x_{\nu}}+\frac{ie}{\hbar c}\,\Phi_{\nu}\right)^{2}-\frac{m^{2}c^{2}}{\hbar^{2}}\right]\psi+\frac{1}{2}\sum_{\mu}\sum_{\nu}\gamma^{\mu}\gamma^{\nu}\frac{ie}{\hbar c}F_{\mu\nu}\psi=0 \qquad (21.8)$$

oder unter Einführung der Operatoren $p_{\nu}=\frac{\hbar}{i}\frac{\partial}{\partial x_{\nu}}$:

$$\sum_{\nu}\left[\left(p_{\nu}+\frac{e}{c}\,\Phi_{\nu}\right)^{2}+m^{2}c^{2}\right]\psi+\frac{1}{2}\sum_{\mu}\sum_{\nu}\gamma^{\mu}\gamma^{\nu}\frac{\hbar e}{ic}F_{\mu\nu}\psi=0. \qquad (21.8')$$

Daß in dem letzten charakteristischen Zusatzglied in der Tat die Spinwechsel-
wirkungsenergie mit dem äußeren Feld enthalten ist, wird sich aus den Betrach-
tungen der folgenden Ziffer ergeben, wo allgemein gezeigt wird, daß die unrelativistische Wellenmechanik des Spins, wie sie in Abschn. A, Ziff. 13, entwickelt
wurde, in der Diracschen relativistischen Theorie als Näherung enthalten ist.

Die korrespondenzmäßige Behandlung der Strahlungsvorgänge kann unmittelbar auf die Diracsche Theorie übertragen werden. Nur ist dann in Gl. (15.28)
für die Störungsenergie der Strahlung als Strom der Ausdruck

$$i_{k}=(-e)\,c\,(\psi^{*}\,\alpha^{k}\,\psi)$$

statt des unrelativistischen Ausdruckes (4.18) einzusetzen. Der Umstand, daß
in der Diracschen Theorie das Viererpotential im Strom gar nicht, im Hamilton-
Operator nur linear eingeht, wirkt hierbei für manche Überlegungen und Rechnungen gegenüber der unrelativistischen Theorie vereinfachend.

Die wichtigsten Anwendungen der Diracschen Theorie, die zu für diese
Theorie charakteristischen, empirisch prüfbaren Folgerungen führen, sind erstens
die exakten Eigenwerte eines Elektrons in einem Coulombschen Zentralfeld, die
sich als mit den früher von Sommerfeld in seiner Theorie der relativistischen
Feinstruktur ermittelten als identisch herausstellen[1], zweitens die Formel von
Klein und Nishina[2] für die Intensität der Streuung von Strahlung kurzer
Wellenlänge durch freie Elektronen.

Neben dem Erhaltungssatz der Ladung gibt es noch einen Energieimpulssatz. Freilich
besagt dieser nicht einfach die Erhaltung von Energie und Impuls des Materiefeldes allein;
dies trifft nur im kräftefreien Feld zu, während ja bei Anwesenheit eines elektromagnetischen
Feldes Impuls und Energie auf das System übertragen wird. Allgemein existiert jedoch
ein Energieimpulstensor $T_{\mu\nu}$, der die Relation

$$\sum_{\nu=1}^{4}\frac{\partial T_{\mu\nu}}{\partial x_{\nu}}=\sum_{\nu}F_{\mu\nu}s_{\nu}=(-e)\,i\sum_{\nu}F_{\mu\nu}(\psi^{\dagger}\gamma^{\nu}\psi) \qquad (21.9)$$

erfüllt. Durch eine elementare Rechnung bestätigt man in der Tat leicht diese Beziehung
als Folge der Wellengleichung, wenn

$$\begin{aligned}
-\frac{i}{c}\,T_{\mu\nu}&=\frac{1}{2}\left\{\psi^{\dagger}\gamma^{\nu}\left[\left(p_{\mu}+\frac{e}{c}\,\Phi_{\mu}\right)\psi\right]-\left[\left(p_{\mu}-\frac{e}{c}\,\Phi_{\mu}\right)\psi^{\dagger}\right]\gamma^{\nu}\psi\right\} \\
&=\frac{1}{2}\frac{\hbar}{i}\left(\psi^{\dagger}\gamma^{\nu}\frac{\partial\psi}{\partial x_{\mu}}-\frac{\partial\psi^{\dagger}}{\partial x_{\mu}}\gamma^{\nu}\psi\right)+\frac{e}{c}\,\Phi_{\mu}(\psi^{\dagger}\gamma^{\nu}\psi)
\end{aligned}\right\} \qquad (21.10)$$

---

[1] W. Gordon: Z. Physik **48**, 11 (1928). — C. G. Darwin: Proc. Roy. Soc. Lond., Ser. A
118, 654 (1928). Näheres s. bei H. A. Bethe und E. E. Salpeter, Bd. XXXV dieses Handbuches.

[2] O. Klein u. Y. Nishina: Z. Physik **52**, 853 (1929). — Y. Nishina: Z. Physik **52**, 869
(1929); vgl. auch J. Waller, Z. Physik **58**, 75 (1929). Näheres s. G. Källén, in diesem
Bande, Ziff. 25.

gesetzt wird[1]. Der zweite Term ist hier zugefügt, um den Komponenten $T_{\mu\nu}$ die richtigen Realitätseigenschaften zu geben. Hierbei wurde von den Vertauschungsrelationen der DIRAC-schen Matrizen noch kein Gebrauch gemacht. Man kann diese jedoch dazu benutzen, um den Energieimpulstensor zu symmetrisieren. Um dies zu zeigen, multipliziert man zunächst die Wellengleichung (III) von links mit $\psi^\dagger \gamma^\mu \gamma^\nu$, die Wellengleichung (III†) von rechts mit $\gamma^\mu \gamma^\nu \psi$ und addiert. Dabei ergibt sich

$$\sum_{\varrho=1}^{4} \left\{ \psi^\dagger \gamma^\mu \gamma^\nu \gamma^\varrho \left[\left(p_\varrho + \frac{e}{c} \Phi_\varrho \right) \psi \right] + \left[\left(p_\varrho - \frac{e}{c} \Phi_\varrho \right) \psi^\dagger \right] \gamma^\varrho \gamma^\mu \gamma^\nu \psi \right\} = 0.$$

Für uns ist nur der Fall $\mu \neq \nu$ von Interesse, was wir nun ausdrücklich voraussetzen. Dann trennen wir die Terme mit $\varrho = \mu$ und $\varrho = \nu$ einerseits, die Terme mit $\varrho \neq \mu$, $\varrho \neq \nu$ andererseits, wobei letztere durch einen Akzent am Summenzeichen charakterisiert sind. Mit Rücksicht auf die Vertauschungsrelationen (I″) der Matrizen γ^μ ergibt sich dann

$$\frac{2i}{c}(T_{\mu\nu} - T_{\nu\mu}) + \sideset{}{'}\sum_{\substack{\varrho \neq \mu \\ \varrho \neq \nu}} \left\{ \psi^\dagger \gamma^\mu \gamma^\nu \gamma^\varrho \left[\left(p_\varrho + \frac{e}{c} \Phi_\varrho \right) \psi \right] + \left[\left(p_\varrho - \frac{e}{c} \Phi_\varrho \right) \psi^\dagger \right] \gamma^\mu \gamma^\nu \gamma^\varrho \psi \right\} = 0$$

oder

$$\frac{2}{c}(T_{\mu\nu} - T_{\nu\mu}) = \hbar \sideset{}{'}\sum_{\substack{\varrho \neq \mu \\ \varrho \neq \nu}} \frac{\partial}{\partial x_\varrho}(\psi^\dagger \gamma^\mu \gamma^\nu \gamma^\varrho \psi). \tag{21.11}$$

Daraus folgt aber, daß wegen der Antisymmetrie von $\gamma^\nu \gamma^\varrho$ in ϱ und ν für $\varrho \neq \nu$ die Divergenz von $T_{\mu\nu} - T_{\nu\mu}$ verschwindet:

$$\sum_{\nu=1}^{4} \frac{\partial}{\partial x_\nu}(T_{\mu\nu} - T_{\nu\mu}) = 0. \tag{21.11'}$$

Bilden wir also den symmetrischen Tensor

$$\Theta_{\mu\nu} = \Theta_{\nu\mu} = \frac{1}{2}(T_{\mu\nu} + T_{\nu\mu}) = T_{\mu\nu} - \frac{\hbar c}{4} \sideset{}{'}\sum_{\substack{\varrho \neq \mu \\ \varrho \neq \nu \\ (\mu \neq \nu)}} \frac{\partial}{\partial x_\varrho}(\psi^\dagger \gamma^\mu \gamma^\nu \gamma^\varrho \psi) \tag{21.12}$$

(für $\mu = \nu$ ist der letzte Term zu streichen), so genügt er ebenfalls einer Beziehung der Form (21.9)

$$\sum_{\nu=1}^{4} \frac{\partial \Theta_{\mu\nu}}{\partial x_\nu} = \sum_\nu F_{\mu\nu} s_\nu = (-e) i \sum_\nu F_{\mu\nu}(\psi^\dagger \gamma^\nu \psi). \tag{21.13}$$

Als spezielle Anwendungen der Beziehungen (21.9) und (21.13) erwähnen wir den Impulssatz und den Drehimpulssatz. Durch Umformung mittels partieller Integration ergibt sich für $k = 1, 2, 3$ mit Rücksicht auf (19.2)

$$J_k = \frac{1}{ic} \int T_{k4} \, d^3x = \frac{1}{ic} \int \Theta_{k4} \, d^3x = \int (\psi^\dagger \gamma^4 \pi_k \psi) \, d^3x = \int (\psi^* \pi_k \psi) \, d^3x \tag{21.14}$$

und

$$\dot{J}_k = (-e) \int \sum_\nu F_{k\nu} s_\nu \, d^3x. \tag{21.15}$$

Dies ist nach (20.16) gleichbedeutend mit der aus (21.5) direkt ableitbaren Operatorrelation

$$\frac{d}{dt} \pi_k = \frac{e}{c} \frac{\partial \Phi_k}{\partial t} + \frac{i}{\hbar}(H \pi_k - \pi_k H) = (-e)\left(\mathscr{E}_k + \sum_{l=1}^{3} F_{kl} \alpha^l \right). \tag{21.15'}$$

Ferner folgt aus (21.13) der Drehimpulssatz: Mit

$$P_{ik} = -P_{ki} = \frac{1}{ic} \int (x_i \Theta_{k4} - x_k \Theta_{i4}) \, d^3x, \quad (i, k = 1, 2, 3) \tag{21.16}$$

---

[1] In der früheren relativistischen Quantentheorie (vgl. Fußnote 2, S. 139) wurde der Energieimpulstensor von E. SCHRÖDINGER [Ann. d. Phys. **82**, 265 (1927)] eingeführt. Die analog verlaufende Rechnung für die DIRACsche Theorie findet sich bei F. MÖGLICH, Z. Physik **48**, 852 (1928). Vollständiger ist die Behandlung der Frage bei H. TETRODE [Z. Physik **49**, 858 (1928)] wo die Möglichkeit der Symmetrisierung des Tensors gezeigt wird.

und

$$d_{ik} = (-e) \sum_{\nu} (x_i F_{k\nu} - x_k F_{i\nu}) s_{\nu} \tag{21.17}$$

bzw. als Operatorrelation

$$\boldsymbol{d}_{ik} = (-e) \left[x_i \mathscr{E}_k - x_k \mathscr{E}_i + \sum_{l=1}^{3} (x_i F_{kl} - x_k F_{il}) \alpha^l \right] \tag{21.17'}$$

gilt

$$\dot{P}_{ik} = \int d_{ik} d^3 x. \tag{21.18}$$

Bei der Herleitung der letzteren Relation aus (21.13) ist wesentlich von der Symmetrie des Tensors Θ_{ik} Gebrauch gemacht.

Durch Einsetzen von (21.10) und (21.12) in (21.16) kann der Ausdruck für die Drehimpulskomponenten noch umgeformt werden. Man erhält

$$P_{ik} = \int \psi^\dagger \gamma^4 (x_i \pi_k - x_k \pi_i) \psi \, d^3 x + \frac{\hbar}{2i} \int (\psi^\dagger \gamma^4 \gamma^i \gamma^k \psi) \, d^3 x$$

oder nach (19.2)

$$P_{ik} = \int \psi^* \left[(x_i \pi_k - x_k \pi_i) + \frac{\hbar}{2i} \alpha^i \alpha^k \right] \psi \, d^3 x. \tag{21.19}$$

Auch die Relation (21.18) kann dann als Operatorrelation

$$\boldsymbol{P}_{ik} = x_i \pi_k - x_k \pi_i + \frac{\hbar}{2i} \alpha^i \alpha^k; \qquad \frac{d}{dt} \boldsymbol{P}_{ik} = \boldsymbol{d}_{ik} \tag{21.20}$$

geschrieben werden, die auch direkt durch Vertauschung des linksstehenden Operators mit H ableitbar ist. Das Auftreten des Zusatztermes $\frac{\hbar}{2i} \alpha^i \alpha^k$ im Drehimpulsoperator ist eng verknüpft mit dem Verhalten der ψ_ϱ gegenüber infinitesimalen Drehungen, für das nach (19.16) eben der Operator $i\gamma^i\gamma^k = i\alpha^i\alpha^k$ maßgebend ist. Man kann im Hinblick auf die unrelativistische Theorie den ersten Teil $x_i \pi_k - x_k \pi_i$ des Drehimpulsoperators als „Bahnmoment", den zweiten Teil $\frac{\hbar}{2i} \alpha^i \alpha^k$ als „Spinmoment" interpretieren, muß aber stets beachten, daß in der relativistischen Theorie dieser Zweiteilung des Drehimpulses kein direkt beobachtbarer physikalischer Sachverhalt entspricht. In einem zentralsymmetrischen elektrischen Feld verschwindet offenbar das Drehmoment d_{ik} und der Drehimpuls bleibt zeitlich konstant.

b) Näherungen und Grenzen der DIRACschen Theorie

22. Die unrelativistische Wellenmechanik des Spins als erste Näherung. Um den Übergang zur unrelativistischen Theorie des Spins in erster Näherung für langsam bewegte Teilchen zu vollziehen, ist es zweckmäßig, die Matrizen α^k und β gemäß (18.19) zu spezialisieren, wobei β auf Diagonalform gebracht ist. Es zeigt sich nämlich, daß dann zwei der Komponenten klein werden gegen die beiden anderen, sobald die Teilchengeschwindigkeiten klein gegen die Lichtgeschwindigkeit sind. Um dies zu zeigen, führen wir zwei zweikomponentige Größen (φ_1, φ_2) und (χ_1, χ_2) statt der einen vierkomponentigen Größe $(\psi_1, \psi_2, \psi_3, \psi_4)$ ein, wobei übrigens, wie in der unrelativistischen Wellenmechanik üblich [vgl. nach (3.36), S. 21 und (4.27'')] der Faktor $e^{-\frac{i}{\hbar} m c^2 t}$ abgespalten wird, so daß gilt

$$\left. \begin{aligned} \psi_1 &= \varphi_1 e^{-\frac{i}{\hbar} m c^2 t}, & \psi_2 &= \varphi_2 e^{-\frac{i}{\hbar} m c^2 t}, \\ \psi_3 &= \chi_1 e^{-\frac{i}{\hbar} m c^2 t}, & \psi_4 &= \chi_2 e^{-\frac{i}{\hbar} m c^2 t}. \end{aligned} \right\} \tag{22.1}$$

Dann wird aus (21.4):

$$\frac{\hbar}{i} \frac{\partial \varphi}{\partial t} - e \Phi_0 \varphi + \sum_{k=1}^{3} c \sigma_k \left(\frac{\hbar}{i} \frac{\partial \chi}{\partial x_k} + \frac{e}{c} \Phi_k \chi \right) = 0, \tag{22.2a}$$

$$-2m c^2 \chi + \frac{\hbar}{i} \frac{\partial \chi}{\partial t} - e \Phi_0 \chi + \sum_{k=1}^{3} c \sigma_k \left(\frac{\hbar}{i} \frac{\partial \varphi}{\partial x_k} + \frac{e}{c} \Phi_k \varphi \right) = 0, \tag{22.2b}$$

worin die σ_k wieder die durch (18.17) definierten zweireihigen Matrizen sind. Hierbei ist es wesentlich, daß der aus der zeitlichen Differentiation des Exponentialfaktors entstehende Term zusammen mit dem mit β multiplizierten Massenterm sich bei den Größen φ aufhebt, bei den Größen χ aber addiert. *Dies bedingt die Möglichkeit, nach Potenzen der reziproken Lichtgeschwindigkeit $1/c$ zu entwickeln.* Wenn die Größen φ dann als von nullter Ordnung betrachtet werden, so werden die Größen χ von erster Ordnung. Führen wir wie in (21.6) die Operatoren

$$\pi_k = \frac{\hbar}{i}\,\frac{\partial}{\partial x_k} + \frac{e}{c}\,\Phi_k$$

ein, so erhalten wir, zunächst bis zu Größen erster Ordnung

$$\chi = \frac{1}{2mc}\sum_k \sigma_k \pi_k \varphi\,, \tag{22.3a}$$

sodann eine Näherung weiter

$$\chi = \frac{1}{2mc}\sum_k \sigma_k \pi_k \varphi + \frac{1}{4m^2 c^3}\left(\frac{\hbar}{i}\,\frac{\partial}{\partial t} - e\Phi_0\right)\sum_k \sigma_k \pi_k \varphi\,. \tag{22.3b}$$

Dies in (22.2a) eingesetzt, gibt mit Beibehaltung aller Größen bis zur Ordnung $1/c^2$ einschließlich:

$$\frac{\hbar}{i}\,\frac{\partial\varphi}{\partial t} - e\Phi_0\,\varphi + \frac{1}{2m}\sum_k \sum_l \sigma_k \sigma_l \pi_k \pi_l \varphi$$

$$+ \frac{1}{4m^2 c^2}\sum_k \sum_l \sigma_k \pi_k\left(\frac{\hbar}{i}\,\frac{\partial}{\partial t} - e\Phi_0\right)\sigma_l \pi_l \varphi = 0\,.$$

Durch Trennung der Terme mit $k=l$ und $k \neq l$ und Berücksichtigung der Relationen (21.7) und (18.18) folgt weiter

$$\left.\begin{aligned}
&\left(1 + \frac{1}{4m^2 c^2}\sum_k \pi_k^2\right)\left(\frac{\hbar}{i}\,\frac{\partial\varphi}{\partial t} - e\Phi_0\,\varphi\right) + \left\{\frac{1}{2m}\sum_k \pi_k^2 + \frac{e\hbar}{2mc}\sum_k (\mathscr{H}_i \sigma_i) + \right.\\
&\left. + \frac{e\hbar}{2mc}\,\frac{1}{2}\,\frac{1}{mc}\left(\sum_i [\vec{\mathscr{E}}\times\vec{\pi}]_i \sigma_i\right) - i\,\frac{e\hbar}{2mc}\,\frac{1}{2}\,\frac{1}{mc}\sum_i \mathscr{E}_i \pi_i\right\}\varphi = 0\,.
\end{aligned}\right\} \tag{22.4}$$

Der Faktor, mit dem $\dfrac{\hbar}{i}\,\dfrac{\partial\varphi}{\partial t}$ multipliziert erscheint, entspricht der Korrektion wegen der Massenveränderlichkeit, sodann findet man den unrelativistischen Spinterm im äußeren Magnetfeld mit dem richtigen Wert $-\dfrac{e\hbar}{2mc}$ des magnetischen Spinmomentes, den der THOMAS-Korrektion entsprechenden Term im äußeren elektrischen Feld mit dem richtigen Faktor $\frac{1}{2}$ und endlich einen eigentümlichen Zusatzterm, der zuerst von DARWIN[1] angegeben wurde. Man kann übrigens diese Wellengleichung auch direkt durch Eintragen von (22.3a) in die strenge Wellengleichung (21.8) der zweiten Ordnung erhalten.

In diesem Resultat ist der Nachweis enthalten, daß für

$$\left(\frac{\hbar}{i}\,\frac{\partial}{\partial t} - e\Phi_0\right)\varphi \ll 2mc^2\varphi \tag{22.5}$$

als erste Näherung die Wellengleichung der unrelativistischen Quantenmechanik des Spins aus der DIRACschen Wellengleichung folgt. Dies genügt z.B., wenn es sich um einen Vergleich der Eigenwerte der Energie in beiden Theorien handelt.

---

[1] C. G. DARWIN: Proc. Roy. Soc. Lond., Ser. A **118**, 654 (1928).

Es ist jedoch wesentlich, daß auch die Folgerungen über die Größe der Übergangswahrscheinlichkeiten bei Lichtemission in beiden Theorien in dieser Näherung übereinstimmen. Diese Frage wird gemäß der korrespondenzmäßigen Behandlungsweise der Strahlungsvorgänge zurückgeführt auf den Vergleich der Ausdrücke für den Stromvektor in beiden Theorien.

Um diesen Vergleich durchzuführen, ist es zweckmäßig, den Stromvektor

$$s_\mu = i\psi^\dagger \gamma^\mu \psi$$

zuerst in einer von Gordon[1] herrührenden Weise umzuformen. Man ersetze hierin gemäß den Wellengleichungen (III), (III†) einmal

$$\psi \quad \text{durch} \quad -\frac{i}{mc}\sum_\nu \gamma^\nu \left(p_\nu + \frac{e}{c}\,\Phi_\nu\right)\psi,$$

das andere Mal

$$\psi^\dagger \quad \text{durch} \quad +\frac{i}{mc}\sum_\nu \left[\left(p_\nu - \frac{e}{c}\,\Phi_\nu\right)\psi^\dagger\right]\gamma^\nu$$

und addiere. Durch Trennung der Terme mit $\mu = \nu$ und $\mu \neq \nu$ erhält man

$$s_\mu = s_\mu^{(0)} + s_\mu^{(1)}, \tag{22.6}$$

$$s_\mu^{(0)} = -\frac{1}{2m_0 c}\left\{\left[\left(p_\mu - \frac{e}{c}\,\Phi_\mu\right)\psi^\dagger\right]\psi - \psi^\dagger\left(p_\mu + \frac{e}{c}\,\Phi_\mu\right)\psi\right\}, \tag{22.7}$$

$$s_\mu^{(1)} = \frac{\hbar}{2mc}\sum_\nu \frac{\partial M_{\mu\nu}}{\partial x_\nu} \tag{22.8}$$

mit

$$M_{\mu\nu} = -M_{\nu\mu} = -i\psi^\dagger \gamma^\mu \gamma^\nu \psi. \tag{22.9}$$

Hierin kann $M_{\mu\nu}$ als Flächentensor der Polarisation und Magnetisierung angesehen werden. Es ist bemerkenswert, daß

$$\sum_{\mu=1}^{4} \frac{\partial s_\mu^{(1)}}{\partial x_\mu} = 0,$$

so daß $s_k^{(0)}$ und $s_k^{(1)}$ für sich die Kontinuitätsgleichung befriedigen. Durch Übergang zu den ψ^* erhält man für die räumlichen Komponenten der Stromdichte

$$i_k^{(0)} = c\,s_k^{(0)} = \frac{1}{2m_0}\left\{\psi^*\left(p_k + \frac{e}{c}\,\Phi_k\right)\beta\psi - \left[\left(p_k - \frac{e}{c}\,\Phi_k\right)\psi^*\right]\beta\psi\right\}, \tag{22.7'}$$

$$i_k^{(1)} = c\,s_k^{(1)} = \frac{\hbar}{2m}\sum_{\nu=1}^{4}\frac{\partial M_{k\nu}}{\partial x_\nu} \tag{22.8'}$$

und

$$\left.\begin{aligned} M_{kl} &= -M_{lk} = \frac{1}{i}(\psi^*\beta\alpha^k\alpha^l\psi) \quad \text{für} \quad k\neq l \quad \text{und} \quad k,l = 1,2,3\\ M_{k4} &= (\psi^*\beta\alpha^k\psi). \end{aligned}\right\} \tag{22.9'}$$

Gehen wir wieder zur gespaltenen Schreibweise gemäß (22.1) und der Spezialisierung der Matrizen α^k und β gemäß (18.19) über, so sieht man, daß M_{k4} von der Ordnung $1/c^2$ und M_{kl}, abgesehen von Termen der Ordnung $1/c^2$, gleich wird

$$M_{12} = -M_{21} = (\varphi^*\sigma_3\varphi),\ldots \tag{22.10}$$

---

[1] W. Gordon: Z. Physik 50, 630 (1927).

Abgesehen von Termen dieser Ordnung stimmt $i_k^{(0)}$ *mit dem Stromausdruck der unrelativistischen Theorie in der Tat überein.* Der Zusatzterm

$$\vec{i} = \operatorname{rot}(\varphi^* \vec{\sigma} \varphi) \tag{22.11}$$

gibt nach Abschn. A, (15.20) und (15.23) zwar nicht zu einer Dipolstrahlung Anlaß, da nach Ausführung der Volumintegration alle seine Matrixelemente verschwinden, wohl aber müßte er bei der Quadrupol- und höheren Multipolstrahlung berücksichtigt werden.

Es ist von Interesse, den Ausdruck (21.16), (21.19) für das Impulsmoment P_{ik} mit dem Ausdruck

$$\left. \begin{aligned} \overline{M}_{ik} &= \frac{(-e)}{2c} \int (x_i\, i_k - x_k\, i_i)\, d^3 x \\ &= \int \psi^* \left[\frac{(-e)}{2mc}(x_i\, \pi_k - x_k\, \pi_i)\,\beta + \frac{(-e)\,\hbar}{2mc}\frac{1}{i}(\alpha^i \alpha^k \beta) \right] \psi\, d^3 x \end{aligned} \right\} \tag{22.12}$$

für das magnetische Moment zu vergleichen. Wegen des Auftretens der Matrix β in dem letzteren sind die beiden Teile von $\overline{M}_{ik}$ und P_{ik} im allgemeinen nicht zueinander proportional. Dies ist nur für kleine Geschwindigkeiten des Teilchens der Fall, wo Größen der Ordnung v^2/c^2 vernachlässigt werden können. In diesem Fall ist der Quotient aus magnetischem und mechanischem Moment für den ersten Teil gleich $-e/2mc$, für den zweiten Teil $-e/mc$, wie es die Erfahrung verlangt[1].

Für die korrespondenzmäßige Behandlung der Streuung der Strahlung hat WALLER[2] den Vergleich der Folgerungen aus der DIRACschen Wellengleichung mit denen aus der Wellengleichung der unrelativistischen Theorie im einzelnen durchgeführt. Bei der ersteren lautet der Störungsoperator der HAMILTON-Funktion einfach $\sum_{k=1}^{3} e(\alpha^k \Phi_k)$, wenn für Φ_k das Vektorpotential des äußeren Strahlungsfeldes eingesetzt wird; dagegen sind im Gegensatz zur unrelativistischen Theorie keine zu Φ_k^2 proportionalen Terme in der Störungsfunktion vorhanden. Da in der letzteren Theorie, wie in Abschn. A, Ziff. 15, erwähnt, für ein $h\nu$ der einfallenden Strahlung, das groß gegen die Ionisierungsarbeit des Systems und klein gegen mc^2 ist, gerade diese in Φ_k^2 quadratischen Terme der Störungsfunktion den Hauptbeitrag zur Streustrahlung ergeben, konnte man im ersten Augenblick bezweifeln, ob die Resultate aus der DIRACschen Wellengleichung mit denen der unrelativistischen Theorie hier auch nur annähernd übereinstimmen. Indessen hat es sich gezeigt, daß diejenigen Matrixelemente von $\sum_k \alpha^k \Phi_k$, die Übergängen von Zuständen positiver zu Zuständen negativer Energie entsprechen, schließlich gerade diejenigen Terme der Intensität der Streustrahlung ergeben, die in der unrelativistischen Theorie aus dem zu $\sum_k \Phi_k^2$ proportionalen Teil der HAMILTON-Funktion entspringen. Dies ist besonders von Wichtigkeit, da hieraus zu folgern ist, daß die Matrixelemente der Störungsfunktion, die zu den erwähnten Übergängen gehören, nicht einfach gestrichen werden können. Insbesondere erweisen sich diese Matrixelemente als wesentlich für die Übereinstimmung der Ergebnisse über die Intensität der Streuung von Strahlung durch freie Elektronen im Fall $h\nu \ll mc^2$, wie sie einerseits aus der DIRACschen Wellengleichung, andererseits aus der klassischen Theorie (THOMSONsche Formel) folgen.

---

[1] Vgl. hierzu auch C. G. DARWIN, Proc. Roy. Soc. Lond. **120**, 621 (1928); über die Größe des magnetischen Momentes in wasserstoffähnlichen Atomen G. BREIT, Nature, Lond. **122**, 649 (1928).

[2] I. WALLER: Z. Physik **58**, 75 (1929).

11*

23. Grenzübergang zur klassischen, relativistischen Partikelmechanik. Eine relativistische Quantentheorie muß in *zwei* Grenzfällen an bekannte Theorien anschließen, nämlich einerseits an die unrelativistische Wellenmechanik, andererseits an die klassische relativistische Partikelmechanik. Man kann diese beiden Grenzfälle grob charakterisieren als lim $c \to \infty$ einerseits, lim $h \to 0$ andererseits. Der erste Fall wurde bereits in voriger Ziffer besprochen, während der zweite nun betrachtet werden soll. Er ist z.B. wichtig für die Diskussion der Ablenkungsversuche von Elektronen mit Geschwindigkeiten, die mit der Lichtgeschwindigkeit vergleichbar sind, in äußeren elektrischen und magnetischen Feldern; bekanntlich haben solche Versuche zur Ermittelung der Abhängigkeit der Teilchenmasse von der Geschwindigkeit gedient.

Die klassisch-relativistische Partikelmechanik eines Teilchens der Ladung $(-e)$ und der Ruhmasse m beruht auf den aus der Hamilton-Funktion

$$H(p_k, x_k) = c \sqrt{m^2 c^2 + \sum_{k=1}^{3} \left(p_k + \frac{e}{c} \Phi_k\right)^2} - e \Phi_0 \tag{23.1}$$

entspringenden kanonischen Bewegungsgleichungen

$$\dot{x}_k = \frac{\partial H}{\partial p_k}, \qquad \dot{p}_k = - \frac{\partial H}{\partial x_k}. \tag{23.2}$$

Unter Einführung der Größen

$$\pi_k = p_k + \frac{e}{c} \Phi_k$$

kann man dies auch schreiben

$$\dot{x}_k = \frac{c\, \pi_k}{\sqrt{m^2 c^2 + \sum_{k=1}^{3} \pi_k^2}}, \qquad \dot{\pi}_k = (-e)\left(\mathscr{E}_k + \frac{1}{2}\,[\vec{\dot{x}} \times \vec{\mathscr{H}}]_k\right), \tag{23.3}$$

wenn $\vec{\mathscr{E}}$ und $\vec{\mathscr{H}}$ wieder die aus den Potentialen Φ_0, Φ_k abgeleiteten Feldstärken sind.

Um zu untersuchen, inwieweit diese Aussagen als Grenzfall aus der Wellengleichung gefolgert werden können, muß man einen Grenzübergang von Wellengleichung zu geometrischer Optik vollziehen, der analog ist zu demjenigen, der in Abschn. A, Ziff. 12, für die unrelativistische Wellenmechanik besprochen wurde. Analog zur Relation (12.1) mache man hier den Ansatz

$$\psi_\varrho = a_\varrho\, e^{\frac{i}{\hbar} S} \tag{23.4}$$

und entwickle a_ϱ nach Potenzen von $\hbar/i$:

$$a_\varrho = a_{0\varrho} + \frac{\hbar}{i}\, a_{1\varrho} + \cdots \tag{23.5}$$

Es ist hierbei wesentlich und notwendig, daß die Wellenfunktion (das Eikonal) S vom Index ϱ nicht abhängt, da sonst beim Eingehen in die Wellengleichung der Exponentialfaktor sich nicht fortheben und daher eine sinnvolle Entwicklung nach Potenzen von $\hbar$ unmöglich würde. Nunmehr erhält man aus der Wellengleichung (21.4) durch Einsetzen von (23.4) mit

$$\pi_0 = - \frac{1}{c}\,\frac{\partial S}{\partial t} + \frac{e}{c}\, \Phi_0, \qquad \pi_k = \frac{\partial S}{\partial x_k} + \frac{e}{c}\, \Phi_k, \tag{23.6}$$

$$\left(-\pi_0 + \sum_{k=1}^{3} \alpha^k \pi_k + \beta\, m\, c\right) a + \frac{\hbar}{i}\left(\frac{1}{c}\,\frac{\partial a}{\partial t} + \sum_{k=1}^{3} \alpha^k \frac{\partial a}{\partial x_k}\right) = 0. \tag{23.7}$$

Hierbei sind die Indices wieder fortgelassen, so daß a (im Gegensatz zu S, π_0, π_k) als einspaltige Matrix aufzufassen ist, wie früher ψ. Durch Einsetzen der Entwicklung (23.5) für a erhält man ferner sukzessive die Gleichungen

$$\left(-\pi_0 + \sum_k \pi_k \alpha^k + m c \beta\right) a_0 = 0, \tag{23.8}$$

$$\left(-\pi_0 + \sum_k \pi_k \alpha^k + m c \beta\right) a_1 = -\left(\frac{1}{c}\frac{\partial a_0}{\partial t} + \sum_{k=1}^{3} \alpha^k \frac{\partial a_0}{\partial x_k}\right), \tag{23.9}$$

$$\cdot \quad \cdot \quad \cdot \quad \cdot \quad \cdot \quad \cdot \quad \cdot \quad \cdot \quad \cdot \quad \cdot \quad \cdot \quad \cdot$$

Damit zunächst das homogene Gleichungssystem (23.8) Lösungen besitzt, müssen die π_0, π_k die Bedingung

$$-\pi_0^2 + \sum_{k=1}^{3} \pi_k^2 + m^2 c^2 = 0 \tag{23.10}$$

erfüllen, die vermöge (23.6) mit der HAMILTON-JACOBIschen partiellen Differentialgleichung der Partikelmechanik identisch ist. Die Diskussion der Gln. (23.9) ergibt sodann[1], daß in den Gebieten, die nach der klassischen Mechanik von der Partikel erreichbar sind, d.h. wo π_0, π_k reell sind, für

$$\varrho = (a_0^* \, a_0)$$

die Kontinuitätsgleichung gilt

$$\frac{\partial \varrho}{\partial t} + \sum_{k=1}^{3} \frac{\partial}{\partial x_k}\left(\varrho \, \frac{c \, \pi_k}{\pi_0}\right) = 0.$$

Wegen

$$\frac{\partial H}{\partial p_k} = \frac{c \, \pi_k}{\pi_0}$$

und zufolge (23.10) bedeutet dies, daß sich die Partikel längs den durch (23.2) definierten klassisch-mechanischen Bahnen fortbewegen. Dieser Schluß ist ganz analog demjenigen der unrelativistischen Wellenmechanik, und auch hier gilt als Bedingung für die Kleinheit der a_1 gegen die a_0, daß der Gradient der Wellenlänge der Materiewellen numerisch klein sein muß.

Ein für die relativistische Wellenmechanik charakteristischer Umstand ist aber der, daß die resultierenden Bahnen diejenigen eines Teilchens ohne Spin sind. Von Spin herrührende Wirkungen auf den raumzeitlichen Verlauf von Dichte und Strom des Teilchens kommen erst in den Amplituden a_1 zur Geltung, die auch Beugungseffekte mitenthalten; in dieser nächsten Näherung versagt der Bahnbegriff überhaupt bereits. Es rührt dies daher, daß das magnetische Spinmoment dem Wirkungsquantum proportional ist und die vom Spin herrührenden Effekte in der DIRACschen Theorie automatisch ohne Einführung eines neuen Zusatzgliedes mitbeschrieben werden.

Dies bestätigt die These BOHRS[2]: *Das Spinmoment des Elektrons kann niemals, vom Bahnmoment eindeutig getrennt, durch solche Versuche bestimmt werden, auf die der klassische Begriff der Partikelbahn anwendbar ist.* In der Tat zeigt die Diskussion eines jeden Versuches, das Spinmoment des freien Elektrons durch Ablenkung in geeigneten äußeren Kraftfeldern zu bestimmen (z.B. durch eine zum STERN-GERLACHschen Molekularstrahlversuch analoge Anordnung) folgenden typischen Sachverhalt: Damit die Ablenkung nicht durch Beugungseffekte verwischt wird, müssen die Bündel hinreichend große Dimensionen erhalten. Dann

---

[1] Für die Durchführung vgl. W. PAULI, Helv. phys. Acta **5**, 179 (1932).

[2] N. BOHR: Atomtheorie und Naturbeschreibung. Berlin 1931. Einleitende Übersicht, S. 9; ferner dessen Faraday Lecture. J. Chem. Soc. **1932**, 349, insbes. S. 367 u. 368.

macht aber andrerseits stets die Wirkung der von der Variation der Feldstärke innerhalb des Bündels herrührenden Lorentz-Kraft die Beobachtung der Ablenkung, die allein von der auf den Spin wirkenden Kraft wird, unmöglich[1].

Dagegen sind andere Experimente zum Nachweis des Spins des freien Elektrons möglich, die keine Beziehung zur klassischen Mechanik und zum Bahnbegriff haben. Vor allem ist in dieser Hinsicht die Möglichkeit eines Nachweises von *Polarisation der Elektronenwellen* von Interesse. In Analogie zu dem bekannten Versuch in der klassischen Wellenoptik wird bei zweimaliger Streuung eines Elektronenstrahls an je einem Atom (oder Reflexion an je einem Spiegel) die Intensität des Tertiärstrahles nicht nur abhängen von den Werten der Streuwinkel (Reflexionswinkel), sondern auch vom Winkel Φ, den die Ebene durch Primär- und Sekundärstrahl mit der Ebene durch Sekundär- und Tertiärstrahl bildet. Und zwar ist, im Gegensatz zur klassischen Optik, wo die Intensität J des Tertiärstrahles nur von $\cos^2 \Phi$ abhängt, im Fall der Elektronen diese Intensität bei festen Streuwinkeln linear in $\cos \Phi$, also von der Form

$$J = J_0 (1 + \delta \cos \Phi).$$

Für den Fall der Streuung eines Elektrons an einem nackten Kern ist dieser Effekt von Mott[2] berechnet worden.

Eine andere Art von möglichen Polarisationseffekten kann durch Verwendung bereits gerichteter Atome erhalten werden[3]. Wir gehen hierauf nicht näher ein, da bisher kein zweifelsfreies Experiment vorliegt, das einen eindeutigen Vergleich mit der Theorie gestattet.

24. Übergänge zu Zuständen negativer Energie, Begrenzung der Diracschen Theorie. Wir haben bereits im kräftefreien Fall gesehen, daß die Wellengleichungen neben Eigenlösungen mit positiver Energie auch solche Eigenlösungen besitzen, die zu negativer Energie gehören. Im Falle des Vorhandenseins von Kraftfeldern kann dieser Umstand, wie zuerst von Klein[4] gezeigt wurde, zu eigentümlichen Paradoxien führen.

Betrachten wir zunächst die klassische Theorie bei Vorhandensein von äußeren Kräften, so sehen wir, daß die partielle Differentialgleichung (23.10) von Hamilton-Jacobi auch hier die beiden Lösungen

$$\pi_0 = + \sqrt{m^2 c^2 + \sum_k \pi_k^2}$$

und

$$\pi_0 = - \sqrt{m^2 c^2 + \sum_k \pi_k^2}$$

zuläßt. Der letzte Fall entspricht einer negativen kinetischen Energie des Teilchens und der Hamilton-Funktion

$$H = - c \sqrt{m^2 c^2 + \sum_k \left(p_k + \frac{e}{c}\, \Phi_k\right)^2} - e \Phi_0. \tag{24.1}$$

---

[1] Für eine nähere Diskussion vgl. N. F. Mott, Proc. Roy. Soc. Lond., Ser. A **124**, 425 (1929); C. G. Darwin, Proc. Roy. Soc. Lond. **130**, 632 (1930); ferner den Bericht über den Solvay-Kongreß 1930, Referat W. Pauli, über das magnetische Elektron.
[2] N. F. Mott: Proc. Roy. Soc. Lond., Ser. A **124**, 425 (1929).
[3] Vgl. A. Landé, Naturwiss. **17**, 634 (1929); E. Fues u. H. Hellmann, Phys. Z. **31**, 465 (1930); N. F. Mott, Proc. Roy. Soc. Lond., Ser. A **125**, 222 (1929); ferner den in Fußnote 2 zitierten Solvay-Bericht.
[4] O. Klein: Z. Physik **53**, 157 (1929).

Die Bewegungsgleichung erhält man aus (23.3) ebenfalls durch Änderung des Vorzeichens der Quadratwurzel, so daß bei unverändertem $\dot{\pi}_k$ hier gilt

$$\dot{x}_k = - \frac{c\,\pi_k}{\sqrt{m^2 c^2 + \sum_k \pi_k^2}}. \tag{24.2}$$

In diesem Fall ist also die Beschleunigung der Kraft entgegengesetzt gerichtet. Die Gebiete, die einem bestimmten Wert der Gesamtenergie (kinetische plus potentielle) nach (23.1) (positive kinetische Energie) entsprechen, und die Gebiete, die *demselben* Wert der Gesamtenergie nach (24.1) (negative kinetische Energie) entsprechen, sind räumlich stets durch endliche Zwischengebiete vollständig getrennt.

Gehen wir nun zur Wellenmechanik über und betrachten den speziellen Fall eines eindimensionalen elektrischen Feldes ($\Phi_k = 0$, Φ_0 nur von x abhängig) und eine nur von x abhängige Wellenfunktion (Bewegung in der x-Richtung); es möge ferner Φ_0 mit wachsendem x stetig abnehmen. Bei gegebener Gesamtenergie E hat man dann drei Gebiete zu unterscheiden:

1. $x < a$, $\qquad mc^2 < E + e\,\Phi_0(x)$,
2. $a < x < b$, $\quad -mc^2 < E + e\,\Phi_0(x) < mc^2$,
3. $b < x$, $\qquad E + e\,\Phi_0 < -mc^2$.

Der Punkt $x = a$ entspricht dem Umkehrpunkt der im Gebiet 1 verlaufenden klassischen Bahn eines Teilchens mit positiver kinetischer Energie, der weiter rechts liegende Punkt $x = b$ dem Umkehrpunkt der im Gebiet 3 verlaufenden Bahn eines Teilchens mit negativer kinetischer Energie und demselben Wert E der Gesamtenergie. Das Gebiet 2 ist klassisch unerreichbar, es wird der Impuls

$$p(x) = \sqrt{\frac{[E + e\,\Phi_0(x)]^2}{c^2} - m^2 c^2} \tag{24.3}$$

dort imaginär.

In der Wellenmechanik ist dieses Zwischengebiet jedoch nicht völlig undurchdringlich. Der Durchlässigkeitskoeffizient D ist unter sehr allgemeinen Bedingungen gegeben durch

$$D = e^{-2W}, \tag{24.4}$$

wenn

$$W = \frac{1}{\hbar} \int_a^b |p(x)|\, dx = \frac{1}{\hbar} \int_a^b \sqrt{m^2 c^2 - \left[\frac{E + e\,\Phi_0(x)}{c}\right]^2}\, dx \tag{24.5}$$

das durch $\hbar$ dividierte, über das Zwischengebiet erstreckte Wirkungsintegral bedeutet[1]. Dabei ist erstens vorausgesetzt, daß W eine sehr kleine Zahl ist, was praktisch stets erfüllt ist, und zweitens, daß das Potential Φ_0 stetig ist. Die ursprüngliche Rechnung von KLEIN bezieht sich auf den singulären Fall, wo $\Phi_0(x)$ an einer Stelle unstetig springt, so daß das Gebiet 2 auf einen einzigen Punkt der x-Achse zusammengedrängt ist. In diesem Fall, der der direkten Integration der Wellengleichung leicht zugänglich ist, versagt die Relation (24.4).

Die ursprüngliche Interpretation der DIRACschen Wellengleichung im Rahmen eines Einkörperproblems führt also zur Konsequenz, daß Teilchen mit positiver Ruhmasse mit endlicher Wahrscheinlichkeit durch das Zwischengebiet hindurchtreten und sich in Teilchen mit negativer Ruhmasse (unter Wahrung des Wertes

62

---

[1] Vgl. W. PAULI, Fußnote 1, S. 165; für spezielle Potentialverläufe F. SAUTER, Z. Physik **69**, 742 (1931); **73**, 547 (1931). Für ein homogenes Feld der Stärke F wird $W = \frac{\pi}{2} \frac{m^2 c^3}{\hbar e F}$.

der Summe aus kinetischer und potentieller Energie) verwandeln können. Offenbar widerspricht diese Konsequenz der Einelektrontheorie der Erfahrung.

Dirac[1] hat diese Schwierigkeit erfolgreich beseitigt durch seine neue als „Löchertheorie" bezeichnete Interpretation seiner Gleichungen. Er denkt sich den leeren Raum so beschrieben, daß alle Elektronenzustände negativer Energie durch je ein Elektron besetzt sind. Infolge des Ausschließungsprinzips ist dieser Zustand ein stabiler. Ferner führt er die Zusatzannahme ein, daß die unendliche Ladung dieser Elektronen kein Feld erzeugt, sondern daß nur dasjenige elektrostatische Feld existiert, das von Abweichungen der Besetzung der Zustände von dieser Normalbesetzung des physikalischen Vakuums herrührt, In diesem Fall verhalten sich die unbesetzten Zustände negativer Energie sowohl hinsichtlich des von ihnen erzeugten Feldes als auch hinsichtlich ihres Verhaltens in einem äußeren Feld wie Teilchen mit der Ladung $+e$ und positiver Masse von exakt gleichem numerischen Wert wie die Elektronmasse. Diese von der Theorie vorausgesagten Antielektronen oder Positronen wurden experimentell tatsächlich aufgefunden.

Die Feldquantisierung erlaubt eine elegantere Formulierung der „Löchertheorie", in welcher die exakte Symmetrie der Quanten-Elektrodynamik in bezug auf das Vorzeichen der elektrischen Ladung (Ladungskonjugation) von vornherein zum Ausdruck gebracht ist.

---

[1] P. A. M. Dirac: Proc. Roy. Soc. Lond., Ser. A **126**, 360 (1931); vgl. auch Proc. Roy. Soc. Lond. **133**, 60 (1931). Siehe auch J. R. Oppenheimer: Phys. Rev. **35**, 939 (1930).

Anhänge

Auszüge aus W. Paulis „Die allgemeinen Prinzipien
der Wellenmechanik", Handbuch der Physik,
Band XXIV, 1, (Hrsg. Geiger und Scheel),
2. Auflage, Springer-Verlag, 1933

Anhang I

Prinzipielles über den gegenwärtigen Stand der relativistischen Quantenmechanik* (Ergänzungen zu Ziff. 17)

Im Gegensatz zur unrelativistischen Quantenmechanik, die als logisch abgeschlossen gelten kann, stehen wir im relativistischen Gebiet noch ungelösten prinzipiellen Problemen gegenüber, die in der Frage des Atomismus der elektrischen Ladung, des Massenverhältnisses von Elektron und Proton und derjenigen des Kernbaues gipfeln. Man kann sagen, daß wir heute nur Bruchstücke einer relativistischen Wellenmechanik besitzen. Es sind dies erstens die Quantentheorie des relativistischen Einkörperproblems, die das Verhalten eines elektrischen Elementarpartikels (Elektrons oder Protons, nicht das eines beliebigen makroskopischen Teilchens) in einem gegebenen äußeren elektromagnetischen Potentialfeld beschreibt. Zweitens eine Theorie des Strahlungsfeldes und seiner Wechselwirkung mit Materie, welche denjenigen Eigenschaften des Umsatzes von Energie und Impuls der Strahlung Rechnung trägt, die in der Lichtquantenvorstellung zusammengefaßt sind. Beide genannten Theorien, die von Dirac[1] herrühren, sind als prinzipielle Fortschritte der Wellenmechanik anzusehen, führen aber bei der weiteren Verfolgung ihrer Konsequenzen zu charakteristischen Schwierigkeiten. So führt die Theorie des Einkörperproblems zur Existenz von Zuständen negativer kinetischer Energie (negativer Masse) der Elektronen und zur Möglichkeit von Übergängen der Elektronen in diese Zustände von den gewöhnlichen Zuständen positiver Masse aus, sobald geeignete äußere Potentialfelder angewandt werden sowie unter spontaner oder durch äußere Strahlung induzierter Lichtemission (Ziff. 5). Da die Erfahrung

---

* Siehe dazu die Marginalziffer 51 der Anmerkungen des Herausgebers, S. 234.
[1] Theorie des Elektrons: P. A. M. Dirac, Proc. Roy. Soc. London Bd. 117, S. 610; Bd. 118, S. 341. 1928; Theorie des Strahlungsfeldes, ebenda Bd. 114, S. 243, 710. 1927; vgl. auch das Lehrbuch von P. A. M. Dirac, Quantenmechanik. Leipzig 1930.

niemals Teilchen mit negativer Masse zeigt, muß diese Konsequenz als ein Versagen der Theorie angesehen werden. Unabhängig von dieser Schwierigkeit ist eine andere, die auftritt, wenn die Theorie des Strahlungsfeldes auf die Wechselwirkung eines Elektrons mit seinem eigenen Feld angewandt wird. Es existiert dann keine stationäre Lösung mit endlicher Energie des aus dem Elektron und dem quantisierten elektromagnetischen Feld bestehenden Gesamtsystems. Es liegt dies daran, daß der Teil des Hamiltonoperators, der die Wechselwirkung des Teilchens mit dem äußeren Feld beschreibt, das korrespondenzmäßige Analogon zur klassischen Wechselwirkung eines punktförmigen Teilchens mit seinem eigenen Feld darstellt und die Selbstenergie eines solchen Teilchens auch nach der klassischen Theorie unendlich groß wird. Man kann zwar formal diese Unendlichkeit, allerdings nicht ohne eine gewisse Willkür, vermeiden durch eine solche Abänderung der Hamiltonfunktion, daß diese korrespondenzmäßig der Wechselwirkung eines Teilchens von *endlicher* Ausdehnung mit dem Feld entspricht (Anhang III, Ziff. 27), jedoch würde hierbei die relativistische Invarianz der Theorie nicht aufrechterhalten werden können. Dieser Umstand verhindert den Ausbau der DIRACschen Theorie des Strahlungsfeldes zu einer strengen und konsequenten relativistischen Behandlung des Mehrkörperproblems.

Bei dieser Sachlage ist es in manchen Fällen schwierig, den physikalischen Geltungsbereich der bisher vorliegenden Bruchstücke einer relativistischen Quantenmechanik genau abzugrenzen, sofern ihre Ergebnisse über die beiden bekannten Grenzfälle der unrelativistischen Quantenmechanik und der relativistischen klassischen Theorie hinausreichen. Ja, diese Abgrenzung dürfte bei unseren gegenwärtigen Kenntnissen kaum in allen Fällen in eindeutiger Weise möglich sein. Wir müssen uns im folgenden damit begnügen, die in Rede stehenden Theorien so weit darzustellen, als sie zu neuen physikalischen Einsichten geführt haben und ihre Ergebnisse mit der Wirklichkeit übereinstimmen. In den Ziff. 18 bis 24 geschieht dies für die relativistische Theorie des Einkörperproblems, im Anhang III für die Strahlungstheorie und die Vereinigung beider Theorien.

Anhang II

Ergänzungen zu Ziff. 24*

Die DIRACsche Theorie führt also zur Konsequenz, daß Teilchen mit positiver Ruhmasse mit endlicher Wahrscheinlichkeit durch das Zwischengebiet hindurchtreten und sich in Teilchen mit negativer Ruhmasse (unter Wahrung des Wertes der Summe aus kinetischer und potentieller Energie) verwandeln können. Offenbar widerspricht diese Konsequenz der Theorie der Erfahrung, und es fragt sich nun, wie hierzu Stellung zu nehmen ist. Zunächst ist es allerdings richtig, daß bei allen praktisch herstellbaren Feldstärken die Wahrscheinlichkeit der katastrophalen Übergänge ungeheuer klein ist. Da es sich hier aber um eine prinzipielle Frage handelt, muß jedoch wohl nicht nur die Kleinheit, sondern das exakte Verschwinden dieser Übergänge in einer richtigen Theorie gefordert werden. Für Feldstärken, bei denen das Integral in W in (24.5) Werte von der Größenordnung 1 erhält, würden die das Feld erzeugenden Atome nicht mehr stabil existenzfähig sein. Deshalb ist es von Interesse, ohne Einführung des Begriffes eines äußeren phänomenologisch gegebenen elektrischen Feldes zu untersuchen, bei welchen Wechselwirkungen von Elementarteilchen oder von Elementarteilchen mit Strahlung Übergänge von Zuständen positiver Energie zu Zuständen negativer Energie nach der Theorie auftreten könnten.

In dem einfachsten Fall, daß *zwei* Teilchen zusammenwirken, und zwar entweder beim Stoß zweier geladener Massenteilchen oder bei der Streuung eines Lichtquants an einem freien Massenteilchen, folgt schon aus dem Erhaltungssatz von Energie und Impuls allein, daß keine Übergänge zu Zuständen negativer Energie auftreten können. Dies kann wie folgt abgeleitet werden. Es seien $(E, \vec{P})$, $(E', \vec{P}')$ Energie und Impuls des *einen*, $(E_1, \vec{P}_1)$, $(E_1', \vec{P}_1')$ Energie und Impuls des anderen Teilchens vor und nach dem Stoß, so daß gilt

$$\frac{E^2}{c^2} - \vec{P}^2 = \frac{E'^2}{c^2} - \vec{P}'^2 = m^2 c^2; \qquad \frac{E_1^2}{c^2} - \vec{P}_1^2 = \frac{E_1'^2}{c^2} - \vec{P}_1'^2 = m_1{}^2 c^2$$

$$E + E_1 = E' + E_1'; \qquad \vec{P} + \vec{P}_1 = \vec{P}' + \vec{P}_1'.$$

Daraus folgt durch Quadrieren der letzten beiden Gleichungen

$$\frac{EE_1}{c^2} - (\vec{P}\vec{P}_1) = \frac{E'E_1'}{c^2} - (\vec{P}'\vec{P}_1')$$

---

* Vgl. die Marginalziffer 62 der Anmerkungen des Herausgebers S. 235.

---

oder

$$\frac{EE_1}{c^2}\left(1 - \frac{c^2(\vec{P}\vec{P}_1)}{EE_1}\right) = \frac{E'E_1'}{c^2}\left(1 - \frac{c^2(\vec{P}'\vec{P}_1')}{E'E_1'}\right).$$

Nun sind die Klammern immer positiv, da wir voraussetzen, daß mindestens eines der Teilchen ein Materieteilchen ist, und für dieses gilt $\frac{c^2|P|}{|E|} < 1$ und $\frac{c^2|P'|}{|E'|} < 1$, während für das zweite $\frac{c^2|P_1|}{E_1} < 1$ oder $\frac{c^2|P_1|}{E_1} = 1$, je nachdem $m_1 > 0$ (Materieteilchen), oder $m_1 = 0$ (Lichtquant). Also muß $E'E_1'$ dasselbe Vorzeichen haben wie EE_1, also nach Voraussetzung das positive. Nach dem Energiesatz können ferner E', $E_1{}'$ nicht beide negativ sein, wenn E, E_1 beide positiv sind, also folgt das positive Zeichen von E' und E_1' einzeln[1].

Diese Überlegung hat aber keine prinzipielle Bedeutung, da bei der Wechselwirkung von mehr als zwei Teilen die katastrophalen Übergänge zu Zuständen negativer Energie auf Grund der Erhaltungssätze bereits möglich sind. Es kommen folgende Arten von Prozessen in Betracht: 1. Drei geladene Teilchen stoßen zusammen, und eines (oder mehrere) von ihnen geht strahlungslos in einen Zustand negativer Energie über. Man kann auch zwei der Teilchen, nämlich ein Elektron und ein Proton, ursprünglich im gebundenen Zustand (H-Atom) annehmen und ein weiteres schnelles Elektron auf dieses stoßen lassen. Für solche Prozesse liegen noch keine quantitativen Berechnungen vor, aber es ist kein Zweifel, daß auf Grund der bisherigen Theorien diese Übergänge tatsächlich auftreten müssen. 2. Zwei Massenteilchen bei ihrer Wechselwirkung, z. B. ein H-Atom, emittieren spontan ein Lichtquant, und das System der zwei Teilchen bleibt in einem Zustand negativer Energie zurück. Es existiert auch hier neben der spontanen eine induzierte Lichtemission, die eintritt, wenn anfangs bereits ein Lichtquant mit derselben Frequenz wie das emittierte vorhanden ist[2]. Nach einer Abschätzung von OPPENHEIMER[3] wäre die Lebensdauer des H-Atoms im Grundzustand nach der Theorie nur 10^{-10} sec. 3. Die Streuung eines Lichtquants durch zwei in Wechselwirkung befindliche Massenteilchen (z. B. H-Atom) unter Übergang des Systems in einen Zustand negativer Energie. 4. Die spontane Emission von zwei Lichtquanten eines freien

---

[1] Für die spontane Emission *eines* Lichtquants durch ein Elektron unter Übergang in einen Zustand negativer Energie wäre in den Formeln $E_1 = P_1 = 0$ zu setzen. Also folgte das Verschwinden der rechten Seite der letzten Gleichung. Dieses ist aber nur möglich, wenn $E_1' = P_1' = 0$, d. h. der betrachtete Übergang ist unmöglich. Er erfordert die Emission von mindestens *zwei* Lichtquanten.

[2] Manche Autoren bevorzugen die Diskussion des letzteren Vorganges, da hierfür bei der korrespondenzmäßigen Behandlung (Abschn. A, Ziff. 16) die erst durch die Lichtquantentheorie gerechtfertigte Vorschrift II (S. 133) nicht benötigt wird. Die Verbindung zwischen spontaner und induzierter Emission sowie zwischen korrespondenzmäßiger und Lichtquantentheorie scheint uns jedoch eine sehr enge zu sein, so daß es unzweckmäßig sein dürfte, an dieser Stelle eine prinzipielle Unterscheidung einzuführen.

[3] J. R. OPPENHEIMER, Phys. Rev. Bd. 35, S. 939. 1930.

Elektrons, wobei dieses in einen Zustand mit negativer Ruhmasse übergeht[4]. Bei den letzteren Prozessen wird die Strahlungstheorie in höherer Näherung verwendet als bei der Herleitung der *Klein-Nishina*-Formel, während dies bei den früher erwähnten Prozessen nicht der Fall ist.

Ein Versuch, die Theorie in ihrer bisherigen Form zu retten, scheint angesichts dieser Folgerungen von vornherein aussichtslos; andrerseits ist es schwierig, vorauszusagen, mit welcher quantitativen Genauigkeit die Resultate der bisherigen Theorie in einer zukünftigen, korrekten Theorie näherungsweise bestehen bleiben werden. Die bisher vorgeschlagenen Versuche zu einer Modifikation der Theorie können nämlich kaum als befriedigend angesehen werden. Zunächst hat DIRAC[5] selbst einen solchen Versuch unternommen. Er denkt sich den leeren Raum so beschrieben, daß alle Elektronenzustände negativer Energie durch je ein Elektron besetzt sind. Infolge des Ausschließungsprinzips ist dieser Zustand ein stabiler. Ferner wird die Zusatzannahme eingeführt, daß die unendliche Ladung dieser Elektronen kein Feld erzeugt, sondern nur dasjenige elektrostatische Feld existiert, das von Abweichungen der Besetzung der Zustände von dieser Normalbesetzung herrührt. In diesem Fall verhalten sich die unbesetzten Zustände negativer Energie sowohl hinsichtlich des von ihnen erzeugten Feldes als auch hinsichtlich ihres Verhaltens in einem äußeren Feld wie Teilchen mit der Ladung $+e$ und positiver Masse. Der Identifizierung dieser „Löcher" mit den Protonen steht jedoch entgegen, daß erstens die Masse der Teilchen der der Elektronen exakt gleich sein müßte, und daß zweitens eine Zerstrahlung von Elektron und Proton (z. B. des H-Atoms) nach dieser Theorie sehr häufig vorkommen müßte. Neuerdings versuchte DIRAC deshalb den bereits von OPPENHEIMER diskutierten Ausweg, die Löcher mit Antielektronen, Teilchen der Ladung $+e$ und der Elektronenmasse, zu identifizieren. Ebenso müßte es dann neben den Protonen noch Antiprotonen geben. Das tatsächliche Fehlen solcher Teilchen wird dann auf einen speziellen Anfangszustand zurückgeführt, bei dem eben nur die eine Teilchensorte vorhanden ist. Dies erscheint schon deshalb unbefriedigend, weil die Naturgesetze in dieser Theorie in bezug auf Elektronen und Antielektronen exakt symmetrisch sind. Sodann müßten jedoch (um die Erhaltungssätze von Energie und Impuls zu befriedigen mindestens zwei) γ-Strahl-Photonen sich von selbst in ein Elektron und ein Antielektron umsetzen können. Wir glauben also nicht, daß dieser Ausweg ernstlich in Betracht gezogen werden kann.

Eine andere Modifikation der Theorie wurde von SCHRÖDINGER[6] versucht. Er schlägt vor, die Differenz $-e\Phi_0 + e \sum \alpha^k \Phi_k$ des Hamiltonoperators im Fall von äußeren Kräften und im kräftefreien Fall so abzuändern, daß nur der gerade Bestandteil des Operators (s. Ziff. 20) beibehalten wird. Bei einem Wellenpaket als Anfangszustand, welches, nach Eigenfunktionen der kräftefreien Gleichung zerlegt, nur Zustände mit positiver Energie enthält, behält dieses dann diese Eigenschaft stets bei, so daß Übergänge nach Zuständen

---

[4] Die Häufigkeit dieser Prozesse ist berechnet bei J. R. OPPENHEIMER, l. c., und P. A. M. DIRAC, Proc. Cambridge Phil. Soc. Bd. 26, S. 361. 1930. DIRAC bevorzugt aus dem in Anm. 2 angegebenen Grund die Diskussion derjenigen induzierten Emission, bei der anfangs zwei Lichtquanten anwesend sind, deren Frequenzen mit denen der emittierten Quanten übereinstimmen.

[5] P. A. M. DIRAC, Proc. Roy. Soc. London (A) Bd. 126, S. 360. 1931; vgl. auch ebenda Bd. 133, S. 60. 1931.

[6] E. SCHRÖDINGER, Berl. Ber. 1931, S. 63.

---

negativer Energie nicht vorkommen könnten. Da jedoch die relativistische
und die Eichinvarianz der Theorie bei diesem Eingriff verlorengehen, hat
SCHRÖDINGER selbst diesen Weg wieder verlassen. Ferner würde bei dieser
Modifikation der Theorie sich ein Widerspruch ergeben zur THOMSONschen
Formel der klassischen Theorie für die Streuung langwelligen Lichtes durch
freie Elektronen.

Es scheint also, daß die hier vorliegende Schwierigkeit eine wirklich tiefgehende ist, die weder weggeleugnet noch in einfacher Weise behoben werden
kann. In dieser Verbindung kommen wir auf die Kritik des Begriffes der Wahrscheinlichkeit des Elektronenortes oder des Elektronenimpulses zu einem
scharf definierten Zeitpunkt zurück. In Abschn. A, Ziff. 2, wurde bereits darauf
hingewiesen, daß, wie von LANDAU und PEIERLS[1] gezeigt, eine *direkte* Messung
des Elektronenortes nur mit der Genauigkeit

$$\Delta x \sim \frac{h}{mc} \sqrt{1 - \frac{v^2}{c^2}} = \frac{hc}{E} * \qquad (\text{II.1})$$

und für das Zeitintervall

$$\Delta t \sim \frac{1}{c} \Delta x, \qquad (\text{II.2})$$

eine Impulsmessung im Zeitintervall Δt nur mit der Genauigkeit

$$\Delta p \sim \frac{h}{c\Delta t} \qquad (\text{II.3})$$

möglich ist. Von vornherein wäre allerdings eine widerspruchsfreie Theorie
denkbar, die auch nicht direkt beobachtbare Größen als Hilfsmittel benützt
*Eben der Umstand aber, daß in der DIRACschen Theorie die Schwierigkeit der
Zustände negativer Energie auftritt, ist nach unserer Meinung ein Hinweis dafür,
daß diese Begrenzungen der Messungsmöglichkeiten in dem Formalismus einer
künftigen Theorie mehr direkt zum Ausdruck kommen werden und daß mit einer
solchen Theorie wesentliche und tiefgreifende Änderungen der Grundbegriffe und
des Formalismus der jetzigen Quantentheorie verbunden sein werden*[2]. Die Beschränkung der Ort-Zeitmessung an einem Teilchen, die durch (II.1) und (II.2)
formuliert wird, ist nämlich von solcher Art, daß die Oszillationen des Mittelpunktes und des Gesamtstromes in den (aus Zuständen positiver *und* negativer
Energie zusammengesetzten) kräftefreien Wellenpaketen, wie sie in Gl. (20.12)
und (20.14) beschrieben wurden, unbeobachtbar sind. Die künftige Theorie
wird aber zugleich auch, wie dies BOHR[3] besonders nachdrücklich fordert, eine
Verbindung herstellen müssen zwischen der Atomistik der elektrischen Ladung
und der Existenz des Wirkungsquantums und damit auch zum Problem der
Stabilität des Elektrons und des Massenverhältnisses von Elektron und Proton.

---

[1] L. LANDAU u. R. PEIERLS, ZS. f. Phys. Bd. 69, S. 56. 1931.

[2] Einen ähnlichen Standpunkt vertritt jetzt E. SCHRÖDINGER, Berl. Ber. 1931,
S. 238.

[3] N. BOHR, Faraday Lecture. Journ. Chem. Soc. 1932, S. 349.

* Man sieht hieraus übrigens, daß eine universelle kleinste Länge *sicher nicht*
existieren kann, wie dies auch aus Gründen der relativistischen Invarianz hervorgeht.

Anhang III

Quantenelektrodynamik*

25. Quantelung der freien Strahlung. *a*) *Klassische Theorie*. Bekanntlich
haben die Eigenschwingungen eines würfelförmigen Hohlraumes mit der Kante
l und dem Volumen $V = l^3$ und vollkommen spiegelnden Wänden folgende
Eigenschaften: Die Komponenten k_i des Ausbreitungsvektors der Welle, dessen
Betrag 2π dividiert durch die Wellenlänge beträgt, haben die Eigenwerte

$$k_i = 2\pi \frac{s_i}{2l}, \qquad s_1, s_2, s_3 = 1, 2, 3, \ldots$$

worin die ganzen Zahlen s_i auf positive Werte zu beschränken sind, da es sich
um stehende Wellen handelt. Die Anzahl dN der Eigenschwingungen, deren k_i
zwischen k_i und $k_i + dk_i$ liegen, ist dann

$$dN = V \cdot 2 \cdot 8 \cdot \frac{1}{(2\pi)^3} \, dk_1 dk_2 dk_3,$$

wobei der erste Faktor 2 den beiden Polarisationsrichtungen der Wellen Rechnung trägt, während der zweite Faktor 8 von dem Umstand herrührt, daß man
sich bei stehenden Wellen auf den positiven Oktanten im k-Raum zu beschränken hat.

Für das Folgende ist es indessen bequemer, mit fortschreitenden Wellen
zu operieren. Man erhält dieselbe Gesamtzahl der Eigenschwingungen eines bestimmten Frequenzintervalles, wenn man dem Feld folgende Bedingung auf-
erlegt: *Das Feld soll in jeder der drei Raumkoordinaten periodisch sein mit der
Periode l*. Die Eigenwerte von k_i sind dann

$$k_i = 2\pi \frac{s_i}{l} \quad \text{mit} \quad s_i = 0, \pm 1, \pm 2, \ldots \tag{25.1}$$

und können jetzt positiv und negativ sein, die Anzahl der Eigenschwingungen
zwischen k_i und $k_i + dk_i$ wird

$$dN = V \cdot 2 \, \frac{1}{(2\pi)^3} \, dk_1 dk_2 dk_3, \tag{25.2}$$

---

* Dieser Anhang umfaßt die letzten drei Ziffern der Erstausgabe von 1933. Die
Numerierung der Formeln wurde an die 2. Ausgabe angepaßt, in welcher diese Teile
weggelassen wurden, da inzwischen die Quantenelektrodynamik sehr viel weiter
entwickelt worden war. Der Text ist vorallem von historischem Interesse.

wobei aber nunmehr der ganze k-Raum, nicht nur der positive Oktant ausgenutzt wird. Die elektrische und magnetische Feldstärke $\vec{E}(k, x)$ und $\vec{H}(k, x)$ der nach $\vec{k}$ fortschreitenden Welle können zweckmäßigerweise unter Einführung eines einzigen *komplexen Feldstärkevektors* $\vec{F}(k)$ in folgender Weise geschrieben werden

$$\vec{E}(k, x) = \vec{F}(k)\, e^{i(k\,\vec{x})} + \vec{F}^*(k)\, e^{-i(k\,\vec{x})}, \tag{25.3}$$

$$\vec{H}(k, x) = \left[\frac{\vec{k}}{|k|},\, E(k, x)\right]. \tag{25.4}$$

Hierbei gilt die Transversalitätsbedingung

$$\left(\vec{k}\vec{E}(k, x)\right) = \left(\vec{k}\vec{H}(k, x)\right) = 0, \tag{25.5}$$

also auch

$$(\vec{k}\vec{F}) = 0, \qquad (\vec{k}\vec{F}^*) = 0. \tag{25.6}$$

Zwischen $\vec{F}(k)$, $\vec{F}(-k)$ und ihren konjugiert komplexen Werten bestehen sonst keine Beziehungen. Die Zerlegung von $\vec{E}(k, x)$ ist so vorgenommen, daß die Zeitabhängigkeit von F für alle k-Werte durch den Faktor $e^{-i\nu t}$, die von F^* durch den Faktor $e^{+i\nu t}$ gegeben ist:

$$\vec{F}(k, t) = \vec{F}(k, 0)\, e^{-i\nu t}; \qquad \vec{F}^*(k, t) = \vec{F}^*(k, 0)\, e^{+i\nu t}, \tag{25.7}$$

worin ν die stets positive Zahl

$$\nu = c\, |k| \tag{25.8}$$

bedeutet. Es gelten daher für $\vec{F}$ und $\vec{F}^*$ die Differentialgleichungen

$$\frac{d\vec{F}}{dt} = -ic\, |k|\, \vec{F}, \qquad \frac{d\vec{F}^*}{dt} = +ic\, |k|\, \vec{F}^*. \tag{25.7'}$$

Bei Ersatz von $\vec{k}$ durch $-\vec{k}$ in (25.3) und (25.4) erhält man die Feldstärken der in der entgegengesetzten Richtung fortschreitenden Welle.

Neben der Zerlegung der Feldstärke $\vec{E}(k, x)$ in zwei Teile mit den Zeitfaktoren $e^{-i\nu t}$ bzw. $e^{+i\nu t}$ für jedes k ist es oft noch zweckmäßig, die gesamte Feldstärke räumlich nach FOURIER zu zerlegen gemäß

$$\vec{E}(k, x) + \vec{E}(-k, x) = \vec{E}(k)\, e^{i(\vec{k}\vec{x})} + \vec{E}(-k)\, e^{-i(\vec{k}\vec{x})}; \qquad \vec{E}(-k) = \vec{E}_*(k), \tag{25.8a}$$

$$\vec{H}(k, x) + \vec{H}(-k, x) = \vec{H}(k)\, e^{i(\vec{k}\vec{x})} + \vec{H}(-k)\, e^{-i(\vec{k}\vec{x})}; \qquad \vec{H}(-k) = \vec{H}^*(k). \tag{25.8b}$$

Es ist dann, wie durch Vergleich mit (25.3), (25.4) ersichtlich,

$$\vec{E}(k) = \vec{F}(k) + \vec{F}^*(-k), \qquad \vec{H}(k) = \left[\frac{\vec{k}}{|k|},\, \vec{F}(k) - \vec{F}^*(-k)\right] \tag{25.9}$$

woraus rückwärts folgt

$$\vec{F}(k) = \frac{1}{2}\left\{\vec{E}(k) - \left[\frac{\vec{k}}{|k|},\, \vec{H}(k)\right]\right\}, \qquad \vec{F}^*(-k) = \frac{1}{2}\left\{\vec{E}(k) + \left[\frac{\vec{k}}{|k|},\, \vec{H}(k)\right]\right\}. \tag{25.10}$$

Die Relationen (25.6), (25.7), (25.9) sind ein vollständiger Ausdruck für die MAXWELLschen Gleichungen. Kennt man zu einem bestimmten Zeitpunkt $\vec{E}(k, x)$ und $\vec{E}(-k, x)$ einzeln, so ist $\vec{H}(k, x)$ bereits mitbestimmt, dagegen folgt aus $\vec{E}(k)$ und $\vec{E}(-k,)$ in diesem Zeitpunkt der Wert von $\vec{H}(k)$ noch nicht.

Die Energie $E(k)$ der in der Richtung von $\vec{k}$ fortschreitenden Welle ist mit Rücksicht auf $\vec{H}^2(k, x) = \vec{E}^2(k, x)$

$$E(k) = \frac{1}{2} \int [\vec{E}^2(k, x) + \vec{H}^2(k, x)] \, dV = 2(\vec{F}(k) \, \vec{F}*(k)) \, V . \qquad (25.11)$$

Der Impuls

$$\vec{P}(k) = \int \frac{1}{2} [\vec{E}(k, x), \vec{H}(k, x)] \, dV = \frac{\vec{k}}{c|k|} \int \vec{E}^2(k, x) \, dV = \frac{\vec{k}}{c|k|} \, 2\vec{F}(k) \, \vec{F}*(k)V .$$

$$(25.12)$$

Man kann nun weiter $\vec{F}(k)$, $\vec{F}*(k)$ und damit auch $\vec{E}$ und $\vec{H}$ noch in zwei polarisierte Eigenschwingungen zerlegen. Man setze

$$\left.\begin{aligned}
\vec{F}(k) &= \sum_{\lambda=1,2} \vec{\varepsilon}(\lambda, \vec{k}) \, A(\lambda, \vec{k}) = \sum_{\lambda=1,2} \vec{\varepsilon}(\lambda, \vec{k}) \, B(\lambda, \vec{k}) \, e^{-i\nu t}, \\
\vec{F}*(k) &= \sum_{\lambda=1,2} \vec{\varepsilon}*(\lambda, \vec{k}) \, A*(\lambda, \vec{k}) = \sum \vec{\varepsilon}*(\lambda, \vec{k}) \, B*(\lambda, \vec{k}) \, e^{i\nu t},
\end{aligned}\right\} \qquad (25.13)$$

worin erstens gemäß (25.7) für beide λ-Werte

$$\left(\vec{\varepsilon}(\lambda, k) \, \vec{k}\right) = 0, \qquad \text{also auch} \qquad (\vec{\varepsilon}*\vec{k}) = 0$$

und zweitens

$$\left.\begin{aligned}
\left(\vec{\varepsilon}(1, k) \, \vec{\varepsilon}*(2, k)\right) &= \left(\vec{\varepsilon}*(1, k) \, \vec{\varepsilon}(2, k)\right) = 0, \\
\left(\vec{\varepsilon}(1, k) \, \vec{\varepsilon}*(1, k)\right) &= \left(\vec{\varepsilon}(2, k) \, \vec{\varepsilon}*(2, k)\right) = 1.
\end{aligned}\right\} \qquad (25.14)$$

Das heißt die $\vec{\varepsilon}(1, k)$, $\vec{\varepsilon}(2, k)$ sind zueinander und zu $\vec{k}$ orthogonale, im allgemeinen komplexe Einheitsvektoren. Dies hat nämlich zur Folge, daß nach (25.10) die Energie $E(k)$ sich additiv zerlegt in

$$E(k) = 2[A(1, k) \, A*(1, k) + A(2, k) \, A*(2, k)] \cdot V . \qquad (25.14')$$

Sind speziell die drei Komponenten der ε, abgesehen von einem evtl. gemeinsamen Phasenfaktor, reelle Zahlen, so handelt es sich um linear polarisierte Eigenschwingungen.

Anstatt der *Summe* der Feldstärken, die den verschiedenen Eigenwerten $\vec{k}_r$ von $\vec{k}$ entsprechen, zu betrachten, ist es oft auch zweckmäßig, zum Limes $V \to \infty$ überzugehen, wobei dann die Periodizitätsbedingung fortfällt und man es mit kontinuierlich variierenden $\vec{k}$, also Fourier*integralen* zu tun hat. Wir haben dann[1]

$$\vec{E}(x) = \frac{1}{(2\pi)^{3/2}} \int \vec{E}(k) \, e^{i\vec{k}\vec{x}} dk^{(3)}, \qquad \vec{E}(k) = \frac{1}{(2\pi)^{3/2}} \int \vec{E}(x) \, e^{-ik\vec{x}} dx^{(3)}$$

$$(25.15)$$

---

[1] Wir schreiben $dk^{(3)}$ als Abkürzung für $dk_1 dk_2 dk_3$ ebenso $dx^{(3)}$ als Abkürzung für $dx_1 dx_2 dx_3$.

ebenso für $H(x)$ und $\vec{F}(x)$, wobei der Zusammenhang von $\vec{E}(k)$, $\vec{H}(k)$, $\vec{F}(k)$ derselbe bleibt, wie in (25.5), (25.6) angegeben. Gesamtenergie und Gesamtimpuls des Wellenpaketes sind dann gegeben durch

$$E = \frac{1}{2} \int (\vec{E}^2 + \vec{H}^2)\, dx^{(3)} = 2 \int \vec{F}^*(k)\, \vec{F}(k)\, dk^{(3)}, \qquad (25.16)$$

$$\vec{P} = \int \frac{1}{c}\, [\vec{E}, \vec{H}]\, dx^{(3)} = \frac{2}{c} \int \frac{\vec{k}}{|k|}\, \vec{F}^*(k)\, \vec{F}(k)\, dk^{(3)}. \qquad (25.17)$$

Ebenso gewinnt man für den Drehimpuls D mit den Komponenten $D_{ij} = -D_{ji}$ durch partielle Integration mit Rücksicht auf die Transversalitätsbedingung (25.7) den Ausdruck[1]

$$D_{ij} = \frac{1}{c} \int [\vec{x}[\vec{E}\vec{H}]]_{ij}\, dx^{(3)} = \frac{2i}{c} \int \frac{1}{|k|} \sum_{\alpha=1}^{3} \left(F_\alpha^* \frac{\partial F_\alpha}{\partial k_i}\, k_j - F_\alpha^* \frac{\partial F_\alpha}{\partial k_j}\, k_i \right) dk^{(3)}$$

$$+ \frac{2i}{c} \int \frac{1}{|k|}\, (F_j^* F_i - F_i^* F_j)\, dk^{(3)}. \qquad (25.18)$$

Wir werden später sehen, daß diese Teilung des Drehimpulses in zwei Teile in gewisser Hinsicht analog zu derjenigen des Elektrons in Bahn- und Spinmoment [vgl. (21.19)] ist.

b) *Quantisierung*. Wir kommen nun zu der Frage, wie die Quantisierung des Strahlungsfeldes vorzunehmen ist. Dabei geht man aus von der Analogie einer (polarisierten) Eigenschwingung mit einem harmonischen Oszillator. Aus den Erfahrungen über das Wärmegleichgewicht ist ja bekannt, daß die Energie einer solchen Eigenschwingung mit dem Wert $|\vec{k}_r|$ und dem Polarisationsindex λ $(= 1,2)$ die diskreten Eigenwerte

$$E = N(\vec{k}, \lambda)\, h\nu_r = N(\vec{k}, \lambda)\, hc\, |k_r| \qquad (25.19)$$

besitzt. Dabei ist bereits zum Ausdruck gebracht, daß verschiedenen Eigenschwingungen unabhängige Quantenzahlen zugeordnet werden müssen. An dieser Stelle sei gleich bemerkt, daß es konsequenter ist, eine Nullpunktsenergie von $\frac{1}{2}\, h\nu_r$ pro Freiheitsgrad hier im Gegensatz zum materiellen Oszilllator nicht einzuführen. Denn einerseits würde diese wegen der unendlichen Zahl der Freiheitsgrade zu einer unendlich großen Energie pro Volumeneinheit führen, andererseits wäre diese prinzipiell unbeobachtbar, da sie weder emittiert, absorbiert oder gestreut wird, also nicht in Wände eingeschlossen werden kann, und da sie, wie aus der Erfahrung evident ist, auch kein Gravitationsfeld erzeugt.

Ebenso wie früher die Quantelungsmethode des Phasenintegrals auf die Eigenschwingungen des Strahlungshohlraumes angewendet wurde, muß jetzt die wellenmechanische angewendet werden. Sie hat übrigens den Vorteil, daß sie auch auf fortschreitende Wellen anwendbar ist. Offenbar muß nach (25.11) bis (25.14) nur ausgedrückt werden, daß die Energie

$$E_\lambda = 2VA_\lambda^* A_\lambda \qquad (25.14')$$

---

[1] Vgl. C. G. Darwin, Proc. Roy. Soc. London (A) Bd. 136, S. 36. 1932.

der polarisierten ($\lambda = 1, 2$) fortschreitenden Welle die Eigenwerte $Nh\nu$ besitzt. Setzen wir

$$A_\lambda = \sqrt{\frac{h\nu}{2V}}\, a_\lambda = \sqrt{\frac{\hbar c|k|}{2V}}\, a_\lambda; \qquad A_\lambda^* = \sqrt{\frac{h\nu}{2V}}\, a_\lambda^* = \sqrt{\frac{\hbar c|k|}{2V}}\, a_\lambda^*, \quad (25.20)$$

so soll also

$$a^*(\lambda, \vec{k})\, a(\lambda, \vec{k}) = N(\lambda, \vec{k})$$

die Eigenwerte $0, 1, 2, \ldots$ erhalten. Dies ist der Fall, wenn die hermitesch konjugierten Größen a^* und a den Vertauschungsrelationen

$$a(\lambda, \vec{k}_r)\, a^*(\lambda', \vec{k}_s) - a^*(\lambda', \vec{k}_s)\, a(\lambda, \vec{k}_r) = \begin{cases} 0 & \text{für} \quad \lambda \neq \lambda' \quad \text{oder} \quad r \neq s, \\ 1 & \text{für} \quad \lambda = \lambda', r = s \end{cases} \quad (25.21)$$

genügen, während

$$a(\lambda, \vec{k}_r)\, a(\lambda', \vec{k}_s) - a(\lambda', \vec{k}_s)\, a(\lambda, \vec{k}_r) = 0$$

und

$$a^*(\lambda, \vec{k}_r)\, a^*(\lambda', \vec{k}_s) - a^*(\lambda', \vec{k}_s)\, a^*(\lambda, \vec{k}_r) = 0. \quad (25.22)$$

[Vgl. Abschn. A, (14.22a) und (14.22a').] Die Nullpunktsenergie des Oszillators wird dadurch vermieden, *daß wir die Reihenfolge der Faktoren zu* (25.14') *so festgesetzt haben, daß A* vor A steht.*

Der symmetrische Ausdruck

$$2V \cdot \frac{1}{2}\, (A_\lambda^* A_\lambda + A_\lambda A_\lambda^*) = \frac{h\nu}{2} \cdot (a_\lambda^* a_\lambda + a_\lambda a_\lambda^*)$$

hätte die Eigenwerte $(N + 1/2)\, h\nu$ des materiellen harmonischen Oszillators. In der Tat sind die hermiteschen Größen

$$p = \sqrt{\frac{h\nu}{2}}\, (a + a^*), \qquad q = i\sqrt{\frac{\hbar}{2\nu}}\, (a - a^*)$$

oder

$$p = \sqrt{V}\, (A + A^*), \qquad q = \frac{i}{\nu}\, \sqrt{V}\, (A - A^*),$$

die den Vertauschungsrelationen

$$pq - qp = -i\hbar$$

genügen, analog zu Impuls und Energie eines Oszillators. Und auch der Ausdruck für die um die Nullpunktsenergie vermehrte Energie

$$E + \frac{h\nu}{2} = V(A^*A + AA^*) = \frac{1}{2}\, (p^2 + \nu^2 q^2)$$

nimmt dann dieselbe Form an, wie die eines harmonischen Oszillators mit der Masse 1 und der Kreisfrequenz ν. Im folgenden ist es jedoch bequemer, direkt mit den Größen a und a^* bzw. A und A^*, statt mit den p, q zu rechnen. Die

Gleichungen

$$\dot{a}(\lambda, \vec{k}) = -ic\,|k|\,a(\lambda, \vec{k})\,; \qquad \dot{a}^*(\lambda, \vec{k}) = +ic\,|k|\,a^*(\lambda, \vec{k})$$

können mittels des Hamiltonoperators

$$H = \sum_{\lambda} \sum_{k_r} 2V A^*(\lambda, \vec{k}_r)\,A(\lambda, \vec{k}_r) = \sum_{\lambda} \sum_{k_r} \hbar c\,|k_r|\,a^*(\lambda, \vec{k}_r)\,a(\lambda, \vec{k}_r) \qquad (25.23)$$

in der üblichen Form

$$\dot{a}(\lambda, \vec{k}_r) = \frac{i}{\hbar}\,[H, a(\lambda, \vec{k}_r)]\,; \qquad \dot{a}^*(\lambda, \vec{k}_r) = \frac{i}{\hbar}\,[H, a^*(\lambda, \vec{k}_r)] \qquad (25.24)$$

geschrieben werden.

Auf eine Wellenfunktion $\varphi\big(N(k_r, \lambda)\big)$ — oder kurz $\varphi(N)$, sobald es sich um eine einzige Eigenschwingung handelt — wirken die a und a^*, als Operatoren aufgefaßt, in folgender Weise:

$$a^*\varphi(N) = \sqrt{N}\,\varphi(N-1)\,, \qquad a\varphi(N) = \sqrt{N+1}\,\varphi(N+1)\,; \qquad (25.25)$$

oder in Matrizenform

$$a(N, N-1) = \sqrt{N}\,, \qquad a^*(N-1, N) = \sqrt{N}\,, \qquad (25.26)$$

die übrigen Matrixelemente verschwinden.

Unter Einführung der Hilfsoperatoren $\varDelta^*$ und $\varDelta$, die der Bedingung

$$\varDelta^*\varDelta = 1$$

genügen, gemäß

$$a^* = \sqrt{N}\,\varDelta^*\,, \qquad a = \varDelta\,\sqrt{N}\,, \qquad (25.27)$$

erhält man

$$\varDelta\varphi(N) = \psi(N+1)\,, \qquad \varDelta^*\varphi(N) = \varphi(N-1) \qquad (25.28)$$

[vgl. hierzu Abschn. A, (14.24) bis (14.27)].

Durch die angegebene Quantelung des Strahlungsfeldes werden alle korpuskularen Eigenschaften des Lichtes bereits wiedergegeben. Zum Beispiel ist der Eigenwert des Impulses einer fortschreitenden Welle nach (25.12) und (25.19)

$$\vec{P}(k) = N\hbar\vec{k}\,, \qquad (25.19')$$

sein Betrag also $\hbar\nu/c$. Schreibt man also einem Lichtquant oder Photon einen Impuls $\hbar\vec{k}$ und eine Energie $\hbar\nu$ zu, so kann die Quantenzahl $N(\lambda, \vec{k})$ gedeutet werden als die *Anzahl der Photonen mit gegebenem Impuls und gegebener Polarisation*. Auch die Schwankungen von Energie und Impuls der Strahlung in einem Teilvolumen werden durch den Formalismus der quantisierten Wellen richtig beschrieben, wie bereits in Abschn. A, Ziff. 15, erwähnt wurde. Einen klassisch mechanischen Bahnbegriff haben diese Photonen freilich nicht, *aber die quantisierten Wellen sind inhaltlich völlig äquivalent mit wellenmechanisch in ihrem Konfigurations- oder Impulsraum beschriebenen Teilchen* (Abschn. A. Ziff. 15 und die folgende Ziffer).

Bevor wie hierauf eingehen, müssen noch einige formale Eigenschaften der quantisierten Wellen besprochen werden. Zunächst soll kurz ausgeführt werden, wie die Funktionen der Lichtquantenzahlen sich umrechnen, wenn man von einer Polarisationsart zu einer anderen übergeht. Dies entspricht einer Umrechnung der Amplituden A in (25.13) gemäß

$$A'(\lambda) = \sum_{\lambda'=1,2} c(\lambda, \lambda')\, A(\lambda'),$$

worin c unitär ist

$$\sum c(\lambda, \lambda')\, c^*(\lambda'', \lambda') = \delta_{\lambda\lambda''} \quad \text{also} \quad c(2,1) = -c^*(1,2); \quad c(2,2) = c^*(1,1).$$

Dem entspricht nämlich der Übergang von den Einheitsvektoren $\vec{\varepsilon}(1)$, $\vec{\varepsilon}(2)$ zu neuen Einheitsvektoren $\vec{\varepsilon}'(1)$, $\vec{\varepsilon}'(2)$ gemäß

$$\vec{\varepsilon}'(\lambda) = \sum_{\lambda'} c^*(\lambda', \lambda)\, \vec{\varepsilon}(\lambda'),$$

die wieder aufeinander orthogonal sind [Gleichung 25.14]. Sind N_1', N_2' die Lichtquantenzahlen in bezug auf die Vektoren $\vec{\varepsilon}'(1)$, $\vec{\varepsilon}'(2)$ und $\varphi'(N_1', N_2')$ die zugehörigen Eigenfunktionen, so ist nach der allgemeinen Transformationstheorie [s. Abschn. A, Gleichung (7.7)] der Übergang von den alten Lichtquantenzahlen N_1, N_2 und den zugehörigen Eigenfunktionen $\varphi(N_1, N_2)$ zu den neuen durch die Relationen bestimmt

$$\varphi'(N_1', N_2') = \sum_{N_1 N_2} \varphi(N_1, N_2)\, S(N_1, N_2; N_1', N_2'),$$

wobei nach Abschn. A, Gleichung (7.15) für alle N_1, N_2, N_1', N_2' und $\lambda = 1,2$ gelten muß:

$$\sum_{\overline{N}_1' \overline{N}_2'} S(N_1, N_2; \overline{N}_1', \overline{N}_2')\, A'(\lambda)\, (\overline{N}_1', \overline{N}_2'; N_1', N_2')$$

$$= \sum_{\lambda'=1,2} c(\lambda, \lambda') \sum_{\overline{N}_1 \overline{N}_2} A(\lambda')\, (N_1, N_2; \overline{N}_1, \overline{N}_2)\, S(\overline{N}_1, \overline{N}_2; N_1', N_2').$$

Einsetzen der Werte (25.25) für die Matrixelemente der A [der konstante Faktor, der die $A(\lambda)$ von den $a(\lambda)$ unterscheidet, fällt ja fort] ergibt die Rekursionsformeln

$$S(N_1, N_2; N_1', N_2')\, \sqrt{N_1'} = c(1,1)\, \sqrt{N_1}\, S(N_1 - 1, N_2; N_1' - 1, N_2')$$

$$+ c(1,2)\, \sqrt{N_2}\, S(N_1, N_2 - 1; N_1' - 1, N_2'),$$

$$\tag{25.29}$$

$$S(N_1, N_2; N_1', N_2')\, \sqrt{N_2'} = c(2,1)\, \sqrt{N_1}\, S(N_1 - 1, N_2; N_1', N_2' - 1)$$

$$+ c(2,2)\, \sqrt{N_2}\, S(N_1, N_2 - 1; N_1', N_2' - 1).$$

Man sieht leicht, daß die $S(N_1, N_2; N_1', N_2')$ nur dann von Null verschieden sind, wenn $N_1 + N_2 = N_1' + N_2' = N$. Da S unitär sein muß, gilt ferner offenbar $S(0, 0; 0, 0) = 1$. Für *ein* Lichtquant bekommt man aus (25.29) sogleich

$$S(1, 0; 1, 0) = c(1,1), \qquad S(0, 1; 1, 0) = c(1,2),$$

$$S(1, 0; 0, 1) = c(2,1), \qquad S(0, 1; 0, 1) = c(2,2),$$

also

$$\varphi'(1, 0) = \varphi(1, 0)\, c(1, 1) + \varphi(0, 1)\, c(1, 2),$$
$$\varphi'(0, 1) = \varphi(1, 0)\, c(2, 1) + \varphi(0, 1)\, c(2, 2), \tag{25.30}$$

d. h. die φ transformieren sich wie die $A(\lambda)$ selbst. Im allgemeinen Fall von N Lichtquanten ist der Übergang von den $N + 1$-Größen $\varphi(N_1, N - N_1)$ $(N_1 = 0, 1, \ldots, N)$ zu den $(N + 1)$-Größen $\varphi'(N_1', N - N_1')$ $(N' = 0, 1, \ldots, N)$ analog dem Übergang von den $(N + 1)$-Ausdrücken $\sqrt{\binom{N}{N_1}}\, A_{(1)}^{N_1} A_{(2)}^{N-N_1}$ zu den gestrichenen $\sqrt{\binom{N}{N_1'}}\, A_{(1)}'^{N_1'} A_{(2)}'^{N-N_1'}$. Denn beide Transformationen bestimmen eine irreduzible unitäre Darstellung vom Grad $N + 1$ der Gruppe der linearen unitären Transformationen zweier komplexen Variablen (vgl. Abschn. A, Ziff. 13).

Wir gehen weiter dazu über, die V.-R. der Komponenten der Vektoren $\vec{E}(k)$, $\vec{H}(k)$ und $\vec{F}(k)$ zuerst von einem bestimmten Eigenwert von $\vec{k}$ aufzustellen. Aus (25.20), (25.21), (25.22) folgt zunächst für die $\vec{F}(k)$ gemäß (25.13), (25.14) und den aus (25.12) und der Transversalitätsbedingung folgenden Relationen

$$\sum_{\lambda=1,2} \varepsilon_i(\lambda)\, \varepsilon_j^*(\lambda) = \delta_{ij} - \frac{k_i k_j}{|k|^2}, \tag{25.14a}$$

$$[F_i(k), F_j(k')] = 0, \qquad [F_i^*(k), F_j^*(k')] = 0,$$

$$[F_i(k), F_j^*(k)] = [F_j(k), F_i^*(k)] = \frac{\hbar c |k|}{2V}\left(\delta_{ij} - \frac{k_i k_j}{|k|^2}\right). \tag{25.31}$$

Wir wollen hier indessen gleich zur Darstellung durch kontinuierliche Spektren übergehen. Dann ist mit dem Hamiltonoperator

$$H = \int \hbar c\, |k| \sum_{\lambda=1,2} a^*(\lambda, \vec{k})\, a(\lambda, \vec{k})\, dk^{(3)}, \tag{25.28'}$$

damit (25.24) bestehen bleibt, an Stelle von (25.21) zu setzen

$$a(\lambda, k)\, a^*(\lambda', k') - a^*(\lambda', k')\, a(\lambda, k) = \delta_{\lambda\lambda'} \delta(\vec{k} - \vec{k}'),$$

worin der zweite δ-Faktor, die in Abschn. A, (6.25) eingeführte, durch

$$\int\limits_V \delta(\vec{k})\, dk^{(3)} = \begin{cases} 0, & \text{wenn} \quad \vec{k} = 0 \quad \text{außerhalb} \quad V_0, \\ 1, & \text{wenn} \quad \vec{k} = 0 \quad \text{in} \quad V_0 \end{cases}$$

definierte uneigentliche Funktion ist. Die Relationen (25.21) bleiben bestehen, ebenso die erste Zeile der Relationen (25.31), und an Stelle der zweiten Zeile von (25.31) tritt

$$[F_i(k), F_j^*(k')] = [F_j(k'), F_i^*(k')] = \frac{\hbar c |k|}{2}\left(\delta_{ij} - \frac{k_i k_j}{|k|^2}\right) \delta(\vec{k} - \vec{k}'). \tag{25.31'}$$

Die früher mit $N(\lambda, \vec{k})$ bezeichnete Quantenzahl geht beim Grenzübergang zum kontinuierlichen Spektrum allerdings in die uneigentliche Zahl $N(\lambda, \vec{k})\,\delta(k - k')$ über; man kann dann jedoch nach den Eigenwerten von

$$\int_{K_0} a^*(\lambda, k)\, a(\lambda, k) = N(\lambda, K_0) \qquad (\lambda = 1, 2) \tag{25.32a}$$

und

$$\int_{K_0} 2\vec{F}^*(k)\, \vec{F}(k)\, dk^{(3)} = N(1, k_0) + N(2, K_0) \tag{25.34}$$

fragen. Diese sind ganze Zahlen, die Anzahlen der Lichtquanten in dem mit K_0 bezeichneten Intervall des k-Raumes, über das links integriert wird, und zwar bzw. mit bestimmter oder unbestimmter Polarisation. Natürlich gilt für die Summe zweier Intervalle K_1 und K_2 identisch $N(\lambda, K_1) + N(\lambda, K_2) = N(\lambda, K_1 + K_2)$. Die Vertauschungsrelationen der Fourierkomponenten E_i und $H_{ik} = -H_{ki}$ der elektrischen und magnetischen Feldstärken (die Schreibweise der letzteren als schiefsymmetrischer Tensor ist die zweckmäßigere) ergeben sich aus den entsprechenden Relationen (25.31), (25.31') für die F_i gemäß (25.9) zu

$$[E_i(k),\, E_j(k')] = 0, \qquad [H_{ij}(k),\, H_{kl}(k')] = 0, \tag{25.33_1}$$

$$[E_i(k),\, H_{jl}(k')] = \hbar c\delta(\vec{k} + \vec{k}')\,(\delta_{ij}k_l - \delta_{il}k_j). \tag{25.33_2}$$

Man beachte, daß hier $\vec{k} + \vec{k}'$ als Argument der δ-Funktion auftritt und nicht $k - k'$, daß also die kritische Stelle $\vec{k} = -\vec{k}'$ ist, ferner daß die den Betrag von (k) enthaltenden Faktoren hier fortgefallen sind im Gegensatz zu den V.-R. für $\vec{F}$ und $\vec{F}^*$. Ferner sind die linken Seiten der Transversalitätsbedingungen (25.5), (25.6) mit allen Größen vertauschbar, wie es sein muß.

Dies erleichtert den Übergang zu den V.-R. für die als Raumfunktion geschriebenen Feldstärken.

$$\vec{E}(x) = \frac{1}{(2\pi)^{3/2}} \int \vec{E}(k)\, e^{i\,k\,\vec{x}} dk^{(3)}, \qquad \vec{H}(x) = \frac{1}{(2\pi)^{3/2}} \int \vec{H}(k)\, e^{i\,\vec{k}\,\vec{x}} dk^{(3)},$$

$$\vec{F}(x) = \frac{1}{(2\pi)^{3/2}} \int \vec{F}(k)\, e^{i\,\vec{k}\,\vec{x}} dk^{(3)}, \qquad \vec{F}^*(x) = \frac{1}{(2\pi)^{3/2}} \int \vec{F}^*(k)\, e^{-i\,k\,\vec{x}} dk^{(3)}.$$

Da wir formal setzen können

$$\frac{1}{(2\pi)^3} \int e^{i\,k\,\vec{x}} dk^{(3)} = \delta(\vec{x})$$

(was einen eigentlichen Sinn erst nach Integration über ein endliches Gebiet des x-Raumes im Integranden der linken Seite erhält), also

$$\frac{1}{(2\pi)^3} \int k_i e^{i\,\vec{k}\,\vec{x}} dk^{(3)} = \frac{1}{i}\, \frac{\partial}{\partial x_i}\, \delta(\vec{x}),$$

so folgen zunächst für die Feldstärken die V.-R.[1]

$$[E_i(x),\ E_j(x')] = 0, \qquad [H_{ij}(x),\ H_{kl}(x')] = 0, \tag{25.34_1}$$

$$[E_i(x),\ H_{jl}(x')] = \frac{\hbar c}{i}\left(\delta_{ij}\frac{\partial}{\partial x_l} - \delta_{il}\frac{\partial}{\partial x_j}\right)\delta(\vec{x} - \vec{x}').$$

Für eine entsprechende Formulierung der V.-R. für die Komponenten von $\vec{F}$ und $\vec{F}^*$ muß man erst einen Operator $\sqrt{-\Delta}$ und seinen inversen $1/\sqrt{-\Delta}$ definieren. Es sind lineare Operatoren, die den Funktionen $e^{i\vec{k}\vec{x}}$ die folgenden zuordnen

$$\sqrt{-\Delta}\ e^{i\vec{k}\vec{x}} = |k|\ e^{i\vec{k}\vec{x}}, \tag{25.35_1}$$

$$\frac{1}{\sqrt{-\Delta}}\ e^{i\vec{k}\vec{x}} = \frac{1}{|k|}\ e^{i\vec{k}\vec{x}}. \tag{25.35_2}$$

Man sieht leicht, daß die beiden Operatoren hermitesch sind. Die zweimalige Anwendung von $\sqrt{-\Delta}$ ergibt den negativen LAPLACEschen Operator $-\Delta$, woraus die Bezeichnungsweise sich erklärt. Hierdurch ist bereits implizit definiert, wie $\sqrt{-\Delta}$ und $1/\sqrt{-\Delta}$ auf eine beliebige Funktion $f(\vec{x})$ wirken. Man führt die Funktionen

$$D_{1/2}(\vec{x}) = \sqrt{-\Delta}\ \delta(\vec{x}) = \frac{1}{(2\pi)^3}\int |k|\ e^{i\vec{k}\vec{x}}dk^{(3)}, \tag{25.36_1}$$

$$D_{-1/2}(\vec{x}) = \frac{1}{\sqrt{-\Delta}}\ \delta(\vec{x}) = \frac{1}{(2\pi)^3}\int \frac{1}{|k|}\ e^{i\vec{k}\vec{x}}dk^{(3)} = \frac{1}{(2\pi)^2\ r^2} \tag{25.36_2}$$

ein, von denen die erste eine uneigentliche Funktion ist, von der erst das Integral über ein endliches Gebiet im x-Raum existiert. Dann ist[2]

$$\sqrt{-\Delta}\ f(\vec{x}) = \int f(\vec{x}')\ D_{1/2}(\vec{x} - \vec{x}')\ dx'^{(3)}, \tag{25.37_1}$$

$$\frac{1}{\sqrt{-\Delta}}\ f(\vec{x}) = \int f(\vec{x}')\ D_{-1/2}(\vec{x} - \vec{x}')\ dx'^{(3)}, \tag{25.37_2}$$

und man hat nach (25.31), (25.31')[3]

$$[F_i(x),\ F_j(x')] = 0, \qquad [F_i^*(x),\ F_j^*(x')] = 0, \tag{25.38_1}$$

---

[1] Diese Relationen finden sich zuerst in einer etwas anderen, vierdimensional geschriebenen Form bei P. JORDAN u. W. PAULI, ZS. f. Phys. Bd. 47, S. 151. 1927; in der hier verwendeten Form bei W. HEISENBERG u. W. PAULI, ebenda Bd. 56, S. 1. 1927, II. Kap. § 4 und 5.

[2] Vgl. L. LANDAU u. R. PEIERLS, ZS. f. Phys. Bd. 62, S. 188. 1930.

[3] Die Einführung der Größen $'F$ und F^* zur Vermeidung der Nullpunktsenergie findet sich bei L. ROSENFELD u. J. SOLOMON, Journ. de phys. (7) Bd. 2, S. 139. 1931, sowie bei J. SOLOMON, Thèse de doctorat, Paris 1931. Die dort angegebenen Vertauschungsrelationen zwischen F und F^* sind jedoch unrichtig, da sie mit der Bedingung div $\vec{F} = 0$ und div $\vec{F}^* = 0$ nicht vereinbar sind.

$$[\boldsymbol{F_i}(x),\, \boldsymbol{F_j^*}(x')] = [\boldsymbol{F_j}(x),\, \boldsymbol{F_i^*}(x')]$$

$$= \frac{1}{2}\, \hbar c \left(\sqrt{-\varDelta}\, \delta_{ij} + \frac{1}{\sqrt{-\varDelta}}\, \frac{\partial^2}{\partial x_i \partial x_j} \right) \delta(\vec{x} - \vec{x}') \qquad (25.38_2)$$

$$= \frac{1}{2}\, \hbar c \left\{ \delta_{ij} D_{1/2} + \frac{\partial^2}{\partial x_i \partial x_j}\, D_{-1/2}(\vec{x} - \vec{x}') \right\}.$$

Der Hamiltonoperator wird nach (25.16)

$$H = 2 \int \vec{F}^*(x)\, \vec{F}(x)\, dx^{(3)}, \qquad (25.39)$$

der Impuls nach (25.17)

$$\boldsymbol{P_i} = \frac{2}{c} \int \vec{F}^*(x)\, \frac{1}{i}\, \frac{\partial}{\partial x_i}\, \frac{1}{\sqrt{-\varDelta}}\, \vec{F}(x)\, dx. \qquad (25.40)$$

Die Transversalitätsbedingungen sind einfach

$$\operatorname{div} \vec{F} = \operatorname{div} \vec{F}^* = 0, \qquad (25.41)$$

sie sind mit dem Hamiltonoperator vertauschbar. Ferner gilt

$$\dot{\vec{F}} = \frac{i}{\hbar}\, [H, \vec{F}] = -ic\, \sqrt{-\varDelta}\, \vec{F}, \qquad \dot{\vec{F}}^* = \frac{i}{\hbar}\, [H, \vec{F}^*] = ic\, \sqrt{-\varDelta}\, \vec{F}^*. \qquad (25\ .42)$$

Das Auftreten der Operatoren $\sqrt{-\varDelta}$ und $1/\sqrt{-\varDelta}$ in den Vertauschungsrelationen ist wenig befriedigend, da diese Operatoren keinen infinitesimalen Charakter haben, d. h. ihr Wert an einer Stelle hängt vom ganzen räumlichen Verlauf der Funktion ab, nicht nur vom Verhalten der Funktion in der Nähe der ins Auge gefaßten Stelle. Dies bringt weiter mit sich, daß die Größen $\vec{F}(x)$ und $\vec{F}^*(x)$, die ja mit $\vec{E}$ und $\vec{H}$ gemäß (25.9), (25.10) durch die Relationen

$$\vec{E}(x) = \vec{F}(x) + \vec{F}^*(x), \qquad \vec{H}(x) = \frac{1}{\sqrt{-\varDelta}}\, \frac{1}{i}\, \operatorname{rot}\left(\vec{F}(x) - \vec{F}^*(x)\right) \qquad (25.9')$$

$$\vec{F}(x) = \frac{1}{2}\left(\vec{E}(x) + \frac{i}{\sqrt{-\varDelta}}\, \operatorname{rot} \vec{H}\right); \qquad \vec{F}^*(x) = \frac{1}{2}\left(\vec{E}(x) - \frac{i}{\sqrt{-\varDelta}}\, \operatorname{rot} \vec{H}\right)$$

$$(25.10')$$

verbunden sind, sich gegenüber Lorentztransformationen gänzlich unübersichtlich verhalten.

Die Einführung der nicht sehr natürlich gebildeten Größen F und F^* dient nur dazu, um die Nullpunktsenergie zu vermeiden. Der Hamiltonoperator wird nämlich wegen

$$\frac{1}{2} \int (\vec{E}^2 + \vec{H}^2)\, dx^{(3)} = \int (\vec{F}^*\vec{F} + \vec{F}\vec{F}^*)\, dx^{(3)}$$

nach (25.39)

$$H = \frac{1}{2} \int \left\{ (\vec{E}^2 + \vec{H}^2) + i\left[\vec{E}, \frac{1}{\sqrt{-\varDelta}}\, \operatorname{rot} \vec{H}\right] \right\} dx^{(3)}. \qquad (25.43)$$

Der Klammerausdruck des zweiten Terms dient dazu, um die unendlich große Nullpunktsenergie, die im ersten Term enthalten ist, wieder zu subtrahieren; er enthält ebenfalls den Operator $1/\sqrt{-\Delta}$.

Der Grund für die formalen Komplikationen, die hier auftreten, besteht darin, daß die Erwartungswerte von Funktionen der Feldstärken an einem bestimmten Raumpunkt (z. B. quadratische Funktionen) auch im Grenzfall großer Quantenzahlen im allgemeinen nicht in die Werte der klassischen Größen übergehen und in vielen Fällen sogar unendlich groß werden. Dies liegt daran, daß wir es hier mit einem *System von unendlich vielen Freiheitsgraden* zu tun haben (wobei es nicht wesentlich ist, ob man abzählbar unendlich viele Freiheitsgrade oder ein Kontinuum von Freiheitsgraden annimmt). Zum Beispiel konvergiert das unendliche Produkt der Eigenfunktionen für die Fourierkomponenten der elektrischen Feldstärken nicht, selbst wenn nur eine endliche Anzahl von Eigenschwingungen angeregt ist. Die Anwendung des wellenmechanischen Formalismus scheint deshalb korrespondenzmäßig nur berechtigt, solange man sich auf eine endliche Anzahl von Freiheitsgraden beschränken kann. Zum Beispiel kann man im k-Raum hinreichend hohe Eigenwerte von k ganz außer Betracht lassen; oder im gewöhnlichen Raum vor dem Grenzübergang zu hohen Quantenzahlen erst Mittelbildungen der Feldstärken über kleine, aber endliche Volumina ausführen (wir werden sogleich sehen, daß dies bei tatsächlichen Messungen der Feldstärken stets von selbst geschieht); oder man kann bei Verwendung der Anzahlen $N(k)$ der Photonen als Variable, was das am meisten naturgemäße ist, sich auf den Fall beschränken, wo nur eine endliche Anzahl von Lichtquanten vorhanden ist. Anwendungen der Theorie auf Fälle, wo die Betrachtung einer endlichen Anzahl von Freiheitsgraden nicht ausreicht, führen in der Tat auf Widersprüche mit der Erfahrung (Ziff. 8).

c) *Genauigkeitsgrenzen für die Messung von Feldstärken*[1]. Es bleibt noch zu untersuchen, wieweit Feldstärken überhaupt gemessen werden können. Die elektrische Feldstärke ist definiert durch die Impulsänderung eines Probekörpers der Ladung e, während der Zeit δt gemäß

$$e\vec{E}\delta t = \vec{P} - \vec{P}'.$$

Ist $\vec{P}$ vor der Feldstärkemessung genau bekannt und nach der Zeit δt mit der Genauigkeit $\Delta\vec{P}$ während der Zeit Δt wiedergemessen, so ist

$$e\,|\Delta\vec{E}|\,\delta t > \Delta\vec{P}. \tag{25.44}$$

Nun galt für die Impulsmessung eines beliebigen Körpers [Abschn. A, Gl. (2.10), (2.11)]

$$\Delta P \Delta t > \frac{h}{v - v'} > \frac{h}{c}. \tag{25.45}$$

Danach schiene es zunächst, als ob durch Verwendung von Körpern mit großem e die Feldstärkemessung beliebig genau gemacht werden könnte. Dies bestreiten nun LANDAU und PEIERLS auf Grund des folgenden Argumentes.

---

[1] Vgl. hierzu L. LANDAU u. R. PEIERLS, ZS. f. Phys. Bd. 69, S. 56. 1931; insbesondere § 3 u. 4: W. HEISENBERG, Die physikalischen Prinzipien der Quantentheorie, Kap. 3, § 2.

Bei der Beschleunigung des geladenen Körpers wird während der Impulsmessung eine Energie

$$\Delta E > \frac{e^2}{c^3}\,\frac{(v' - v)^2}{\Delta t}$$

ausgestrahlt[1]. Dies gibt eine zusätzliche Impulsunbestimmtheit

$$\Delta P > \frac{\Delta E}{v' - v},$$

also

$$\Delta P \Delta t > \frac{e^2}{c^3}\,(v' - v). \tag{25.46}$$

An dieser Stelle hat das Argument von LANDAU und PEIERLS jedoch eine wesentliche Lücke, da der ausgestrahlte Impuls und die ausgestrahlte Energie einer exakten Messung zugänglich sind. Die durch diese bedingte Änderung von Energie und Impuls des geladenen Körpers kann deshalb nicht ohne weiteres als *unbestimmte* Änderung angesehen werden. Infolgedessen haftet den weiteren Folgerungen eine wesentliche Unsicherheit an und die Frage nach der Genauigkeit der Feldstärkemeessung muß als eine *noch nicht geklärte* angesehen werden.

Aus (25.45) und (25.46) folgt durch Multiplikation

$$\Delta P \Delta t > \frac{h}{c}\,\sqrt{\frac{e^2}{hc}},$$

also

$$|\Delta \vec{E}| > \frac{\sqrt{hc}}{(c\Delta t)^2}. \tag{25.47}$$

Dieselbe Ungleichung gilt auch für die magnetische Feldstärke

$$|\Delta \vec{H}| > \frac{\sqrt{hc}}{(c\Delta t)^2}. \tag{25.47'}$$

Und zwar wird dieser günstigste Fall erreicht, wenn

$$\frac{e^2}{c^3}\,(v' - v)^2 \sim h.$$

Da die mittlere Frequenz des ausgestrahlten Lichtes $1/\Delta t$ beträgt, bedeutet dies, daß die mittlere Zahl der emittierten Lichtquanten mindestens bereits von der Ordnung 1 wird. *Die Messung der Feldstärke ist mit einer endlichen und unbestimmten Änderung der Lichtquantenzahlen verbunden.* Die Nullpunkts-

---

[1] Es ist $\displaystyle\int_{t}^{t+\Delta t} \dot{v}^2 \Delta t \geqq \frac{(v' - v)^2}{\Delta t}$, wenn Δt sowie Anfangs- und Endgeschwindigkeit vorgegeben sind.

energie derjenigen Wellen, deren Frequenz ν kleiner als $1/\Delta t$ ist, entspricht gerade einem Feldstärkequadrat

$$\vec{E}^2 \sim \frac{\nu^3}{c^3}\,\frac{h\nu}{2} \sim \frac{hc}{(c\Delta t)^4}\,,$$

was mit dem Quadrat der rechten Seite von (25.47) übereinstimmt. Dieses wäre also nicht meßbar, falls (25.47) zutrifft.

Eine weitere Überlegung zeigt, daß bei gleichzeitiger Messung von $\vec{E}$ und $\vec{H}$ im räumlichen Gebiet Δl gilt

$$|\Delta\vec{E}|\,|\Delta\vec{H}| > \frac{hc}{(c\delta t)^2}\cdot\frac{1}{(\Delta l)^2}\,, \tag{25.48}$$

was nur bei $\Delta l < c\Delta t$ schärfer ist als die Grenze $hc/(c\Delta t)^4$, die aus Produktbildung von (25.47) und (25.47') folgt. Für Wellenfelder, d. h. in Abständen von den felderzeugenden Körpern, die groß sind gegen die Wellenlänge, sagt dies nichts Neues. Es gilt ferner

$$|\Delta\vec{E}|\,|\Delta\vec{H}|\,(\Delta l)_3 > \frac{hc}{\Delta l} \quad\text{für}\quad \Delta t < \frac{\Delta l}{c}\,, \tag{25.49}$$

was auch unmittelbar als Ausdruck der V.-R. (25.34) angesehen werden kann. Statische Felder sind offenbar beliebig genau meßbar[1].

Der Umstand, daß im klassischen Grenzfall die Feldstärke $\vec{E}$ und $\vec{H}$ hinsichtlich ihres raumzeitlichen Verlaufes, also auch ihre Phasen meßbare Größen sind, hat notwendig zur Folge, daß die Lichtquanten symmetrische Zustände haben (der EINSTEIN-BOSE-Statistik gehorchen) müssen. Anders ist es bei der Materie, wo die ψ-Funktionen keine meßbaren Größen sind und wo der Fall der symmetrischen und der der antisymmetrischen Zustände mehrerer gleichartiger Teilchen vom Korrespondenzstandpunkt aus gleichwertig sind. Auch eine Gesamtheit von materiellen Teilchen, die symmetrische Zustände haben, wie z. B. He-Kerne, sind nicht analog zu einer Gesamtheit von Lichtquanten, solange keine Prozesse vorkommen, bei denen sich die Teilchenzahl ändert. Denn solange dies nicht der Fall ist, gibt es für die ψ-Funktion (gemeint ist die q-Zahl ψ-Funktion im gewöhnlichen dreidimensionalen Raum, vgl. Abschn. A,

---

[1] Die Ungenauigkeiten (25.47), (25.48) wurden unabhängig von der Frage betrachtet, auf welchen Raumteil eine bestimmte Ladung e zusammengedrängt werden kann. Für ein Elektron folgt bereits aus (25.44), (25.45) ohne Betrachtung der Ausstrahlung

$$\Delta E > \frac{h}{ec(\Delta t)^2} = \frac{\sqrt{hc}}{e^2}\,\frac{\sqrt{hc}}{(c\Delta t)^2}\,,$$

was wegen $\dfrac{hc}{e^2} \sim 137$ eine höhere Schranke ist als (25.47). Mit der Frage der Genauigkeit der Feldmessung mittels eines Elektrons befaßt sich auch noch eine Arbeit von P. JORDAN u. V. FOCK, ZS. f. Phys. Bd. 66, S. 206. 1930. Sie finden die etwas verschiedene Relation

$$|\Delta E| > \frac{\sqrt{hc}}{e}\,\frac{\sqrt{hc}}{c\Delta t\Delta l}\,.$$

Ziff. 14, nicht die c-Zahl ψ-Funktion im Konfigurationsraum) kein Analogon zur Lorentzkraft, ihre Phase geht weder in den Hamiltonoperator noch in eine andere meßbare physikalische Größe ein, die ψ-Funktion ist unmeßbar.

d) Übergang zum Konfigurationsraum der Lichtquanten[1]. Ebenso wie bei der Materie im Fall mehrerer gleichartiger Teilchen ein Übergang möglich ist vom Konfigurationsraum zum Raum der Anzahlen der Teilchen in einem Volumelement des Orts- oder Impulsraumes (Abschn. A, Ziff. 14), kann man auch bei den Lichtquanten einen entsprechenden Zusammenhang herstellen. Nehmen wir zunächst an, es sei *ein* Teilchen vorhanden, so ist dieser Zusammenhang trivial. Seien $k_1 k_2 \ldots$ die zunächst diskret gedachten k-Werte, so wird hier im Raum der $N(\lambda, k_r)$ ($\lambda = 1, 2$), $\varphi\{N(\lambda, k)\}$ nur von Null verschieden, wenn $N(\lambda, k_r)$ für eine gewisse Stelle k_s, λ_s gleich 1, sonst 0 ist. Das heißt die Eigenwerte von $N(\lambda, k_r)$ sind

$$\delta_{\lambda\lambda_s}\delta(k_r - k_s)\,.$$

Setzt man diesen Eigenwert für ein bestimmtes λ_s und k_s in $\varphi\{N(\lambda, k)\}$ als Argument ein und bildet gemäß (25.13)

$$\vec{f}(k_s) = \vec{\varepsilon}(\lambda_s, k_s)\, \varphi\{\delta_{\lambda\lambda_s}\delta(k_r - k_s)\}\,,$$

so kann der auf $\vec{k}_j$ senkrecht stehende Vektor $\vec{f}$ als Wellenfunktion des Lichtquants im Impulsraum betrachtet werden. Ähnlich ist es bei Vorhandensein von mehreren Lichtquanten. Bei N Lichtquanten sind die Eigenwerte von $N(\lambda, k_r)$

$$\sum_s \delta_{\lambda\lambda_s}\delta(\vec{k}_r - \vec{k}_s)\,,$$

wobei über N-Stellen s zu summieren ist. Von diesen können auch einige mehrfach vorkommen. Ist p_1 die Zahl der einfachen, p_2 die Zahl der zweifachen, p_N die Zahl der N-fachen Stellen, so daß

$$p_1 + 2p_2 + \cdots N p_N = N$$

ist, so hat man noch den kombinatorischen Faktor

$$C = \frac{N!}{(1!)^{p_1}(2!)^{p_2}\cdots(N!)^{p_N}}$$

zu bilden und zu setzen

$$\vec{f}_N(\vec{k}^{(1)}\ldots\vec{k}^{(N)}) = \vec{\varepsilon}^{(1)}(\lambda^{(1)}, \vec{k}^{(1)})\ldots\vec{\varepsilon}^{(N)}(\lambda^{(N)}, k^{(N)})\, C^{-1/2} \cdot \varphi\left\{\sum_s \delta_{\lambda\lambda_s}\delta(\vec{k}_r - \vec{k}_s)\right\}.$$

$$(25.50)$$

Es ist dann $\vec{f}_N$ ein Vektor im $3N$-dimensionalen Raum, hat also $3N$-Komponenten; er steht auf allen $\vec{k}_s$ senkrecht. Der kombinatorische Faktor ist notwendig, damit die Funktionen $\vec{f}$ normiert sind, falls $\varphi\{N(\lambda, k)\}$ normiert ist. Es erübrigt sich, näher auf die geringfügigen Modifikationen einzugehen, die erforderlich sind, wenn $\vec{k}$ als kontinuierliche Variable aufgefaßt wird. Die Funktionen $\vec{f}$

---

[1] L. Landau u. R. Peierls; ZS. f. Phys. Bd. 62, S. 188. 1930; vgl. auch J. R. Oppenheimer, Phys. Rev. Bd. 38, S. 725. 1931.

sind ihrer Definition nach *symmetrisch* in den Teilchenkoordinaten, entsprechend dem Umstand, daß die Lichtquanten der Einstein-Bose-Statistik gehorchen.

Die Anwendung des Operators $F_i(k)$ auf die Wellenfunktionen $\vec{f}$ wird auf Grund von (25.25) und (25.50) sehr einfach. Wir haben eine Reihe von Funktionen

$$f_0, \qquad \vec{f}_1(\vec{k}), \qquad \vec{f}_2(\vec{k}_1\vec{k}_2)\ldots\vec{f}_N(\vec{k}_1\vec{k}_2\ldots\vec{k}_N)\ldots,$$

die sich auf den Fall beziehen, daß *kein, ein,* ... N-Lichtquanten vorhanden sind. Dann führt $F_i(k)$ die Funktion $\vec{f}_N(\vec{k}_1\ldots\vec{k}_N)$ über in

$$F_i(k)\, f_{N;\,i_1,\ldots,\,i_N}(\vec{k}_1\ldots\vec{k}_N) = f_{N+1;\,i_1,\ldots,\,i_N,\,i}(\vec{k}_1^{(1)}\ldots\vec{k}^{(N)},\,\vec{k}). \tag{25.51}$$

F^* folgt als der zu F konjugierte Operator, ferner das Resultat der Anwendung der Feldstärkeoperatoren $\vec{E}(k)$, $\vec{H}(k)$ auf Grund von (25.9'). Man wird sehen, daß die unter b) durchgeführte Umrechnung der Wellenfunktion $\varphi\{N(\lambda,\,k)\}$ von einer Polarisationsart auf eine andere im Konfigurationsraum, d. h. für die $\vec{f}_N$ trivial wird.

Als Beispiel sei die Anwendung auf den Drehimpulsoperator (25.18) besprochen. Er genügt denselben V.-R. wie der Drehimpulsoperator von materiellen Teilchen [Abschn. A, Gleichung (13.9.)], wie das ja auch notwendig der Fall sein muß, da sie ja allein aus der Drehgruppe folgen. Deshalb hat er auch dieselben Eigenwerte; jede Komponente D_{ij} hat die Eigenwerte $m\hbar$ und das Quadrat $D^2 = \sum_{i<j} D_{ij}^2$ die Eigenwerte $j(j+1)$. Für den Fall, daß *ein* Lichtquant vorhanden ist, wirkt der durch (25.18) definierte Operator auf $\vec{f}_1(\vec{k})$ folgendermaßen:

$$D_{ij}f_l(k) = \frac{2i}{c|k|}\left\{\left(\frac{\partial}{\partial k_i}\,k_j - k_i\,\frac{\partial}{\partial k_j}\right)f_l + (\delta_{jl}f_i - \delta_{il}f_j)\right\}.$$

Für *ein* Lichtquant gilt speziell der Satz, daß infolge der Transversalitätsbedingung

$$\sum f_i k_i = 0$$

der Eigenwert $j = 0$ nicht vorkommt. In der Tat müßte für diesen gelten

$$\left(\frac{\partial}{\partial k_i}\,k_j - \frac{\partial}{\partial k_j}\,k_i\right)f_l + (\delta_{jl}f_i - \delta_{il}f_j) = 0$$

für alle i, j, l. Wir setzen $l = j$ und summieren über j. Dann kommt

$$\sum_l \left[\frac{\partial}{\partial k_i}\,(k_l f_l) - k_i\,\frac{\partial f_l}{\partial k_l}\right] + 2f_i = 0.$$

Dies ist aber unmöglich wegen der Transversalitätsbedingung. Denn zunächst folgt

$$2f_i = k_i \sum_l \frac{\partial f_l}{\partial k_l}$$

und dann durch skalare Multiplikation mit $\vec{k}$ auch

$$\sum_l \frac{\partial f_l}{\partial k_l} = 0,$$

also $f_i = 0$, d. h. alle Komponenten von $\vec{f}$ müssen verschwinden, w. z. b. w. Die in Abschn. A, Ziff. 15, S. 129, begründete Auswahlregel $j = 0 \rightarrow j = 0$ ist verboten bei Emission eines Lichtquants folgt hieraus und aus dem Erhaltungssatz für den Drehimpuls unmittelbar.

Die Funktionen $f_N(k^{(1)}\ldots k^{(N)})$ im Impulsraum bestimmen entsprechende Funktionen $f_N(x^{(1)}\ldots x^{(N)})$ im Koordinatenraum, gemäß

$$\vec{f}_N(x^{(1)}\ldots x^{(N)}) = \int \vec{f}_N(k^{(1)}\ldots k^{(N)})\, e^{i\vec{k}^{(1)}\vec{x}^{(1)}+\cdots+i\vec{k}^{(n)}\vec{x}^{(N)}} dk^{3(N)}. \tag{25.52}$$

Diese haben aber keine unmittelbare Beziehung zur Teilchendichte. Zum Beispiel bestimmt ja bei Vorhandensein *eines* Lichtquants $\vec{f}^*(x)\,\vec{f}(x)$ die Energiedichte und nicht die räumliche Dichte des Photons. Diese könnte man zunächst durch

$$\left(\vec{f}^* \frac{1}{\sqrt{-\Delta}}\, \vec{f}\right)$$

oder mit

$$\vec{g} = \frac{1}{\sqrt[4]{-\Delta}}\, \vec{f}$$

durch

$$(\vec{g}^*\vec{g})$$

zu definieren versuchen, wobei der letztere Ausdruck positiv definit ist. Eine solche Definition wäre aber physikalisch willkürlich und würde (wie aus der später zu besprechenden Theorie der Wechselwirkung zwischen Strahlung und Materie folgt) nicht dafür garantieren, daß das Quant an Raumstellen,.wo die so definierte Dichte verschwindet, auch keine Wirkung ausübt. *Das Verschwinden von Funktionen wie $\vec{f}$ oder $\vec{g}$ an einer bestimmten Raumstelle hat keine unmittelbare physikalische Bedeutung.*

Sodann zeigt sich wegen des komplizierten Verhaltens der $\vec{F}$ gegenüber Lorentztransformationen: *Es gibt keinen Dichte-Strom-Vierervektor für ein Lichtquant, der der Kontinuitätsgleichung genügt und positiv definite Dichte hat.* Nur *eine* der beiden Forderungen ließe sich formal erfüllen: *entweder* der Vektorcharakter von Dichte-Strom bei Lorentztransformationen *oder* der positivdefinite Charakter der Dichte. Dies steht in striktem Gegensatz zur Beschreibung der Materialteilchen in der DIRACschen Theorie, bei der sich ja beide Forderungen erfüllen ließen. Der Nichtexistenz einer Dichte für die Lichtquanten entspricht es auch, daß dem Ort eines Lichtquants kein Operator im gewöhnlichen Sinne zugeordnet werden kann (der Lichtquantenort ist keine „Observable" im Sinne der Definition der Transformationstheorie, Abschn. A, Ziff. 7 und 9).

In der Tat zeigt die Diskussion der Messungsmöglichkeiten für den Ort eines Lichtquants[1], daß dieser, falls E die Energie des Quants ist, nicht genauer

---

[1] L. LANDAU u. R. PEIERLS, 1. c.

als

$$|\Delta x| > \frac{hc}{E} \tag{25.53}$$

bestimmt werden kann und in einer Zeit, die nicht kleiner als

$$\Delta t > \frac{h}{E}. \tag{25.54}$$

Dies bedeutet aber gerade den *Geltungsbereich der geometrischen Optik*, da bei einem Lichtquant hc/E gleich h/P oder gleich der Wellenlänge wird. [Bei einem materiellen Teilchen galten dieselben Ungleichungen, Abschn. A, Gleichung (2.4), (2.5), aber dort kann hc/E wesentlich kleiner sein als die Wellenlänge der Materiewellen.] Nur soweit der klassische Strahlbegriff reicht, hat der Lichtquantenort einen physikalischen Sinn.

Damit ist nicht zu verwechseln die Messung von zeitlichen Mittelwerten (über Zeiten, die groß gegen die Lichtperiode sind) von $\vec{E}^2$ oder $\vec{H}^2$, die z. B. bei stehenden Lichtwellen auch in Raumgebieten gemessen werden können, die klein gegen die Wellenlänge sind.

26. Wechselwirkung zwischen Strahlung und Materie. Die Theorie der Quantisierung des Strahlungsfeldes ist erst vollständig, wenn sie auch die Wechselwirkung mit der Materie beschreibt. Sind n materielle Teilchen vorhanden, so wollen wir jetzt Orts- und Impulskoordinaten dieser Teilchen (letztere durch h dividiert) mit großen Buchstaben bezeichnen, also mit $\vec{X}_1...\vec{X}_n$ bzw. $\vec{K}_1...\vec{K}_n$ im Gegensatz zu den entsprechenden Größen $\vec{x}_1...\vec{x}_N$, $\vec{k}_1...\vec{k}_N$ der Lichtquanten. Bevor wir die Frage der Wahl des Hamiltonoperators beantworten, wollen wir die V.-R. der Operatoren und die Gleichungen diskutieren, welche deren zeitliche Abhängigkeit beschreiben. Um mit eichinvarianten Operatoren auskommen zu können, ist es zweckmäßig, für jedes der n-materiellen Teilchen Operatoren π_k ($k = 1, 2, 3$) einzuführen, die analog sind zu den in (21.6) eingeführten, also

$$\pi_k^{(s)} = P_k^{(s)} + \frac{e}{c}\,\Phi_k(X_s) = \frac{h}{i}\,\frac{\partial}{\partial X_k^{(s)}} + \frac{e}{c}\,\Phi_k(X^{(s)}). \tag{26.1}$$

Es ist hierin s ein das Teilchen numerierender Index, der von 1 bis n läuft, und in die Potentiale sind die Koordinaten des s-ten Teilchens einzusetzen. Zunächst wollen wir von dieser Definition der Operatoren $\pi_k^{(s)}$ aber ganz absehen und nur ihre V.-R. und zeitlichen Änderungen betrachten. Erstere werden analog zu (21.7)

$$\pi_i^{(s)}\pi_k^{(s')} - \pi_k^{(s')}\pi_i^{(s)} = \delta_{ss'}\,\frac{h}{i}\,\frac{e}{c}\,H_{ik}(\vec{X}^{(s)}), \tag{26.2$_1$}$$

$$\pi_i^{(s)}X_k^{(s')} - X_k^{(s')}\pi_i^{(s)} = \delta_{ss'}\delta_{ik}\,\frac{h}{i}, \tag{26.2$_2$}$$

letztere analog zu (21.15′)

$$\frac{d\pi_k^{(s)}}{dt} = (-e)\left\{E_k(\vec{X}_s) + \sum_{l=1}^{3} H_{kl}(\vec{X}_s)\,\alpha_l^s\right\}. \tag{26.3}$$

Dabei gelten gemäß der Diracschen Theorie des Elektrons für die mit allen übrigen Operatoren vertauschbaren $\alpha_k^{(s)}$, $\beta^{(s)}$, die wir nunmehr für jedes Teilchen extra einführen, wieder die Relationen

$$\alpha_i^{(s)}\alpha_k^{(s')} + \alpha_k^{(s')}\alpha_i^{(s)} = 2\delta_{ss'}\delta_{ik}, \qquad \alpha_i^{(s)}\beta^{(s')} + \beta^{(s')}\alpha_i^{(s)} = 0, \left.\begin{array}{c} \\ \\ \end{array}\right\}$$
$$[\alpha_i^{(s)}]^2 = [\beta^{(s)}]^2 = 1. \tag{26.4}$$

$$\vec{X}^{(s)} = c\alpha^{(s)}. \tag{26.5}$$

Für die Feldstärken behält man die V.-R. (25.33) bzw. (25.34) der Vakuumelektrodynamik unverändert bei:

$$[E_i(x), E_j(x')] = 0, \qquad [H_{ij}(x), H_{kl}(x')] = 0, \left.\begin{array}{c} \\ \\ \end{array}\right\}$$
$$[E_i(x), H_{jl}(x')] = \frac{\hbar c}{i}\left(\delta_{ij}\frac{\partial}{\partial x_l} - \delta_{il}\frac{\partial}{\partial x_j}\right)\delta(\vec{x} - \vec{x}'). \tag{25.34}$$

Ferner setzt man fest, daß die Feldstärken mit den $X_k^{(s)}$ und $\alpha_k^{(s)}$ vertauschbar sein sollen.

Die wichtigste Forderung ist die, daß die Feldstärkeoperatoren nunmehr die Maxwellschen Gleichungen für den Fall des Vorhandenseins von Ladungen erfüllen müssen:

$$\frac{1}{c}\frac{\partial\vec{H}}{\partial t} + \operatorname{rot}\vec{E} = 0, \qquad \operatorname{div}\vec{H} = 0, \tag{26.6}$$

$$-\frac{1}{c}\frac{\partial E(x)}{\partial t} + \operatorname{rot}\vec{H}(x) = (-e)\sum_{s=1}^{n}\vec{a}^{(s)}\delta(\vec{x} - \vec{X}^{(s)}), \tag{26.7_1}$$

$$\operatorname{div}\vec{E} = (-e)\sum_{s=1}^{n}\delta(\vec{x} - \vec{X}^{(s)}). \tag{26.7_2}$$

Das Auftreten der δ-Funktion entspricht der Annahme einer punktförmigen Ladung in der klassischen Theorie. Wir werden später die Annahme diskutieren, daß die δ-Funktion durch eine beliebige Funktion $D(\vec{x} - \vec{X}^{(s)})$ ersetzt wird, was einer endlichen Ausdehnung der Ladungen entsprechen würde.

Die letztere Relation ist sehr bemerkenswert, weil sie keine zeitliche Ableitung enthält, also schon in einem bestimmten Zeitpunkt erfüllt sein muß; sie stellt eine *Nebenbedingung* dar. Ihre zeitliche Ableitung verschwindet vermöge der Gleichungen (26.7$_1$) und (26.5) identisch, was notwendig der Fall sein muß, damit die Theorie widerspruchsfrei ist.

Was uns noch fehlt, sind die V.-R. der $\pi_k^{(s)}$ mit den Feldstärken. Diese sowie alle anderen V.-R. müssen den Bedingungen genügen, erstens untereinander verträglich zu sein, zweitens sich vermöge der zeitlichen Differentialgleichungen für die Operatoren im Lauf der Zeit von selbst fortzupflanzen, und drittens, daß alle Operatoren mit der Nebenbedingung (26.7$_2$) vertauschbar sein sollen.

Dies ist der Fall, wenn man ansetzt[1]

$$[\pi_i^{(s)}, H_{jl}(x)] = 0, \qquad [\pi_i^{(s)}, E_j(x)] = (-e)\,\frac{\hbar}{i}\,\delta_{ij}\delta(\vec{x} - \vec{X}^{(s)}). \tag{26.8}$$

Zum Beispiel wird dann

$$[\pi_i^{(s)}, \operatorname{div}\vec{E}(x)] = (-e)\,\frac{\hbar}{i}\,\frac{\partial}{\partial x_i}\,\delta(\vec{x} - \vec{X}^{(s)})$$

im Einklang mit (26.7_2) und (26.2_2); ferner sind die zeitlichen Ableitungen der V.-R. (26.8) vermöge der übrigen Relationen von selbst erfüllt.

Man findet sodann die Existenz eines mit der Nebenbedingung (26.7_2) vertauschbaren Energieoperators

$$H = c\sum_{s=1}^{n}\sum_{k=1}^{3}\left\{\alpha_k^{(s)}\pi_k^{(s)} + mc\beta^{(s)}\right\} + \frac{1}{2}\int(\vec{E}^2 + \vec{H}^2 + \varDelta_0)\,dV \tag{26.9}$$

und eines Impulsoperators

$$P_i = \sum_{s=1}^{n}\pi_i^{(s)} + \frac{1}{c}\int\{[\vec{E}\times\vec{H}]_i + \varDelta_i\}\,dV. \tag{26.10}$$

Die Zusatzgrößen $\varDelta_0$, $\varDelta_i$ im Integranden, die wir nicht explizite angeschrieben haben, sind mit allen Operatoren vertauschbar (c-Zahlen) und dienen zum Fortschaffen der Nullpunktsenergie [vgl. (25.43)]. Für jeden der verwendeten Operatoren

$$\pi_i^{(s)},\ X_i^{(s)},\ \alpha_i^{(s)},\ \beta^{(s)};\qquad E_i(x),\ H_{jk}(x)$$

und sogar allgemeiner für jede (die Koordinaten x_k und t nicht explizite enthaltende) Funktion f dieser Operatoren gilt sodann

$$\dot{f} = \frac{i}{\hbar}\,[H, f], \tag{26.11}$$

$$\sum_s \frac{\partial f}{\partial X_k^{(s)}} + \frac{\partial f}{\partial x_k} = \frac{i}{\hbar}\,[P_k, f]. \tag{26.12}$$

Man hätte auch von der Forderung der Existenz des Hamilton- und des Impulsoperators ausgehen können und hätte die zeitlichen Differentialgleichungen aus ihm gemäß (26.11) ableiten können. Bemerkenswert ist das Fehlen des skalaren Potentiales in (26.9). Der Term $(-e)\,E_k$ auf der rechten Seite von (26.3) folgt jedoch bei der hier aufgestellten Theorie direkt aus der Vertauschung von π_k mit $(\vec{E})^2$.

Wir kommen nun zur Frage der relativistischen Invarianz der aufgestellten Theorie. Betrachten wir eine orthogonale Koordinatentransformation

$$x'_\mu = \sum_{\nu=1}^{4} a_{\mu\nu}x_\nu$$

---

[1] In der Literatur sind diese Relationen abgeleitet aus (26.1) und der Annahme $[\Phi_k(x)\,E_j(x')] = \hbar/i\delta_{kj}\delta(\vec{x} - \vec{x}')$, die wir aber nicht benutzen.

$(x_4 = ict)$, so können wir zunächst die Operatoren im neuen Bezugssystem betrachten, also von

$$\pi_i^{(s)}(t), \qquad X_i^{(s)}(t), \qquad \alpha_i^{(s)}(t), \qquad \beta^{(s)}(t); \qquad E_i(x, t), \qquad H_{jk}(x, t)$$

zu

$$\pi_i'^{(s)}(t'), \qquad X_i'^{(s)}(t'), \qquad \alpha_i'^{(s)}(t'), \qquad \beta'^{(s)}(t'); \qquad E_i'(x', t'), \qquad H_{jk}'(x, t)$$

übergehen. In den auf ein Materialteilchen bezüglichen Größen ist hierbei für t' einzusetzen

$$ict'^{(s)} = a_{44}ict + \sum_{r=1}^{3} a_{4r}X_r^{(s)}(t).$$

Dabei müssen sich die Feldstärken wie ein schiefsymmetrischer Tensor im vierdimensionalen Raum transformieren, die durch (19.1) definierten Größen γ_μ, nämlich $(-i\beta\alpha_k, \beta)$, wie ein Vierervektor, die $X^{(s)}(t)$ zusammen mit ict, endlich $\{\pi_k, i(\sum \alpha_l\pi_l + mc\beta)\}$ bilden zusammen einen Vierervektor. Ferner muß insbesondere $\left(P_k, \dfrac{i}{c} H\right)$ einen Vierervektor bilden. Auch müssen die V.-R. im gestrichenen System dieselbe Form haben wie im ungestrichenen System. Für die Verifikation ist es bequemer, statt den Weltpunkt festzulegen, ihn so zu verändern, daß die gestrichenen Koordinaten des neuen Weltpunktes dieselben Werte haben wie die ungestrichenen Koordinaten des alten Weltpunktes. Das heißt man geht von den ungestrichenen Koordinaten über zu

$$\pi_i'^{(s)}(t), \, X'^{(s)}(t), \, \alpha_i'^{(s)}(t), \, \beta'^{(s)}(t); \, E_i'(x, t), \, H_{jk}'(x, t),$$

wobei t bzw. x, t die Werte der gestrichenen Koordinaten sind. Wir wollen dies eine Transformation zweiter Art nennen, während die früher angegebene als von erster Art bezeichnet werden möge. *Die relativistische Invarianz der Theorie ist bewiesen, wenn ein unitärer Operator S existiert, welcher für jede der angeschriebenen Größen, also auch für jede Funktion f von ihnen die Transformation zweiter Art vermittelt, gemäß*

$$f'(t) = Sf(t)\, S^{-1}. \tag{26.13}$$

Für den Nachweis genügt es, zu zeigen, daß dies für eine infinitesimale Koordinatentransformation

$$x_\mu' = x_\mu + \sum_{\nu=1}^{4} \varepsilon_{\mu\nu}x_\nu, \qquad \varepsilon_{\mu\nu} = -\varepsilon_{\nu\mu}$$

zutrifft, bei der nur Größen erster Ordnung in den $\varepsilon_{\mu\nu}$ beibehalten werden. An Stelle von (26.13) tritt dann mit

$$S = 1 + \frac{i}{\hbar}\, \Lambda, \tag{26.14}$$

$$f'(x, t) = f(x, t) + \frac{i}{\hbar}\, [\Lambda, f(x, t)]. \tag{26.15}$$

Der Operator Λ hängt hier linear von den $\varepsilon_{\mu\nu}$ ab gemäß

$$\Lambda = \sum_{\mu<\nu} \Lambda_{\mu\nu}\varepsilon_{\mu\nu}, \tag{26.16}$$

worin $\Lambda_{\mu\nu} = -\Lambda_{\nu\mu}$, wie wir sehen werden, die Komponenten eines schiefsymmetrischen Tensors bilden, die überdies zeitlich konstant, also Integrale der Feldgleichungen sind. Die infinitesimale Transformation erster Art der Größe f erhält man übrigens aus der infinitesimalen Transformation zweiter Art auf folgende Weise. Für eine Funktion f der Feldstärken *an einer bestimmten Raumstelle* hat man hinzuzufügen

$$\sum_{k=1}^{3} \left\{ \sum_{\nu=1}^{4} \frac{\partial f}{\partial x_k}\, \varepsilon_{k\nu} x_\nu + \frac{1}{ic}\, f \varepsilon_{4k} x_k \right\},$$

für $\dot{\pi}_j^{(s)}$ und $X_j^{(s)}$ hat man hinzuzufügen

$$\sum_{k=1}^{3} X_j^{(s)} \varepsilon_{4k} X_k^{(s)}, \qquad \sum_{k=1}^{3} \dot{\pi}_j^{(s)} \varepsilon_{4k} X_k^{(s)}.$$

Nun schreiben wir die $\Lambda_{\mu\nu}$ für räumliche Drehungen und Lorentztransformationen getrennt hin. Man hat zu setzen

$$\Lambda_{jk} = \sum_{s} \left\{ X_j^{(s)}\pi_k^{(s)} - X_k^{(s)}\pi_j^{(s)} + \frac{\hbar}{2}\frac{1}{i}\,\alpha_j^{(s)}\alpha_k^{(s)} \right\} + \frac{1}{c}\int [\vec{x}(\vec{E}\times\vec{H})]_{jk}\, dV. \tag{26.17$_1$}$$

$$\frac{1}{i}\,\Lambda_{4j} = ctP_j - \sum_{s} \left\{ X_j^{(s)}\left(\sum_{k=1}^{3} \alpha_k^{(s)}\pi_k^{(s)} + mc\beta^{(s)} \right) + \frac{\hbar}{2}\,\alpha_j^{(s)} \right\}$$

$$- \frac{1}{2c}\int x_j(\vec{E}^2 + \vec{H}^2 + \Lambda_0)\, dV. \tag{26.17$_0$}$$

Hierin ist P_j wieder die durch (26.10) gegebene Komponente des Impulses. Man erkennt in den Λ_{jk} die Drehimpulsintegrale, und zwar die Summe aus den Anteilen (21.19) der Materie und (25.18) der Strahlung; ferner sind die Λ_{4j} die ergänzenden raum-zeitlichen Komponenten, die zusammen mit den Λ_{jk} einen schiefsymmetrischen Tensor bilden. Wie die Berechnung ihrer zeitlichen Ableitung zeigt, verschwindet diese, so daß sie ebenfalls Integrale der Feldgleichungen (Bewegungsgleichungen) sind. In den Termen $\frac{\hbar}{2}\frac{1}{i}\,\alpha_j^{(s)}\alpha_k^{(s)}$; $\frac{\hbar}{2}\,\alpha_j^{(s)}$, die sich zu $\frac{\hbar}{2}\,\gamma_\mu^{(s)}\gamma_\nu^{(s)}$ zusammenfassen lassen, erkennt man die nach (25.22) für die Transformation der Diracschen Wellenfunktionen (hier der $\alpha_k^{(s)}$, $\beta^{(s)}$ selbst) maßgebenden Größen. Die Ausrechnung der Klammersymbole von Λ mit allen vorkommenden Operatoren zeigt, daß diese sich richtig transformieren und daß Impuls und Energie einen Vierervektor bilden; hiermit ist der Beweis der relativistischen Invarianz der Theorie erbracht.

Über die Quantisierung irgendwelcher klassischen Feldgleichungen und die Möglichkeit, die V.-R. aus einem kanonischen Schema abzuleiten, liegen allgemeine systematische Untersuchungen vor. Wir brauchen hier nicht näher darauf einzugehen, auch nicht auf den Zusammenhang mit der in Absch. A, Ziff. 15, besprochenen Quantisierung der Materiewellen, sondern verweisen diesbezüglich auf die Literatur[1]. Es treten Besonderheiten auf, wenn die Hamiltonfunktion Invarianz gegenüber einer Gruppe besitzt, deren Transformationen willkürliche Funktionen erhalten. Im Fall der Quantenelektrodynamik ist dies die Gruppe der Eichtransformationen. In der hier gegebenen Darstellung haben wir unter Verzicht auf Anwendung eines systematischen Verfahrens zur Auffindung der V.-R. nur eichinvariante Größen verwendet. Wenn man die Potentiale beibehalten will, ist wohl die Methode von FERMI die am meisten übersichtliche. Nach dieser setzt man als Strahlungsteil des Hamiltonoperators

$$\frac{1}{2} \int \left\{ \sum_k \left[\sum_i \left(\frac{\partial \Phi_k}{\partial x_i} \right)^2 + \frac{1}{c^2} \left(\frac{\partial \Phi_k}{\partial t} \right)^2 \right] - \left[\sum_i \left(\frac{\partial \Phi_0}{\partial x_i} \right)^2 + \frac{1}{c^2} \left(\frac{\partial \Phi_0}{\partial t} \right)^2 \right] \right\} dV.$$

$\partial \Phi_k/\partial t$ und $\partial \Phi_0/\partial t$ spielen die Rolle der zu Φ_k und Φ_0 kanonisch konjugierten Impulse; im Materieteil des Hamiltonoperators ist der Term $-e \sum_s \Phi_0(X^{(s)})$ hinzuzufügen. Man muß dann die Nebenbedingungen

$$\sum_k \frac{\partial \Phi_k}{\partial x_k} + \frac{1}{c} \frac{\partial \Phi_0}{\partial t} = 0$$

und ihre zeitliche Ableitung, die sich auf die Form

$$\operatorname{div} \vec{E} = \varrho = \sum_s \delta(x - X^{(s)})$$

bringen läßt, als gültig fordern. Beide Bedingungen sind vermöge ihrer eigenen Gültigkeit mit der Hamiltonfunktion vertauschbar, d. h. sie pflanzen sich im Lauf der Zeit von selbst fort, wenn sie zur Zeit $t = 0$ beide erfüllt sind. Die Nebenbedingungen schränken zwar die Eichtransformationen wesentlich ein, aber um die Invarianz der Theorie gegenüber Lorentztransformationen einzusehen, ist die FERMIsche Methode sehr geeignet. Die Resultate sind identisch mit denen aus der hier gegebenen oder irgendeiner anderen widerspruchsfreien Darstellung der Quantenelektrodynamik.

Um in einem bestimmten Bezugssystem Folgerungen aus den Grundgleichungen der Theorie zu ziehen, ist es zweckmäßig, die elektrische Feldsträke $\vec{E}$ in einen longitudinalen und einen transversalen Teil zu zerlegen:

$$\vec{E} = \vec{E}^{(l)} + \vec{E}^{(tr)}. \tag{26.18}$$

Mit dieser Terminologie ist gemeint, daß bei räumlicher Fourierzerlegung von $\vec{E}$, d. h. Übergang zum k-Raum, $\vec{E}^{(l)}(k)$ parallel zu $\vec{k}$, $\vec{E}^{(tr)}$ dagegen senkrecht zu $\vec{k}$ wird. Im Koordinatenraum ist dies damit gleichbedeutend, daß $\vec{E}$

---

[1] Zusammenfassende Berichte: L. ROSENFELD, Mém. de l'Inst. Henri Poincaré Bd. 2, S. 24. 1932; E. FERMI, Rev. of Mod. Physics Bd. 4, S. 87. 1932; Originalarbeiten: G. MIE, Ann. d. Phys. (4) Bd. 85, S. 711. 1928; W. HEISENBERG u. W. PAULI, I, ZS. f. Phys. Bd. 56, S. 1. 1929; II, ebenda Bd. 59, S. 168. 1929 (Bemerkungen dazu: L. ROSENFELD, ebenda Bd. 58. S. 540. 1929) und Bd. 63, S. 574. 1930; E. FERMI, Lincei Rend. (6) Bd. 9, S. 881. 1929; Bd. 12, S. 431. 1930; L. ROSENFELD, Ann. d. Phys. Bd. 5, S. 113. 1930.

wirbelfrei und $\vec{E}^{(\mathrm{tr})}$ quellenfrei ist.

$$\mathrm{rot}\ \vec{E}^{(l)} = 0, \qquad \mathrm{div}\ \vec{E}^{(\mathrm{tr})} = 0. \tag{26.19}$$

Für $\vec{E}^{(l)}$ folgt sogleich aus (26.7_2)

$$\vec{E}^{(l)} = -\mathrm{grad}\ (-e) \sum_s \frac{1}{r_s} = -e \sum_s \frac{\vec{x} - \vec{X}_s}{r_s^3}, \tag{26.20}$$

wenn

$$r_s = |\vec{x} - \vec{X}^s|$$

den Abstand des Aufpunktes vom Ort des $s$ten Teilchens bedeutet[1]. In bekannter Weise folgt sodann

$$\int \vec{E}^{(l)} \vec{E}^{\mathrm{tr}}\, dV = 0,$$

$$\frac{1}{2} \int (\vec{E}^{(l)})^2\, dV = \frac{1}{2} \sum_s \sum_{s'} \frac{e^2}{r_{ss'}},$$

wenn

$$r_{ss'} = |\vec{X}^{(s)} - \vec{X}^{(s')}|$$

den Abstand der Teilchens s vom Teilchen s' bedeutet. Hierin sind für $s = s'$ unendlich große Terme enthalten; es ist die unendlich große elektrostatische Selbstenergie der Teilchen (die offenbar schon im Falle eines einzigen Teilchens hier auftritt). Um mit der Theorie rechnen zu können, muß man

$$\frac{1}{2} \int (\vec{E}^{(l)})^2\, dV = \frac{1}{2} \sum_s \sum_{s'} \frac{e^2}{r_{ss'}} = n \cdot \infty + \sum_{s<s'} \frac{e^2}{r_{ss'}}$$

durch

$$\sum_{s<s'} \frac{e^2}{r_{ss'}}$$

ersetzen. *Dadurch wird bereits die relativistische Invarianz der Theorie zerstört.* Mit dieser Modifikation geht sodann der Hamiltonoperator (26.9) über in

$$H' = c \sum_{s=1}^n \left\{ \sum_k \alpha_k^{(s)} \pi_k^{(s)} + mc\beta^{(s)} \right\} + \sum_{s<s'} \frac{e^2}{r_{ss'}} + \frac{1}{2} \int (\vec{E}^{(\mathrm{tr})2} + \vec{H}^2 + \Delta_0)\, dV . \tag{26.21}$$

Hierin kann man nun wie in der Vakuumelektrodynamik $\vec{E}^{\mathrm{tr}}$ durch die Lichtquantenzahlen ausdrücken, nur werden diese sich jetzt im Lauf der Zeit verändern, während sie in der Vakuumelektrodynamik konstant sind.

Wir führen nun eine Schrödingerfunktion

$$\Psi_{\varrho_1\varrho_2\ldots\varrho_n}\big(\vec{X}^{(1)}\ldots\vec{X}^{(n)};\ N(\lambda, \vec{k})\big)$$

---

[1] Wir nehmen immer an, daß $\vec{E}$ im Unendlichen hinreichend rasch verschwindet. Dann sind auch Felder, die sowohl wellen- als auch wirbelfrei sind, ausgeschlossen.

ein, die von den Spinindizes (jeder läuft von 1 bis 4) und den Ortskoordinaten der materiellen Teilchen einerseits, den Lichtquantenzahlen im Impulsraum andererseits abhängt. Das Quadrat des Absolutwertes dieser Funktion bedeutet die entsprechende Wahrscheinlichkeit. Wie die Operatoren $\alpha_k^{(s)}$, $\beta^{(s)}$, $X_k^{(s)}$, $N(\lambda, k)$ auf Ψ wirken, ist klar, dagegen ist noch nicht eindeutig bestimmt, wie die Feldstärken $\vec{E}$, $\vec{H}$ und die $\pi_k^{(s)}$ wirken. Denn in der Definition von Ψ ist bis jetzt noch eine Phase $e^{if(X^{(1)}\ldots X^{(n)};N(\lambda,k))}$ willkürlich und je nachdem, wie diese festgelegt wird, wird die Anwendung der Operatoren $\vec{E}$, $\vec{H}$ und $\pi_k^{(s)}$ auf Ψ ein verschiedenes Resultat geben. An sich ist jede Festsetzung darüber erlaubt, die mit den V.-R. im Einklang ist.

Nun können wir zunächst festsetzen, daß $\vec{E}^{\mathrm{tr}}$ und $\vec{H}$ genau so wirken sollen wie in der Vakuumelektrodynamik, also nach (25.9), (25.13), (25.20)

$$\vec{E}^{\mathrm{tr}} = \int \vec{E}(\vec{k})\, e^{i\vec{k}\vec{x}}dk^{(3)} = \int \big(F(k) + F^*(-k)\big)\, e^{i\vec{k}\vec{x}}dk^{(3)}$$

$$= \int \sqrt{\frac{\hbar c\,|k|}{2}}\, \sum_{\lambda=1,2} [\vec{\varepsilon}(\lambda,\,k)\, \boldsymbol{a}(\lambda,\,k)$$

$$+ \vec{\varepsilon}^*(\lambda,\,-k)\, \boldsymbol{a}^*(\lambda,\,-k)]\, e^{i\vec{k}\vec{x}}dk^{(3)},$$

$$\vec{H} = \int \vec{H}(k)\, e^{i\vec{k}\vec{x}}dk^{(3)} = \int \left[\frac{\vec{k}}{k},\, \vec{F}(k) - F^*(-k)\right] e^{i\vec{k}\vec{x}}dk^{(3)}$$

$$= \int \sqrt{\frac{\hbar c\,|k|}{2}}\, \sum_{\lambda=1,2} \left\{\left[\frac{\vec{k}}{|k|}\, \vec{\varepsilon}(\lambda,\,k)\right] \boldsymbol{a}(\lambda,\,k)\right.$$

$$\left. + \left[\frac{\vec{k}}{|k|}\, \vec{\varepsilon}^*(\lambda,\,-k)\right] \boldsymbol{a}^*(\lambda,\,-k)\right\} e^{i\vec{k}\vec{x}}dk^{(3)}.$$

$\boldsymbol{a}$, $\boldsymbol{a}^*$ wirken wie in (25.25) bis (25.28) angegeben.

Man erhält sodann folgende mit den V.-R. (26.2) und (26.8) verträgliche Festsetzung über die Wirkung der $\pi_j^{(s)}$

$$\pi_j^{(s)}\Psi(\vec{X},\,N(k)) = \left\{\frac{\hbar}{i}\, \frac{\partial}{\partial X_j^{(s)}} + \frac{e}{c}\int \frac{1}{r_s} \sum_{k=1}^{3} \frac{\partial H_{jk}(x)}{\partial x_k}\, dV\right\} \Psi$$

$$= \left\{\frac{\hbar}{i}\, \frac{\partial}{\partial X_j^{(s)}} + \frac{e}{c}\, \frac{-i}{\sqrt{-\varDelta}}\, [\vec{F}_j(\vec{X}^s) - F_j^*(\vec{X}_s)]\right\} \Psi,$$

oder im k-Raum geschrieben

$$\pi_j^{(s)}\Psi(\vec{X}N(k)) = \left\{\frac{\hbar}{i}\, \frac{\partial}{\partial X_j^{(s)}} + \frac{e}{c}\, (-i)\int \frac{1}{|k|}\, [F_j(k) - F_j^*(-k)]\, e^{i\vec{k}\vec{X}^{(s)}}dk^{(3)}\right\} \Psi,$$

$$(26.22_1)$$

also auch

$$\pi_j^{(s)}\Psi(\vec{X}N(k)) = \left\{\frac{\hbar}{i}\, \frac{\partial}{\partial X_j^{(s)}} + \frac{e}{c}\, (-i)\sqrt{\frac{\hbar c}{2|k|}}\, e^{i\vec{k}\vec{X}^{(s)}}\, [\varepsilon_j(\lambda,\,k)\, \boldsymbol{a}(\lambda,\,k)\right.$$

$$\left. + \varepsilon_j^*(\lambda,\,-k)\, \boldsymbol{a}^*(\lambda,\,-k)]\, dk^{(3)}\right\} \Psi. \qquad (26.22_2)$$

Setzt man dies in den Hamiltonoperator ein, so erhält man

$$\frac{\hbar}{i}\,\frac{\partial\Psi}{\partial t} + \left\{\int N(k)\,\hbar c\,|k|\,dk^{(3)} + c\sum_{s=1}^{n}\sum_{k=1}^{3}\left(\alpha_k^{(s)}\,\frac{\hbar}{i}\,\frac{\partial}{\partial X_k^{(s)}} + mc\beta^{(s)}\right)\right.$$

$$\left. + \sum_{s<s'}\frac{e^2}{r_{ss'}} + H_1\right\}\,\Psi = 0, \tag{26.23}$$

worin

$$H_1\Psi = e(-i)\left\{\int\sum_{k=1}^{3}\sqrt{\frac{\hbar c}{2|k|}}\sum_{s=1}^{n}e^{ik\,\vec{X}^{(s)}}\alpha_j^{(s)}\sum_{\lambda=1,2}[\varepsilon_j(\lambda,\,k)\,a(\lambda,\,k)\right.$$

$$\left. + \varepsilon_j^*(\lambda,\,-k)\,a^*(\lambda,\,-k)]\,dk^{(3)}\right\}\,\Psi. \tag{26.24}$$

Manchmal ist es bequem, statt der kontinuierlichen $\vec{k}$-Werte diskrete einzuführen.

Wäre der Term $H_1\Psi$ in (26.23) nicht vorhanden, so hätte man es mit materiellen Teilchen zu tun, die aufeinander elektrostatische Kräfte ausüben, und einem von diesen Teilchen unabhängigen Strahlungsfeld. Der Term $H_1\Psi$ bestimmt also die Koppelung der Teilchen mit dem Strahlungsfeld und ist bestimmend für die Beschreibung der Emission, Absorption und Dispersion des Lichtes. Der Erfolg der im Abschn. A dargestellten Wellenmechanik beruht wesentlich auf der Annahme, daß die Koppelung mit dem Strahlungsfeld als eine relativ kleine Störung betrachtet werden kann. Im folgenden werden wir diskutieren, inwieweit die vorliegende Theorie dieser Forderung entspricht. Es sei noch betont, daß die Gleichungen (26.23) im wesentlichen die Grundlage der ursprünglichen DIRACschen Theorie der Wechselwirkung zwischen Strahlung und Materie bilden[1].

Statt die $N(k)$ als Argumente der Ψ-Funktion zu verwenden, kann man mit LANDAU und PEIERLS[2] auch den $\vec{k}$-Raum der Lichtquanten einführen. Man hat dann für jede Gesamtzahl N der vorhandenen Lichtquanten Funktionen

$$f^{(N)}_{\varrho_1\ldots\varrho_n,j_1\ldots j_N}(\vec{X}^{(1)}\ldots\vec{X}^{(n)},\,\vec{k}^{(1)}\ldots\vec{k}^{(N)}),$$

hierin läuft jeder der Spinindizes ϱ_s der Materialteilchen von 1 bis 4, jeder der Lichtquantenindizes j von 1 bis 3. Das Resultat der Anwendung des Hamiltonoperators auf diese Funktionen ergibt sich gemäß (25.51) unmittelbar, wenn die Form (26.22_1) des Operators $\pi_j^{(s)}$ verwendet wird.

---

[1] P. A. M. DIRAC, Proc. Roy. Soc. London Bd. 114, S. 243, 710. 1927. DIRAC verwendete erstens bei der Quantelung der Strahlung stehende Wellen und nicht fortschreitende, zweitens war damals seine Theorie des Elektrons noch nicht entstanden und er setzte deshalb für jedes Teilchen entsprechend der unrelativistischen Wellenmechanik $\frac{1}{2m}\sum_j\pi_j^2$ an Stelle von $c\sum(\alpha_j\pi_j + mc\beta)$ im Hamiltonoperator ein. Dies ist für kleine Teilchengeschwindigkeiten näherungsweise richtig. — Daß die Gleichungen (26.23), (26.24) aus der Quantenelektrodynamik folgen, wurde von J. R. OPPENHEIMER, Phys. Rev. Bd. 35, S. 461. 1930 und E. FERMI, Lincei Rend. Bd. 12, S. 431. 1930, gezeigt.

[2] L. LANDAU u. R. PEIERLS, ZS. f. Phys. Bd. 62, S. 188. 1930.

Anwendungen. Die Anwendungen der auf der Quantisierung des Strahlungsfeldes, d. h. des Photonenbegriffes, basierten Theorie der Wechselwirkung zwischen Strahlung und Materie beruhen alle darauf, daß die Koppelung von Strahlung und Materie also in (26.23) der Term mit H_1 als relativ kleine Störung betrachtet wird. Formal entspricht diese Störungsrechnung einer Entwicklung nach Potenzen der Ladung e.

Bezüglich der Ergebnisse für die Phänomene der Emission, Absorption und Dispersion im allgemeinen verweisen wir auf Kap. 5 des Handbuches.* Ein wesentlicher Fortschritt, den diese Theorie gebracht hat, besteht in der Möglichkeit, die Strahlungsdämpfung (also auch Fragen der Linienbreite) in korrekter Weise zu behandeln.

Wir wollen hier noch kurz zeigen, wie die bei der korrespondenzmäßigen Behandlung der Strahlungsphänomene (Abschn. A, Ziff. 15) auftretenden, scheinbar willkürlichen Vorschriften I und II durch die Photonentheorie von selbst gerechtfertigt werden. Was zunächst die emittierte oder gestreute Strahlung betrifft, so ist es nicht nötig, den Hamiltonoperator direkt zu verwenden, sondern man kann auch mit HEISENBERG[1] direkt die als Operatorgleichungen aufgefaßten MAXWELLschen Gleichungen durch retardierte Potentiale integrieren. Dabei ist es zweckmäßig, statt der Elektronenorte die ungestörten stationären Zustände des Systems als Variable einzuführen, also die Funktion $\Psi(\vec{X}_1...\vec{X}_n, N(k, \lambda), t)$ nach den Eigenfunktionen $u_l(X_1...X_n)$ dieser Zustände zu zerlegen:

$$\Psi(\vec{X}_1...\vec{X}_n N(k, \lambda) t) = \sum_l c_l(N(k, \lambda) t) \, u_l(\vec{X}_1...\vec{X}_n).$$

Die Berechnung der emittierten oder gestreuten Strahlung erfolgt dann genau so wie bei dem korrespondenzmäßigen Verfahren, nur daß die Operatoren bzw. Matrizen im allgemeinen auch auf die Lichtquanten wirken.

Was nun die Vorschrift I betrifft, so folgt sie unmittelbar daraus, daß der Erwartungswert der Strahlungsintensität durch $2F^*F$, nicht durch $F^*F + FF^*$ gegeben ist. Die Zerlegung der Feldstärken in einen zu $e^{+i\nu t}$ und einen zu $e^{-i\nu t}$ proportionalen Teil, der in Abschn. A, Ziff. 15, durchgeführt wurde [s. Abschn. A, Gleichung (15.13)], entspricht aber genau der Zerlegung der Feldstärken nach (25.9) in einen nur F^* bzw. nur F enthaltenden Teil. (Dies ist wenigstens an solchen Raumstellen der Fall, wo die Ladungs- und Stromdichte verschwindet, was in größeren Entfernungen vom Atom zutrifft.) *Das ganze Verfahren der Vorschrift I läuft in der Photonentheorie auf die Bildung des Erwartungswertes von F^*F hinaus.*

Ganz ähnlich verläuft die Begründung der Vorschrift II, die notwendig war, um die Rückwirkung der Strahlung auf das Atom zu berechnen. Wir hatten in Abschn. A, Gleichung (15.35) und (15.36), für die gestörten Zustandsamplituden $c_m^{(1)}$ einen Ausdruck gefunden

$$c_m^{(1)} = \sum_n \left(\vec{f}_{mn}(t) \, \vec{E}^{(+)} + \vec{f}_{nm}^{*}(t) \, \vec{E}^{(-)} \right).$$

---

[1] W. HEISENBERG, Ann. d. Phys. (5) Bd. 9, S. 338. 1931. — Im Gegensatz zu HEISENBERG verwenden wir hier nicht die Methode der Quantelung der Materiewellen; die Wechselwirkung zwischen den Elektronen des Atoms kann dann beliebig sein.

* Siehe die Zitate in Marginalziffer 49 der Anmerkungen des Herausgebers.

Zunächst kann man statt $E^{(+)}$ und $E^{(-)}$ auch schreiben $F^*(k)$ und $F(k)$, sodann ist zu beachten, daß die $c_m^{(1)}$ Operatoren (bzw. Matrizen) sind, die auch auf die Lichtquantenzahlen wirken. Was man zu berechnen hat, ist $\sum_{N'} |c_m^{(1)}(N', t)|^2$, also wegen $c_m^{(1)}(N', t) = \sum_N c_m^{(1)}(N', N)\, c_m^{(1)}(N, t)$:

$$\sum_{N'} |c_m^{(1)}(N', N)|^2,$$

worin N die Lichtquantenzahl im Anfangszustand ist. Setzen wir

$$c_m^{+(1)} = -i\left(\sum_n \vec{f}_{mn}^{\,*}(t)\,\vec{E}^{(-)} + \vec{f}_{nm}(t)\,\vec{E}^{(+)}\right),$$

so ist

$$c_m^{+(1)}(N, N') = \left(c_m^{(1)}(N', N)\right)^*,$$

also

$$\sum_{N'} |c_m^{(1)}(N', N)|^2 = \sum_{N'} c_m^{+}(N, N')\, c_m(N', N) = (c_m^{+} c_m)_{N,N}.$$

Man hat also in der Tat den Erwartungswert von $c_m^{+} c_m$ zu bilden, worin c_m^{+} links von c_m steht. Sodann ist der Erwartungswert von $2F^*F$ proportional zu $|k|\, N(k)$, der Erwartungswert von $2FF^*$ zu $|k|\, (N(k) + 1)$. Der Faktor $2h\nu^3/c^3$, der in Abschn. A angegeben wurde, folgt dann in bekannter Weise aus der Dichte der Eigenschwingungen.

Bei Einführung der Lichtquantenzahlen als unabhängige Variable in die Wellenfunktionen werden also die beiden besonderen Vorschriften der korrespondenzmäßigen Behandlung der Strahlungsvorgänge wieder auf die allgemeinen Prinzipien der Wellenmechanik zurückgeführt.

Als ein anderes Problem, das sich mit Hilfe der Theorie leicht behandeln läßt, sei der GEIGER-BOTHEsche Versuch erwähnt, der beim Comptoneffekt die Koppelung der Zeitpunkte des Auftretens des gestreuten Elektrons und des beim selben Prozeß gestreuten Quants in den Zählern beweist. Aus der Theorie folgt ohne weiteres, daß diese Zeitpunkte innerhalb der Gültigkeitsgrenzen der geometrischen Optik und der aus der Ausdehnung der den Anfangszustand definierenden Wellenpakete sich ergebenden Grenzen übereinstimmen müssen[1].

27. Die Selbstenergie des Elektrons. Grenzen der jetzigen Theorie. Bereits bei der Berechnung der elektrostatischen Energie der Teilchen aus der Quantenelektrodynamik haben wir gesehen, daß die elektrostatische Selbstenergie eines einzigen Teilchens sich als unendlich groß ergibt. Weiter zeigt sich aber, daß selbst nach Wegstreichen dieses unendlich großen Energiebetrages die resultierenden Gleichungen (26.22), (26.24) noch immer zu einer unendlich großen magnetischen Selbstenergie führen.

Entwickelt man in der Tat im Fall, daß ein einziges Teilchen vorhanden ist, nach der Ladung e des Teilchens, so erhält man nach der allgemeinen Formel Abschn. A, Gl. (10.7b) der Störungsrechnung für einen stationären Zustand eine zu e^2 proportionale Zusatzenergie:

$$\Delta E = \sum_{n,k,\lambda} \frac{|H_{m0;n1\lambda k}^{(1)}|^2}{E_m - E_n + \hbar c|k|}.$$

---

[1] Vgl. hierzu auch W. HEISENBERG, Die physikalischen Prinzipien der Quantenmechanik, § 2d. Leipzig 1930.

Hierin ist $H^{(1)}$ der durch (26.24) definierte Operator, die Indizes m, n beziehen sich auf Anfangs- und Zwischenzustand des Teilchens, 0 und $1_{\lambda k}$ sind die Lichtquantenzahlen im Anfangs- und Zwischenzustand. Geht man nämlich von einem Anfangszustand aus, wo kein Lichtquant vorhanden ist, so sind nur diejenigen Matrixelemente von Null verschieden, wo im Zwischenzustand *ein* Lichtquant vorhanden ist. Einsetzen des Operators $H^{(1)}$ ergibt

$$\Delta E = e^2 \sum_n \int dk^{(3)} \frac{hc}{2|k|} \frac{1}{E_m - E_n + hc|k|} \sum_{\lambda=1,2} \int \sum_{i=1}^{3} \sum_{j=1}^{3} u_m^*(\vec{x})\, \alpha_i u_n(x)$$

$$\times\; u_n^*(x')\, \alpha_j u_m(x')\; \vec{\varepsilon}_{i\lambda}^{*}\vec{\varepsilon}_{j\lambda} e^{ik(\vec{x}-\vec{x}')} dx^{(3)} dx'^{(3)}.$$

Im kräftefreien Fall kann

$$u_n(x) = a_\varrho e^{i\vec{K}\vec{x}}$$

gesetzt werden, worin ϱ der Spinindex ist und die Rolle des Index n durch K und die Spinzustände (zwei positiver und zwei negativer Energie) übernommen wird. Hat man es mit einem gebundenen Teilchen zu tun, so zeigt es sich, daß es auf den Bindungszustand nicht ankommt, sobald man sich nur dafür interessiert, in welcher Weise ΔE unendlich wird. Hierfür sind nämlich im kräftefreien Fall die hohen Werte von K, im allgemeinen Fall die hochangeregten Quantenzustände maßgebend. Für diese ist aber in einem Gebiet, wo $u_m(x)$ merklich von Null verschieden ist, $u_n(x)$ durch die kräftefreie Eigenfunktion ersetzbar, wenn für K eine mittlere Wellenzahl des $n$ten Zustandes im Gebiet des Anfangszustandes m eingesetzt wird. Es genügt also den kräftefreien Fall zu betrachten[1].

Man hat nun erstens über λ, zweitens über die bei gegebenen $\vec{K}$ möglichen vier Zustände des materiellen Teilchens zu summieren und über $\vec{x}'$, $\vec{x}$ und $\vec{K}$ zu integrieren. Die Ausrechnung ergibt, wie WALLER[2] und OPPENHEIMER[3] gezeigt haben, einen von $\vec{k}$ abhängigen Integranden, der für große $\vec{k}$ unendlich wird. Und zwar enthält ΔE zwei Terme, die nach Integration über die Richtungen von $\vec{k}$ von der Form werden

$$\Delta E = f_1(|K_m|) \int\limits^{\infty} |k|\, dk + f_2(K_m) \int\limits^{\infty} dk.$$

Es ist für ein anfangs ruhendes Teilchen f_1 von Null verschieden, während f_2 für kleine $\vec{K}_m$ proportional $|\vec{K}_m|^2$, also auch zum Quadrat der Geschwindigkeit wird. Der erste (positive) Term entspricht in gewisser Weise der Spinenergie, der zweite (negative)Term dem durch die Translationsbewegung erzeugten Magnetfeld.

Ein *direkter* Zusammenhang zwischen der Schwierigkeit der unendlich großen Selbstenergie und der früher erörterten der Zustände negativer Energie besteht nicht. Denn auch in Theorien, die nur Zustände positiver Energie zulassen (Ausschließen der Zwischenzustände negativer Energie nach SCHRÖ-

---

[1] Ich verdanke diese Bemerkung Herrn R. PEIERLS. — Über den Fall der Selbstenergie beim harmonischen Oszillator vgl. auch L. ROSENFELD, ZS. f. Phys. Bd. 70, S. 454. 1931.

[2] I. WALLER, ZS. f. Phys. Bd. 62, S. 673. 1930.

[3] J. R. OPPENHEIMER, Phys. Rev. Bd. 35, S. 461. 1930.

DINGER oder Ersatz des Hamiltonoperators $\sum\limits_{k} \alpha_k \pi_k + mc\beta$ durch mc^2 $+ \dfrac{1}{2m} \sum\limits_{k} \pi_k^2$) resultiert eine unendlich große Selbstenergie.

Ferner ist zu betonen, daß die Schwierigkeit der unendlich großen Selbstenergie bereits in derselben Näherung (zu e^2 proportionale Terme) auftritt, die in der Theorie der Dispersionserscheinungen erforderlich ist. Man vermeidet sie dort nur dadurch, daß man sich bei der Diskussion der zeitabhängigen Lösung für die Ψ-Funktion auf diejenigen Terme beschränkt, die einen Resonanznenner der Energie enthalten und im Lauf der Zeit stärker anwachsen.

Wir sahen, daß die Schwierigkeit der Selbstenergie wesentlich von den kurzen Wellen des Strahlungsfeldes, also den kleinen Räumen herrührt. Und es fragt sich, ob eine solche Änderung der Theorie helfen würde, die der Einführung einer endlichen Ausdehnung des Elektrons in der klassischen Elektrodynamik entsprechen würde. *Dies ist formal zwar möglich, aber nur unter Verzicht auf die relativistische Invarianz der Theorie.*

Man kann nämlich, ohne den Hamiltonoperator (26.9) und den Impulsausdruck (26.10) zu verändern, in die V.-R. der $\bar{\pi}_i^{(s)}$ untereinander und der $\bar{\pi}_i$ mit der elektrischen Feldstärke $\vec{E}$ eine „Gestaltsfunktion" $D(\vec{x})$ des Elektrons einführen, die nur für x von der Ordnung des klassischen Elektronenradius $d = \dfrac{e^2}{mc^2}$ merklich von Null verschieden (sonst beliebig) ist[1]. Es wären dann die V.-R. (26.2) und (26.8) zu ersetzen durch

$$[\pi_j^{(s)}, \pi_i^{(s')}] = \delta_{ss'} \frac{\hbar}{i} \frac{e}{c} \int D(\vec{x} - \vec{X}^{(s)}) \, H_{ij}(\vec{x}) \, dx^{(e)}, \qquad (26.2')$$

$$[\pi_i^{(s)}, E_j(x)] = (-e) \frac{\hbar}{i} (-\delta_{ij}) \cdot D(\vec{x} - \vec{X}^{(s)}). \qquad (26.8')$$

Die Nebenbedingung (26.7$_2$) wird ersetzt durch

$$\operatorname{div} \vec{E} = (-e) \sum_{s=1}^{n} D(\vec{x} - \vec{X}^{(s)}),$$

und die Bewegungsgleichungen werden

$$\frac{d\pi_k}{dt} = (-e) \int D(\vec{x} - \vec{X}^s) \left\{ E_k(\vec{x}) + \sum_{l} H_{kl}(\vec{x}) \, \alpha_l^{(s)} \right\} dx^{(3)},$$

die MAXWELLsche Gleichung für den Strom wird endlich

$$-\frac{1}{c} \frac{\partial \vec{E}(\vec{x})}{\partial t} + \operatorname{rot} \vec{H}(\vec{x}) = (-e) \sum_{s=1}^{n} \vec{\alpha}^{(s)} D(\vec{x} - \vec{X}^{(s)}).$$

Die Selbstenergie wird endlich, weil infolge der D-Funktion ein Faktor hinzukommt, der den Integranden im k-Raum für $k \gg 1/d$ praktisch zum Verschwinden bringt (Strukturfaktor des Elektrons).

Da aber hierbei die relativistische Invarianz der Theorie ebenso wie bei dem entsprechenden Verfahren in der klassischen Theorie verlorengeht — im gestrichenen Koordinatensystem würde ja D die Zeit explizite enthalten —, scheint ein solches Verfahren als Lösung der Schwierigkeit kaum annehmbar.

---

[1] Vgl. hierzu M. BORN und G. RUMER, ZS. f. Phys. Bd. 69, S. 141. 1931.

Der Umstand, daß die Selbstenergie nach der Theorie unendlich groß resultiert, verhindert auch eine konsequente relativistische Behandlung des Mehrkörperproblems[1].

Es ist bemerkenswert, daß formal ganz analog zum Fall des Elektrons auch eine unendlich große Selbstenergie des von einem Lichtquant erzeugten Gravitationsfeldes auftritt, wenn letzteres quantisiert wird, obwohl hier in der klassischen Theorie keine Punktsingularität eingeführt wird[2]. Es hängt dies damit zusammen, daß, wie bereits in Ziff. 7 betont, die Anwendung des wellenmechanischen Formalismus auf Systeme mit unendlich vielen Freiheitsgraden eine Überschreitung des korrespondenzmäßig Zulässigen darstellt. *Wir möchten hierin einen Hinweis dafür erblicken, daß nicht nur der Feldbegriff, sondern auch der Raum-Zeit-Begriff im kleinen einer grundsätzlichen Modifikation bedarf.*

Über die nötigen Modifikationen des Feldbegriffes möge noch folgendes bemerkt werden: Die gegenwärtige Theorie beruht auf zwei logisch unabhängigen Fundamenten, denen in der klassischen Theorie die Punktmechanik und die MAXWELLsche Theorie entsprechen; nämlich auf der Wellenmechanik des materiellen Teilchens und der Wellenmechanik (Photonentheorie) des Strahlungshohlraumes. Dem entspricht es, daß sie von der Atomistik der elektrischen Ladung nicht Rechenschaft gibt, da sie ja mit beliebig vielen und auch mit beliebig kleinen elektrischen Elementarladungen in Einklang zu bringen wäre. Dem entspricht auch ihr (mißglückter) Versuch, das ganze Eigenfeld eines bewegten Elektrons in Photonen aufzulösen, anstatt es als ein mit dem Elektron zusammenbestehendes unteilbares Ganzes aufzufassen, das untrennbar geknüpft ist an einen bestimmten numerischen Wert der dimensionslosen Zahl $e^2/\hbar c$. Hier wird eine künftige vollständige relativistische Quantentheorie eine tiefgehende Vereinheitlichung der Grundlagen bringen müssen.*

---

[1] Näherungsweise Ansätze für dieses liegen vor von G. BREIT, Phys. Rev. Bd. 34, S. 553. 1929; Bd. 36, S. 383. 1930 (magnetische Wechselwirkung, aber ohne Retardierung), siehe Kap. 3, Ziff. 22, ds. Handb., und C. MØLLER, ZS. f. Phys. Bd. 70, S. 786. 1931 (Stöße mit schwacher Wechselwirkung, retardiert behandelt), ferner Ann. d. Phys. Bd. 14, S. 531. 1932. Siehe hierzu Kap. 3, Ziff. 50, und Kap. 5, Ziff. 6, ds. Handb. Vgl. auch A. D. FOKKER, Physica Bd. 12, S. 145. 1932 und ZS. f. Phys. Bd. 58, S. 386. 1929, wo ein Fall eines Zweikörperproblems mit teilweise retardierten, teilweise avancierten Potentialen behandelt wird, bei dem klassisch keine Ausstrahlung erfolgt.

[2] L. ROSENFELD, ZS. f. Phys. Bd. 65, S. 589. 1930; J. SOLOMON, ebenda Bd. 71, S. 162. 1931.

* Nach den Pionierarbeiten von DIRAC, PAULI, HEISENBERG, JORDAN und WIGNER schien es für längere Zeit, daß die Quantenelektrodynamik nur in tiefster Ordnung der Störungstheorie zu sinnvollen Resultaten führt. Erst nach dem 2. Weltkrieg setzte eine neue Entwicklung durch Arbeiten von FEYNMAN, TOMONAGA, SCHWINGER und DYSON ein. Es zeigte sich, daß die Unendlichkeiten in drei Renormierungskonstanten absorbiert werden können. Eine dieser Konstanten kann willkürlich fixiert werden. Die beiden anderen führen zu einer Renormierung von Masse und Ladung des Elektrons. Diese Renormierungsidee geht auf Arbeiten von HEISENBERG, DIRAC, WEISSKOPF und KRAMERS zurück. Sie führt zu einer renormierten Störungsreihe, die in jeder Ordnung wohl definiert ist. Diese Reihe ist aber sehr wahrscheinlich bestenfalls asymptotisch konvergent. Die ersten paar Glieder stimmen jedoch mit einer Reihe von Präzisionsexperimenten vollständig überein.

Die wichtigsten Arbeiten dieser Periode wurden von SCHWINGER (1958) in einem Sammelband herausgegeben und kurz kommentiert. (Anmerkung des Herausgebers.)

Anmerkungen und Ergänzungen
des Herausgebers*

zu Ziff. 1

1 S. 1 Unabhängig von SCHRÖDINGER erbrachte auch PAULI in einem sehr bemerkenswerten Brief vom 12. April 1926 an JORDAN den Nachweis der Aequivalenz von Matrizenmechanik und Wellenmechanik. Siehe Brief [131] in PAULI (1979).

2 S. 1 Die in der Ausgabe von 1958 weggelassenen Teile sind vorwiegend von historischem Interesse und wurden in der vorliegenden Ausgabe als Anhänge wieder aufgenommen.

3 S. 1 Die zitierten Originalarbeiten und weitere wichtige Beiträge zur Entwicklung der Quantentheorie sind in den folgenden Schriften leicht zugänglich: HEISENBERG (1985), speziell Band A I; SCHRÖDINGER (1984), Band 3; VAN DER WAERDEN (1967).

4 S. 4 Die wichtigsten Beiträge zum experimentellen Nachweis der Materiewellen sind: DAVISON und GERMER (1927); THOMSON (1927); STERN (1929); ESTERMANN und STERN (1929); MARK und WIERL (1930).

zu Ziff. 2

5 S. 10 Eine Ortsbestimmung, welche genauer ist als die Comptonwellenlänge $\hbar/mc$ des beobachteten Teilchens ist nicht möglich, da kürzere Wellenlängen zur Paarerzeugung von gleichartigen Teilchen führen. Für eine formelle Diskussion dieser Tatsache im Rahmen der Quantenfeldtheorie sei z. B. auf HENLEY und THIRRING (1962), Kapitel 5, 6 verwiesen. Zur Nichtlokalisierbarkeit von Photonen s. AKHIEZER und BERESTETSKII (1962).

zu Ziff. 3

6 S. 14 Die Amplitude A in (3.1) ist dann im allgemeinen eine Distribution. (Vgl. Marginalziffer 7).

7 S. 21 Im Sinne der Distributionstheorie ist die „Grundlösung" U eine distributive Lösung der kräftefreien SCHRÖDINGER-Gleichung mit der Anfangsbedingung $U = \delta$ (DIRAC-Distribution) für $t = 0$. Siehe dazu z. B. WLADIMIROW (1972), speziell § 10.

---

* Die Seitenangaben beziehen sich auf die ursprüngliche Numerierung des Handbuchartikels.

zu Ziff. 4

8 S. 24 Genauer ist H Hermitesch, wenn die Gleichung (4.4') auf einem dichten Teilraum von $L^2(\mathbb{R}^3)$ gilt. Für Operatoren, welche physikalische Größen repräsentieren, muß aber mehr verlangt werden, nämlich, daß diese auf geeignet gewählten Definitionsbereichen *wesentlich selbstadjungiert* sind. Siehe dazu etwa: WEIDMANN (1976, 1980); REED und SIMON (1972 bis 1979), Band IV; PRUGOVECKI (1977).

zu Ziff. 5

9 S. 30 Für eine historische Würdigung von WEYLS Beiträgen zum Prinzip der Eichinvarianz, s. z. B. STRAUMANN (1987). Verallgemeinerungen auf nicht-Abelsche Eichgruppen haben sich für die Beschreibung der fundamentalen Wechselwirkungen als sehr fruchtbar erwiesen. Siehe dazu etwa NACHTMANN (1986), O'RAIFEARTAIGH (1988), POKORSKI (1987).

zu Ziff. 6

10 S. 41 Für eine moderne Diskussion von SCHRÖDINGER Operatoren siehe: J. WEIDMANN (1976, 1980); REED und SIMON (1972—1979), speziell Vol. II, IV.

11 S. 42 Genaueres über die hier und weiter unten angedeutete Spektraldarstellung von selbstadjungierten Operatoren findet man z. B. in: REED und SIMON (1972—1979), Vol. I; RUDIN (1973); WEIDMANN (1976, 1980).

12 S. 43 Siehe auch die Gesammelten Abhandlungen von SCHRÖDINGER (1984), speziell Band 3.

13 S. 44 PAULI mußte in seinem Uebersichtsartikel auf eine detaillierte Behandlung von konkreten wellenmechanischen Eigenwertproblemen verzichten. Mehr dazu hat er in seiner Wellenmechanik-Vorlesung ausgeführt (PAULI, 1973). Siehe auch eines der zahlreichen Lehrbücher über Quantenmechanik, z. B. LANDAU-LIFSCHITZ (1979).

14 S. 44 Von NEUMANN und WIGNER konstruierten als erste ein Beispiel eines Potentials, welches im Unendlichen langsam gegen Null geht und trotzdem positive Eigenwerte hat. Siehe dazu Abschnitt XIII.13 in REED und SIMON (1972—79), wo auch hinreichende Bedingungen für die Abwesenheit von positiven Eigenwerten gegeben werden. (Das anti-intuitive Verhalten des Beispiels von WIGNER und von NEUMANN beruht auf Oszillationen des Potentials für beliebig große Abstände.) Ferner sei auf Abschnitt 10.5 in WEIDMANN (1976, 1980) verwiesen.

15 S. 46 PAULI erläutert hier am Beispiel des Kugelkreisels, daß für einen nicht einfach zusammenhängenden Konfigurationsraum M a priori auch mehrdeutige Wellenfunktionen zugelassen werden müssen. Dann ist es aber i. a. bequemer, die Zustände durch eindeutige Wellenfunktionen ψ auf dem universellen Ueberlagerungsraum $\tilde{M}$ zu beschreiben, welche unter Decktransformationen lediglich Phasenänderungen erleiden. Da die Gruppe der Decktransformationen isomorph zur ersten Homotopiegruppe $\pi_1(M)$ des Konfigurationsraumes ist, können deshalb die ψ in Klassen zu 1-dimensionalen irreduziblen unitären Darstellungen von $\pi_1(M)$ eingeteilt werden. A priori sind alle diese Klassen zugelassen. (Für den Kugelkreisel ist $\pi_1(M)$ $= \pi_1(SO(3)) = \mathbb{Z}_2$ und die Klasseneinteilung entspricht ganzen, bzw. halb-

ganzen Quantenzahlen.) Die zulässigen Wellenfunktionen können natürlich in konkreten Beispielen durch zusätzliche Postulate eingeschränkt werden. So wird man etwa zur Beschreibung der Rotationszustände eines Moleküls oder eines deformierten Atomkerns mittels eines Kreiselmodells nur eindeutige Wellenfunktionen auf dem Konfigurationsraum zulassen.

16 S. 48 Die Beziehung (6.14) nennt man die *Parseval-Gleichung.*

17 S. 49 Für modernere Darstellungen s. die Zitate in der Marginalziffer 11.

18 S. 50 Für die δ-Distribution und deren Ableitungen s. z. B. WLADIMIROW (1972).

19 S. 51 Die Eigenschaften des Grundzustandes von SCHRÖDINGER Operatoren werden z. B. in REED und SIMON (1972—1979), Abschnitt XIII.12, untersucht.

20 S. 51 Für einen Beweis des Knotensatzes siehe z. B. MESSIAH (1976), Abschnitt 3.2.

21 S. 51 Genauer gilt das sogenannte *Minimum-Maximum Prinzip.* Siehe dazu REED und SIMON (1972—1979), Abschnitt XIII.1.

zu Ziff. 7

22 S. 52 Streng genommen gelten die Ausführungen dieses Abschnittes i. a. nur für beschränkte Operatoren eines Hilbertraumes.

23 S. 53 Falls es sog. Superauswahlregeln gibt, dann lassen sich leicht selbstadjungierte Operatoren angeben, die keine Observablen repräsentieren. Siehe dazu WICK, WIGNER und WIGHTMAN (1952).

24 S. 54 Man sagt auch, der Operator S sei eine *Isometrie.*

25 S. 56 Dies gelang PAULI, unter Ausnutzung einer verborgenen vierdimensionalen Drehsymmetrie (PAULI, 1926).

26 S. 57 PAULI entwickelt hier die DIRACsche Transformationstheorie, welche — trotz ihres formalen Charakters — von den meisten Physikern frei verwendet wird. Die Nützlichkeit des DIRACschen Formalismus hat seit von NEUMANNS klassischem Buch immer wieder zu Versuchen geführt, diesen in mathematisch strenger Weise zu interpretieren. Dies kann z. B. im Sinne der Distributionstheorie geschehen, in dem gewisse Erweiterungen des Hilbertraumes der Zustände in Betracht gezogen werden, welche Dualräume von nuklearen Räumen sind, die im Hilbertraum dicht liegen. Siehe dazu etwa GELFAND und WILENKIN (1964), speziell § 4 in Kapitel I.

DIRAC-ähnliche Formeln lassen sich aber auch im Rahmen der Hilbertraum-Formulierung der Quantenmechanik mit Hilfe der Spektraltheorie begründen. Siehe dazu JAUCH (1972) sowie REED und SIMON (1972—1979), Abschnitt VII.2.

zu Ziff. 8

27 S. 60 Für weitere Referenzen sei auch auf CARRUTHERS und NIETO (1968) verwiesen.

28 S. 63 Für einen Beweis dieses wichtigen *Satzes von Stone* s. REED und SIMON (1972—1979), Abschnitt VIII.4.

29 S. 63 Der Operator U wird hier als sogenannte *Cayley-Transformierte* von H dargestellt. Siehe dazu auch WEIDMANN (1976, 1980), Abschnitt 8.1. PAULIS Bemerkung, daß die spezielle Wahl von U nicht wesentlich sei, ist nicht richtig.

30 S. 63 PAULI gibt hier ein einfaches Beispiel eines unbeschränkten Operators, der zwar Hermitesch aber nicht selbstadjungiert ist. Mehr darüber findet man z. B. in REED und SIMON (1972—1979), Kapitel VIII. Siehe auch RUDIN (1973) Kapitel 13.

zu Ziff. 9

31 S. 68 Dieses klassische Buch ist neu aufgelegt worden (von NEUMANN, 1981).

32 S. 71 Eine interessante und tiefliegende Charakterisierung der gemischten Zustände als Masse auf Hilberträumen wurde von GLEASON gegeben. Siehe dazu JOST (1976).

33 S. 71 In der Ausgabe von 1933 ist hier PAULI ein erheiternder Lapsus passiert. Er schloß nämlich eine angebliche 3. Lösung der (quadratischen!) Gleichung (9.29) als unphysikalisch aus!

34 S. 72 Inzwischen gibt es zahlreiche Darstellungen der Quantenstatistik. Siehe z. B. HUANG (1987) und THIRRING (1980).

35 S. 75 Für eine Sammlung von wichtigen Arbeiten zum Meßprozeß sei auf WHEELER und ZUREK (1983) verwiesen.

zu Ziff. 11

36 S. 82 Siehe auch THIRRING (1979), Abschnitt 3.3.; MESSIAH (1979), Kapitel XVII.

zu Ziff. 13

37 S. 98 Die zitierten Vorlesungen von PAULI findet man auch in PAULI (1965). Für Neuausgaben der klassischen Bücher von WEYL und VAN DER WAERDEN S. WEYL (1981), VAN DER WAERDEN (1980). Unter den zahlreichen Büchern zum Thema Gruppentheorie und Quantenmechanik sei auf CORNWELL (1984) verwiesen.

38 S. 100 Man nennt dies das *Tensorprodukt* der Darstellungen D_1 und D_2 und schreibt dafür heute meistens $D_1 \otimes D_2$.

39 S. 100 Genauer meint PAULI eine *Liesche Gruppe* (s. z. B. SPIVAK, 1979). Damit sind die betrachteten Parameterabhängigkeiten differenzierbar.

40 S. 100 Die Koeffizienten $c_{pq,s}$ in Gl. (13.4) werden die *Strukturkonstanten* der LIEschen Gruppe genannt.

41 S. 100 Dies ist die JACOBI-*Identität* und man sagt, daß die $\omega_l, \dots, \omega_r$ eine Basis der *Liealgebra* zur betrachteten LIEschen Gruppe bilden.

42 S. 105 Heute schreibt man dafür SU_2 und bezeichnet mit U_2 die Gruppe aller unitären Transformationen.

43 S. 106 SU_2 ist die *universelle Ueberlagerungsgruppe* der eigentlichen Drehgruppe SO_3. Siehe dazu auch WEYL (1981), Kapitel III.

44 S. 109 Daneben kennen wir heute noch andere fundamentale Fermionen mit Spin 1/2.

45 S. 110 Nukleonen betrachten wir jetzt als zusammengesetzte Teilchen. Es gibt auch angeregte Nukleonenzustände, deren Spin größer als 1/2 ist.

zu Ziff. 14

46 S. 114 Siehe dazu das „Kurzportrait von W. PAULI" am Anfang dieses Bandes sowie die dort zitierte Literatur.

47 S. 119 Die Geschichte der Aufdeckung des Zusammenhangs zwischen Spin

und Statistik wird im einleitenden „Kurzportrait von W. PAULI" skizziert. Für spätere Entwicklungen s. JOST (1965) sowie STREATER und WIGHTMAN (1964).

48 S. 119 Vgl. Marginalziffer 34.

zu Ziff. 15

49 S. 123 Für die DIRACsche Strahlungstheorie s. DIRAC (1927, 1958), HEITLER (1954) und SAKURAI (1967).

50 S. 131 Siehe auch HEITLER (1954) sowie LANDAU-LIFSCHITZ (1986), Band 4.

zu Ziff. 17

51 S. 137 In der ersten Ausgabe von 1933 ist dieser einleitende Abschnitt ausführlicher gehalten. Die historisch aufschlußreichen Bemerkungen sind im Anhang I wiedergegeben.

zu Ziff. 18

52 S. 139 Die Quantisierung des komplexen Skalarfeldes wurde erstmals von PAULI und WEISSKOPF (1934) durchgeführt. Siehe dazu auch das „Kurzportrait" am Anfang dieses Buches.

53 S. 142 Ein hyperkomplexes Zahlensystem nennt man heute eine (endlichdimensionale) assoziative Algebra. PAULI beruft sich in dieser Fußnote auf die klassischen Struktursätze der halbeinfachen assoziativen Algebren, welche in vielen Büchern über Algebra abgehandelt werden.

zu Ziff. 19

54 S. 150 In der ersten Auflage lautet dieser Satz so: „*Indessen sind diese Wellengleichungen, wie ja aus ihrer Herleitung hervorgeht, nicht invariant gegenüber Spiegelungen (Vertauschung von links und rechts) und infolgedessen sind sie auf die physikalische Wirklichkeit nicht anwendbar.*"

Zur Frage der Spiegelungsinvarianz ist hier folgendes anzumerken. Die *freie* WEYLsche Gleichung ist durchaus spiegelinvariant. Tatsächlich bleibt (19.29) invariant, wenn das transformierte Feld gleich $\varepsilon\varphi^*$, $\varepsilon = \begin{pmatrix} 0 & 1 \\ -1 & 0 \end{pmatrix}$, gesetzt wird. Nicht-invariant können nur Wechselwirkungen sein.

55 S. 150 Wichtige Originalarbeiten sind: LEE und YANG (1957), LANDAU (1957) und SALAM (1957).

zu Ziff. 21

56 S. 156 Vgl. Marginalziffer 9.

57 S. 157 Der hier besprochene zusätzliche „PAULI-Term" führt zu einer nicht-renormierbaren Quantenfeldtheorie.

zu Ziff. 22

58 S. 161 Der DARWIN-Term stellt ein imaginäres elektrisches Moment dar.

59 S. 163 Siehe dazu z. B. SAKURAI (1967), Abschnitt 3.9.

60 S. 166 Dieser prinzipielle Einwand kann für Teilchen in einem Speicherring umgangen werden. Es sind praktische Methoden vorgeschlagen worden, die

eine makroskopische Spinseparation (von Protonen) ermöglichen (PENZO, 1988).

61 S. 166 Dazu gibt es inzwischen eine Reihe von Experimenten. Für einen Uebersichtsartikel s. FRAUENFELDER und ROSSI (1963). Als Beispiele von neueren e-Polarisationsmessungen mit Hilfe eines Bhabha-Polarimeters sei auf VAN KLINKEN, J., et al., [Phys. Rev. Letters **50**, 94 (1973)], sowie auf WICHERS, V. A., et al., [Phys. Rev. Letters **58**, 1821 (1987)] hingewiesen.

62 S. 167 An dieser Stelle wurde der Text in der zweiten Auflage stark geändert. Die ursprüngliche Fassung, in welcher PAULI eine sehr kritische Haltung zur DIRACschen Theorie einnimmt, ist im Anhang II reproduziert.

Literaturergänzungen*

ACHIESER, A. I., W. BERESTEZKI: Quantenelektrodynamik, Teubner Verlags-
gesellschaft 1962.
CARRUTHERS, P., NIETO, M. M.: Rev. Mod. Phys., **40**, 411 (1968).
CORNWELL, J. F.: Group Theory in Physics I, II, Academic Press 1984.
DAVISSON, C. J., GERMER, L. H.: Phys. Rev. **30**, 705 (1927); Proc. Nat. Akad.
Sci. **14**, 317 (1928).
DIRAC, P. A. M.: Proc. Roy. Soc. A **114**, 243 (1927).
DIRAC, P. A. M.: The Principles of Quantum Mechanics, Fourth Edition,
Oxford University Press 1958 (Ch. 10).
ESTERMANN, I., STERN, O.: Z. Phys. **61**, 95 (1930).
FRAUENFELDER, H., ROSSI, A.: Determination of Polarization of Electrons
and Circular Polarized Photons, in Methods of Experimental Physics,
Vol. 5, Part B; Ed. YUAN L. C. L., WU C.-S.
GELFAND, I. M., WILENKIN, N. J.: Verallgemeinerte Funktionen, IV, VEB
Deutscher Verlag der Wissenschaften 1964.
HEISENBERG, W.: Gesammelte Werke, Band A I, Hrsg. W. BLUM, H.-P. DÜRR,
H. RECHENBERG. Springer-Verlag 1985.
HEITLER, W.: Quantum Theory of Radiation, 3rd ed. Clarendon Press 1954;
Dover Publications, Inc. 1984.
HENLEY, E. M., THIRRING, W.: Elementary Quantum Field Theory, McGraw-
Hill 1962.
HUANG, K.: Statistical Mechanics, Second Edition, John Wiley + Sons 1987.
JAUCH, J. M., in: Aspects of Quantum Mechanics, Ed. A. SALAM and E. P.
WIGNER, Cambridge University Press 1972.
JOST, R.: The General Theory of Quantized Fields, Providence: American Ma-
thematical Society 1965.
JOST, R. in: Studies in Mathematical Physics, Ed. E. H. Lieb, B. Simon, A. S.
Wightman, Princeton University Press 1976.
LANDAU, L. D.: Nucl. Phys. **3**, 127 (1957).
LANDAU, L. D., LIFSCHITZ, E. M.: Quantenmechanik, Band 3, 6. Aufl., Aka-
demie-Verlag 1979.
LANDAU, L. D., LIFSCHITZ, E. M.: Quantenelektrodynamik, Band 4, 5. Aufl.,
Akademie-Verlag 1986.
LEE, T. D., YANG, C. N.: Phys. Rev. **105**, 1671 (1957).
MARK, H., WIERL, R.: Z. Phys. **60**, 741 (1930).
MESSIAH, A.: Quantenmechanik I, II, Walter de Gruyter 1976, 1979.
NACHTMANN, O.: Phänomene und Konzepte der Elementarteilchenphysik,
Friedr. Vieweg + Sohn 1986.

---

* In diesem Verzeichnis werden nur solche Schriften zitiert, auf die in den Anmerkungen des Herausgebers Bezug genommen wird.

O'Raifeartaigh, L.: Group Structure of Gauge Theories, Cambridge University Press 1988.

Pauli, W.: Z. Phys. **36**, 336 (1926).

Pauli, W., Weisskopf, V. F.: Helv. Phys. Acta **7**, 709 (1934).

Pauli, W.: Wave Mechanics (Pauli Lectures on Physics, Vol. 5 — ed. C. P. Enz), translated by H. R. Lewis and S. Margulis, The MIT Press 1973.

Pauli, W.: Wissenschaftlicher Briefwechsel mit Bohr, Einstein, Heisenberg u. a. Band I: 1919—1929. Herausgegeben von A. Hermann, K. v. Meyenn und V. F. Weisskopf. Springer-Verlag 1979.

Penzo, A., in: Physics at Lear with low Energy Antiprotons. Ed. C. Amsler et al., Harwood Academic Publishers 1988.

Pokorski, S.: Gauge Field Theories, Cambridge University Press 1987.

Prugovecki, E.: Quantum Mechanics in Hilbert Space, Academic Press 1977.

Reed, M., Simon, B.: Methods in Modern Mathematical Physics I, II, III, IV, Academic Press 1972—1979.

Rudin, W.: Functional Analysis, McGraw-Hill 1973.

Sakurai, J. J.: Advanced Quantum Mechanics, Addison-Wesley Publ. Company 1967.

Salam, A.: Nuovo Cimento **5**, 299 (1957).

Schrödinger, E.: Gesammelte Abhandlungen, Band 3, Verlag der Oesterreichischen Akademie der Wissenschaften. Vieweg & Sohn 1984.

Schwinger, J. (ed.): Selected Papers on Quantum Electrodynamics, Dover Publications, Inc. 1958.

Spivac, M.: A Comprehensive Introduction to Differential Geometry, Vol. I, Publish or Perish 1979.

Stern, O.: Naturwiss. **17**, 391 (1929).

Straumann, N.: Zum Ursprung der Eichtheorien bei Hermann Weyl, Phys. Bl. **43**, 414 (1987).

Streater, R., Wightman, A. S.: PCT, Spin and Statistics, and All That, Benjamin 1964.

Thirring, W.: Quantenmechanik von Atomen und Molekülen, Springer-Verlag 1979.

Thirring, W.: Quantenmechanik großer Systeme, Springer-Verlag 1980.

Thomson, G. P.: Proc. Roy. Soc. **117**, 600; **119**, 651 (1928).

van der Waerden, B. O. (ed.): Sources of Quantum Mechanics. North-Holland 1967; paperback reprint, Dover 1968.

van der Waerden: Group Theory and Quantum Mechanics, Springer-Verlag 1980.

von Neumann, J.: Mathematische Grundlagen der Quantenmechanik, Springer-Verlag 1981.

Weidmann, J.: Lineare Operatoren in Hilberträumen, B. G. Teubner 1976; Linear Operators in Hilbert Spaces (Graduate texts in mathematics; 68), Springer-Verlag 1980.

Weyl, H.: Gruppentheorie und Quantenmechanik, Wissenschaftliche Buchgesellschaft Darmstadt 1981.

Wheeler, J. A., Zurek, H. (Hrsg.): Quantum Theory and Measurement, Princeton University Press 1983.

Wick, G. C., Wigner, E. P., Wightman, A. S.: Phys. Rev. **88**, 101 (1952).

Wladimirow, W. S.: Gleichungen der mathematischen Physik, VEB Deutscher Verlag der Wissenschaften 1972.

Errata

Der Herausgeber der Neuausgabe von PAULIS
Handbuchartikel hat auf folgende Druckfehler
hingewiesen, die hiermit berichtigt werden sollten.

Liste der Korrekturen

Seite	Zeile	gedruckt	korrekt	
28	3	$\cdots + V\psi = 0$	$\cdots + V\psi$	(4.17)
29	5	$\cdots + V\psi = 0$	$\cdots + V\psi$	(4.17')
30	Fußzeile	Ziff. 1 S d.	Ziff. 21	
59	31	$\psi_n(t) = u_n e^{\frac{i}{h} E_n t}$	$\psi_n(t) = u_n e^{-\frac{i}{h} E_n t}$	(8.7)
64	25	$\psi = \sum_n c_n(0)\, e^{-\frac{2\pi i}{h} E_n t} u_n(q)$ $= \sum c_n(t)\, u_n(q)$	$\psi = \sum_n c_n(0)\, e^{-\frac{i}{h} E_n t} u(q)$ $= \sum c_n(t)\, u_n(q)$	(9.1)
81	13	das restierende Integral	das restliche Integral	
98	10	Ist I eine Transformation...	Ist T eine Transformation...	
125	14	$\Phi_{tr} = \Phi - n(n\Phi)$ $= \frac{1}{Rp} \sum_{a=1}^{N} \frac{1}{c} \int \bar{\imath}_{tr}(x_Q;\, \ldots$	$\Phi_{tr} = \Phi - n(n\Phi)$ $= \frac{1}{Rp} \sum_{a=1}^{N} \frac{1}{c} \int \bar{\imath}_{tr}^{(a)}(x_Q;\, \ldots$	(15.7)
150	29	für die $\varphi_\varrho(p)$	für die $\varphi_\varrho(p)$	

Sachverzeichnis

zu

W. Pauli: „Die allgemeinen Prinzipien der Wellenmechanik"

Die Seitenangaben beziehen sich auf die ursprüngliche Numerierung
des Artikels im Handbuch für Physik

Wolfgang Pauli

Wissenschaftlicher Briefwechsel mit Bohr, Einstein, Heisenberg u. a.

Teil I: 1919–1929
Scientific Correspondence with Bohr, Einstein, Heisenberg, a.o.
Part I: 1919–1929

Herausgeber/Editors: **A. Hermann, K. v. Meyenn, V. F. Weisskopf**

1979. XLVII, 577 S. (Briefe in Deutsch, Dänisch und Englisch). 1 Faksimile, 34 Abb. 6 Tab. (Sources in the History of Mathematics and Physical Sciences, Vol. 2) Geb. DM 214,– ISBN 3-540-08962-4

Inhaltsübersicht: Das Jahr 1919: Auseinandersetzung mit der Allgemeinen Relativitätstheorie. – Das Jahr 1920: „Relativitätsartikel" und erste Arbeiten zur Atomphysik. – Das Jahr 1921: Dissertation über das Wasserstoffmolekülion. – Das Jahr 1922: Göttingen – Hamburg – Kopenhagen. – Das Jahr 1923: Anomaler Zeemaneffekt. – Das Jahr 1924: Weg zum Ausschließungsprinzip. – Das Jahr 1925: „Quantenartikel" und Göttinger Matrizenmechanik. – Das Jahr 1926: Rotierendes Elektron und Verallgemeinerungen der Quantenmechanik. – Das Jahr 1927: Kopenhagener Interpretation und Quantenelektrodynamik. – Das Jahr 1928: Berufung nach Zürich – Schwierigkeiten in der Quantenelektrodynamik. – Das Jahr 1929: Systematischer Aufbau der Quantenfeldtheorie. – Anhang.

Teil II: 1930–1939

Part II: 1930–1939

Herausgeber/Editor: **K. v. Meyenn**

Unter Mitwirkung von/With the Cooperation of A. Hermann, V. F. Weisskopf

1985. XXXIX, 783 S. (Sources in the History of Mathematics and Physical Sciences, Vol. 6) Geb. DM 368,– ISBN 3-540-13609-6

Inhaltsübersicht: Das Jahr 1930: Die Neutrinohypothese. – Das Jahr 1931: Erste Kernphysik–Kongresse und Amerikareise. – Das Jahr 1932: Die Entdeckung des Neutrons. – Das Jahr 1933: »Subtraktionsphysik« und »Löchertheorie« Faksimile des Briefes [314]. – Das Jahr 1934: Die »Pauli-Weisskopf-Theorie«. – Das Jahr 1935: Die zweite Amerikareise. – Das Jahr 1936: »Gitterwelt« und Theorie der kosmischen Strahlung. – Das Jahr 1937: Kosmische Strahlung. – Das Jahr 1938: Kernkräfte und »Yukonen«. – Das Jahr 1939: Die Theorie der Mesonenfelder. – Nachtrag zu Band I, 1919-1929. – Anhang. – Berichtigungen zu Band I.

Springer-Verlag Berlin
Heidelberg New York London
Paris Tokyo Hong Kong